Microsoft Power BI

商业数据分析与案例实战

王国平 编著

清华大学出版社
北 京

内容简介

本书由资深数据分析师结合多年实际工作经验精心编撰，结合丰富案例循序渐进地介绍Power BI在商业数据分析中的应用技巧。全书共15章，主要内容包括：商业数据分析的思维与流程，Power BI的三种视图、视图编辑器的窗格，连接数据源的方法，Power BI查询编辑器、数据分析表达式DAX、创建和管理表之间的关系，Power BI自带可视化视图，Power BI自定义可视化视图，如何制作Power BI数据报表，Power BI连接Cloudera Hadoop Hive、MapR Hadoop Hive集群，如何使用Spark SQL连接Apache Spark，如何通过DBeaver、Oracle SQL Developer等客户端工具连接Hadoop集群，最后通过某企业商品结构及销售业绩、销售经理的销售业绩、客户价值和流失率、商品的配送准时性情况和商品的退货情况5个案例介绍Power BI在实际业务中的操作技巧。

为了方便读者使用本书，本书还录制了全程教学视频，提供了案例练习素材以及PPT教学课件。

本书可作为初学者或从业者学习Microsoft Power BI软件进行数据可视化分析的用书，也可以作为大专院校管理、经济、社会人文等专业的教学用书。

图书在版编目（CIP）数据

Microsoft Power BI商业数据分析与案例实战/王国平编著.— 北京：清华大学出版社，2021.1（2024.8重印）
ISBN 978-7-302-56804-9

Ⅰ.①M… Ⅱ.①王… Ⅲ.①可视化软件－数据分析 Ⅳ.①TP317.3

中国版本图书馆CIP数据核字（2020）第218635号

责任编辑： 王金柱
封面设计： 王 翔
责任校对： 闫秀华
责任印制： 刘 菲

出版发行： 清华大学出版社
网　　址： https://www.tup.com.cn，https://www.wqxuetang.com
地　　址： 北京清华大学学研大厦A座　　**邮　　编：** 100084
社 总 机： 010-83470000　　**邮　　购：** 010-62786544
投稿与读者服务： 010-62776969，c-service@tup.tsinghua.edu.cn
质 量 反 馈： 010-62772015，zhiliang@tup.tsinghua.edu.cn

印 装 者： 涿州市般润文化传播有限公司
经　　销： 全国新华书店
开　　本： 190mm×260mm　　**印　　张：** 20　　**字　　数：** 512千字
版　　次： 2021年1月第1版　　**印　　次：** 2024年8月第3次印刷
定　　价： 79.00元

产品编号：087726-01

前　　言

数据分析可以辅助企业优化流程、提高效率，还可以帮助企业降低成本、提高业绩，我们把这类数据分析定义为商业数据分析与可视化，它的目标是利用数据帮助职场人，尤其是业务人员制定迅捷、高质、高效、可行的解决方案，本质是为企业创造商业价值，驱动业务增长。

在大数据研究热潮中，各种数据可视化工具层出不穷，如何让大数据生动呈现成为一个具有挑战性的任务，随之也出现了大量的可视化软件。本书是基于市场占有率较高的 Microsoft Power BI 新版本编写的（Microsoft Power BI 的新版本是 2.78.5740.861，该版本的发布日期是 2020 年 2 月 21 日），由浅入深、详细地介绍 Microsoft Power BI 数据分析与可视化技术，并结合实际案例详细阐述 Microsoft Power BI 在数据分析和可视化方面的具体应用。全书以案例为主线，既包括软件应用与操作的方法和技巧，又融入了可视化的案例实战，使读者通过对本书的学习能够轻松快速地掌握数据可视化分析的方法。

本书的内容特色

本书共包括 4 部分 15 章，第一部分介绍 Microsoft Power BI 的基础知识和操作；第二部分介绍如何使用 Microsoft Power BI 进行数据可视化分析；第三部分详细介绍 Microsoft Power BI 的大数据可视化技术；第四部分详细介绍 Microsoft Power BI 数据分析与可视化的案例实战。各章内容概述如下：

第 1 章介绍商业数据分析的思维技巧、基本流程、注意事项以及常用的专业软件等。

第 2 章介绍 Microsoft Power BI 的基础知识，包括下载与安装、三种视图、视图编辑器的窗格等。

第 3 章介绍 Microsoft Power BI 如何连接单个数据文件、关系型和非关系型数据库等数据源。

第 4 章介绍 Microsoft Power BI 的基础操作、查询编辑器、数据分析表达式 DAX、创建和管理表之间的关系等。

第 5 章介绍 Microsoft Power BI 自带可视化视图，并结合实际案例介绍其 16 种重要视图。

第 6 章介绍 Microsoft Power BI 自定义可视化视图，并结合实际案例介绍其 16 种常用视图。

第 7 章介绍如何制作 Microsoft Power BI 数据报表，包括向报表添加页面、筛选器等，及其注意事项。

第 8 章介绍 Microsoft Power BI 连接 Cloudera Hadoop Hive、MapR Hadoop Hive 集群及其注意事项。

第 9 章介绍 Microsoft Power BI 如何使用 Spark SQL 途径连接 Apache Spark 及其注意事项。

第 10 章介绍如何通过 DBeaver、Oracle SQL Developer 等客户端工具连接 Hadoop 集群。

第 11 章从 A 企业商品的角度深入分析企业目前的商品结构及销售业绩。

第 12 章从 A 企业销售经理的角度客观公正地考核销售经理的销售业绩。

第 13 章从 A 企业客户价值的角度全面评价企业的客户价值和流失率。

第 14 章从 A 企业商品配送准时性的角度分析企业商品的配送准时性情况。

第 15 章从 A 企业商品退货的角度全面分析企业商品的退货情况。

值得注意的是，为了使读者快速掌握 Microsoft Power BI 的实用技能，提高数据分析与可视化的整体能力，书中的各部分内容都尽可能结合案例讲解，并在后面各章安排了专门的商业案例进行实操，以便读者将所学用于实际工作中。

本书的配套资源

教学视频：

为了方便读者快速掌握本书内容，本书录制了全程教学视频，读者扫描各章的二维码，即可用移动设备轻松观看，大幅提升学习效率。

PPT 课件：

本书的 PPT 课件是为有教学或培训需求的读者精心制作的，读者可以扫描下面的二维码下载：

资源文件：

本书还提供了各章案例用到的资源文件，以方便上机演练，读者可以扫描下面的二维码下载：

如果下载有问题，请发送电子邮件至 booksaga@126.com，邮件主题为“Microsoft Power BI 商业数据分析与案例实战”。

本书的读者对象

本书的内容和案例适用于互联网、咨询、零售业、电信等行业数据分析与可视化的初学者和从业者，也可供大专院校相关专业的学生以及从事大数据可视化的研究者参考，还可作为 Microsoft Power BI 软件培训的教学用书。

由于编者水平所限，书中难免存在不妥之处，欢迎广大读者批评指正。

编 者

2020 年 8 月

目　　录

第一部分　Microsoft Power BI 之新手入门篇

第二部分 Microsoft Power BI 之可视化篇

第三部分 Microsoft Power BI 之大数据篇

·第 / 一 / 部 / 分·

Microsoft
Power BI之新手入门篇

本部分我们将详细介绍Microsoft Power BI数据可视化的基本功能，包括软件的下载安装、报表编辑器、连接各类数据源、数据基础操作等，这是我们使用Microsoft Power BI进行商业数据可视化分析的基础。

第 1 章 商业数据分析及可视化概述

学习数据分析与可视化可以为企业每一项商业决策添加信心。本章我们将介绍商业数据分析的思维技巧、基本流程和注意事项等，这是我们后续深入学习 Microsoft Power BI 的基础。

商业数据分析的工具可以分为非编程类和编程类，大部分商业数据分析师对编程都比较陌生，因此我们这里仅介绍一些非编程类的数据可视化工具，包括 9 种专业的分析工具和 6 种 Microsoft Excel 数据可视化插件。

1.1 商业数据分析及其思维

商业数据分析是指以数据和商业理论为基础，通过寻找数据规律，结合业务背景，依靠统计软件和可视化工具，以优化企业经营决策为目的，洞察经营数据背后的规律等，从而为企业提高生产力和业务收益，其中数据本身仅仅是事实和数字，不产生任何价值。

商业数据分析不仅是向企业管理层提供各种数据，还需要更深入地分析和提炼数据，并以易于理解的格式呈现，例如数据报表、仪表板等。简单地说，商业数据分析能让领导知道企业面临的主要问题，并以有效的方案去解决。

目前，大部分企业的日常运营活动往往以特定的业务平台为基础，其中数据和数据分析是必备的环节。通过业务平台，企业为目标用户群提供产品或服务，用户在使用产品或服务的过程中产生大量的交易信息，企业根据这些数据反推用户的需求，从而创造更多符合用户需求的增值产品和服务，并重新投入运营过程中，形成一个完整的业务闭环，实现企业数据驱动业务增长的目标，如图 1-1 所示。

为什么说数据分析思维非常重要呢？这是由于我们在分析实际问题时，思维可能会出现缺失的现象，例如不知道某类问题是否已发生，或者虽然知道发生，但是不知道问题究竟在哪里等，如图 1-2 所示，这就需要我们学习与提高数据分析的思维。

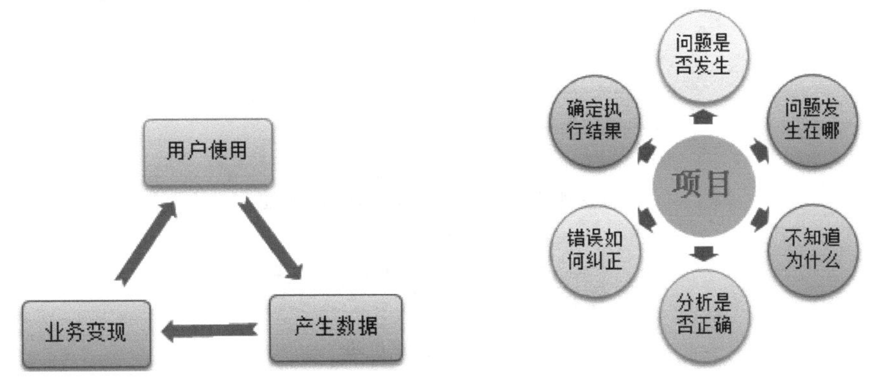

图 1-1　企业业务闭环　　　图 1-2　数据分析的困境

1. 结构化思维

结构化思维可以看作金字塔思维，就是把需要分析的问题按不同方向分类，然后不断拆分细化，从而全方位地思考问题，一般先把所有能想到的想法写出来，再整理归纳成金字塔模型，可以通过思维导图来阐述我们的分析过程。

例如，现在有一个线下销售的商品，发现 2 月份的销售额出现大幅度下降，与去年同期相比下降了 30%。首先可以观察时间趋势下的波动是突然暴跌还是逐渐下降，再按照不同区域分析地区性差异。此外，还可以从外部的角度分析现在的市场环境是什么样的，具体分析过程如图 1-3 所示。

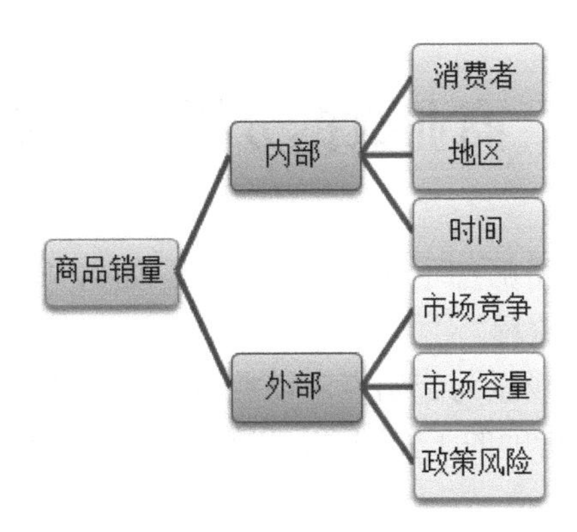

图 1-3　结构化思维

2. 公式化思维

在结构化的基础上，分析的变量往往会存在一些数量关系，使其能够进行统计计算，将分析过程量化，从而验证我们的观点是否正确。例如企业的销售数据，对销售额和利润额进行分析，公式化思维如图 1-4 所示。

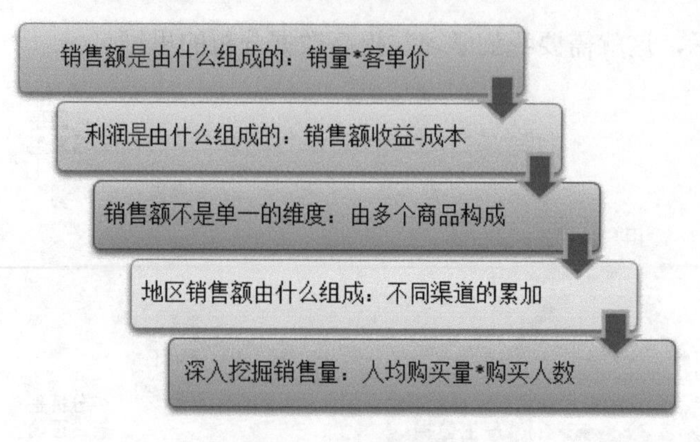

图 1-4　公式化思维

3. 业务化思维

业务化思维就是深入了解业务情况，结合项目的具体业务进行分析，并且能让分析结果落地。这是因为用结构化和公式化思维得出的最终分析结果在很多时候表现的是一种现象，不能体现原因，所以需要继续去用业务的思维思考，站在业务人员的角度思考问题，深究出现这种现象的原因，从而实现通过数据推动业务增长的目标。

提升业务思维的主要途径如下：

- 贴近业务：多与一线的销售人员进行交流与沟通。
- 换位思考：站在业务人员和用户的角度进行思考。
- 积累经验：从成功和失败的经历中总结业务特点。

1.2　商业数据分析基本流程

面对海量的数据，很多分析师都不知道如何准备、如何开展、如何得出结论等。下面为大家介绍商业数据分析的基本流程。

商业数据分析应该以业务场景为起始点，以业务决策为终点。那么数据分析应该先做什么、后做什么呢？基于数据分析师的工作职责，我们总结了商业数据分析的 5 个基本步骤，如图 1-5 所示。

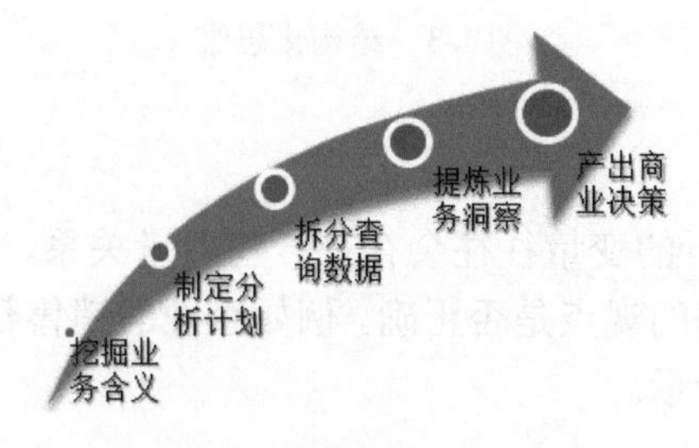

图 1-5　商业数据分析流程

- 挖掘业务含义：理解数据分析的业务场景是什么。

- 制定分析计划：制定对业务场景进行分析的计划。
- 拆分查询数据：从分析计划中拆分出需要的数据。
- 提炼业务洞察：从数据结果判断提炼出商务洞察。
- 产出商业决策：根据数据结果洞察制定商业决策。

我们一般以商业回报来定位数据分析的不同阶段，因此商业数据分析可以分为 4 个阶段，如图 1-6 所示。

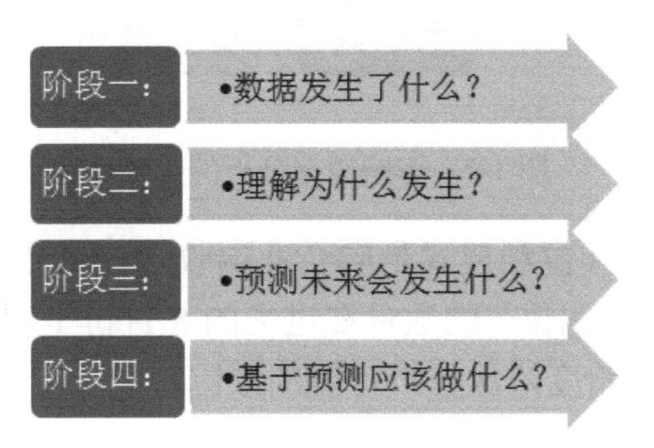

图 1-6　商业数据分析的阶段

阶段 1：数据发生了什么

首先，数据展示可以告诉我们发生了什么。例如，企业上周投放了新渠道 A 的广告，想要对比新渠道 A 与现有渠道 B 带来了多少客户流量、转化效果如何等。这些都是基于数据本身提供的“发生了什么”。

阶段 2：理解为什么发生

如果统计出渠道 A 比渠道 B 带来了更多流量，这时就需要结合业务进一步判断这种现象的原因，可以进一步通过数据进行深度的分析，也许是某个关键字带来的流量，或者是该渠道更多地获取了移动端的用户等。

阶段 3：预测未来会发生什么

当我们分析了渠道 A 和渠道 B 带来客户流量高低的原因后，就可以根据以往的数据预测未来可能会发生什么及其概率。例如，在新的渠道 C 和渠道 D 投放广告时，预测 C 相对 D 可能更好一些，以及在哪个节点比较容易出问题，等等。

阶段 4：基于预测应该做什么

数据分析过程中很有意义的工作是制定商业决策，即通过数据来预测未来我们应该做些什么，以及如何去做。当数据分析的产出可以直接转化为决策时，才能体现出数据分析的价值，否则数据分析就失去了意义。

此外，在数据分析的过程中会有很多因素影响我们的决策，那么如何找到这些因素呢？其中内外因素分解法就是其中一种较常用的方法，它把问题拆成 4 部分，包括内部因素、外部因素、可控和不可控，然后逐一解决，如图 1-7 所示。

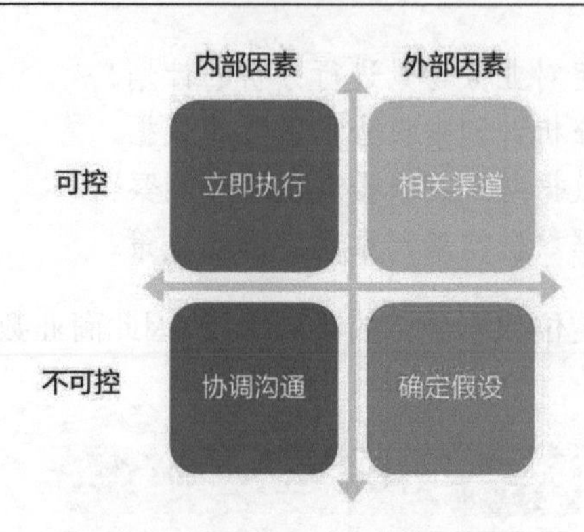

图 1-7 影响数据分析的因素

例如，某社交招聘网站，其盈利模式是向企业端收费，其中一个收费方式是购买职位的广告位。业务人员发现，“发布职位”的数量在过去的 8 月份呈现缓慢下降的趋势。根据内外因素分解法，我们可以从 4 个角度依次分析可能的原因：

- 内部可控因素：产品近期的更新、市场投放渠道变化、新老用户留存问题等。
- 外部可控因素：竞争对手近期行为、用户使用习惯的变化、招聘需求的变化。
- 内部不可控因素：产品销售策略、公司整体战略、公司客户群定位等的变化。
- 外部不可控因素：互联网招聘行业的趋势、整体经济形势、季节性需求变化。

有了内外因素分解法，我们就可以较为全面地分析数据指标，避免可能遗失的影响因素等，从而对症下药制定策略。

1.3 商业数据分析注意事项

商业数据分析和数据可视化是两个不同的概念，但在可视化技术上的要求逐渐趋于一致，许多企业关注的是数据可视化的技能，而不一定具体说明数据分析技能的重要性。其实整个行业的称呼已经显示了这一趋势，商业数据分析师、数据可视化分析师和 BI 数据分析师等新角色纷纷出现。

如何准确理解商业数据分析，需要注意以下几点：

（1）数据分析与数据可视化的差异

数据分析是一个探索性的过程，通常从特定的问题开始，需要好奇心、寻找答案的欲望和很好的韧性，因为这些答案并不总是容易得到的。数据可视化涉及数据的可视化展示，从单个图表到全面的仪表板。有效的可视化可以显著减少客户处理信息和获取有价值见解所需要的时间，但是一般总和现实有很大差距。

数据分析与数据可视化存在着天然的差别，但这并不是说两者永远不会和谐共处或者离和谐很远。在实际处理数据时，数据分析应该先于可视化，而可视化分析可能是呈现有效分析结果的一种好方法，两者在应用中存在着关联性。

（2）正确理解数据分析与数据可视化

数据可视化涉及用数据构建不同的图表，以提供不同的视角。这有助于确定需要进一步分析的异常值、差距、趋势和有趣的数据点等，比如门店的异常销售值、生产车间的产量波动等。其实可视化分析是一个化繁为简的过程，它将结果以清晰的方式展现出来。

在数据分析师的工作中，可能会涉及创建仪表板，它是交流见解极好且非常有效的方法，但是当用户使用仪表板时，等待他们的应该是根据显示的数据点进行讨论与下一步的决策，而不是单纯的数据。换句话说，它不应该是终点，而是讨论和决策的起点。

（3）不要仅仅停留在可视化视图上

现在数据可视化有很多工具，使得快速构建可视化结果非常容易。作为使用工具的分析师，职责不是做出想要的仪表板，而是确保它们提供的数据是可以访问的、易于理解和清晰的，分析结果还应该添加注释、标题和副标题等，以引导读者浏览报告或仪表板。

1.4 商业数据可视化分析工具

商业数据分析工具可以分为非编程类和编程类，大部分商业数据分析师对编程都比较陌生，因此我们这里仅介绍一些非编程类的数据可视化工具。

1.4.1 Microsoft Power BI

Microsoft Power BI 是一套商业分析工具，可以连接数百个数据源、简化数据准备并提供即席查询（Ad Hoc）。即席查询是用户根据自己的需求灵活地选择查询条件，系统能够根据用户的选择生成相应的统计报表等。即席查询与普通应用查询最大的不同是普通应用查询是定制开发的，而即席查询是由用户自定义查询条件的。

Microsoft Power BI 是微软发布的一种最新的可视化工具，它整合了 Power Query、Power Pivot、Power View 和 Power Map 等一系列工具的经验成果，所以使用过 Excel 做报表和 BI 分析的从业人员可以快速使用它，甚至可以直接使用以前的模型。此外，Excel 2016 以上的版本也提供了 Power BI 插件。

Microsoft Power BI 可以快速方便地制作出美观的报表和仪表板等，并发布到服务器。

1.4.2 Tableau Desktop

Tableau 是桌面系统中简单的商业智能软件，没有强迫用户编写自定义代码，新控制台也可以完全自定义配置，不仅能够监测信息，还提供了完整的分析能力，可以制作出绚丽的仪表板。Tableau 简单、易用、快速，一方面归功于斯坦福大学的突破性技术，集计算机图形学、人机交互和数据库系统于一身的跨领域技术，其中很耀眼的是 VizQL 可视化查询语言和混合数据架构；另一方面在于 Tableau 专注于处理简单的结构化数据，即已整理好的数据——Excel、数据库等。

针对 Tableau、Qlik、TIBCO Software、SAS、Microsoft、SAP、IBM 和 Oracle 八家数据可视化产品和服务提供商的调查，分别从知名度、流行度和领导者 3 个角度进行分析。从知名度来看，8 家厂商几乎不分先后，只有微小的差距；从流行度来看，SAP、IBM 和 SAS 占据前 3 位，分别占比 19%、18%和 17%；从领导者来看，Tableau 以 40%的优势遥遥领先。

Tableau Desktop，例如 Ryan Sleeper 制作的有史以来收入最高的 10 位演员的仪表板，可以让我们了解有史以来票房收入最高的 10 位演员、他们的电影、总收入以及关键的接受点等。

1.4.3 Smartbi Insight

思迈特商业智能与大数据分析软件（Smartbi Insight）是企业级的商业智能和大数据分析平台，经过多年的持续发展，整合了各行业的数据分析和决策支持的功能需求，在传统 BI 到自助 BI 再到智能 BI 的历史进程中不断创新与探索，具有分布式云计算、直观的流式建模、拖曳式操作、实用的统计分析、可视化数据探索等特点。

Smartbi Insight 产品定位于一站式大数据服务平台，对接各种业务数据库、数据仓库和大数据平台，进行加工处理、分析挖掘与可视化展现，满足各种数据分析应用需求，如大数据分析、自助探索分析、地图可视化、企业报表平台等，帮助客户从数据角度描述业务现状、分析业务原因、预测业务趋势、驱动业务变革。

1.4.4 Wyn Enterprise

Wyn Enterprise 是西安葡萄城自主研发的嵌入式商业智能和报表软件，通过灵活的数据分析和探索能力，全面满足数据分析需求。产品提供自助式 BI 分析、数据可视化、报表统计、多种数据源整合以及数据填报等功能，帮助企业用户发现更多的数据潜在价值，为管理者制定决策提供数据支撑。

作为一款前所未有的商业智能软件，Wyn Enterprise 提供自助式 BI 功能——WynBI，可以让最终用户毫无约束地与数据交互，任意探索数据背后的真正原因，发掘价值，为企业决策找到有效的数据支撑。

WynBI 的仪表板设计器提供了丰富的组件，包括图表、地图、透视表、切片器等。通过简单拖曳便能完成布局设计，加上内置的多套主题皮肤，即使没有美工人员协助，也能制作出绚丽的仪表板。

1.4.5 QlikView

QlikView 是一个完整的商业分析软件，开发者和分析者可以使用 QlikView 构建和部署应用，各种终端用户可以高度可视化、功能强大和创造性的方式互动分析业务数据，是一个具有完全集成 ETL 工具的应用开发环境，让开发者能从多种数据库里提取和清洗数据，建立各种强大高效的应用。

QlikView 是一个可升级的解决方案，完全利用了基础硬件平台，用大量数据进行业务分析，由开发工具（QlikView Local Client）、服务器组件（QlikView Server）、发布组件（QlikView Publisher）以及其他应用接口组成，支持多种发布方式，还可以与其他系统进行集成，使业务的重心回归到问题的原因分析和解决方案设计上。

1.4.6　阿里 DataV

阿里 DataV 旨在让更多的人看到数据可视化的魅力，帮助非专业的工程师通过图形化的界面轻松搭建专业水准的可视化应用，满足会议展览、业务监控、风险预警、地理信息分析等多种业务的展示需求，拖曳即可完成样式编辑和数据配置，无须编程就能轻松搭建可视化应用，是业务人员和设计师的最佳拍档。

阿里 DataV 支持接入包括阿里云分析型数据库、关系型数据库、本地 CSV 上传和在线 API 等，支持动态请求。阿里 DataV 将游戏级三维渲染能力引入地理场景，借助 GPU 实现海量数据渲染，提供低成本、可复用的三维数据可视化方案，适用于智慧城市、智慧交通、安全监控、商业智能等场景。

1.4.7　腾讯 TCV

腾讯 TCV（Tencent Cloud Visualization，腾讯云图）是腾讯云旗下的一站式数据可视化展示平台，旨在帮助用户快速通过可视化图表展示海量数据，10 分钟零门槛打造出专业大屏数据展示，预设多种行业模板，极致展示数据魅力。采用拖曳式自由布局，无须编码，全图形化编辑，快速可视化制作，基于 Web 页面渲染，可灵活投屏于多种屏幕终端。

腾讯 TCV 支持静态数据（CSV）、数据库、API 三类数据接入方式，其中仅静态数据 CSV 文件需要上传至数据管理，其他方式不需要。数据可视化通常需要 7 个步骤：获取（Acquire）、分析（Parse）、过滤（Filter）、挖掘（Mine）、呈现（Represent）、修饰（Refine）和交互（Interact）。腾讯 TCV 支持公开发布，也支持对大屏进行密码验证和 Token 验证两种加密方式，充分保障项目安全。

1.4.8　百度 Sugar

Sugar 是百度推出的数据可视化服务平台，目标是解决报表和大屏的数据可视化问题，解放数据可视化系统的开发人力。Sugar 提供整体的可视化报表+大屏解决方案，能够快速分析数据和搭建数据可视化效果，应用的场景比较广泛，如日常数据分析报表、搭建运营系统的监控大屏、销售实时大屏、政府政务大屏等。

Sugar 提供界面优美、体验良好的交互设计，通过拖曳图表组件可实现 5 分钟搭建数据可视化页面。Sugar 支持直接连接多种数据源，还可以通过 API、静态 JSON 方式绑定可视化图表的数据。大屏与报表的图表数据源可以复用，用户可以方便地为同一套数据搭建不同的展示形式。

1.4.9　FineBI

FineBI 是帆软公司推出的一款商业智能产品，通过最终业务用户自主分析企业已有的信息化数据帮助企业发现并解决存在的问题，协助企业及时调整策略，做出更好的决策，增强企业的可持续竞争性。

FineBI 拥有完善的数据管理策略，支持丰富的数据源连接，以可视化的形式帮助企业进行多样数据管理，极大地提升了数据整合的便利性和效率。FineBI 可连接多种数据源，支持超过 30 种以上的大数据平台和 SQL 数据源，支持 Excel、TXT 等文件数据集，支持多维数据库、程序数据集等各种数据源。FineBI 能够可视化管理数据，用户可以方便地以可视化形式对数据进行管理，简单易操作。

1.5 Microsoft Excel 数据可视化插件

对于每一名数据分析师来说，Microsoft Excel 应该是日常数据分析中使用频繁的工具，其具有丰富的数据可视化插件，在数据可视化方面，Excel 比我们想象的要强大得多。下面将以 Excel 2019 为例介绍几种比较常用的插件。

1.5.1 Power Pivot

Power Pivot 是 Excel 的外接程序，可用于执行强大的数据分析和创建复杂的数据模型。我们可以通过 Power Pivot 解析来自各种来源的数据，快速执行信息分析，以及轻松分享见解。

在 Power Pivot 中可以创建数据模型，即包含关系的表的集合。在 Excel 工作簿中看到的数据模型与在 Power Pivot 窗口中看到的数据模型相同，导入 Excel 中的任何数据在 Power Pivot 中均可使用，反之亦然。

Power Pivot 是一个加载项，可用于在 Excel 中执行强大的数据分析功能，该加载项内置在某些版本的 Excel 中，但默认未启用。下面介绍首次使用 Power Pivot 时如何启用它。

在 Excel 中依次单击“文件”→“选项”→“加载项”，在“管理”下拉框中依次单击“COM 加载项”→“转到”，选中 Microsoft Power Pivot for Excel 复选框，然后单击“确定”按钮，如图 1-8 所示。

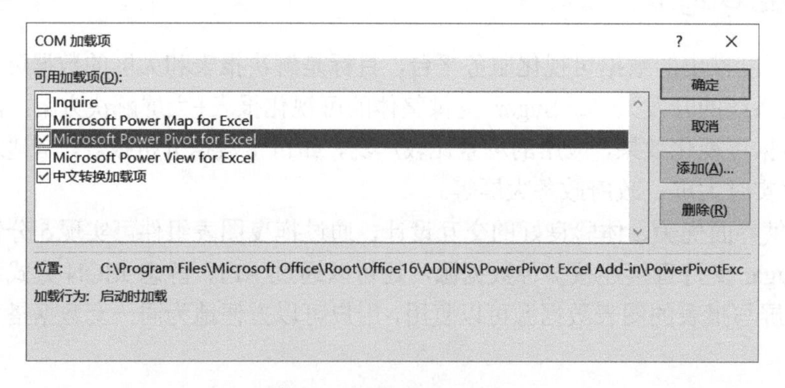

图 1-8 加载 Power Pivot

现在功能区出现一个 Power Pivot 选项卡。打开 Power Pivot 窗口，将在该窗口处理 Power Pivot 数据透视表，计算字段和关键性能指标（KPI），以及创建相互链接的表。单击“管理数据模型”，也可以依次单击“数据”→“数据工具”→“管理数据模型”，进入 Power Pivot 窗口，如图 1-9 所示。

图 1-9　管理数据模型

单击“获取外部数据”，如图 1-10 所示，以使用“表导入向导”筛选数据，创建表格之间的关系，使用计算和表达式丰富数据，然后使用数据创建数据透视表和数据透视图。

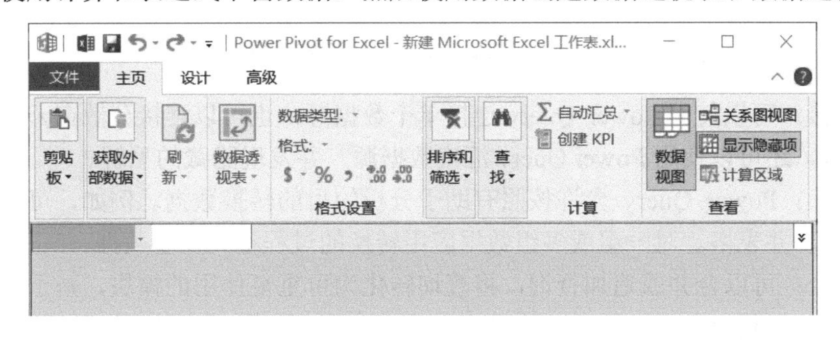

图 1-10　获取外部数据

1.5.2　Power Query

Power Query 作为 Power BI 组件的起始端，承担着数据的加载和清洗职能，记录执行的每个步骤，并允许撤销、恢复、更改顺序或修改任何步骤。这样就可以按所需方式将视图转到连接的数据中。依次单击“数据”→“获取数据”→“启动 Power Query 编辑器”就可以进入 Power Query 编辑器，如图 1-11 所示。

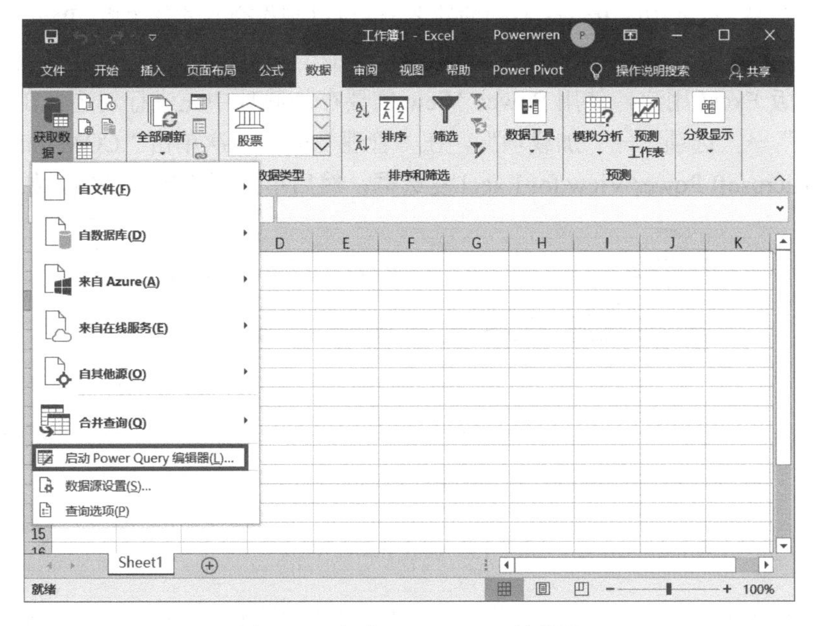

图 1-11　启动 Power Query 编辑器

凭借 Power Query 可以搜索数据源，创建连接，然后按照需求调整数据，例如删除列、更改数据类型或合并表格，调整数据之后，还可以共享发现或使用查询创建报表等。Power Query 数据清洗通常按照图 1-12 所示的方式进行。

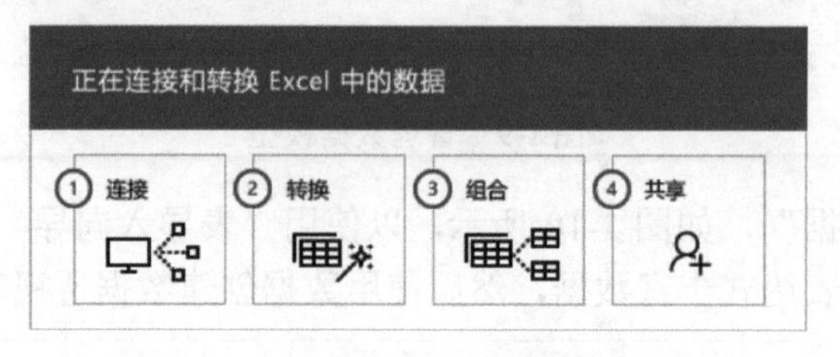

图 1-12 Power Query 数据清洗步骤

（1）连接：可以使用 Power Query 连接单个数据源，也可以连接分散在云中的多个数据库、源或服务，还可以使用 Power Query 汇集数据源，并发现隐藏的见解。

（2）转换：Power Query 允许按照有助于分析的目的转换数据。例如，可以删除列、更改数据类型或合并表格。对一组或多组数据应用转换的过程称为调整数据。

（3）组合：可以合并或追加查询，将查询转化为可重复使用的模块，基于多个数据源创建数据模型，从而获得全部数据的独特见解。

（4）共享：保存包含查询的 Excel 工作簿时，也将自动保存该查询。

总之，可以根据分析需要使用 Power Query 创建简单或复杂的查询。由于 Power Query 使用 M 语言以记录和执行其步骤，因此可以从头开始创建查询（或手动调整）以控制数据脚本的威力和灵活性，所有这些操作全部在 Power Query 中进行。

1.5.3 Power View

Power View 是 Excel 中的 Power 系列插件之一，可以制作交互式仪表板。Power View 也是一种数据可视化技术，用于创建交互式图表、图形、地图和其他视觉效果，以便直观地呈现数据。

对于专业版 Excel 用户，使用 Power View 需要在加载项中先进行勾选。在 Excel 中，依次单击“文件”→“选项”→“加载项”，在“管理”框中依次单击“COM 加载项”→“转到”，选中 Microsoft Power View for Excel 复选框，然后单击“确定”按钮，如图 1-13 所示。

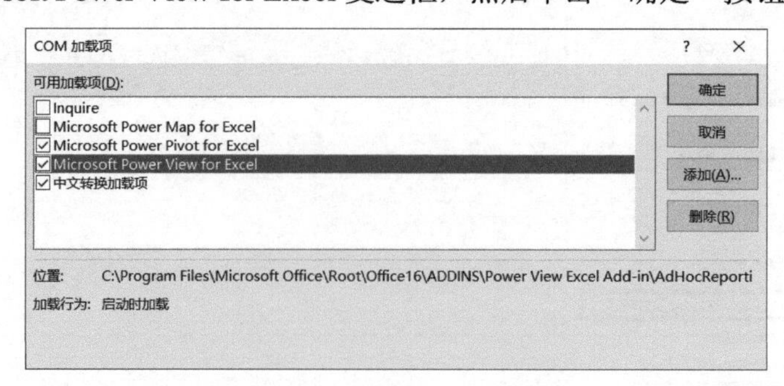

图 1-13 加载 Power View

注意：在默认情况下，Excel 中的 Power View 是隐藏的，需要手动进行设置，单击“文件”→“选项”，在弹出的“Excel 选项”界面中单击“自定义功能区”，在“从下列位置选择命令”中选择“主选项卡”下的 Power View，再单击“添加”按钮，在右侧区域可以勾选“Power View（自定义）”复选框（注意不是 Power View），最后单击“确定”按钮，如图 1-14 所示。经过上述操作，Power View 就会被加载到 Excel 界面的主选项卡上。

图 1-14　“Power View（自定义）”复选框

1.5.4　Power Map

Power Map（地图增强版）是微软基于 Bing 地图开发的一款数据可视化工具，是一种新的 3D 可视化的 Excel 地图插件，可以探索地理与时间维度上的数据变换，发现和分享新的见解。Power Map 是微软 Office 软件的组件之一，Office 365 或者 Office 2016 及以上版本已经包含这个软件，其他版本可以通过微软官方网站免费下载。

在 Excel 中，依次单击“文件”→“选项”→“加载项”，在“管理”下拉框中单击“COM 加载项”→“转到”，选中 Microsoft Power Map for Excel 复选框，然后单击“确定”按钮，如图 1-15 所示。

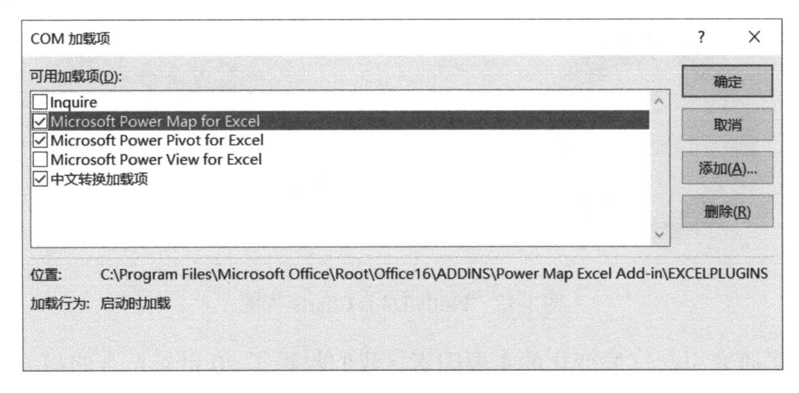

图 1-15　加载 Power Map

首先需要打开数据源，然后单击数据区域的任意单元格，在“插入”选项卡中单击“三维地图”下的“打开三维地图”，再对相应的字段进行设置，如图 1-16 所示。

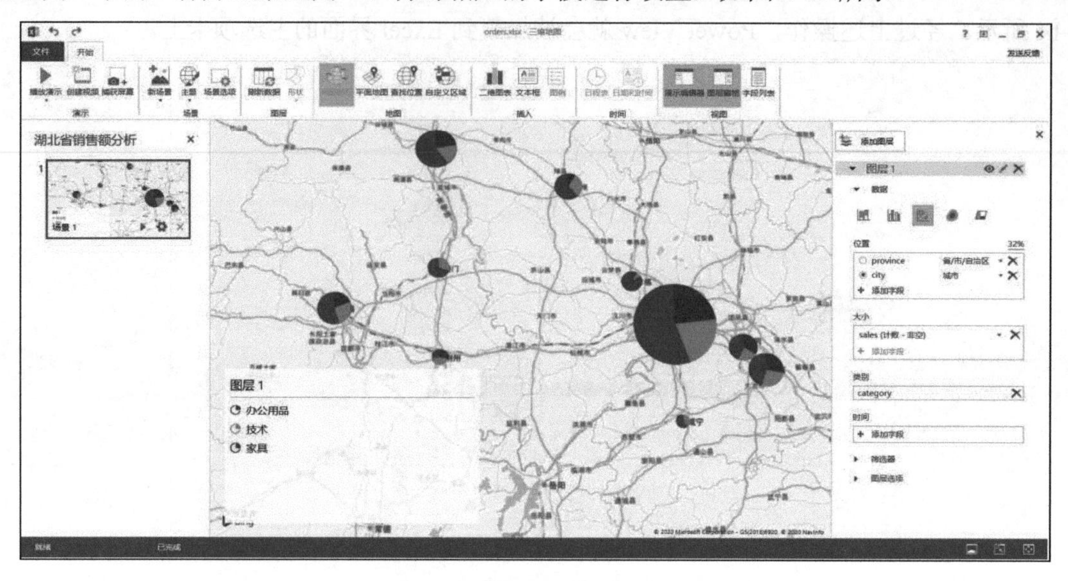

图 1-16　三维地图可视化

1.5.5 Plotly D3.js Charts

Plotly D3.js Charts for Powerpoint and Excel 为我们提供了一种使用 Plotly 交互式图表分析电子表格数据或将任何现有 Plotly 图表嵌入 Excel 和 PowerPoint 演示文稿中的简单方法。注意，该插件仅仅适用于 Excel 2013 及以上版本，如图 1-17 所示。

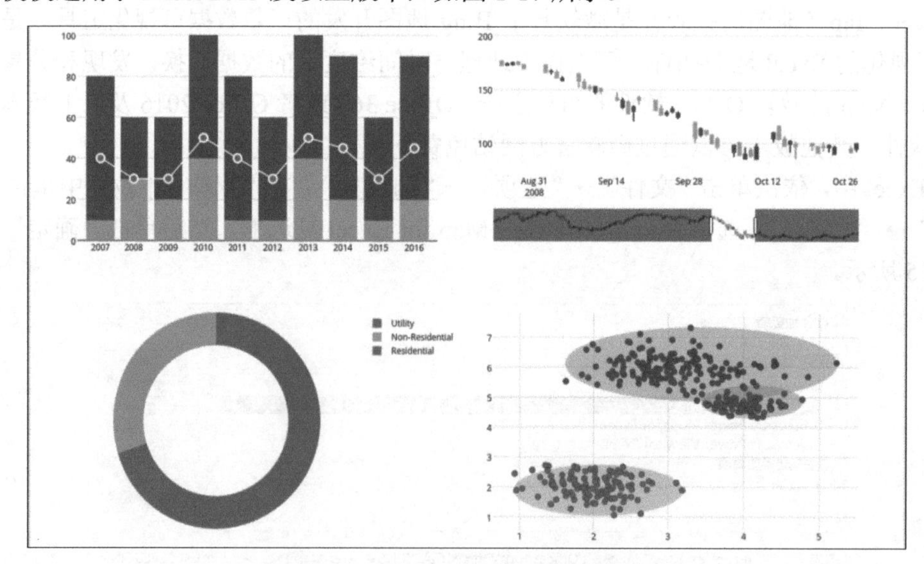

图 1-17　Plotly D3.js Charts 视图

例如，为了研究引起气候变化的主要因素，我们收集了 20 世纪至今的相关指标数据，输入气候变化模型，各指标的响应程度如图 1-18 所示。

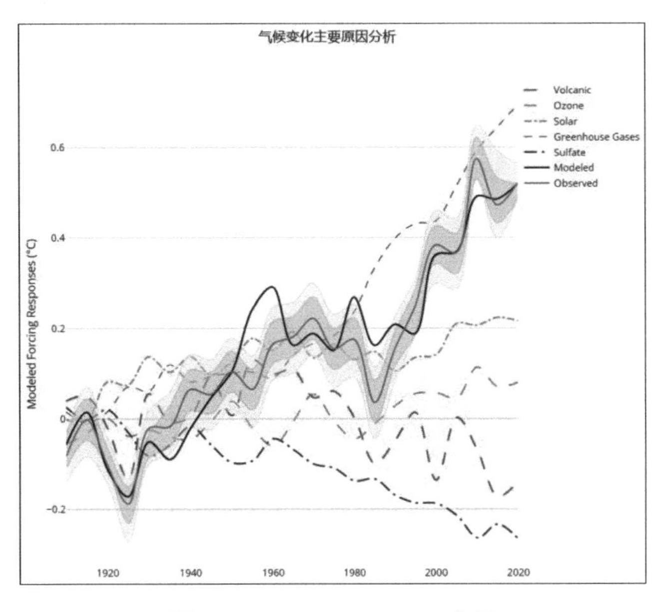

图 1-18 Plotly D3.js Charts 案例

1.5.6 Office Apps Fiddle

Office Apps Fiddle for Excel 插件可以创建丰富的图表，例如条形图、直方图、散点图矩阵、箱线图等。注意：该插件仅仅适用于 Excel 2013 及以上版本，插件中的主要图表样例如图 1-19 所示。

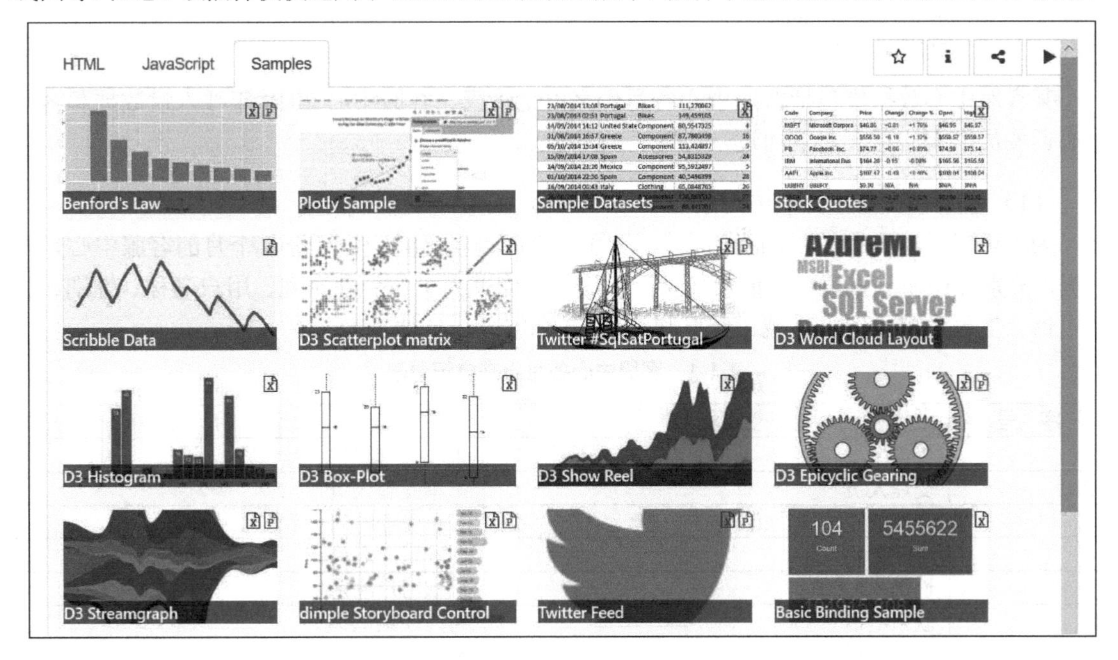

图 1-19 Office Apps Fiddle 样例

例如，可以方便地绘制最低工资与工作时长的散点图，并添加线性回归方程，以及模型的 R 方，如图 1-20 所示。

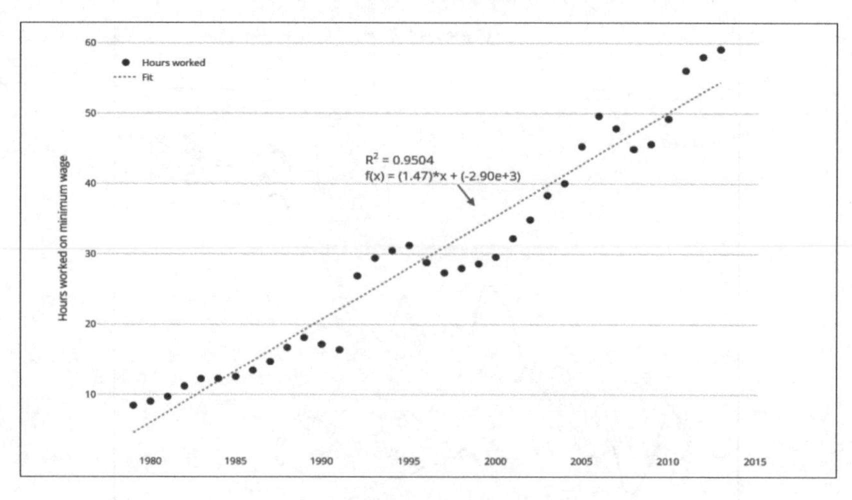

图 1-20 Office Apps Fiddle 案例

1.6 案例数据集介绍

本书主要以某客服中心数据集和某电商企业数据集为例，系统讲解 Microsoft Power BI 的数据可视化技术和方法。

1.6.1 某客服中心数据集

某客服中心数据集包括客服中心各月份来电记录表、客服中心 2019 年呼入量数据和客服中心话务员个人信息表。下面逐一说明。

（1）客服中心各月份来电记录表

为了可视化演示的需要，我们收集了 10 月份、11 月份和 12 月份 3 个月的客服中心来电数据，分别存储在 3 张表中，但都包括工单编号、受理人员、受理时间、用户名称、性别、联系电话、工单类型、诉求区域、经度和纬度 10 个字段，具体见表 1-1。

表1-1 客服中心各月份来电记录表

序 号	变 量 名	说 明
1	工单编号	来电工单编号
2	受理人员	工单受理人员
3	受理时间	工单受理时间
4	用户名称	诉求用户名称
5	性别	诉求用户性别
6	联系电话	用户联系电话
7	工单类型	来电工单类型
8	诉求区域	来电诉求区域
9	经度	来电经度坐标
10	纬度	来电纬度坐标

（2）客服中心 2019 年呼入量数据

包括话务员工号、日期、部门、班次、呼入量、通话时长、平均通话时长 7 个字段，具体见表 1-2。

表1-2　客服中心2019年呼入量数据

序　号	变 量 名	说　明
1	话务员工号	话务员工号
2	日期	统计日期
3	部门	客服中心部门
4	班次	客服中心班次
5	呼入量	呼入量汇总
6	通话时长	通话时长汇总
7	平均通话时长	平均通话时长

（3）客服中心话务员个人信息表

包括话务员工号、性别、年龄、学历、入职时间、话务员级别和籍贯 7 个字段，具体见表 1-3。

表1-3　客服中心话务员个人信息表

序　号	变 量 名	说　明
1	话务员工号	话务员工号
2	性别	话务员性别
3	年龄	话务员年龄
4	学历	话务员学历
5	入职时间	入职时间(日)
6	话务员级别	话务员级别
7	籍贯	话务员籍贯

1.6.2　某电商企业数据集

某电商企业数据集，我们抽取了某上市电商企业 A 的客户数据、订单数据、股价数据中的部分指标，分别存储在 customers、orders、stocks 和 talks 四张表中。下面逐一说明。

（1）客户表（customers）

包含客户属性的基本信息，例如客户 ID、性别、年龄、学历、职业等 12 个字段，具体见表 1-4。

表1-4　客户表（customers）

序　号	变 量 名	说　明
1	cust_id	客户 ID
2	gender	性别
3	age	年龄
4	education	学历
5	occupation	职业
6	income	收入

（续表）

序 号	变 量 名	说 明
7	telephone	手机号码
8	marital	婚姻状况
9	email	邮箱地址
10	address	家庭地址
11	retire	是否退休
12	custcat	客户等级

（2）订单表（orders）

包含客户订单的基本信息，例如订单 ID、订单日期、门店名称、支付方式、发货日期等 25 个字段，具体见表 1-5。

表1-5　订单表（orders）

序 号	变 量 名	说 明
1	order_id	订单 ID
2	order_date	订单日期
3	store_name	门店名称
4	pay_method	支付方式
5	deliver_date	发货日期
6	landed_days	实际发货天数
7	planned_days	计划发货天数
8	cust_id	客户 ID
9	cust_name	姓名
10	cust_type	类型
11	city	城市
12	province	省市
13	region	地区
14	product_id	商品 ID
15	product	商品名称
16	category	类别
17	subcategory	子类别
18	sales	销售额
19	amount	数量
20	discount	折扣
21	profit	利润额
22	manager	销售经理
23	return	是否退回
24	satisfied	是否满意
25	dt	年份

（3）股价表（stocks）

包含 A 企业近 3 年来股价的走势信息，例如交易日期、开盘价、最高价、最低价、收盘价等 7 个字段，具体见表 1-6。

表1-6　股价表（stocks）

序　号	变 量 名	说　明
1	trade_date	交易日期
2	open	开盘价
3	high	最高价
4	low	最低价
5	close	收盘价
6	adj_close	复权收盘价
7	volume	成交量

（4）员工沟通表（talks）

包含 A 企业内部员工的沟通数据，例如主叫者、主叫者职位、被叫者、被叫者职位、主叫者时长和被叫者时长等 8 个字段，具体见表 1-7。

表1-7　员工沟通表（talks）

序　号	变 量 名	说　明
1	caller	主叫者
2	caller_position	主叫者职位
3	caller_photo	主叫者照片
4	callee	被叫者
5	callee_position	被叫者职位
6	callee_photo	被叫者照片
7	caller_time	主叫者时长
8	callee_time	被叫者时长

1.7　练习题

1. 简述商业数据分析的主要思维，并列举实际案例。
2. 简述商业数据分析的基本流程，并列举实际案例。
3. 结合案例简述几种商业数据可视化分析工具。
4. 结合案例简述几种 Excel 的数据可视化插件。
5. 收集整理有关 Microsoft Power BI Desktop 的学习资料。

第2章

Microsoft Power BI 软件初识

Microsoft Power BI 是目前使用比较广泛的可视化分析工具之一，是一套有效的商业数据分析工具，可以连接数百个数据源，简化数据准备时间，并快速创建各类可视化视图，从而供企业管理者经营决策使用。本章我们将介绍 Microsoft Power BI 的基础知识，包括下载与安装、软件简介和报表编辑器等。

2.1 Microsoft Power BI 软件概况

2.1.1 Microsoft Power BI Desktop

Microsoft Power BI Desktop 是一款可以在本地安装的免费应用程序，用于连接到数据、转换数据并实现数据的可视化效果，是本书讲解的重点。借助 Power BI Desktop 可以连接多个不同数据源并将它们合并到数据模型中，该模型允许用户生成可作为报表与组织内的其他人共享的视觉对象和视觉对象集合。商业智能项目的大多数用户基本都是首先使用 Power BI Desktop 创建报表，然后使用 Power BI 服务与其他人共享。

微软对 Power BI 目前有 3 种授权方式，即免费版（Power BI）、专业版（Power BI Pro）、以及增值版（Power BI Premium）。前两种主要适用于个人以及中小型企业，后一种适用于对数据分析报表有高度需求的大中型企业，也适用于打算基于 Power BI 进行二次产品开发的企业。注意，本书中的 Microsoft Power BI 专指免费版的 Power BI。

Power BI 专业版使用按月收费的方式，每个账号每月 9.9 美元，国内运营商的报价是每月 65 元。Power BI 增值版的授权有 3 种，具体收费方式如表 2-1 所示。

表2-1　Power BI增值版类型

类型名称	虚拟处理器	内存（GB）	每秒最大连接数	最多可渲染页面数	月收费（美元）
P1	8	25	30	1201~2400	4995
P2	16	50	60	2401~4800	9995
P3	32	16	120	4801~9600	19995

目前，国内运营商还未提供 Power BI Premium 的相关服务，因此暂时没有国内报价。

Power BI 的 3 种授权服务形式都可以无差别地使用 Power BI 桌面版以及移动版，其主要差别是在线服务功能，具体如表 2-2 所示。

表2-2　Power BI功能描述

功能描述	Power BI	Power BI Pro	Power BI Pre
将报表发布到 Power BI 在线服务器	支持	支持	支持
将报表发布到 Power BI 本地服务器	不支持	支持	支持
单个数据集的大小	1GB	1GB	1GB
最大数据存储容量	10GB/人	10GB/人	100TB/P
最大数据流量的行数	每小时 100 万	每小时 100 万	不限
数据刷新最高频率	每天 8 次	每天 8 次	每天 48 次
连接所有 Power BI 支持的数据源	支持	支持	支持
自定义交互式报表	支持	支持	支持
使用自定义视觉对象	支持	支持	支持
使用第三方应用	支持	支持	支持
使用智能“问答”功能快速创建报表	支持	支持	支持
导出到 PowerPoint、Excel 和 CSV	支持	支持	支持
使用“在 Excel 中分析”功能	不支持	支持	支持
使用“Power BI 服务活动连接”功能	不支持	支持	支持
按用户角色设定其访问的报表数据	不支持	支持	支持
第三方开发的应用快速连接数据源	不支持	支持	支持
电子邮件订阅	不支持	支持	支持
向公网发布数据表单	支持	支持	支持
向 Power BI 专业版用户共享报表	不支持	支持	支持
向没有 Power BI 授权的用户发布报表	不支持	不支持	支持
查看他人共享的数据表单	不支持	支持	支持
查看报表分析数据	不支持	支持	支持
创建并发布应用	不支持	支持	支持
创建并发布组织内容包	不支持	支持	支持
使用多租户服务架构	是	是	否
专属的处理器和内存使用权	否	否	是
将报表嵌入第三方应用程序	不支持	支持	支持

（续表）

功能描述	Power BI	Power BI Pro	Power BI Pre
与 Office 365 Groups 产品集成	不支持	支持	支持
与 Azure 活动目录集成	支持	支持	支持
在 Azure 数据目录中共享查询	不支持	支持	支持

2.1.2 Microsoft Power BI 服务

Microsoft Power BI 服务也被称为 Power BI Online，类似于 Tableau Online，它可以认为是 Power BI 的在线服务器，即通过网络提供软件服务，是 Power BI 的软件即服务（SaaS）部分。Power BI 服务中的仪表板可以帮助管理人员了解企业状况，仪表板会显示磁贴，可以选择这些磁贴来打开报表进一步了解详细信息，其中仪表板和报表会连接到企业经营数据，后者将企业所有经营相关数据汇集在一处。

在数据分析过程中，一个典型的 Power BI 的工作流程：首先在 Power BI Desktop 中生成一张数据报表，然后将它发布到 Power BI 服务。这样的工作流程很常见，但是我们也可以直接在 Power BI 服务中创建 Power BI 报表。

创建报表和仪表板后，可以进行共享，让 Power BI 服务和移动服务中的最终用户能够查看它们并与之交互。Power BI 服务重要的功能之一就是能够控制工作共享方式，可以创建工作区，让你和同事能够在这里协作处理报表和仪表板，还可以共享数据集本身，让其他人能够根据这些数据集自行创建报表。

2.1.3 Microsoft Power BI 报表服务器

Power BI 报表服务器是一个本地报表服务器（可以在本地创建报表），其中包含一个可以显示和管理报表和 KPI 的 Web 门户。随之一起提供的还有创建 Power BI 报表、分页报表、移动报表和 KPI 的工具。用户可以采用不同的方式访问这些报表：在 Web 浏览器、移动设备或在收件箱中以电子邮件的形式查看报表。

Power BI 报表服务器类似于 SQL Server Reporting Services 和 Power BI 联机服务，但采用不同的方式。像 Power BI 服务一样，Power BI 报表服务器可托管 Power BI 报表（.PBIX）、Excel 文件和分页报表（.RDL）。与 Reporting Services 一样，Power BI 报表服务器是本地服务器。Power BI 报表服务器的功能是 Reporting Services 的超集：Reporting Services 可执行的所有操作均可由 Power BI 报表服务器执行，后者还支持 Power BI 报表。

可以通过两个不同许可证来访问 Power BI 报表服务器：Power BI Premium 和 SQL Server Enterprise Edition。使用 Power BI Premium 许可证可以创建混合云和本地的混合部署。

2.1.4 Microsoft Power BI 数据网关

Power BI 本地数据网关充当网桥的角色，提供本地数据与微软的“云服务”之间的快速安全数据传输，这些服务包括 Power BI、Power Apps、Power Automate、Azure Analysis Services 和 Azure 逻辑应用。通过使用网关，企业可以将数据库和其他数据源保留在本地，还可以在“云服务”中安全地使用本地数据。

数据网关的两种类型：

- 本地数据网关：允许多个用户连接到多个本地数据源。可以将本地数据网关与所有支持的服务结合使用，只需要安装单个网关即可，此网关非常适用于多个用户访问多个数据源的复杂场景。
- 本地数据网关（个人模式）：允许一个用户连接到数据源，且无法与其他人共享。本地数据网关（个人模式）只能与 Power BI 一起使用。此网关非常适用于创建报表的唯一人员且不需要与其他人共享数据源的场景。

使用网关的主要步骤：

步骤 01 在本地计算机上下载并安装网关。
步骤 02 根据防火墙和其他网络要求配置网关。
步骤 03 添加网关管理员，以便管理网关和管理其他网络要求。
步骤 04 使用网关刷新本地数据源。
步骤 05 出现错误时，对网关进行故障排除。

本书我们主要就前两部分内容进行详细介绍，后两部分内容因为国内使用并不多，所以不是本书的重点。

2.2　Microsoft Power BI 的下载与安装

2.2.1　安装前的注意事项

截至 2020 年 3 月份，Microsoft Power BI 的最新版本是 2.78.5740.861，该版本的发布日期是 2020 年 2 月 21 日，注意本书是基于该版本编写的，如果读者使用的是其他版本，那么具体操作过程可能会存在一些差异，为了后续学习的便利，建议与本书的版本保持一致。

在安装之前，首先需要检测一下笔记本的参数配置是否符合要求，Microsoft Power BI 官方网站给出了正常运行软件的最低要求，环境要求如下：

- 系统：Windows 7/Windows Server 2008 R2 或更高版本。
- NET 环境：.NET 4.5。
- IE 浏览器：Internet Explorer 10 或更高版本。
- 内存（RAM）：可用量至少为 1GB，建议可用量为 1.5GB 或以上。
- 显示：建议分辨率至少为 1440×900 或 1600×900（16:9）。
- CPU：建议为 1 千兆赫（GHz）或更快的 x86 和 x64 位处理器。

2.2.2　Microsoft Power BI 的下载

我们可以到微软的官方网站下载 Microsoft Power BI，在浏览器的地址栏中输入网址：https://power bi.microsoft.com/zh-cn/downloads，再单击“高级下载选项”链接，如图 2-1 所示。注意，如果单击“高级下载选项”上方的“下载”按钮，那么将会通过 Microsoft 应用商店的方式进行安装，两种方式安装的软件版本是一样的，建议采用第一种方式。

图 2-1　Microsoft Power BI 下载

也可以在浏览器中输入 https://www.microsoft.com/zh-CN/download/details.aspx?id=58494，直接进入软件下载页面，但是该链接随着版本的更新最后 5 位数字可能会发生变化。然后在 Microsoft Power BI Desktop 页面单击“下载”按钮，就可以下载最新版本的 Microsoft Power BI，如图 2-2 所示。

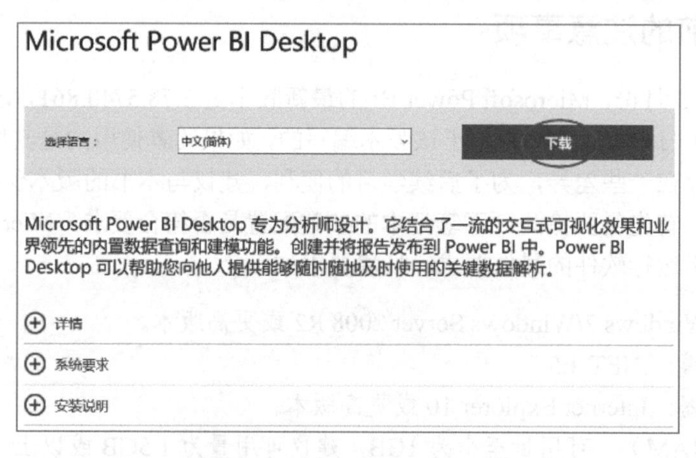

图 2-2　Microsoft Power BI 下载

打开“选择您要下载的程序”对话框，其中 PBIDesktopSetup.exe 是 32 位系统的安装包，PBIDesktopSetup_x64.exe 是 64 位系统的安装包，用户可以根据自己的计算机系统选择合适的安装包，这里我们选择 64 位的安装包，再单击 Next 按钮，如图 2-3 所示。

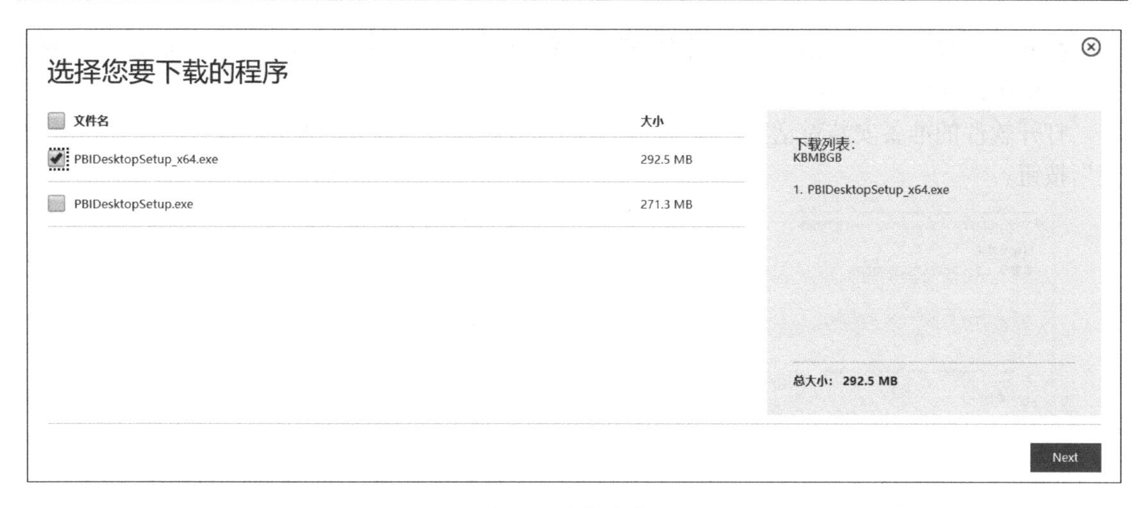

图 2-3　选择安装包

2.2.3　Microsoft Power BI 的安装

软件下载完毕，双击下载的 PBIDesktopSetup_x64.exe 文件，出现如图 2-4 和图 2-5 所示的安装向导对话框，选择语言为“中文(简体)”，单击“下一步”按钮。

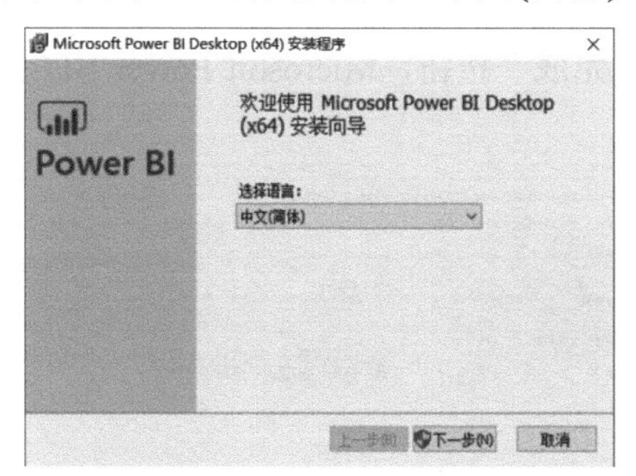

图 2-4　选择安装语言

图 2-5　安装向导

打开“Microsoft 软件许可条款”对话框，勾选“我接受许可协议中的条款”复选框，如图 2-6 所示，然后单击“下一步”按钮。

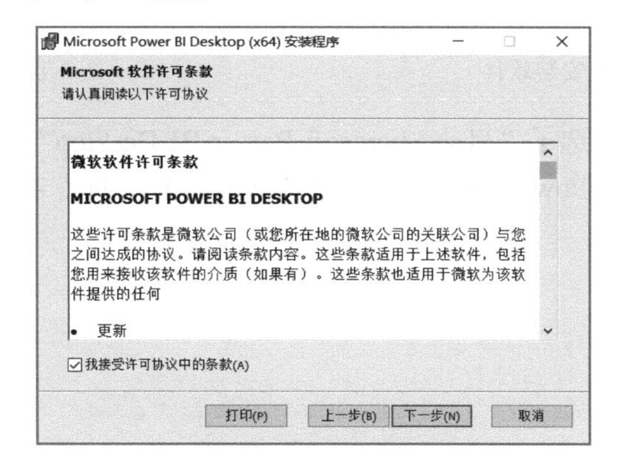

图 2-6　软件许可条款

打开“目标文件夹”对话框，指定安装位置，可以单击“更改”按钮进行修改，这里使用默认位置，如图 2-7 所示，单击“下一步”按钮。

打开软件的准备安装对话框，勾选“创建桌面快捷键”复选框，如图 2-8 所示，单击“安装”按钮。

图 2-7　设置软件安装位置

图 2-8　准备好安装

开始安装软件，具体安装时间与个人的计算机配置相关，如图 2-9 所示，完成后单击“下一步”按钮。

在打开的“安装向导已完成”对话框中单击“完成”按钮，Microsoft Power BI 的安装过程结束，如图 2-10 所示。

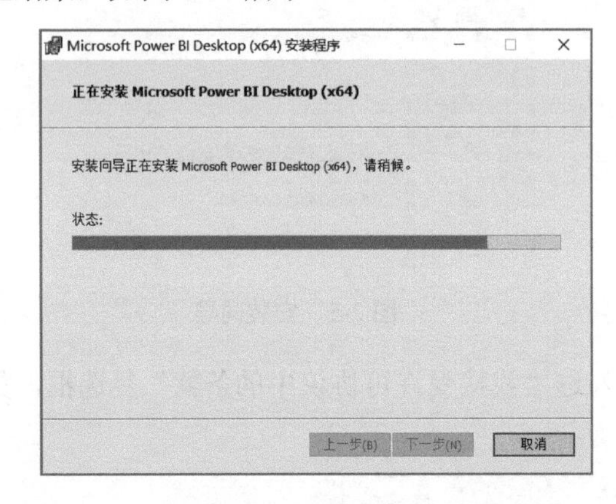

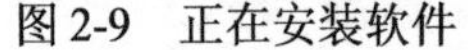

图 2-9　正在安装软件

图 2-10　安装完成

在图 2-10 中，如果勾选了“启动 Microsoft Power BI Desktop”复选框，再单击“完成”按钮，就会启动 Microsoft Power BI 并显示软件的欢迎界面，如图 2-11 所示。

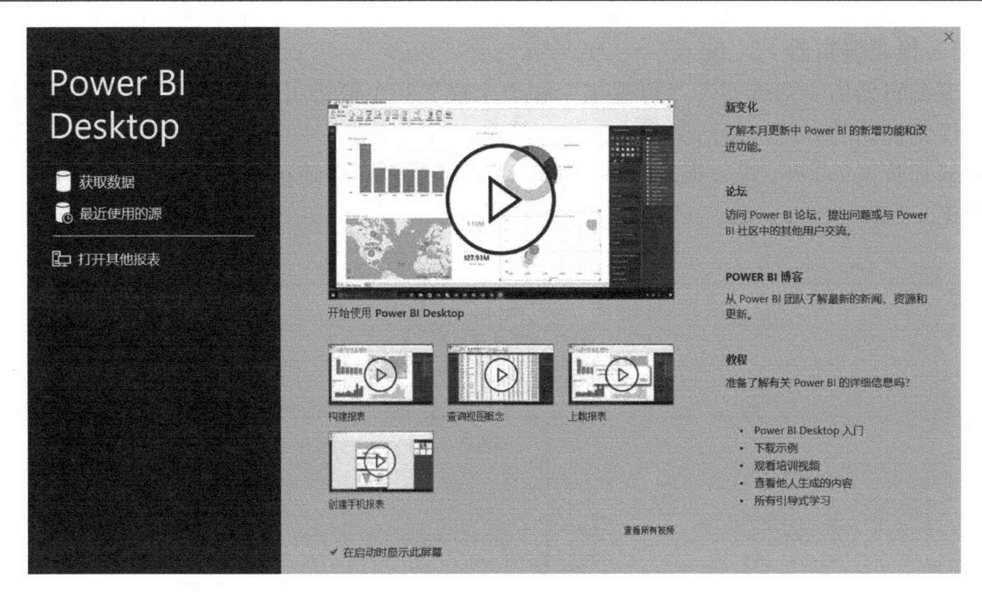

图 2-11　软件欢迎界面

可以直接从欢迎界面获取数据、查看最近的数据源或打开其他报表，还可以免费试用 Microsoft Power BI 专业版以及登录个人账户等。在图 2-11 中，单击右上角的“关闭”按钮可以关闭该界面。

Microsoft Power BI 的卸载与普通软件的卸载类似，可以在计算机的“控制面板”中进行相关操作，操作比较简单，这里就不做过多介绍了。

2.3　Microsoft Power BI 软件简介

2.3.1　Microsoft Power BI 主要界面

Microsoft Power BI 是一套商业分析工具，可以连接数百个数据源、简化数据准备并提供即席查询。它是微软公司发布的最新可视化工具，整合了 Power Query、Power Pivot、Power View 和 Power Map 等一系列工具的经验成果，使用过 Excel 做报表和 BI 分析的从业人员可以快速使用 Microsoft Power BI，甚至可以直接使用以前的模型。此外，Excel 2016 及以上版本也提供了 Microsoft Power BI 插件。

Microsoft Power BI 界面由顶部导航栏、报表画布和报表编辑器 3 个部分组成。

（1）顶部导航栏

顶部导航栏主要用于数据可视化的操作，包含“文件”“主页”“视图”“建模”和“帮助”等选项。

（2）报表画布

报表画布是显示工作内容的区域，使用“字段”“筛选器”“可视化”窗格创建视觉对象时，在画布区域会生成和显示这些视觉对象，底部的选项卡表示报表中的第几页。

（3）报表编辑器

报表编辑器由“筛选器”“可视化”和“字段”3 个窗格组成。“筛选器”和“可视化”控制可视化视图的外观，包括类型、字体、筛选、格式设置，“字段”则可以管理用于可视化视图的基础数据。此外，报表编辑器各个窗格中显示的内容会随报表画布中选择内容的不同而发生变化，如图 2-12 所示。

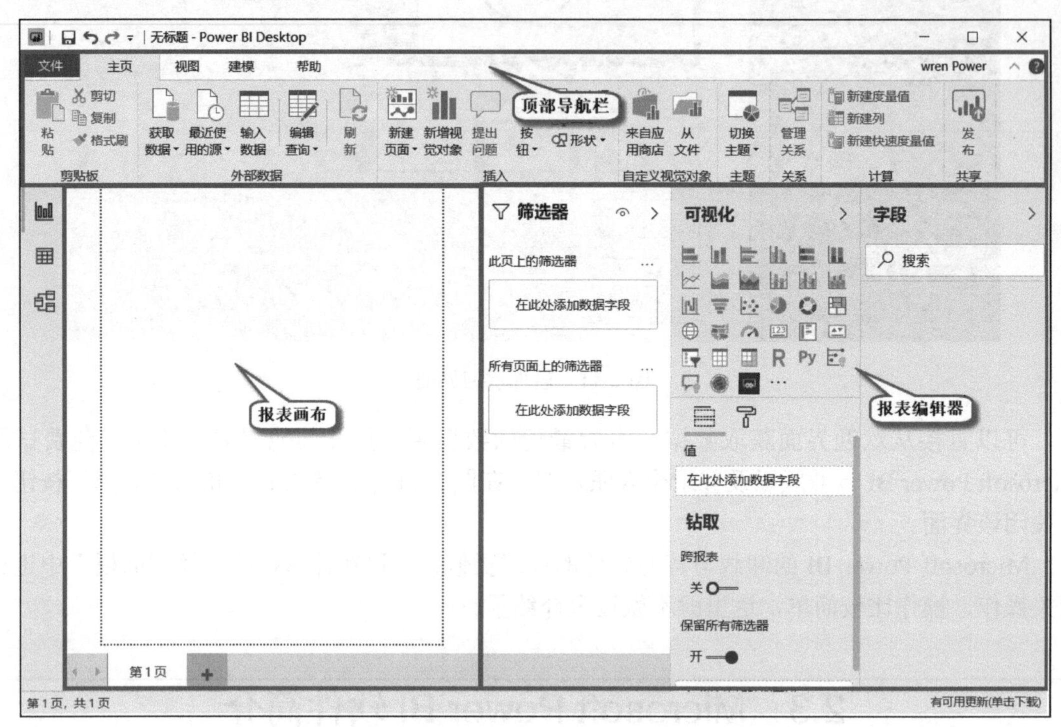

图 2-12　Microsoft Power BI Desktop 界面

Microsoft Power BI 的主要特征如下：

（1）查看所有信息

Microsoft Power BI 将用户所有的本地信息和云信息集中在一起，让用户可以随时随地进行访问，也可以使用预封装的内容包和内置连接器快速地从解决方案（如 Marketo、Salesforce、Google Analytics）导入数据。

（2）让细节更生动

Microsoft Power BI 通过可视化视图和交互式仪表板提供企业的合并实时视图，让用户成为设计大师。Power BI Desktop 提供不限形式的画布供用户拖曳数据进行浏览，并提供大量交互式可视化视图、简易报表创建和快速发布到 Power BI 服务的库。

（3）将数据转换为决策

借助 Microsoft Power BI，可以使用简单的拖放手势与数据轻松交互以发现数据趋势，并可以使用自然语言快速查询答案。

（4）共享最新信息

Microsoft Power BI 让用户无论身处何地，都可与任何人共享仪表板和报表等。通过适用于 Windows、iOS 和 Android 的 Power BI 应用，始终掌握最新信息。

（5）在网站上分享见解

使用 Microsoft Power BI 可以快速将可视化视图嵌入网站，展现数据内容，能够让数百万用户从任何地点、使用任何设备访问视图。

2.3.2　Microsoft Power BI 三种视图

Microsoft Power BI 包含报表视图、数据视图和模型视图 3 种视图。其中，当前显示的视图以黄色条表示，为报表视图，如图 2-13 所示。可以通过单击左侧导航栏中的图标在 3 种视图之间进行切换。

图 2-13　Microsoft Power BI 三种视图

在报表视图中，我们可以创建任意数量的报表页，可移动可视化内容，还可以进行复制、粘贴、合并等操作。

当 Microsoft Power BI 加载数据时，在“字段”窗格将会显示数据中的所有字段，例如添加“客服中心 12 月份来电记录.xlsx”文件后，如图 2-14 所示。

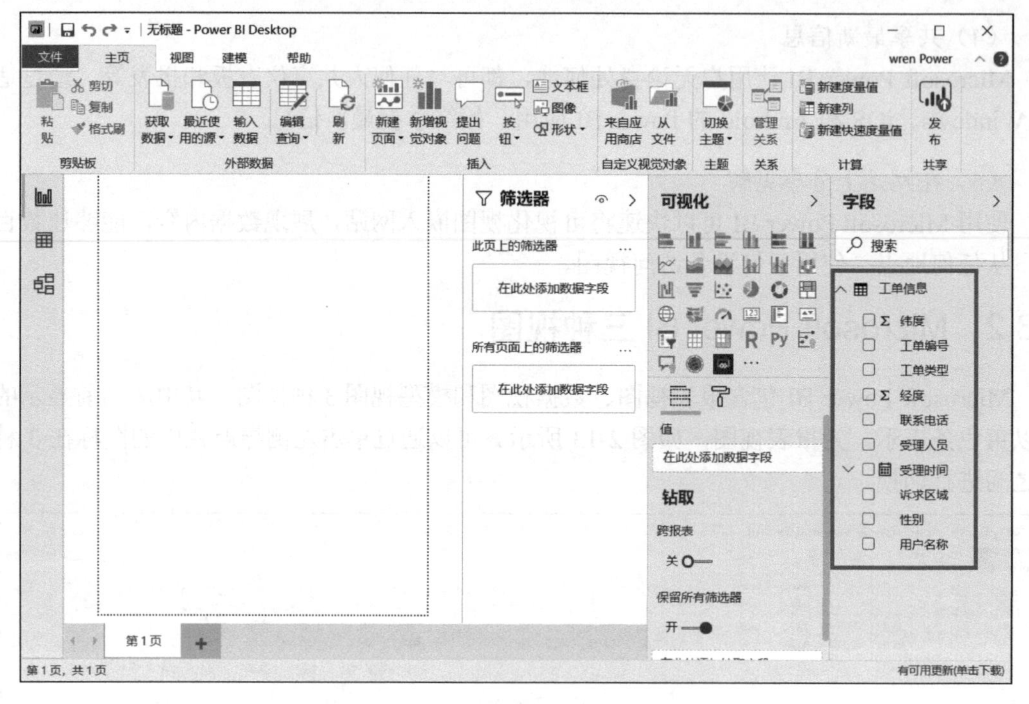

图 2-14　Microsoft Power BI 加载数据

如果要生成某类可视化视图，首先需要在“可视化”窗格中选中需要展示的视图类型，例如添加环形图，然后勾选“工单编号”和“诉求区域”字段，同时将“图例”设置为“诉求区域”，将“值”设置为“工单编号”，汇总方式是计数，如图 2-15 所示。

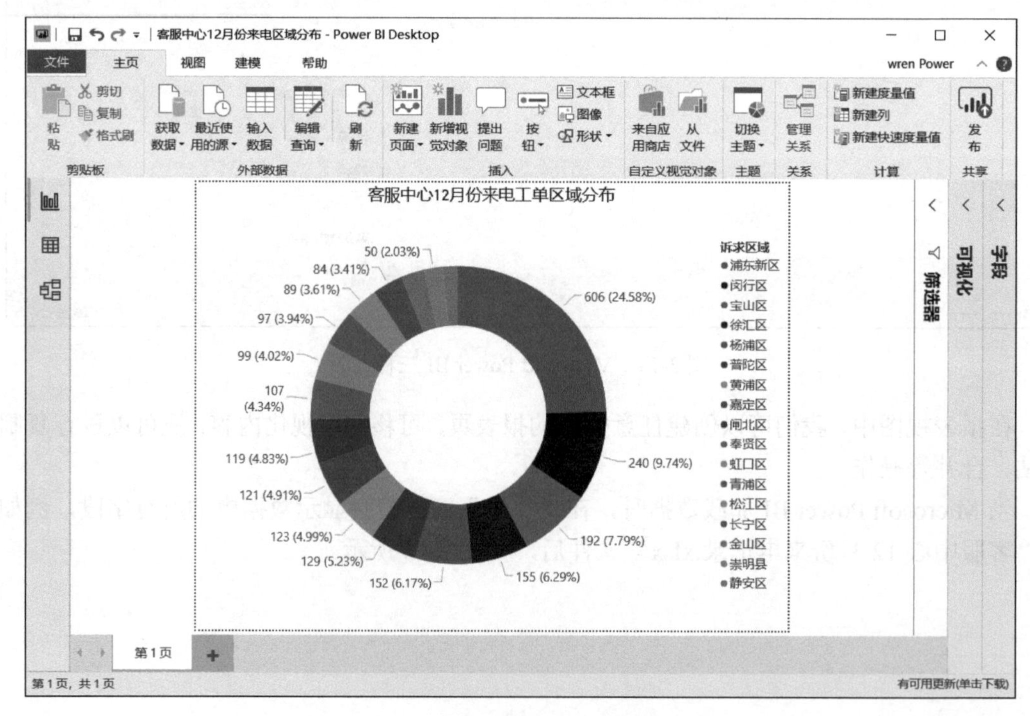

图 2-15　设置可视化视图

如果页面上的可视化视图太多，看起来杂乱，就很难找到正确信息，因此需要向报表添加新的页面，需要单击报表视图左下方的“新建页”按钮，如图 2-16 所示。

如果要删除页面，那么单击报表视图底部页面选项卡上的“删除页”按钮“×”即可，如图 2-17 所示。

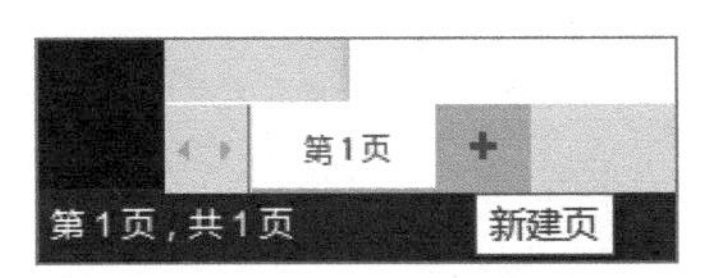

图 2-16　“新建页”按钮

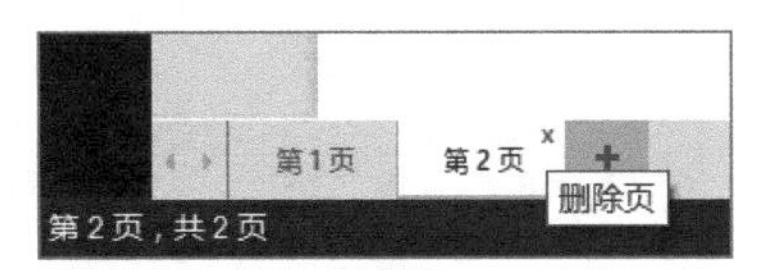

图 2-17　“删除页”按钮

数据视图有助于检查、浏览和了解 Microsoft Power BI 模型中的数据，数据视图的页面构成如图 2-18 所示。

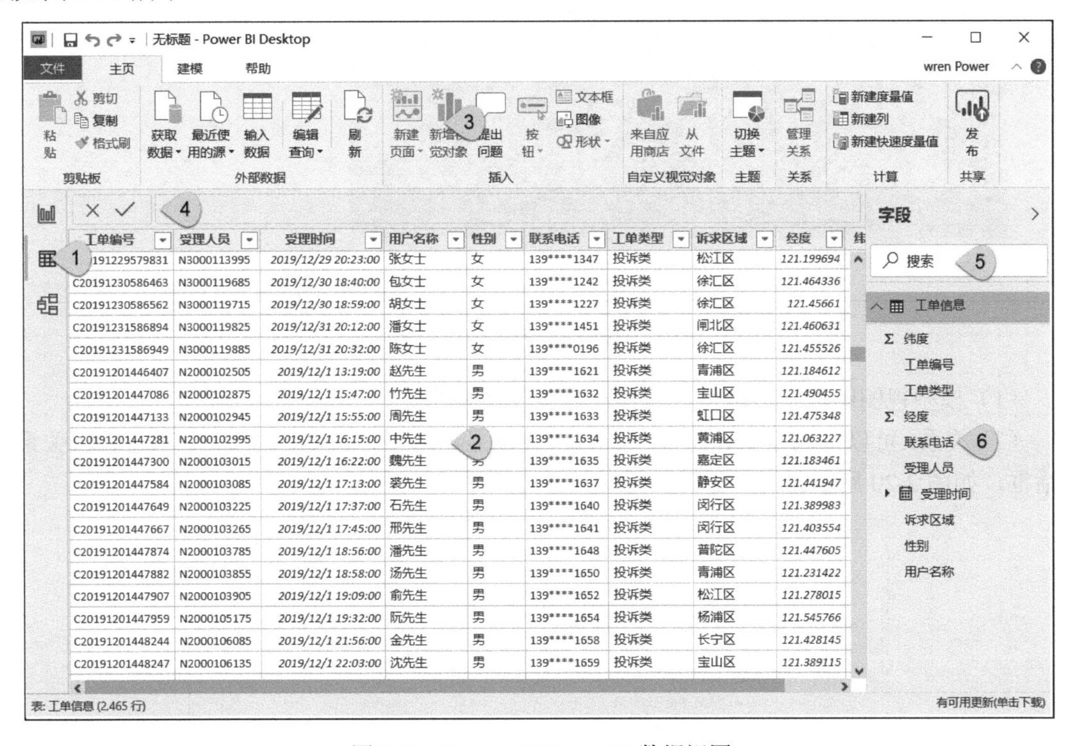

图 2-18　Microsoft Power BI 数据视图

数据视图包含以下 6 个部分：

（1）数据视图图标：单击可以进入数据视图。

（2）数据网格：显示表及其所有列和行，隐藏列为灰色。

（3）建模功能区：管理关系、创建计算等。

（4）公式栏：输入 DAX 公式。

（5）搜索框：在模型中搜索表或列。

（6）字段列表：在数据网格中查看的表或列。

模型视图显示模型中的所有表及其连接关系。例如，“客服中心 2019 年呼入量数据.xlsx”

与“客服中心话务员个人信息表.xlsx”之间的逻辑连接关系如图 2-19 所示。

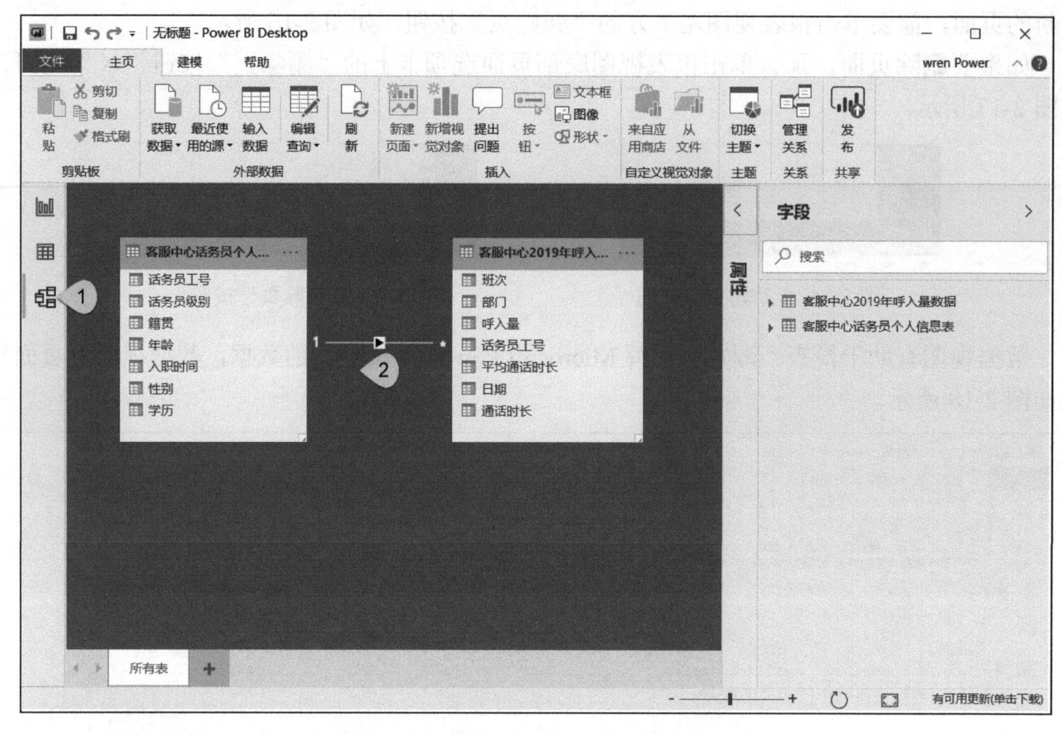

图 2-19 Microsoft Power BI 模型视图

（1）模型视图图标：单击可显示模型视图中的模型。

（2）关系：可以将鼠标指针悬停在关系上方以显示所用列，双击关系可打开“编辑关系”对话框，如图 2-20 所示。

图 2-20 “编辑关系”对话框

可以看到，“客服中心话务员个人信息表”与“客服中心 2019 年呼入量数据”都含有话务员工号，并且是多对一（*:1）的关系，线中间的图标指出“交叉筛选器”的方向为“单一”类型。

2.3.3　Microsoft Power BI 数据类型

在 Microsoft Power BI 界面中，单击“编辑查询”下的“编辑查询”选项，打开 Power Query 编辑器，在“数据类型”下拉框中显示所有的数据类型，如图 2-21 所示。

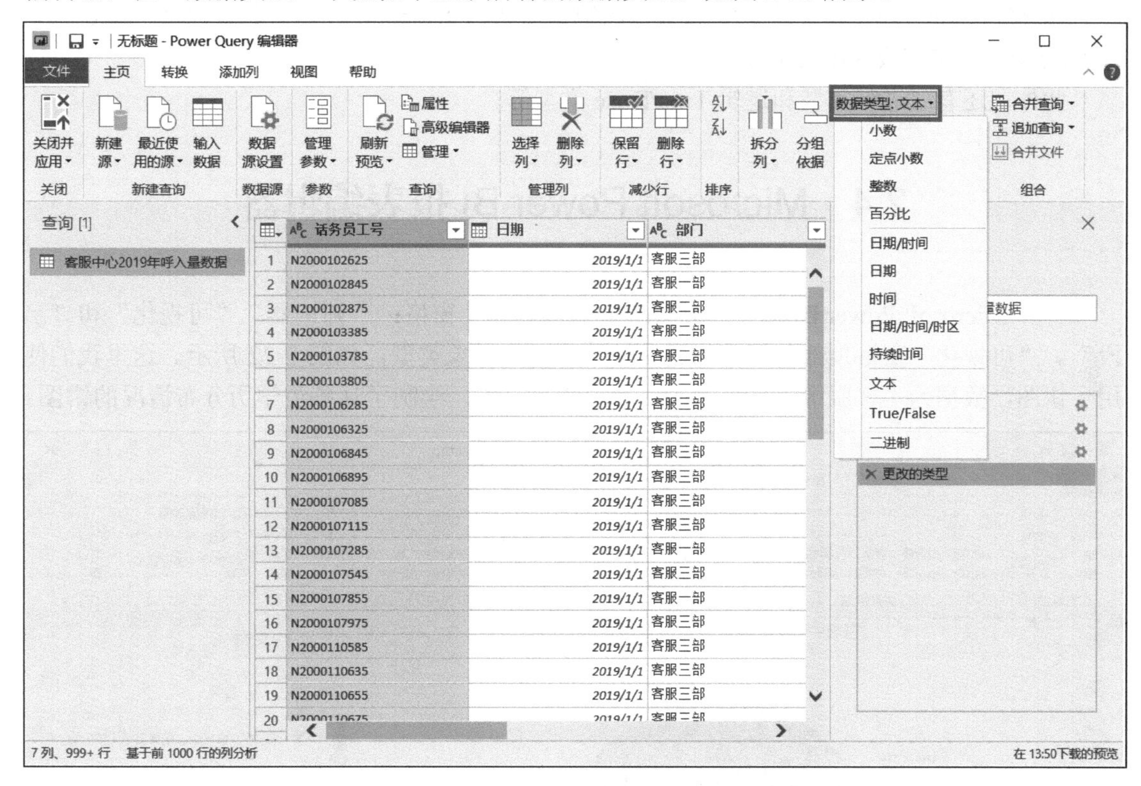

图 2-21　数据类型

Microsoft Power BI 支持以下 3 种数字类型：

（1）十进制数

常见的数字类型，可以处理–1.79E+308~–2.23E–308 的负值、零以及 2.23E–308~1.79E+308 的正值。例如，34、34.01 和 34.000367063 都是有效的十进制数。

（2）定点十进制数

小数分隔符的位置是固定的，小数分隔符右侧始终有 4 位，可以表示的最大数值为 922 337 203 685 477.5807，在数值舍入可能会导致错误的时候使用。

（3）整数

整数类型的数字没有小数位，可以表示–9 223 372 036 854 775 808（–2^63）~9 223 372 036 854 775 807（2^63–1）的数值。

Microsoft Power BI 有以下 5 种日期/时间数据类型：

- 日期：仅表示日期，没有时间部分。
- 时间：仅表示时间，没有日期部分。
- 日期/时间：表示日期和时间值。
- 日期/时间/时区：表示 UTC 日期/时间，在模型中被转换为日期/时间类型。
- 持续时间：表示时间的长度，在模型中被转换为十进制数类型。

在 Microsoft Power BI 中，文本类型的数据默认为 Unicode 编码，其最大字符串长度为 268 435 456 个字符或 536 870 912 字节。

此外，还有二进制类型和逻辑 True/False 类型等。

2.4 Microsoft Power BI 报表编辑器

打开 Microsoft Power BI 后，在软件界面右侧有 3 个窗格："筛选器""可视化"和"字段"。"可视化"窗格顶部会标识出正在使用的视觉对象类型，如图 2-22 所示。这里我们使用了饼图，数据为"客服中心话务员个人信息表.xlsx"，绘制了话务员学历分布情况的饼图。

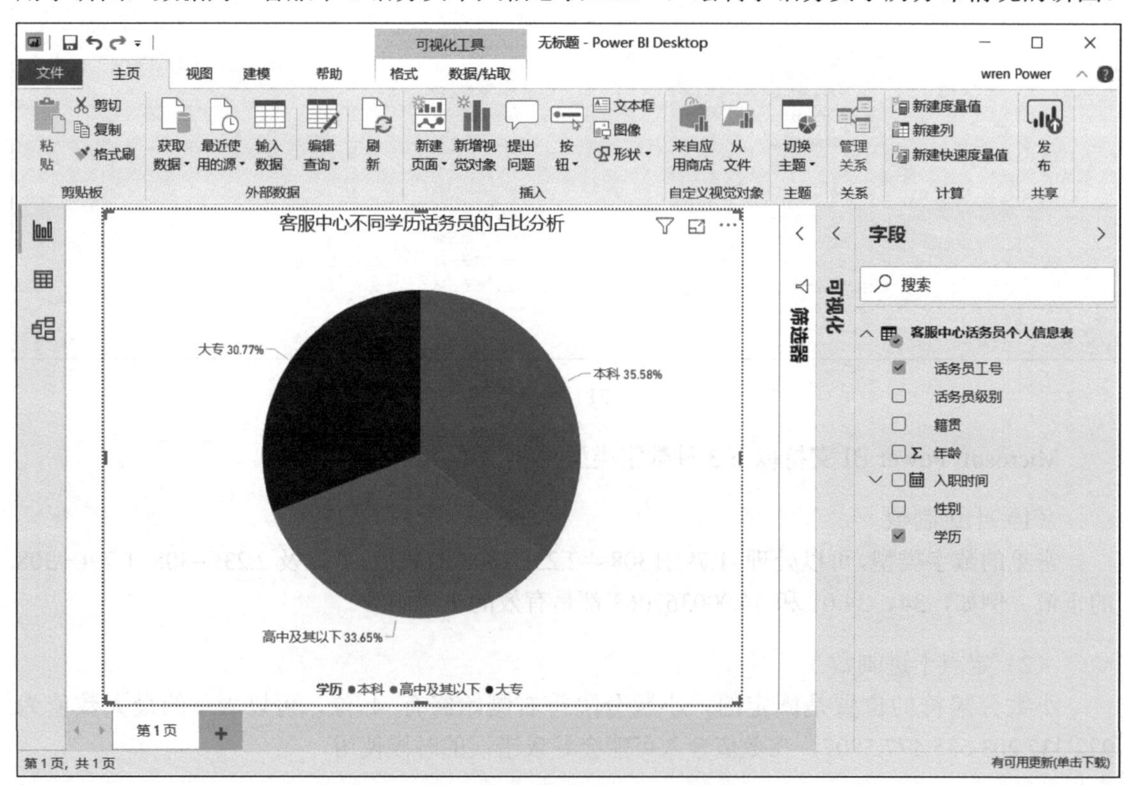

图 2-22　正在使用的视觉对象

“可视化”窗格下方显示视觉对象中正在使用的字段，该图表使用的字段是“学历”和“话务员工号”。“筛选器”窗格显示已应用的所有筛选器，“字段”窗格列出可用的表和构成该表的字段，黄色字体表示该表或字段正用于可视化视图中。

2.4.1　Microsoft Power BI“可视化”窗格

可以在“可视化”窗格中选择可视化视图类型，例如“饼图”，如图2-23所示。

1. 管理视觉对象中使用的字段

在“可视化”窗格的下方会显示字段的操作类型，根据所选择的字段，可视化视图类型会有所差异。如果选择的是饼图，就会看到“图例”“详细信息”“值”“工具提示”4个设置项，如图2-24所示。

当选择某个字段或将其拖曳到画布上时，Microsoft Power BI会自动将该字段添加到其中一个设置项中，也可以直接将“字段”列表中的相应字段拖曳到“详细信息”设置项的“在此处添加数据字段”框中。

注意，某些设置项仅局限于特定类型的数据。例如，“值”设置项不能接受非数值字段。因此，如果将“话务员工号”字段拖入“值”设置项，那么Microsoft Power BI会将其更改为“话务员工号的计数”。

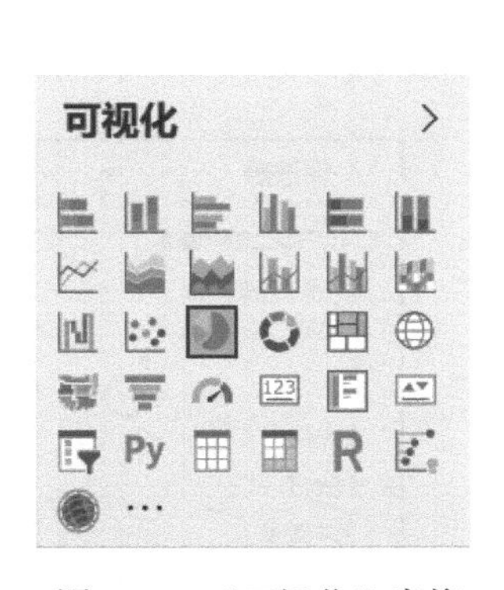

图2-23　“可视化”窗格

图2-24　4个设置项

2. 删除字段

如果需要从可视化视图中删除字段，那么可以单击该字段右侧的“×”按钮，如图2-25所示。

3. 格式化视觉对象

单击“格式”图标，以显示“格式”设置窗格，根据可视化视图的类型，具体选项会有所差异，如图2-26所示。

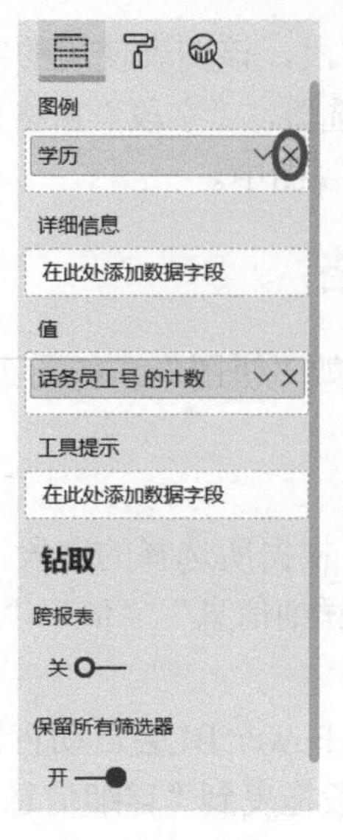

图 2-25 删除字段

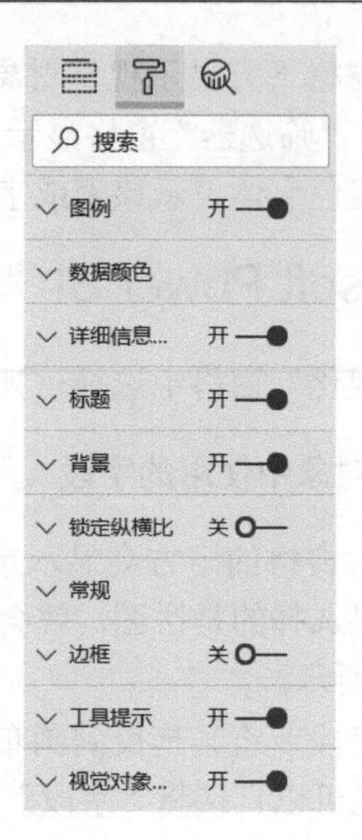

图 2-26 “格式”设置项

2.4.2 Microsoft Power BI“筛选器”窗格

“筛选器”窗格主要用于查看、设置和修改视觉对象级、页面级、报表级筛选器等，根据可视化视图的类型，具体选项会有所差异，如图 2-27 所示。

要展开筛选器，需要单击“此视觉对象上的筛选器”字段右侧的“扩展”按钮，例如单击“学历是（全部）”字段右侧的“扩展”按钮，这时会显示所有的学历类型，可以根据需要选择合适的学历类型，如图 2-28 所示。

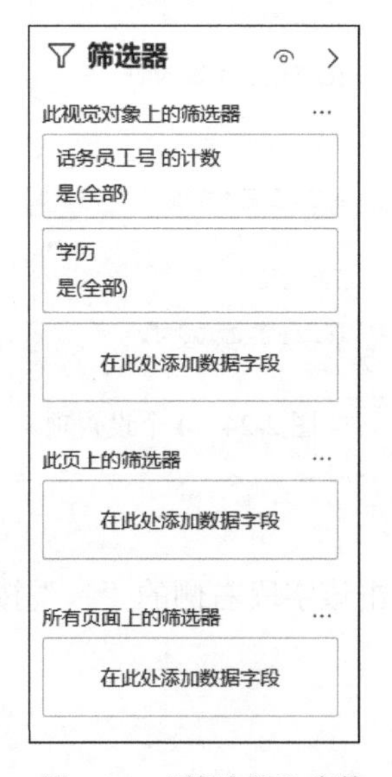

图 2-27 “筛选器”窗格

图 2-28 选择合适的学历类型

2.4.3　Microsoft Power BI“字段”窗格

“字段”窗格用于显示导入 Microsoft Power BI 中数据的表和字段，如图 2-29 所示。

图 2-29　“字段”窗格

主要字段图标的意义如下：

（1）∑：聚合字段

聚合是一种数值计算，字段必须是数值类型。例如，对字段求和或求平均值。

（2）：计算字段

各个计算字段都有自己的公式，不能更改。例如，如果该计算是求和，就只能求和。

（3）：唯一字段

具有此图标的字段是从 Excel 导入的，因此将被设置为显示全部值，即使它们具有重复项。例如，如果数据中有两个人名为 John Smith 的记录，那么每一条都被视为有效数据。

（4）：地理位置字段

地理位置字段主要用于创建地图类型的可视化视图。

（5）：层次结构

单击箭头图标可以显示构成层次结构的字段。

2.5　练习题

1. 下载和安装最新版本的 Microsoft Power BI 软件。
2. 简述 Microsoft Power BI 软件的主要界面构成。
3. 简述 Microsoft Power BI 软件的 3 种视图及关系。
4. 简述 Microsoft Power BI 软件的主要数据类型。
5. 简述 Microsoft Power BI 报表编辑器的主要构成。

第 3 章

Microsoft Power BI 连接各类数据源

Microsoft Power BI 可以连接数百个数据源，包括文件、数据库、Power Platform、Azure、联机服务、其他等，这些类别位于“获取数据”中。本章将详细介绍 Microsoft Power BI 如何连接单个数据文件、关系型数据库、非关系型数据库和其他数据源。

3.1　连接单个数据文件

Microsoft Power BI 可以连接多种不同的数据文件，在“主页”选项卡的“获取数据”下拉框中会显示几种常见的数据源类型，如图 3-1 所示。

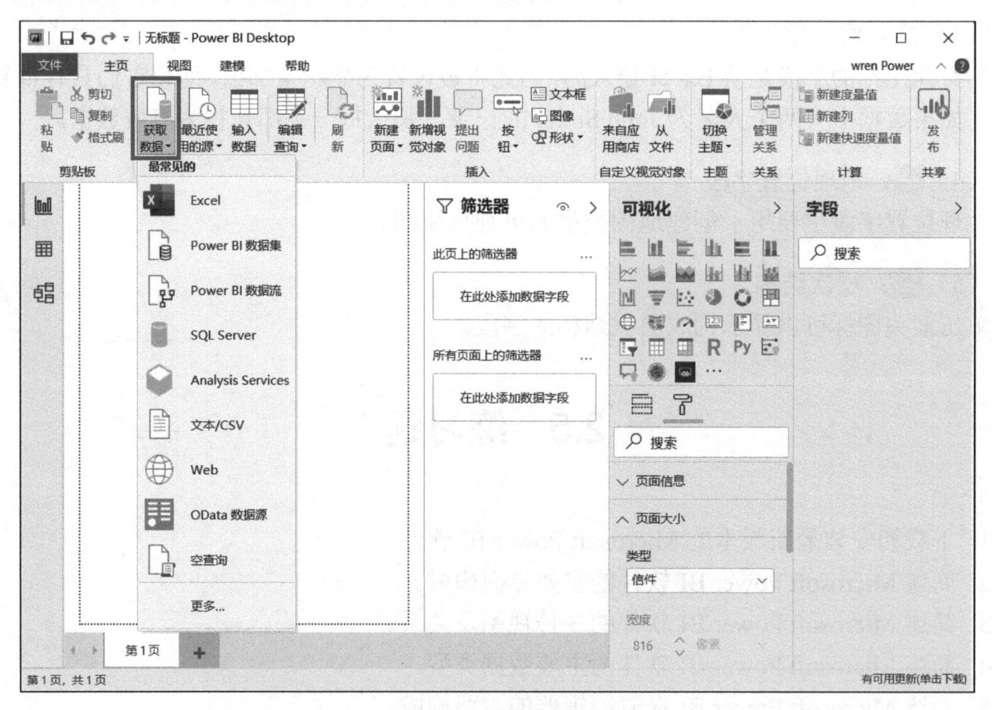

图 3-1　单击“获取数据”下拉框

在“获取数据”下拉框中选择“更多”选项，如图 3-2 所示，将会显示所有可以连接的数据源类型。

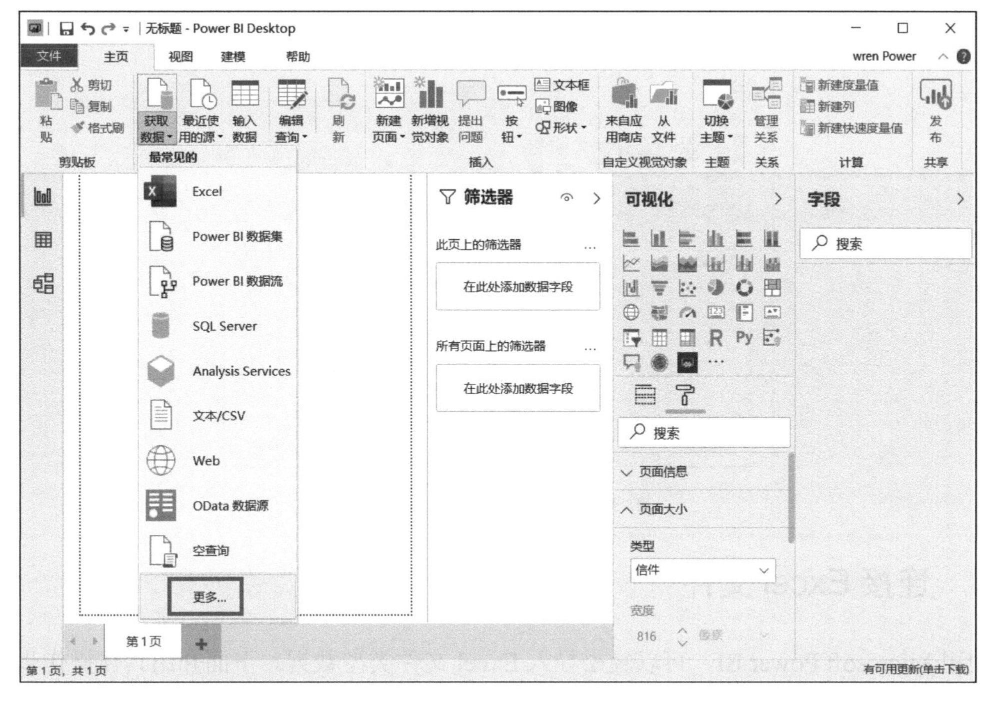

图 3-2　选择“更多”选项

数据源类型分为以下类别：全部、文件、数据库、Power Platform、Azure、联机服务和其他。其中，“全部”包括所有类别的数据源类型，如图 3-3 所示。

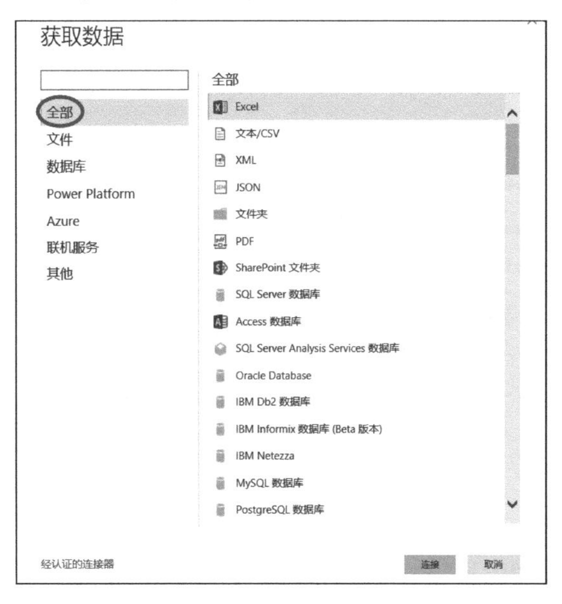

图 3-3　“全部”数据源

Microsoft Power BI 正在不断扩展适用于 Power BI Desktop 的数据源，有时会看到数据源版本后标记 Beta，标记为 Beta 的数据源提供的支持和功能有限，建议不要在生产环境中使用。

对于“文件”类型的数据源，有 Excel、文本/CSV 和 XML 等 7 种，如图 3-4 所示。

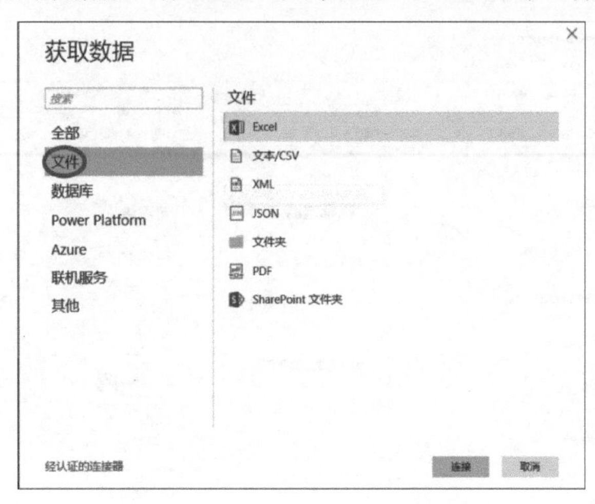

图 3-4 “文件”类型的数据源

3.1.1 连接 Excel 文件

使用 Microsoft Power BI，可以轻松导入 Excel 文件类型数据。下面介绍具体操作步骤。

步骤 01 在 Microsoft Power BI 的“主页”功能区中单击“获取数据”选项卡，在打开的下拉框中选择 Excel 选项，如图 3-5 所示。

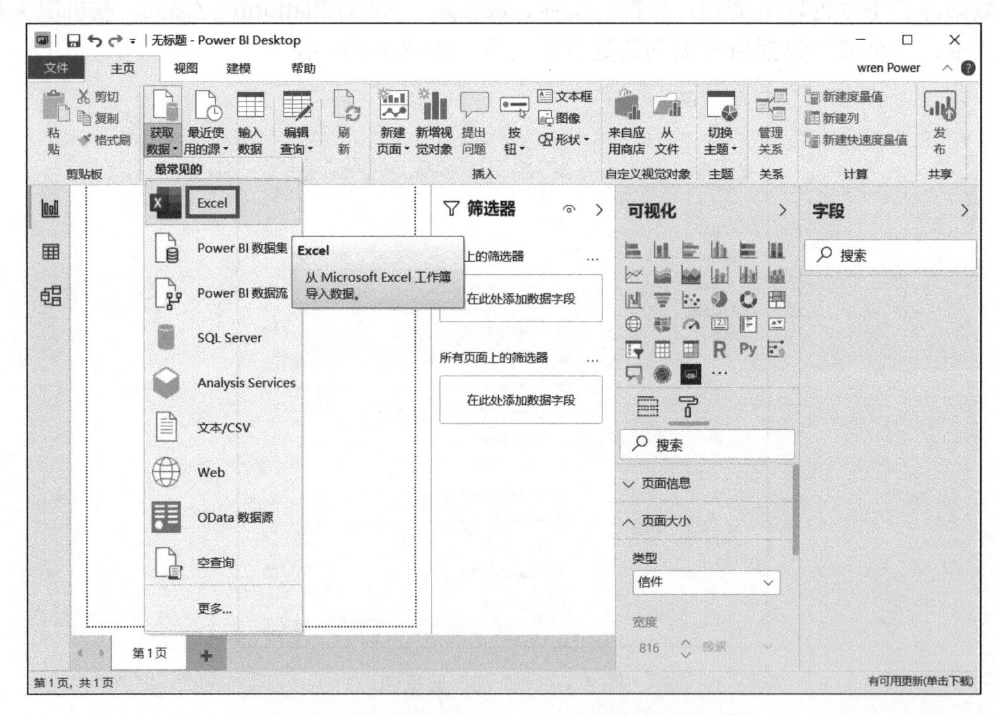

图 3-5 在“获取数据”下拉框中选择 Excel 选项

还可以在“获取数据”下拉框中选择“更多”选项，在打开的对话框中选择“文件”，再选择 Excel，如图 3-6 所示，然后单击“连接”按钮。

步骤 02 在弹出的“打开”对话框中，选择数据文件“客服中心话务员个人信息表.xlsx”，如图 3-7 所示。

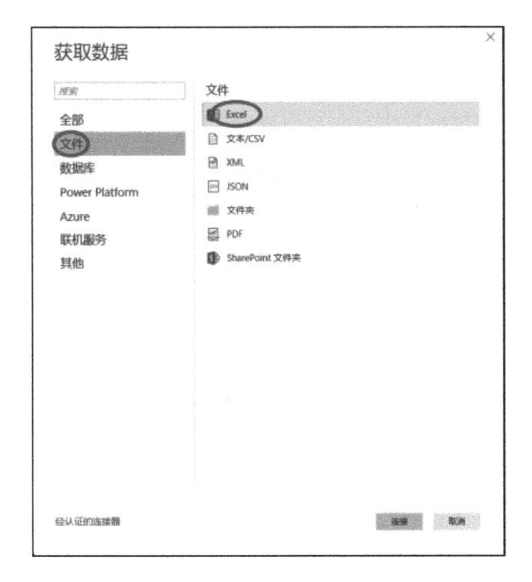

图 3-6 “获取数据”对话框

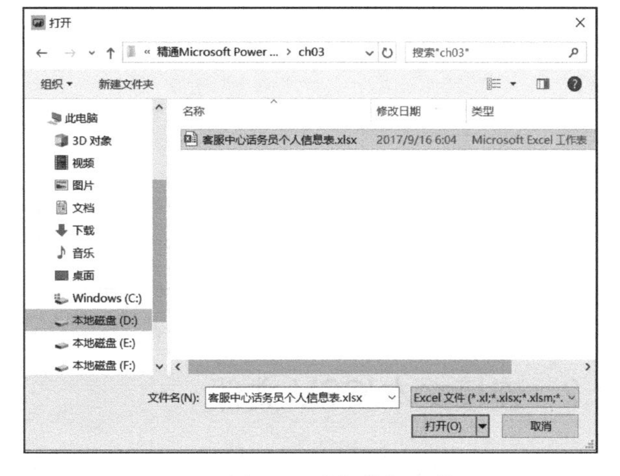

图 3-7　选择数据文件

步骤 03 Microsoft Power BI 会在“导航器”对话框中显示数据表信息，在左侧选中某个数据表后，右侧就会出现该数据表的数据预览，如图 3-8 所示。

话务员工号	性别	年龄	学历	入职时间	话务员级...	籍贯
N3000112865	女	26	高中及其以下	2010/1/26	资深客服	北京
N2000110995	男	22	大专	2010/1/27	高级客服	河北
N2000110625	男	21	大专	2010/1/29	初级客服	山西
N3000103045	女	20	本科	2010/1/31	初级客服	内蒙古
N3000119685	男	19	高中及其以下	2010/2/21	初级客服	辽宁
N3000113665	女	26	大专	2010/3/12	资深客服	江苏
N3000112765	男	26	高中及其以下	2010/3/15	中级客服	浙江
N3000113195	男	21	本科	2010/3/20	中级客服	福建
N3000103895	女	20	高中及其以下	2010/3/22	中级客服	山东
N3000119865	男	23	大专	2010/3/22	资深客服	江西
N3000109995	女	19	高中及其以下	2010/3/23	资深客服	河南
N3000113295	男	19	本科	2010/3/25	初级客服	湖北
N3000105435	男	25	高中及其以下	2010/3/26	初级客服	湖南
N3000110375	女	21	高中及其以下	2010/3/27	高级客服	广东
N3000113205	男	20	大专	2010/4/4	资深客服	海南
N3000113995	男	19	高中及其以下	2010/4/11	资深客服	重庆
N3000106575	女	27	本科	2010/4/20	资深客服	四川
N2000107055	女	25	本科	2010/4/23	资深客服	贵州
N3000113615	女	26	大专	2010/4/23	初级客服	云南
N3000119755	男	24	高中及其以下	2010/4/30	资深客服	陕西
N2000103645	男	18	大专	2010/5/7	高级客服	青海
N3000119285	女	20	大专	2010/5/18	中级客服	宁夏
N3000110285	女	27	本科	2010/5/19	高级客服	北京
N3000111215	女	21	高中及其以下	2010/5/19	资深客服	新疆

图 3-8　数据表信息

步骤04 单击“加载”按钮后，Microsoft Power BI 会打开“加载”进度对话框，如图 3-9 所示。

步骤05 数据加载完毕后，将会在“字段”窗格中显示表名及其列名，如图 3-10 所示。

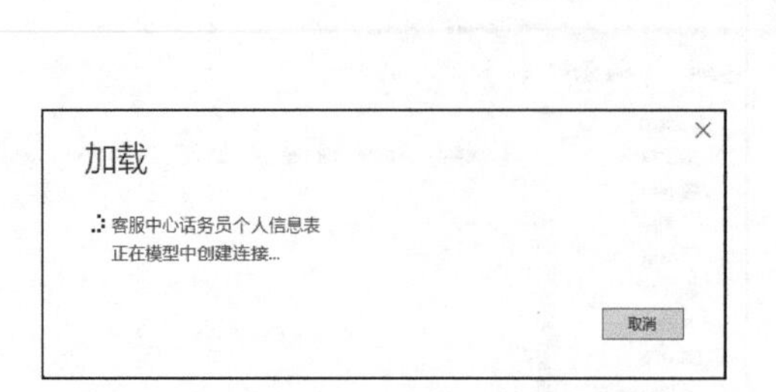

图 3-9　加载数据表

图 3-10　导入后的数据表信息

3.1.2　连接文本/CSV 文件

Microsoft Power BI 连接以逗号分隔的文本/CSV 文件的方法与连接 Excel 文件的方法类似。下面介绍具体操作步骤。

步骤01 在“主页”功能区单击“获取数据”选项卡，在打开的下拉框中选择“文本/CSV”选项，如图 3-11 所示。

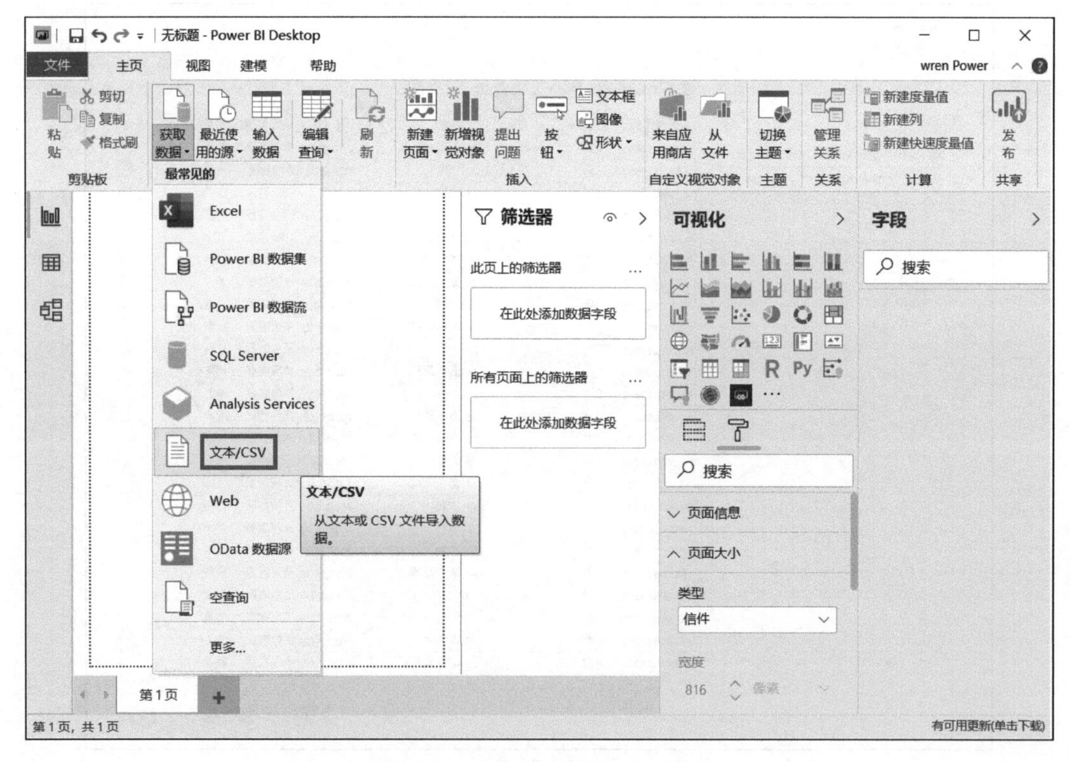

图 3-11　选择“文本/CSV”选项

还可以在“获取数据”下拉框中选择“更多”选项，在打开的对话框中选择“文件”，然后选择“文本/CSV”，如图 3-12 所示。

步骤 02 在弹出的“打开”对话框中，选择数据文件“客服中心 11 月份来电记录表.csv”，如图 3-13 所示。

图 3-12　“获取数据”对话框

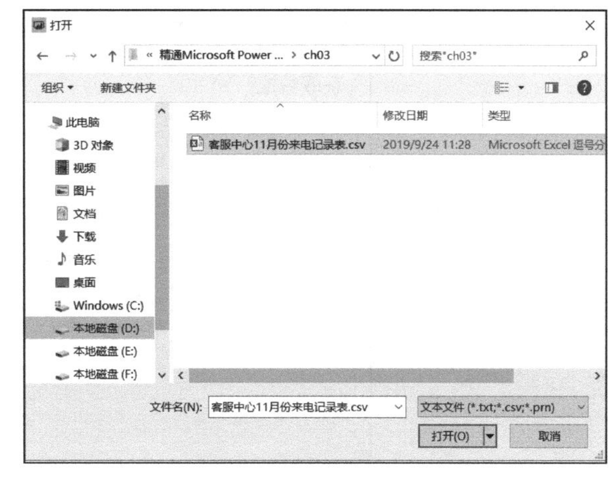

图 3-13　选择数据表

步骤 03 单击“打开”按钮，Microsoft Power BI 将访问该文件，并确定某些文件属性，如文件原始格式、分隔符类型和用于检测文件数据类型的应有行数，如图 3-14 所示。

步骤 04 单击“加载”按钮后，数据就会被加载到软件中，在“字段”窗格中会显示表名及其列名，如图 3-15 所示。

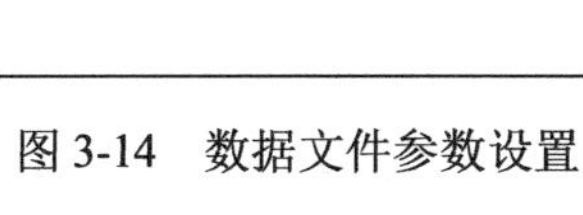

图 3-14　数据文件参数设置

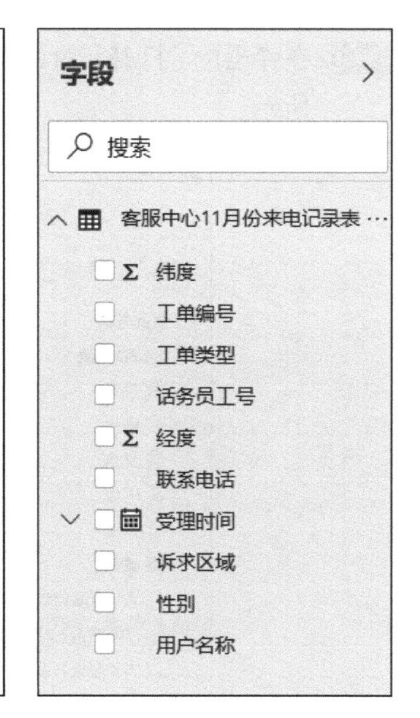

图 3-15　导入后的数据表信息

3.1.3 连接 XML 文件

Microsoft Power BI 连接 XML 文件与连接 Excel 类似。下面介绍具体操作步骤。

步骤 01 在"主页"功能区单击"获取数据"选项卡，在打开的下拉框中选择"更多"，打开"获取数据"对话框，选择"文件"类型中的 XML，如图 3-16 所示。

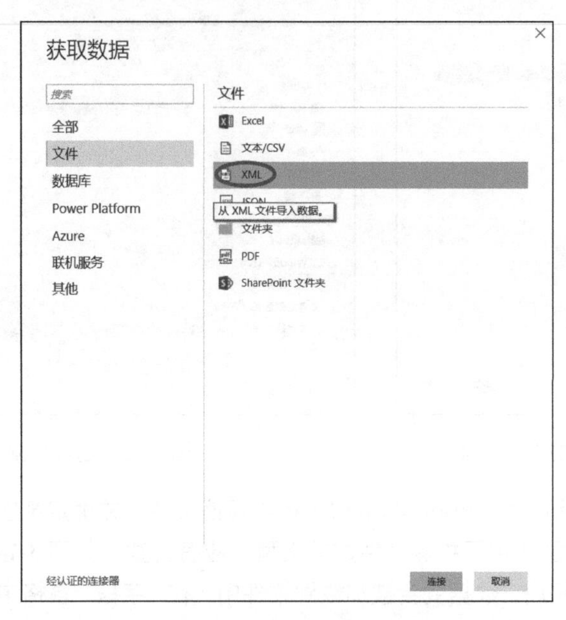

图 3-16 "获取数据"对话框

步骤 02 在弹出的"打开"对话框中，选择数据文件"2020 年企业商品颜色编码表.xml"，如图 3-17 所示。

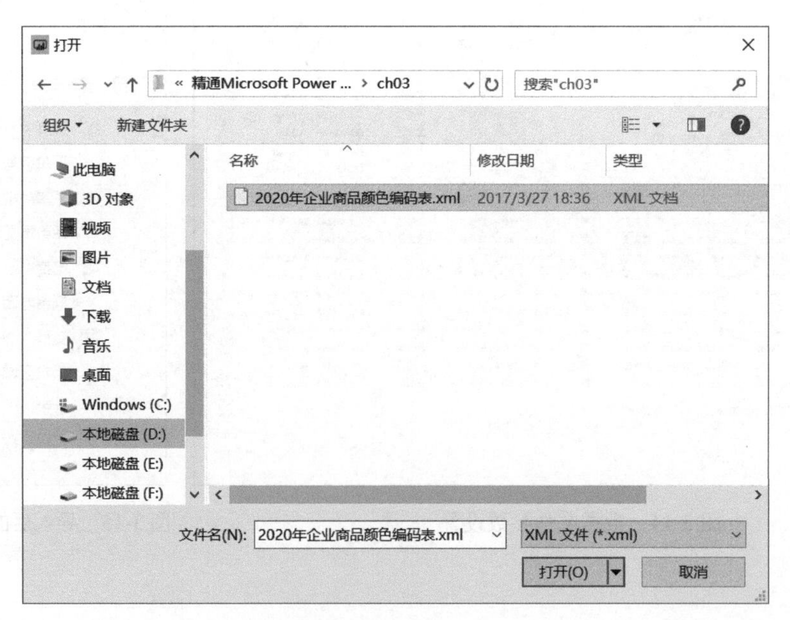

图 3-17 选择数据文件

步骤 03 Microsoft Power BI 会在"导航器"对话框中显示数据文件的信息，如图 3-18 所示。

图 3-18 展示数据表信息

步骤 04 单击"加载"按钮后，在"字段"窗格中显示字段相关信息，如图 3-19 所示。

图 3-19 导入后的数据表信息

3.1.4 连接 JSON 文件

Microsoft Power BI 可以连接 JSON 文件。下面介绍具体操作步骤。

步骤 01 在"主页"功能区单击"获取数据"选项卡，在打开的下拉框中选择"更多"，打开"获取数据"对话框，选择"文件"类型中的 JSON，如图 3-20 所示。

图 3-20 “获取数据”对话框

步骤 02 在弹出的〝打开〞对话框中，选择数据文件〝客服中心话务员个人信息表.json〞，如图 3-21 所示。

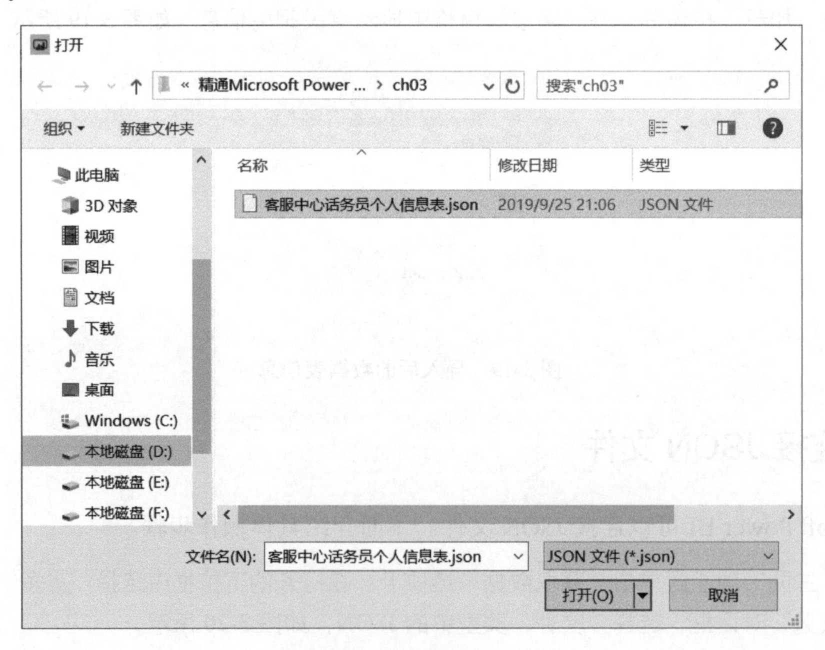

图 3-21 选择数据文件

步骤 03 在〝Power Query 编辑器〞对话框中，显示数据表的记录列表，如图 3-22 所示。

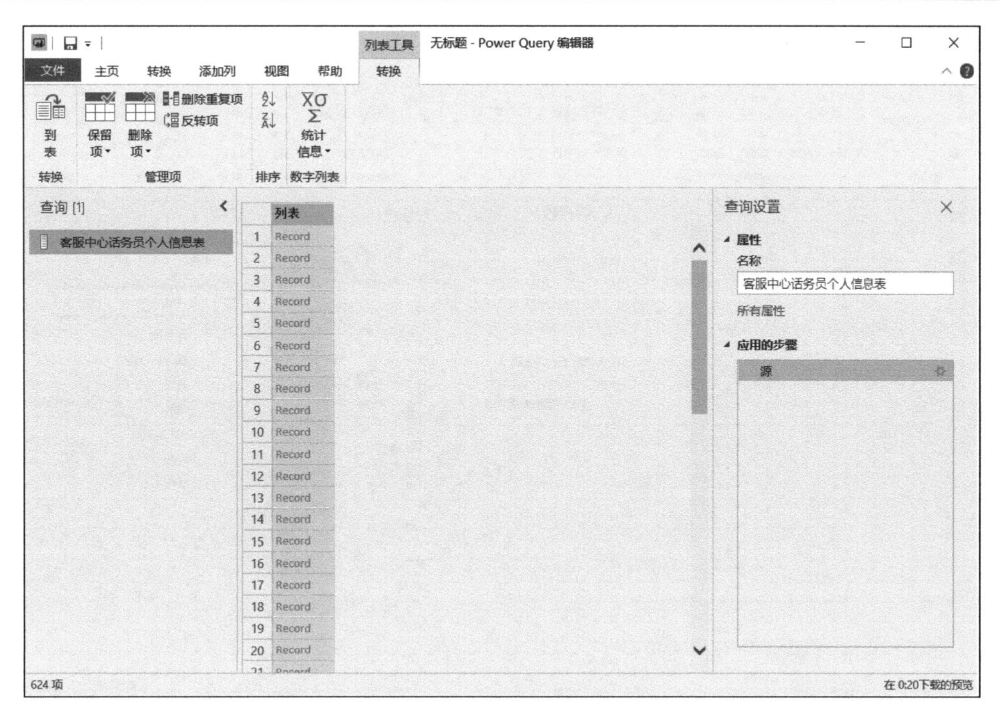

图 3-22　展示数据表信息

步骤 04 在“Power Query 编辑器”对话框的“主页”功能区中，单击“查询”选项下的“高级编辑器”选项，在“高级编辑器”对话框中输入记录转换为表的代码，且左下方显示“未检测到语法错误”信息，然后单击“完成”按钮，如图 3-23 所示。

图 3-23　高级编辑器

步骤 05 关闭“Power Query 编辑器”对话框后，在“字段”窗格下将会显示“客服中心话务员个人信息表”及其字段信息，如图 3-24 所示。

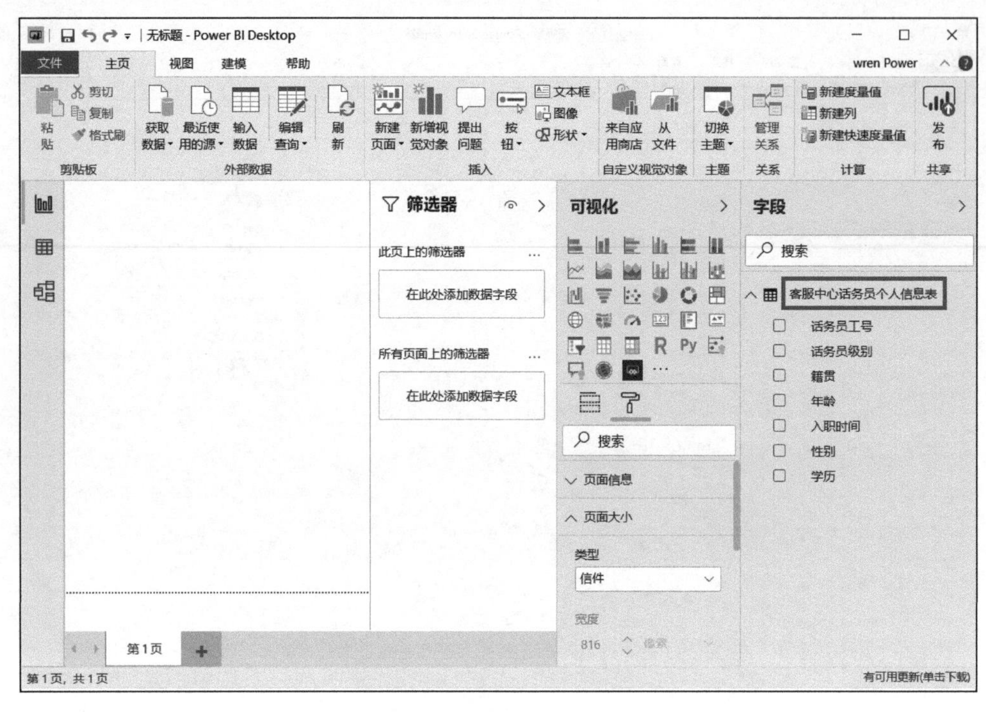

图 3-24　导入后的数据表信息

3.1.5　连接 PDF 文件

Microsoft Power BI 也可以连接 PDF 文件。下面介绍具体操作步骤。

步骤 01 在“主页”功能区单击“获取数据”选项卡，在打开的下拉框中选择“更多”，打开“获取数据”对话框，选择“文件”类型中的 PDF，如图 3-25 所示。

图 3-25　“获取数据”对话框

步骤 02 在弹出的"打开"对话框中选择数据文件"2020 年某医院患者随访数据.pdf"，如图 3-26 所示。

图 3-26　选择数据文件

在"导航器"对话框中展示数据表的具体信息，可以预览数据，如图 3-27 所示。

步骤 03 单击"加载"按钮后，在"字段"窗格中显示表名及其列名，如图 3-28 所示。

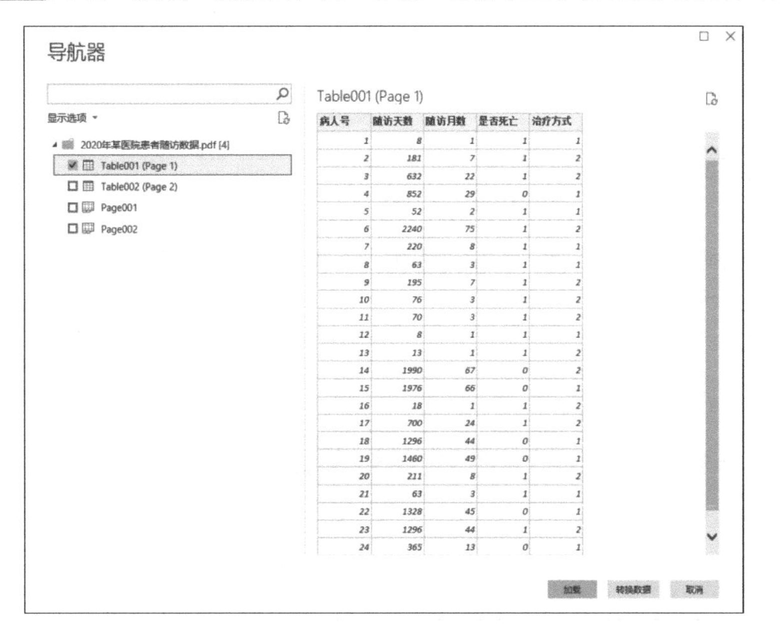

病人号	随访天数	随访月数	是否死亡	治疗方式
1	8	1	1	1
2	181	7	1	2
3	632	22	1	2
4	852	29	0	1
5	52	2	1	1
6	2240	75	1	2
7	220	8	1	1
8	63	3	1	1
9	195	7	1	2
10	76	3	1	2
11	70	3	1	2
12	8	1	1	1
13	13	1	1	2
14	1990	67	0	2
15	1976	66	0	1
16	18	1	1	2
17	700	24	1	2
18	1296	44	0	1
19	1460	49	0	1
20	211	8	1	2
21	63	3	1	1
22	1328	45	0	1
23	1296	44	1	2
24	365	13	0	1

图 3-27　展示数据表信息　　　　图 3-28　导入后的数据表信息

3.1.6　连接数据文件夹

Microsoft Power BI 导入数据的一个强大的方法是将具有同一架构的多个数据文件合并到一个逻辑表中。下面通过案例介绍具体操作步骤。

例如，“客服中心第 4 季度来电记录”文件夹下是该中心在 2019 年 10 月份、11 月份和 12 月份的来电记录数据，现在需要将这 3 张表导入 Microsoft Power BI 中。

步骤 01 首先在“主页”功能区单击“获取数据”选项卡，在打开的下拉框中选择“更多”，打开“获取数据”对话框，选择“文件”类型中的“文件夹”选项，如图 3-29 所示。

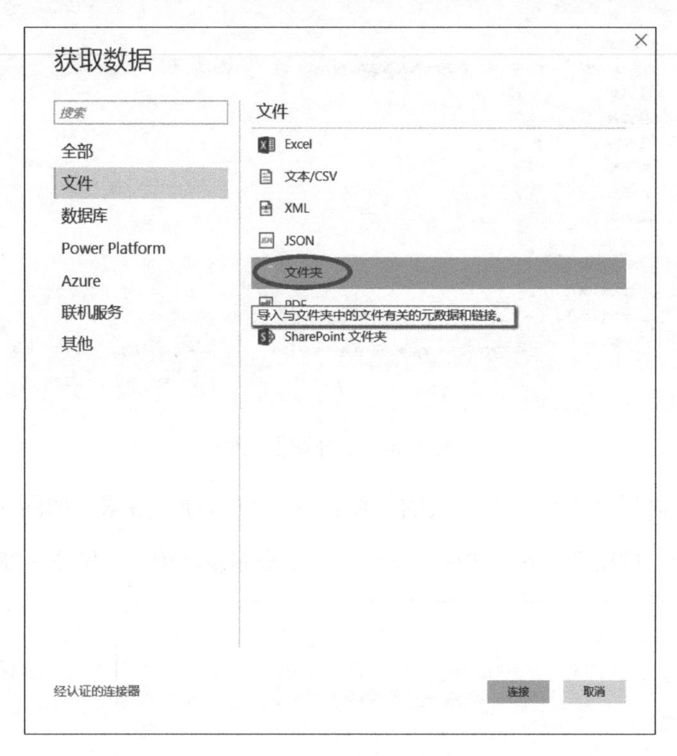

图 3-29 “获取数据”对话框

步骤 02 单击“连接”按钮，在弹出的“文件夹”对话框中单击“浏览”按钮，选择数据存储的文件夹路径，如图 3-30 所示。

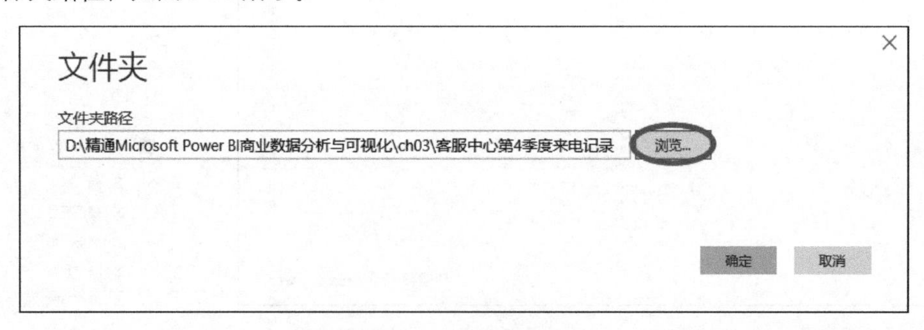

图 3-30 选择数据文件夹

步骤 03 单击“确定”按钮，在对话框中显示文件夹下数据表的具体信息，包括表的名称、类型和路径等，如图 3-31 所示。

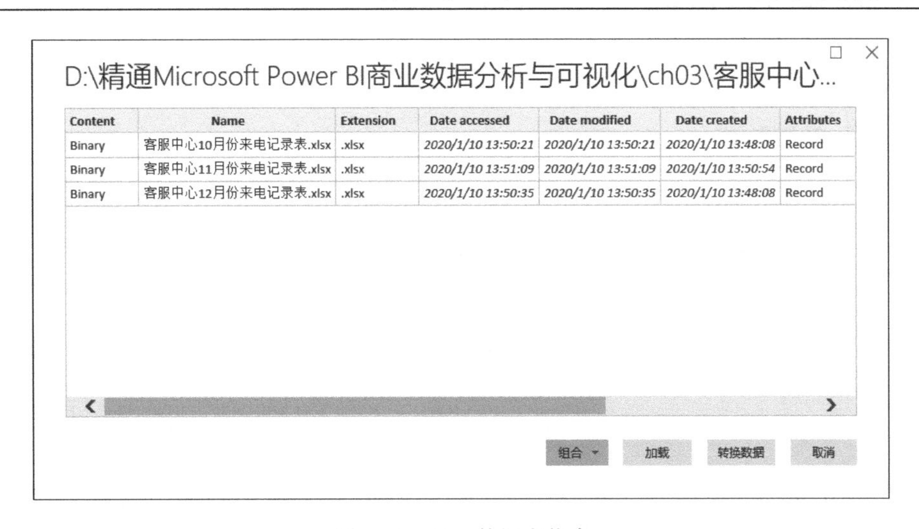

图 3-31　显示数据表信息

步骤 04 如果单击“加载”按钮，数据导入后显示的就是没有进行转换的样式。但是在数据可视化分析过程中，我们一般都是使用转换后的样式，因此这里需要单击“转换数据”按钮，进入 Power Query 编辑器页面，如图 3-32 所示。

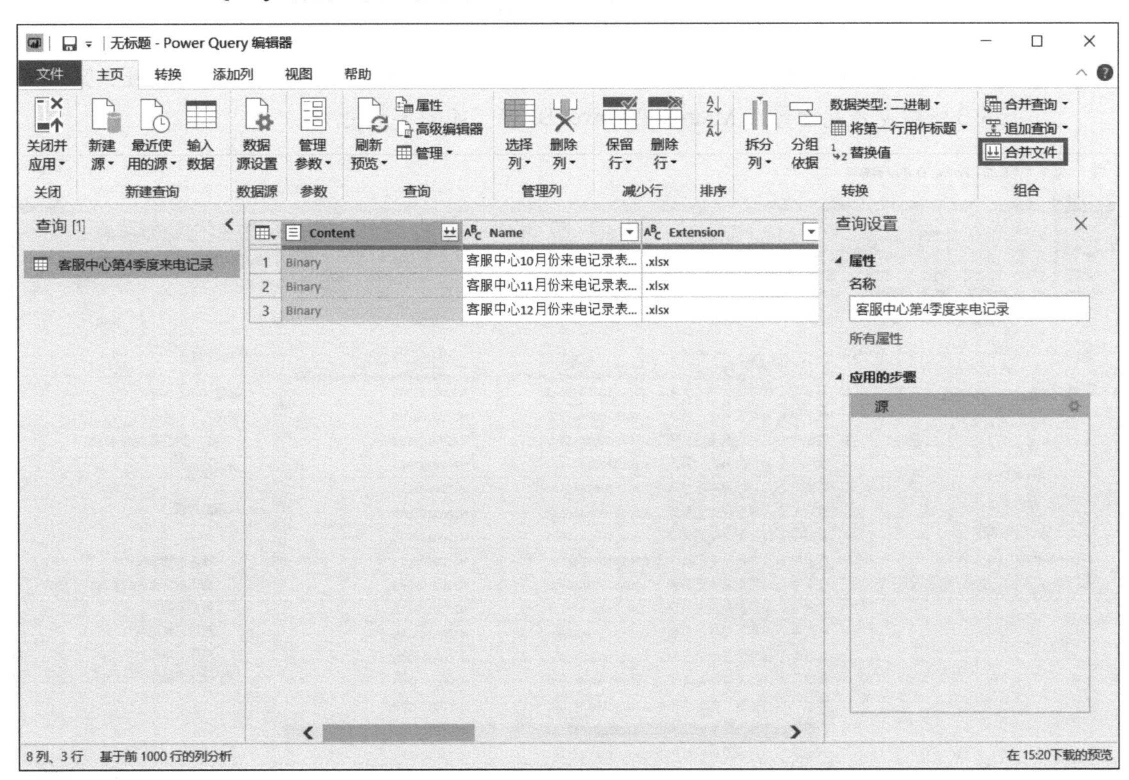

图 3-32　转换数据表

步骤 05 单击“主页”选项卡下的“合并文件”按钮，在弹出的“合并文件”对话框中，在左侧区域选择 Sheet1，右侧区域就会显示数据的预览，如图 3-33 所示。

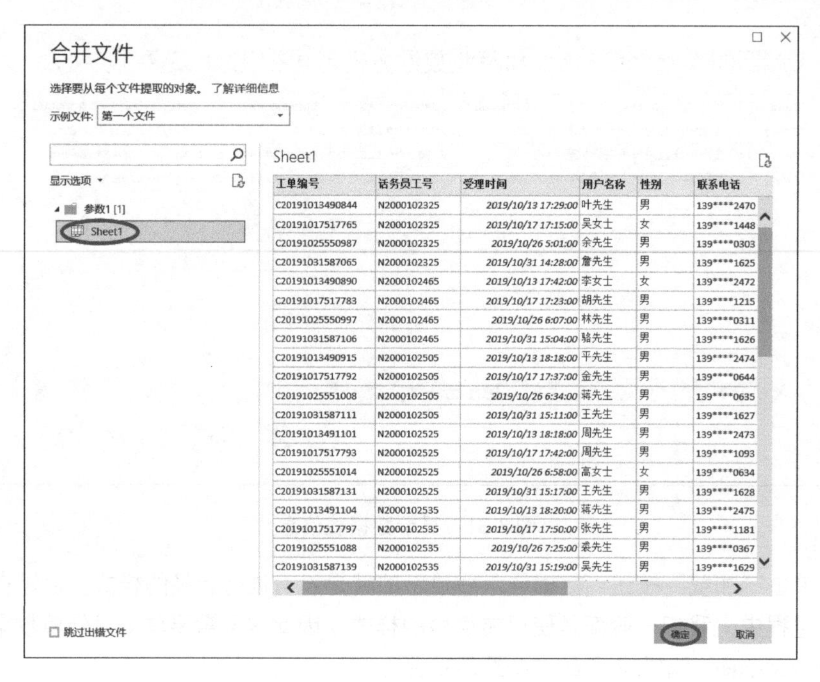

图 3-33　合并数据文件

步骤06 单击"确定"按钮，在弹出的 Power Query 编辑器页面单击"关闭并应用"按钮，文件夹下的 3 张数据表就会导入 Microsoft Power BI 中，如图 3-34 所示。

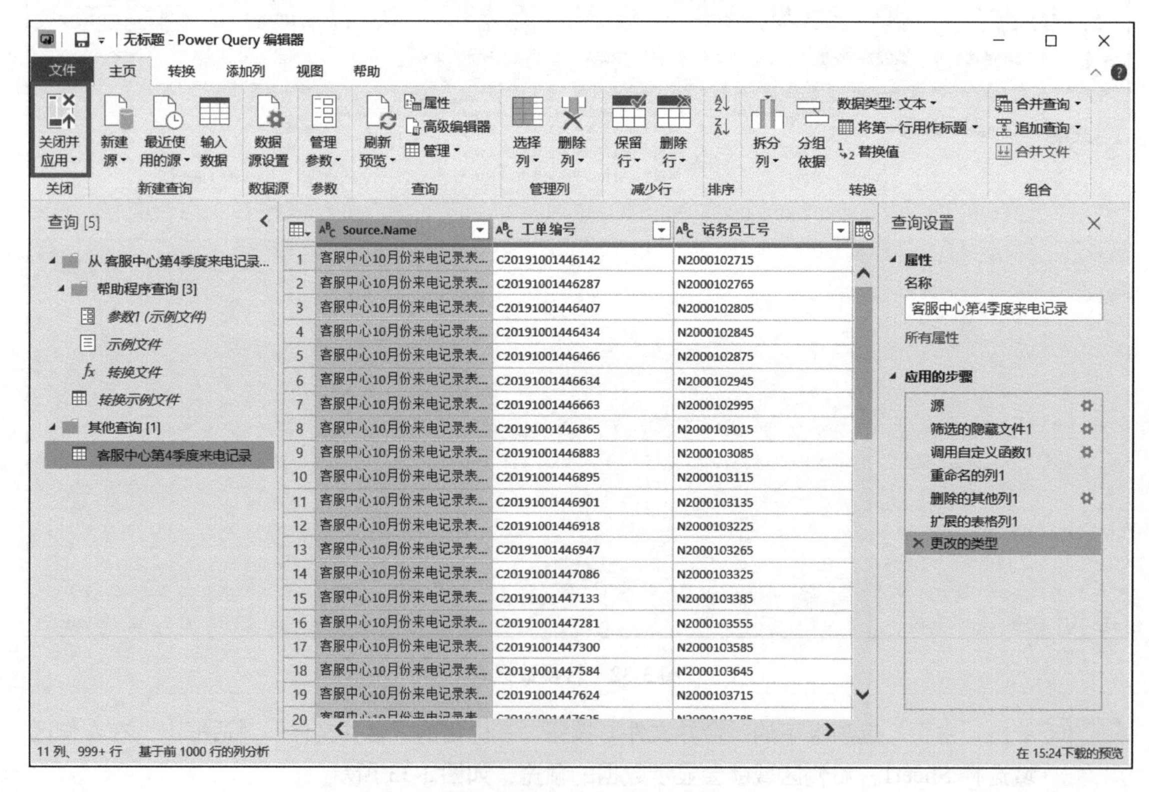

图 3-34　关闭并应用设置

注 意

文件夹中的数据需要是同一架构的文件，包括字段名称、类型等，但是文件个数没有限制，在本案例中，每个 Sheet 页的名称都是“Sheet1”。

3.2 连接到关系型数据库

关系型数据库是指采用了关系模型来组织数据的数据库，其以行和列的形式存储数据，以便于用户理解。关系型数据库这一系列的行和列被称为表，一组表组成了数据库，代表数据库系统有 MySQL、Microsoft SQL Server、Oracle 等。

Microsoft Power BI 支持连接多种数据库，如 Microsoft SQL Server、MySQL 和 Oracle 等，可以在“主页”功能区单击“获取数据”选项卡，在打开的下拉框中选择“更多”，打开“获取数据”对话框，选择“数据库”选项，如图 3-35 所示。

图 3-35 数据库类型

3.2.1 连接 Access 数据库

Access 结合了 Microsoft JET Database Engine 和图形用户界面，是微软 Microsoft Office 的系统程序之一。连接 Access 数据库的步骤如下：

步骤 01 在“主页”功能区单击“获取数据”选项卡，在打开的下拉框中选择“更多”，打开“获取数据”对话框，选择“数据库”类型中的“Access 数据库”，如图 3-36 所示。

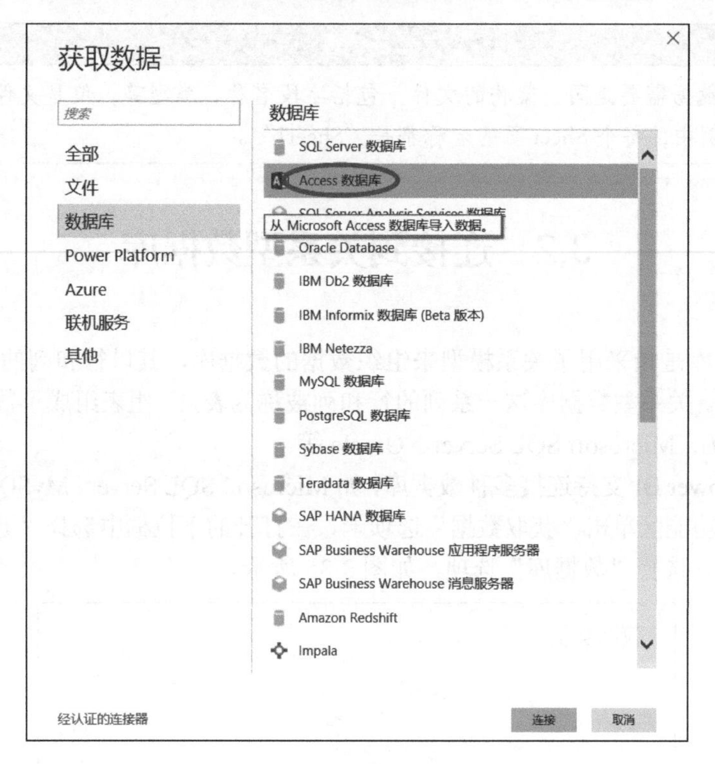

图 3-36 “获取数据”对话框

步骤02 单击“连接”按钮后，弹出“打开”对话框，选择数据文件 Coffee Chain.mdb，如图 3-37 所示。

图 3-37 选择数据文件

步骤03 在“导航器”对话框中展示数据表的信息，在左侧选择表后，例如 Location 表，右侧会出现该表的数据预览，如图 3-38 所示。

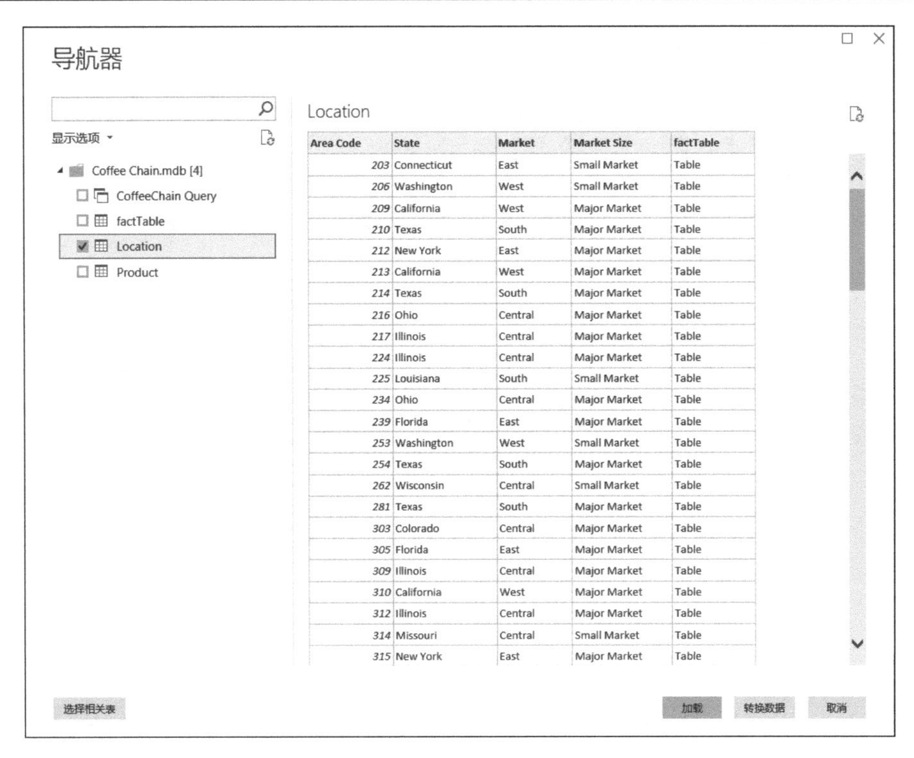

图 3-38 展示数据表信息

步骤 04 单击“加载”按钮后，在“字段”窗格中显示表名及其列名，如图 3-39 所示。

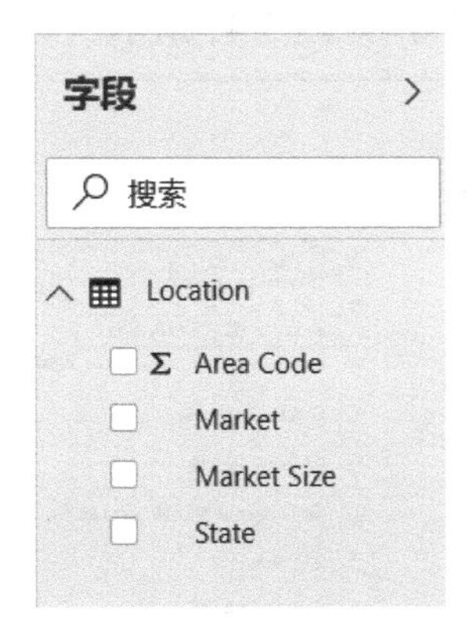

图 3-39 导入后的数据表信息

3.2.2 连接 SQL Server 数据库

Microsoft SQL Server 是一种关系型数据库管理系统，应用比较广泛。

Microsoft Power BI 连接 SQL Server 数据库的具体操作步骤如下：

步骤 01 在“开始”功能区单击“获取数据”选项卡，在打开的下拉框中选择 SQL Server，如图 3-40 所示。

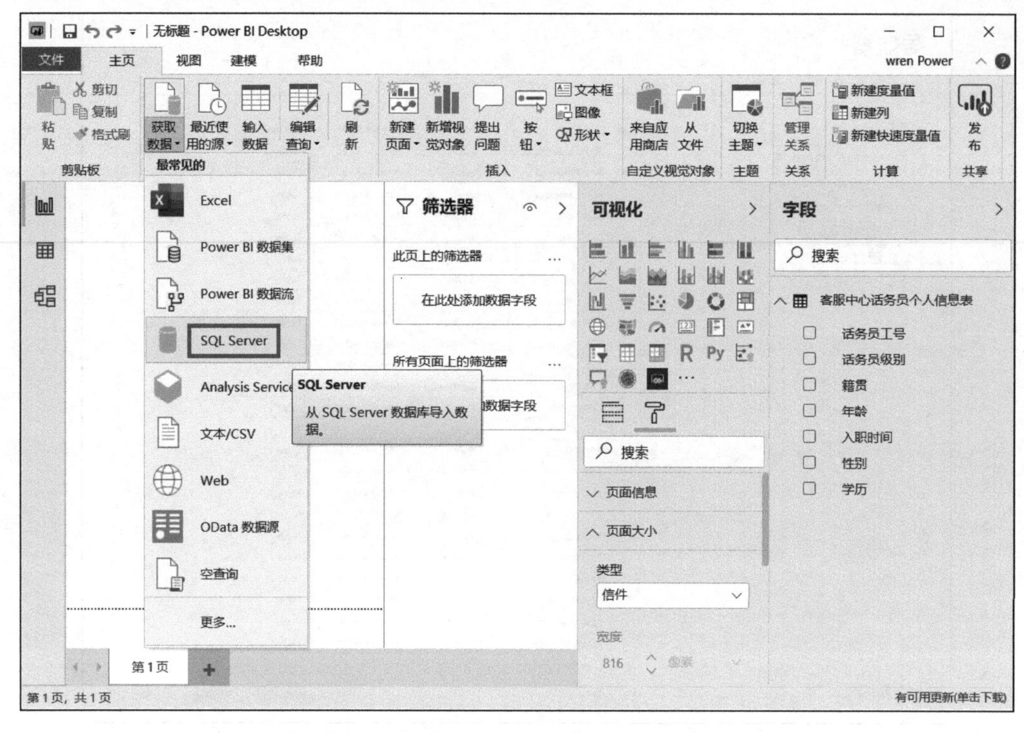

图 3-40　在“获取数据”下拉框中选择 SQL Server 选项

还可以在“获取数据”下拉框中选择“更多”，打开“获取数据”对话框，选择“数据库”类型中的“SQL Server 数据库”，如图 3-41 所示。

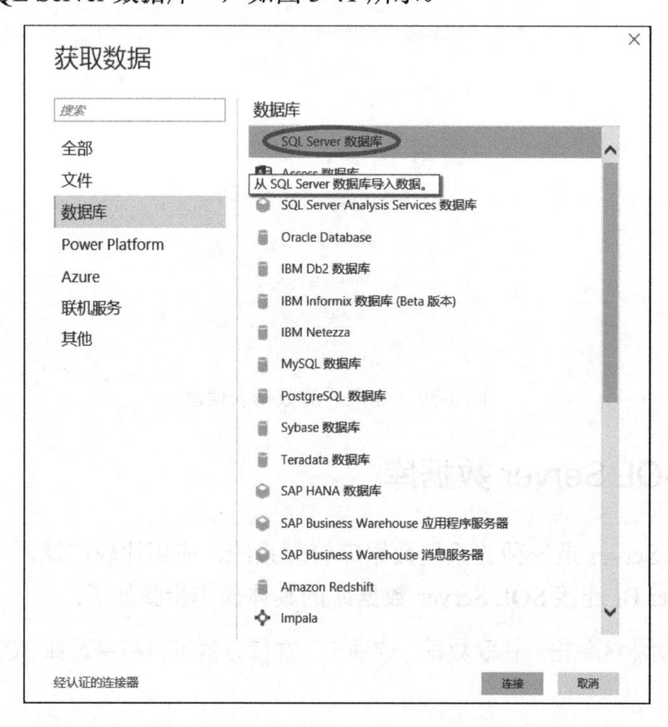

图 3-41　选择“数据库”类型中的“SQL Server 数据库”

步骤 02 在“SQL Server 数据库”对话框中，在“服务器”文本框中输入服务器地址，再输入数据库的名称，然后单击“确定”按钮，如图 3-42 所示。

SQL Server 数据库
服务器
192.168.1.107
数据库(可选)
sales
数据连接模式
导入
DirectQuery
高级选项
确定　取消

图 3-42　设置服务器和数据库

步骤 03 在打开的对话框的左侧选择 Windows，可以看到“使用您的 Windows 凭据访问此数据库。”设置界面，如图 3-43 所示。

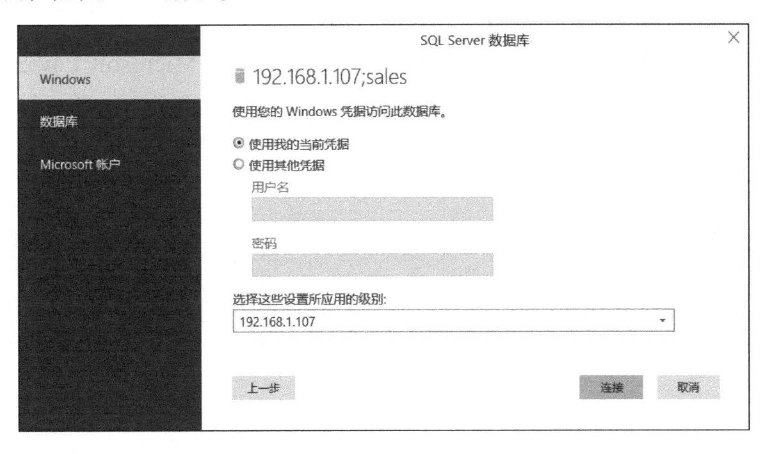

图 3-43　“使用您的 Windows 凭据访问此数据库”设置界面

步骤 04 在该对话框的左侧选择“数据库”，可以使用用户名和密码登录数据库，如图 3-44 所示。

这里我们使用数据库的登录方式，单击“连接”按钮后，将会打开“加密支持”对话框，如图 3-45 所示。

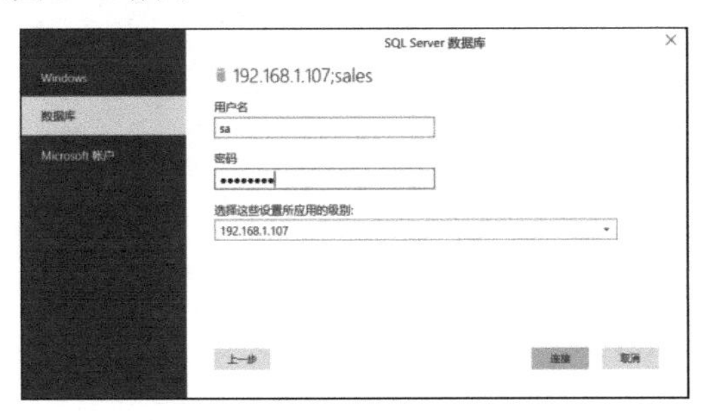

图 3-44　“数据库”模式登录

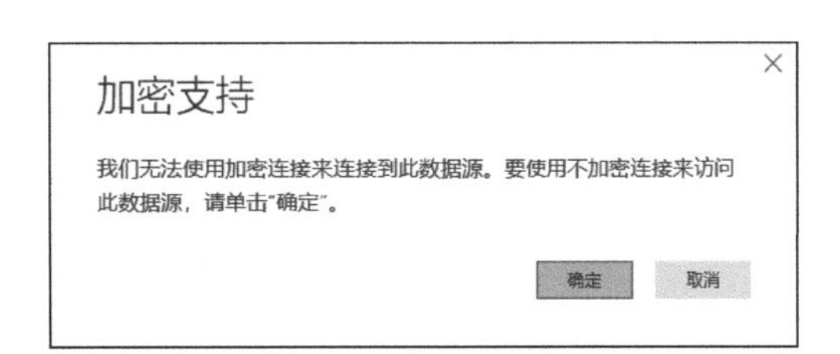

图 3-45　“加密支持”对话框

步骤05 单击“确定”按钮后，打开“导航器”对话框，可以预览数据，如图3-46所示。

步骤06 单击“加载”按钮后，会显示“加载”对话框，如图3-47所示。

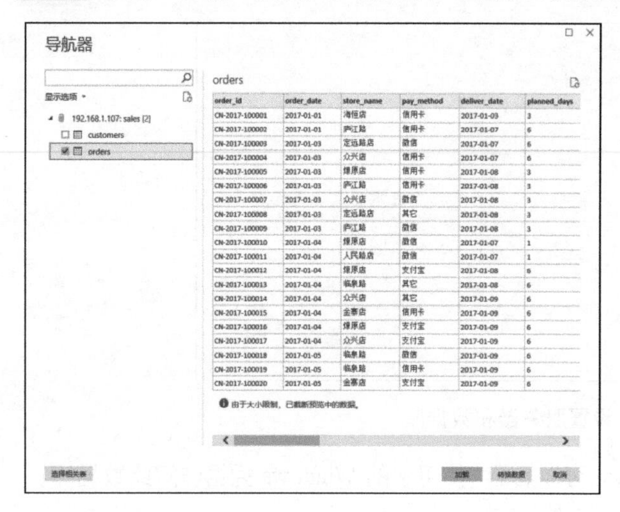

图3-46　数据预览

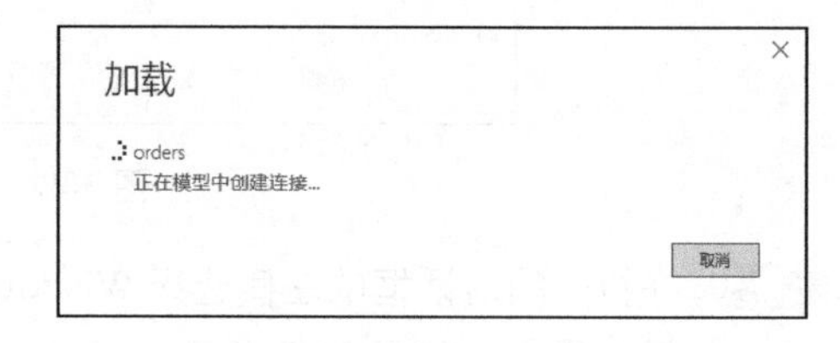

图3-47　数据加载

数据库中的数据表加载到Microsoft Power BI后，将会在Microsoft Power BI的报表视图右侧的“字段”窗格中显示该表及其列名，如图3-48所示。

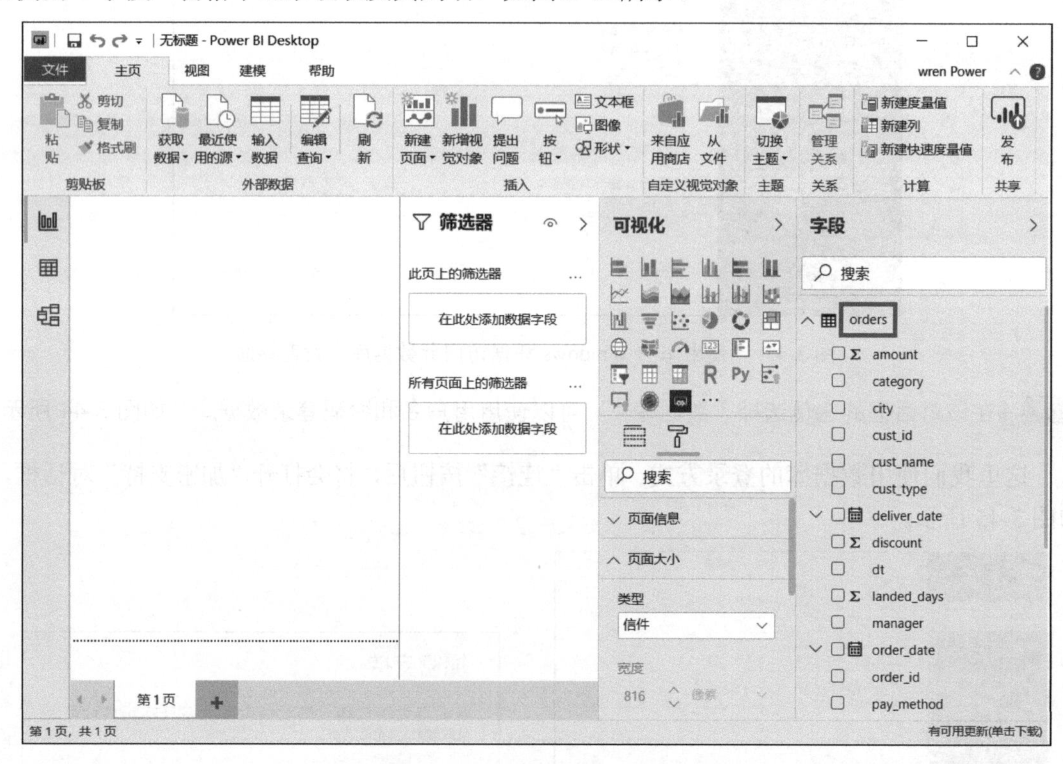

图3-48　导入后的数据表信息

3.2.3 连接 MySQL 数据库

MySQL 是一种典型的关系型数据库管理系统，分为社区版和商业版。其连接步骤如下：

步骤 01 连接 MySQL 数据库一般都需要安装其驱动程序。在连接到 MySQL 数据库之前，首先需要到 MySQL 数据库的官方网站（https://dev.mysql.com/downloads/connector/net/）下载对应版本的 Connector/NET 驱动程序，如图 3-49 所示。

图 3-49 下载驱动程序页面

步骤 02 双击下载完成的驱动程序文件 mysql-connector-net-8.0.18.msi，打开安装对话框，如图 3-50 所示，然后单击 Next 按钮。

步骤 03 在打开的对话框中选择安装类型，单击 Typical 选项，如图 3-51 所示，然后单击 Next 按钮。

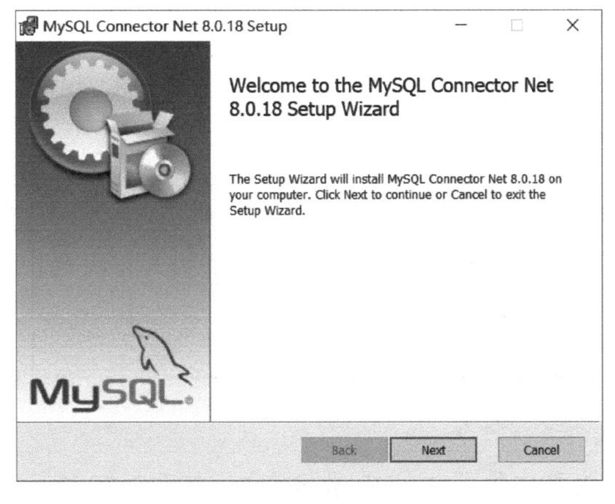

图 3-50 开始安装驱动程序

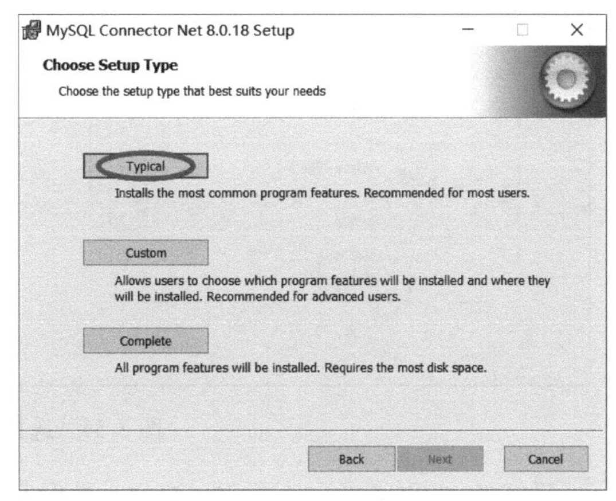

图 3-51 选择安装类型

步骤 04 在打开的对话框中单击 Install 按钮，开始安装，如图 3-52 所示。

步骤 05 安装过程完成后出现结束对话框，单击 Finish 按钮，如图 3-53 所示。

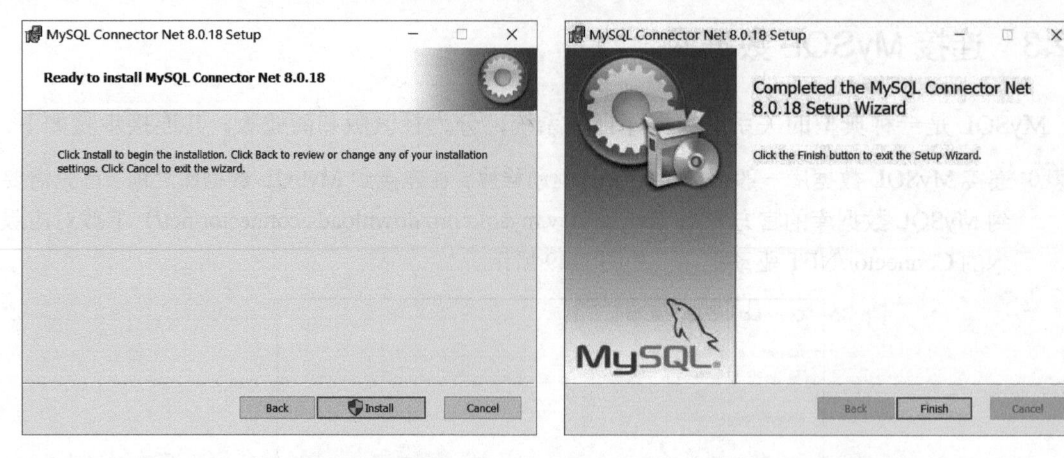

图 3-52　单击 Install 按钮　　　　图 3-53　安装完成

步骤 06 在 Microsoft Power BI 的"主页"功能区单击"获取数据"选项卡，在弹出的下拉框中选择"更多"选项，如图 3-54 所示。

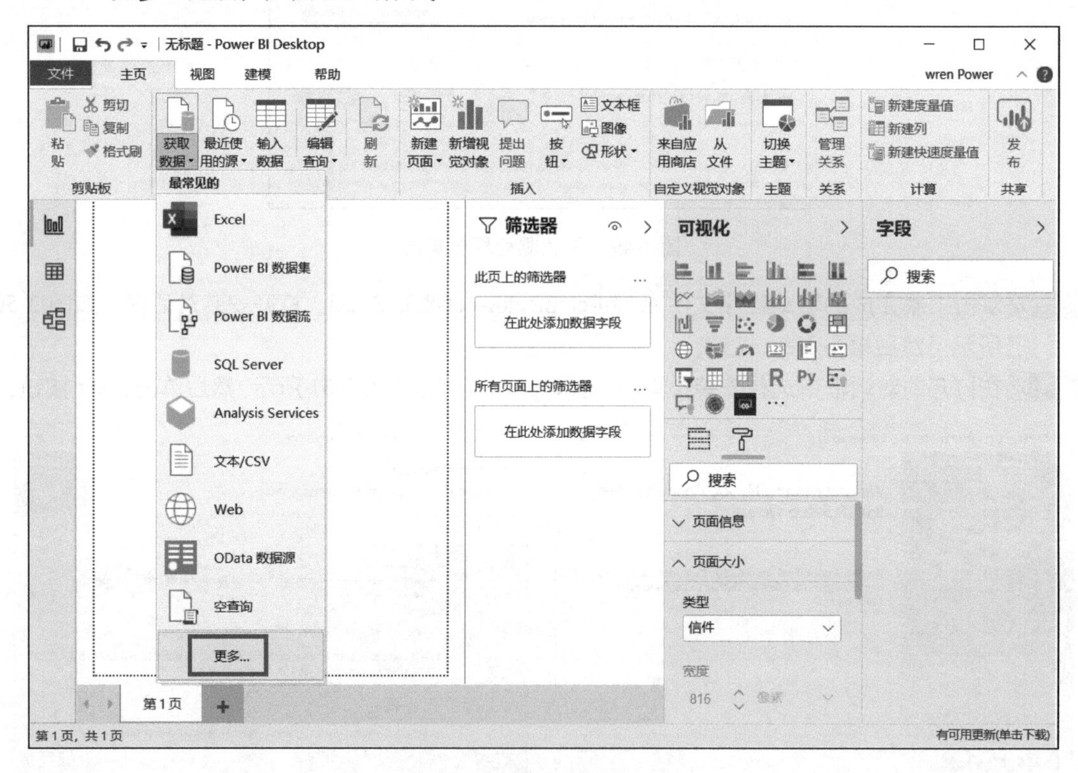

图 3-54　选择"更多"选项

步骤 07 打开"获取数据"对话框，选择"数据库"类型中的"MySQL 数据库"，如图 3-55 所示。

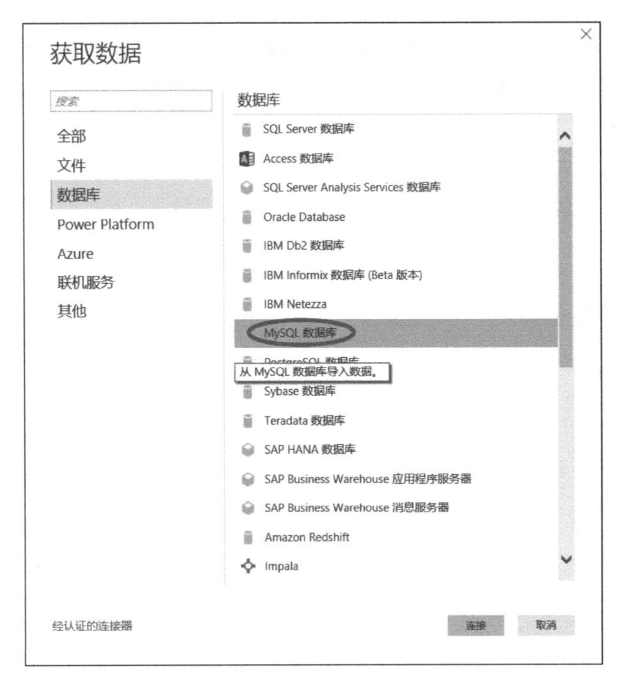

图 3-55　“获取数据”对话框

如果连接时出现报错对话框，就说明 MySQL 的驱动没有安装或者安装错误，如图 3-56 所示，可卸载并重新安装 MySQL 的驱动。

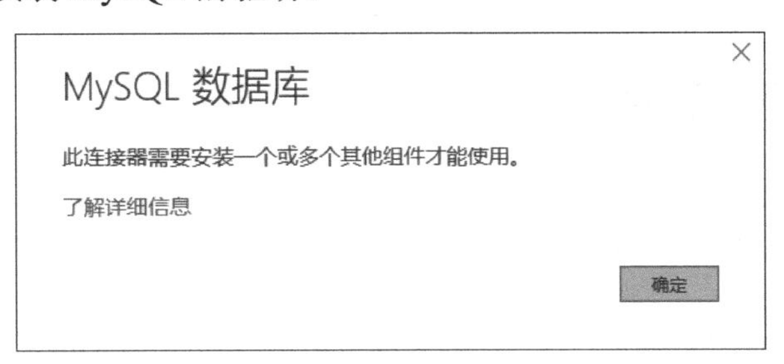

图 3-56　未安装驱动程序

步骤 08 打开“MySQL 数据库”对话框，在“服务器”文本框中输入服务器地址，如 192.168.1.107，然后在“数据库”文本框中输入数据库名称，如 sales，如图 3-57 所示。

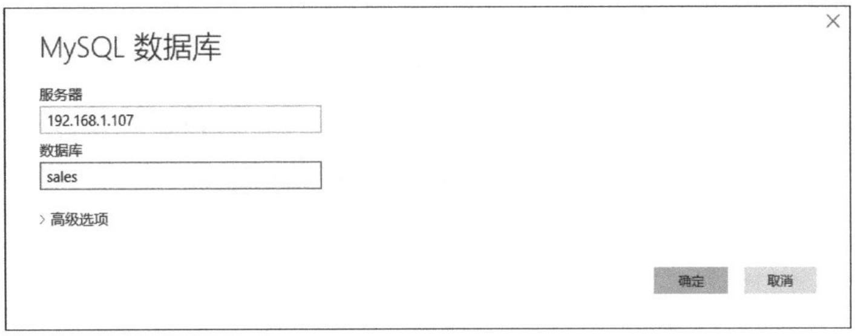

MySQL 数据库
服务器
192.168.1.107
数据库
sales
› 高级选项
确定　取消

图 3-57　输入服务器和数据库名称

还可以单击“高级选项”，展开更多数据库设置选项，例如输入 SQL 语句等，如图 3-58 所示，完成后单击“确定”按钮。

MySQL 数据库
服务器
192.168.1.107
数据库
sales
高级选项
命令超时(分钟) (可选)
SQL 语句(可选，需要数据库)
包含关系列
在完整层次结构中导航
确定
取消

图 3-58　展开更多设置选项

步骤 09 在打开的对话框左侧选择 Windows，可以看到“使用您的 Windows 凭据访问此数据库。”设置界面，如图 3-59 所示。

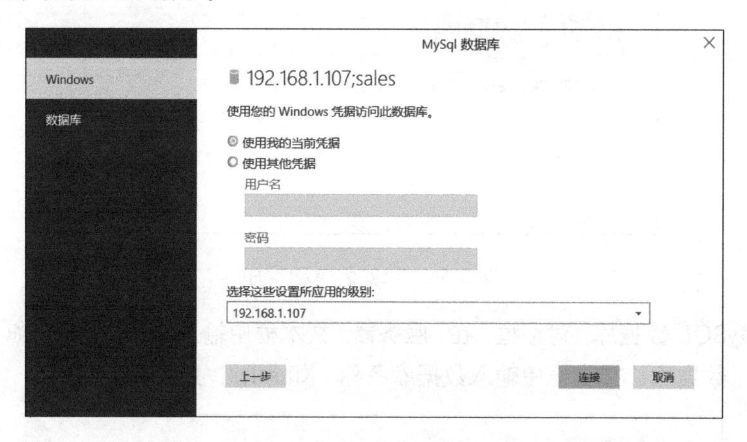

图 3-59　Windows 模式登录

步骤 10 在该对话框的左侧选择“数据库”，输入数据库的用户名和密码。这里我们选择“数据库”登录方式，单击“连接”按钮即可，如图 3-60 所示。

MySql 数据库

Windows

数据库

192.168.1.107;sales

用户名

root

密码

选择这些设置所应用的级别:

192.168.1.107

上一步　连接　取消

图 3-60　“数据库”模式登录

步骤 11 打开“导航器”对话框，预览表中的数据，如图 3-61 所示。单击“加载”按钮后，Microsoft Power BI 会打开“加载”对话框并显示与加载数据相关联的活动，如图 3-62 所示。

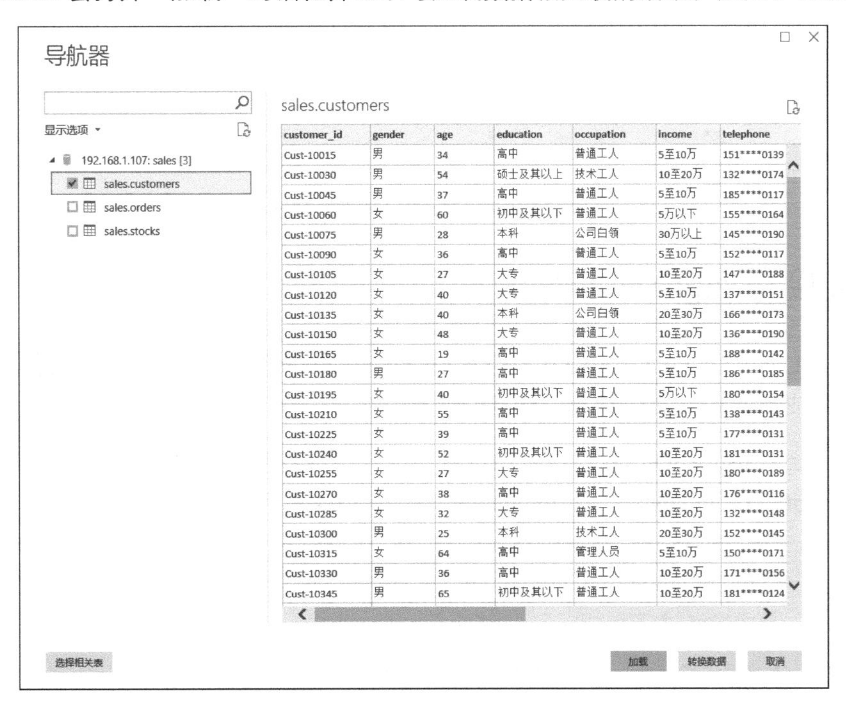

customer_id	gender	age	education	occupation	income	telephone
Cust-10015	男	34	高中	普通工人	5至10万	151****0139
Cust-10030	男	54	硕士及其以上	技术工人	10至20万	132****0174
Cust-10045	男	37	高中	普通工人	5至10万	185****0117
Cust-10060	女	60	初中及其以下	普通工人	5万以下	155****0164
Cust-10075	男	28	本科	公司白领	30万以上	145****0190
Cust-10090	女	36	高中	普通工人	5至10万	152****0117
Cust-10105	女	27	大专	普通工人	10至20万	147****0188
Cust-10120	女	40	大专	普通工人	5至10万	137****0151
Cust-10135	女	40	本科	公司白领	20至30万	166****0173
Cust-10150	女	48	大专	普通工人	10至20万	136****0190
Cust-10165	女	19	高中	普通工人	5至10万	188****0142
Cust-10180	男	27	高中	普通工人	5至10万	186****0185
Cust-10195	女	40	初中及其以下	普通工人	5万以下	180****0154
Cust-10210	女	55	高中	普通工人	5至10万	138****0143
Cust-10225	女	39	高中	普通工人	5至10万	177****0131
Cust-10240	女	52	初中及其以下	普通工人	10至20万	181****0131
Cust-10255	女	27	大专	普通工人	10至20万	180****0189
Cust-10270	女	38	高中	普通工人	10至20万	176****0116
Cust-10285	女	32	大专	普通工人	10至20万	132****0148
Cust-10300	男	25	本科	技术工人	20至30万	152****0145
Cust-10315	女	64	高中	管理人员	5至10万	150****0171
Cust-10330	男	36	高中	普通工人	10至20万	171****0156
Cust-10345	男	65	初中及其以下	普通工人	10至20万	181****0124

图 3-61　“导航器”对话框

加载

sales customers

正在模型中创建连接...

取消

图 3-62　“加载”对话框

数据库中的数据表加载到 Microsoft Power BI 后，将会在报表视图右侧的“字段”窗格中显示该表及其列名，如图 3-63 所示。

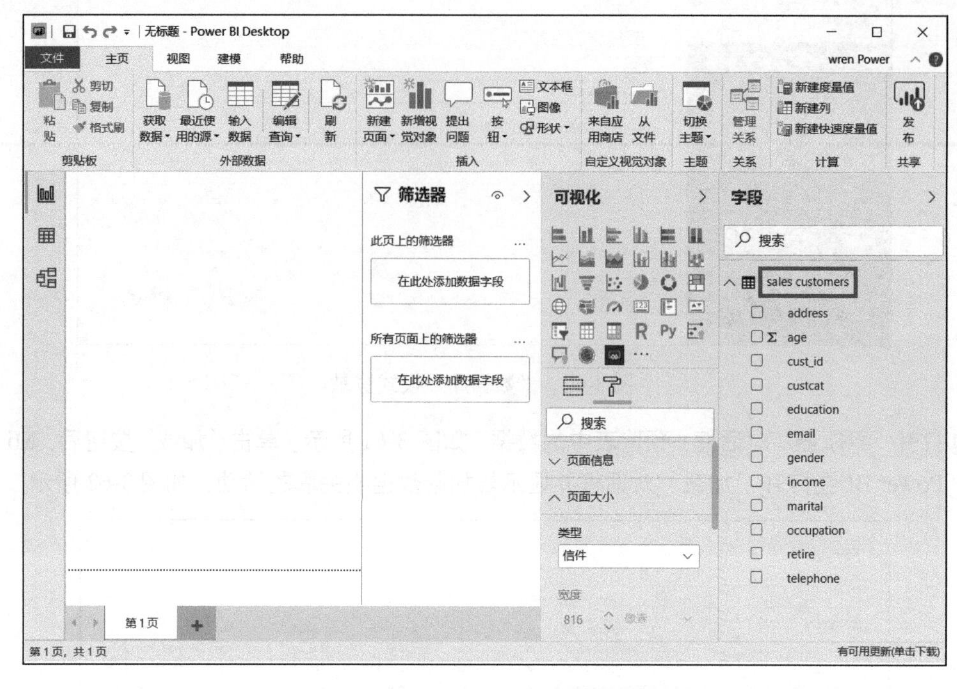

图 3-63 Microsoft Power BI 中加载的数据表

3.2.4 连接 PostgreSQL 数据库

PostgreSQL 也称为 Post-gress-Q-L，由 PostgreSQL 全球开发集团（全球志愿者团队）开发，不受任何公司或其他私人实体控制，源代码是免费的。其连接步骤如下：

步骤 01 在连接到 PostgreSQL 数据库之前，首先需要下载与安装数据库的驱动程序，网站为：https://github.com/npgsql/Npgsql/releases，如图 3-64 所示。

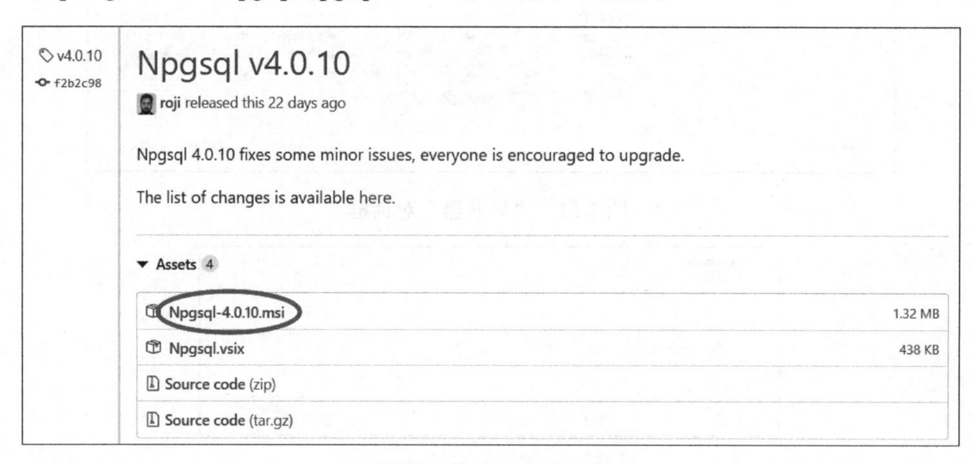

图 3-64 下载驱动程序页面

步骤 02 双击驱动程序文件 Npgsql-4.0.10.msi，打开安装对话框，如图 3-65 所示，然后单击 Next 按钮。

步骤 03 在打开的对话框中勾选 I accept the terms in the License Agreement 复选框，如图 3-66 所示，然后单击 Next 按钮。

图 3-65　开始安装驱动程序

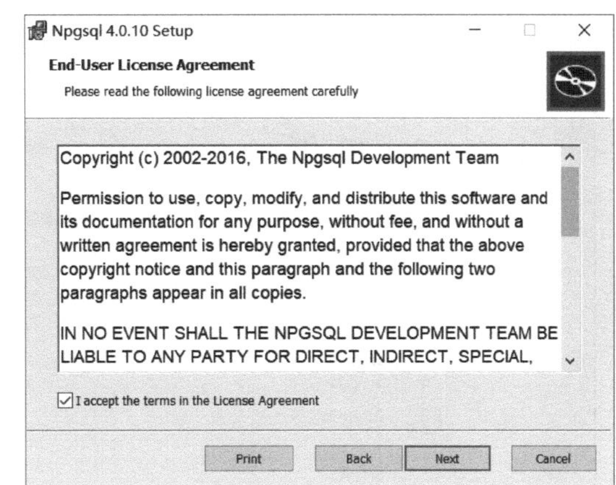

图 3-66　接受安装许可

步骤 04 在打开的 Custom Setup 对话框中，需要设置 Npgsql GAC Installation，勾选 Will be installed local hard drive 选项，再单击 Next 按钮，如图 3-67 所示。

步骤 05 单击 Install 按钮，进入安装过程，如图 3-68 所示，安装完成后弹出结束对话框，单击 Finish 按钮即可。

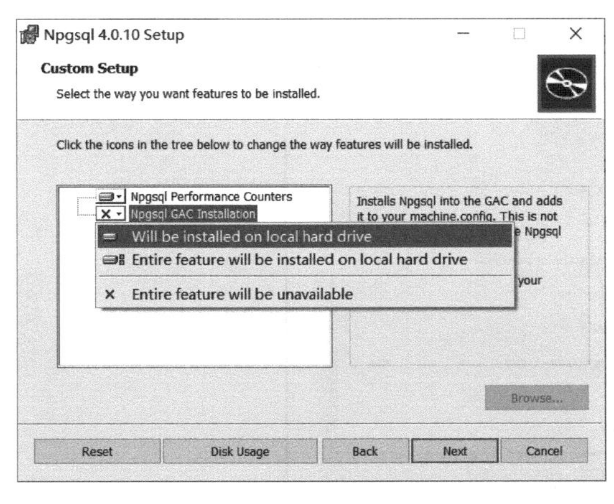

图 3-67　设置 Npgsql GAC Installation

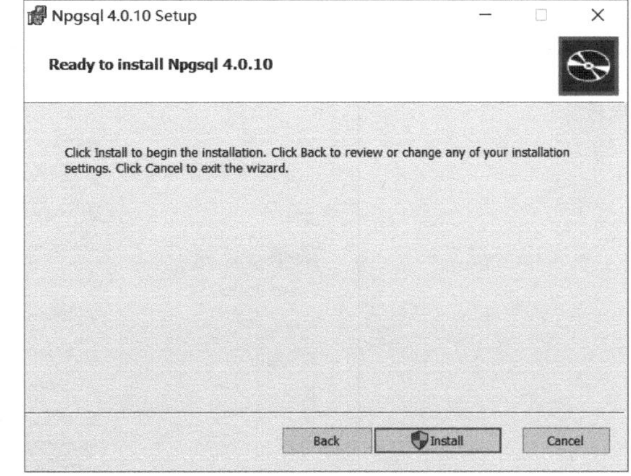

图 3-68　开始安装驱动程序

步骤 06 Npgsql 驱动程序安装完成后，在 Microsoft Power BI 的“主页”功能区单击“获取数据”选项卡，在弹出的下拉框中选择“更多”选项，如图 3-69 所示。

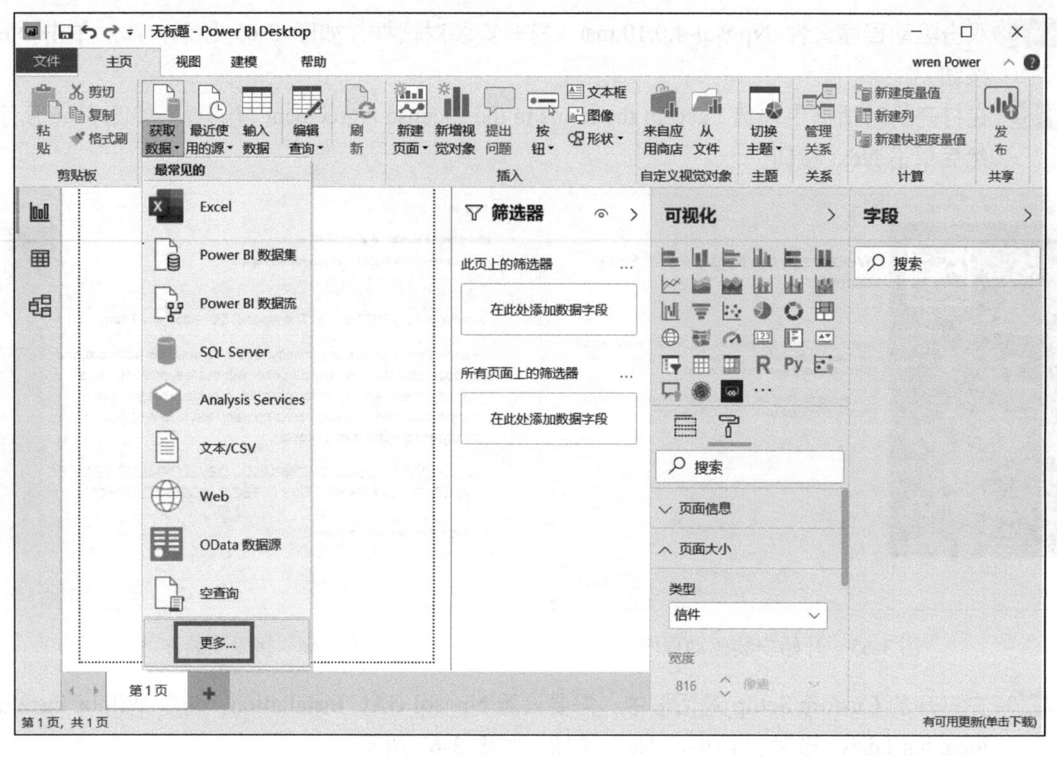

图 3-69 选择“更多”选项

步骤 07 打开“获取数据”对话框，选择“数据库”类型中的“PostgreSQL 数据库”，如图 3-70 所示。

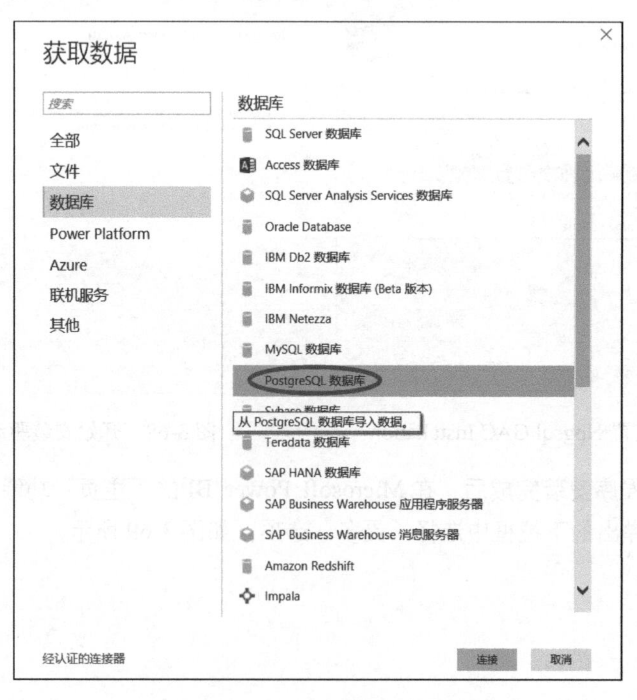

图 3-70 “获取数据”对话框

步骤 08 打开“PostgreSQL 数据库”对话框，在“服务器”中输入服务器地址，如 192.168.1.107，然后在“数据库”中输入数据库名称，如 postgres，如图 3-71 所示。还可以单击“高级选项”，展开更多数据库设置选项，例如输入 SQL 语句等，完成后单击“确定”按钮。

图 3-71　输入服务器和数据库名称

步骤 09 在该对话框的左侧选择“数据库”，输入数据库的用户名和密码，单击“连接”按钮，如图 3-72 所示。

图 3-72　“数据库”模式登录

步骤 10 打开“导航器”对话框，可以预览数据表中的数据，如图 3-73 所示。

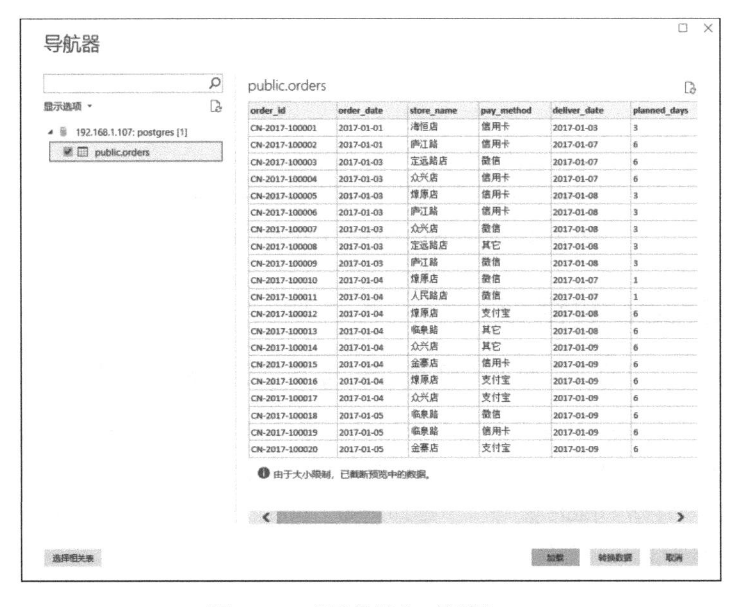

导航器

public.orders

order_id	order_date	store_name	pay_method	deliver_date	planned_days
CN-2017-100001	2017-01-01	海恒店	信用卡	2017-01-03	3
CN-2017-100002	2017-01-01	庐江路	信用卡	2017-01-07	6
CN-2017-100003	2017-01-03	定远路店	微信	2017-01-07	6
CN-2017-100004	2017-01-03	众兴店	信用卡	2017-01-07	6
CN-2017-100005	2017-01-03	燎原店	信用卡	2017-01-08	3
CN-2017-100006	2017-01-03	庐江路	信用卡	2017-01-08	3
CN-2017-100007	2017-01-03	众兴店	微信	2017-01-08	3
CN-2017-100008	2017-01-03	定远路店	其它	2017-01-08	3
CN-2017-100009	2017-01-03	庐江路	微信	2017-01-08	3
CN-2017-100010	2017-01-04	燎原店	微信	2017-01-07	1
CN-2017-100011	2017-01-04	人民路店	微信	2017-01-07	1
CN-2017-100012	2017-01-04	燎原店	支付宝	2017-01-08	6
CN-2017-100013	2017-01-04	临泉路	其它	2017-01-08	6
CN-2017-100014	2017-01-04	众兴店	其它	2017-01-09	6
CN-2017-100015	2017-01-04	金寨店	信用卡	2017-01-09	6
CN-2017-100016	2017-01-04	燎原店	支付宝	2017-01-09	6
CN-2017-100017	2017-01-04	众兴店	支付宝	2017-01-09	6
CN-2017-100018	2017-01-05	临泉路	微信	2017-01-09	6
CN-2017-100019	2017-01-05	临泉路	信用卡	2017-01-09	6
CN-2017-100020	2017-01-05	金寨店	支付宝	2017-01-09	6

由于大小限制，已截断预览中的数据。

图 3-73　“导航器”对话框

步骤 11 单击"加载"按钮后，会打开"加载"对话框，显示加载过程，如图 3-74 所示。

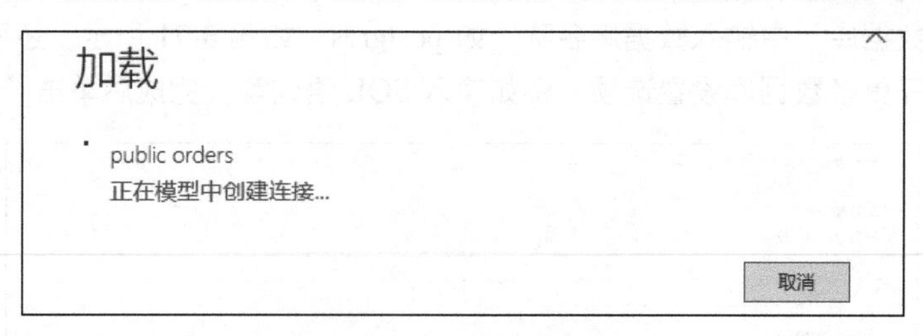

图 3-74 "加载"对话框

数据库中的数据表加载到 Microsoft Power BI 后，将会在 Microsoft Power BI 的报表视图右侧的"字段"窗格中显示该表及其列名，如图 3-75 所示。

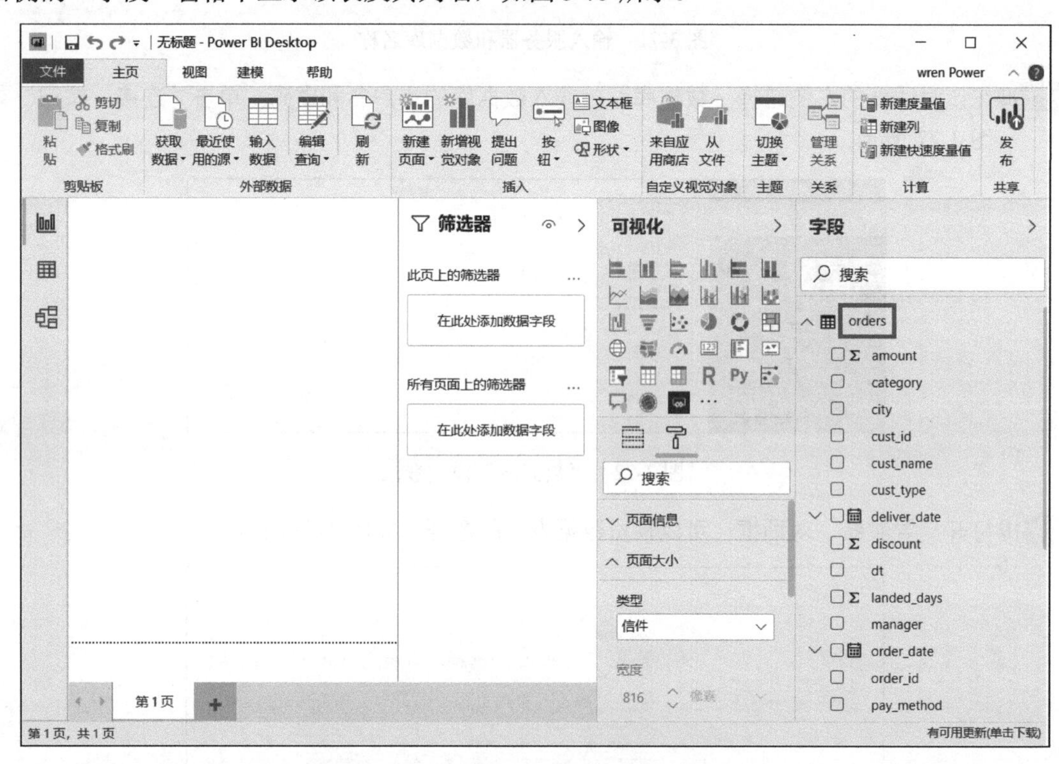

图 3-75 Microsoft Power BI 中加载的数据表

3.2.5 连接 Oracle 数据库

Oracle 是甲骨文公司的关系数据库管理系统，是目前比较流行的数据库。其连接步骤如下：

步骤 01 如果 Microsoft Power BI 需要连接 Oracle 数据库，计算机上首先需要安装最新版本的 Oracle 数据访问组件（ODAC），它与服务器的 Oracle 版本没有关系，在 Oracle 官方网站可以下载，但是需要注册 Oracle 账号，下载地址为：https://www.oracle.com/database/technologies/odac-downloads.html，如图 3-76 所示。

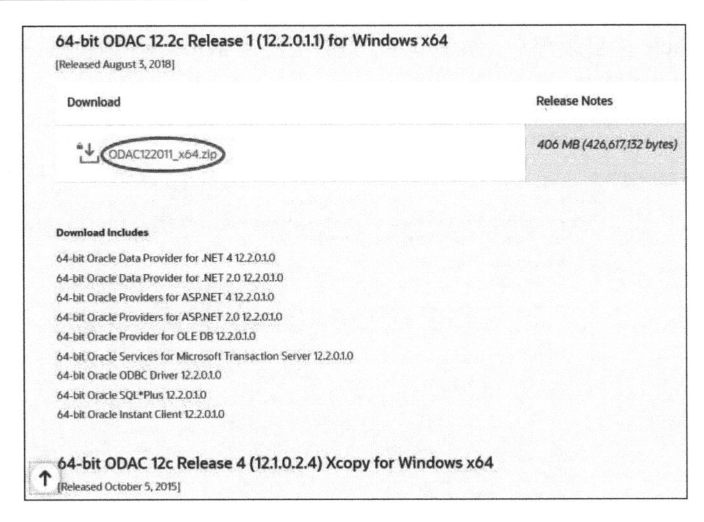

图 3-76　下载 ODAC 组件

步骤 02 下载完成后，首先需要解压 ODAC122011_x64.zip 文件，然后双击 setup.exe，出现程序启动对话框，如图 3-77 所示。

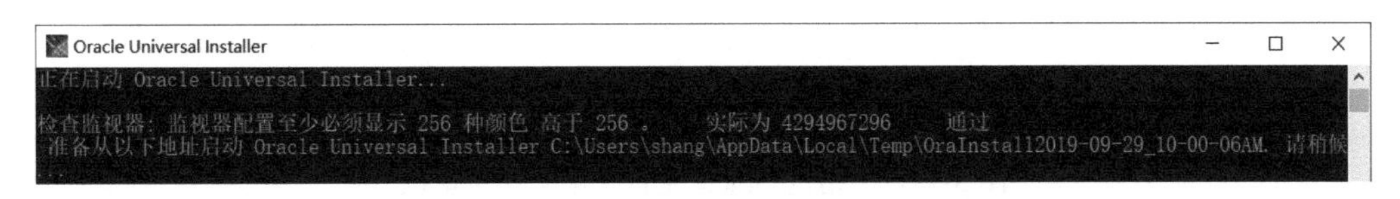

图 3-77　程序启动

步骤 03 在"选择产品语言"对话框中，保持默认设置即可，单击"下一步"按钮，如图 3-78 所示。

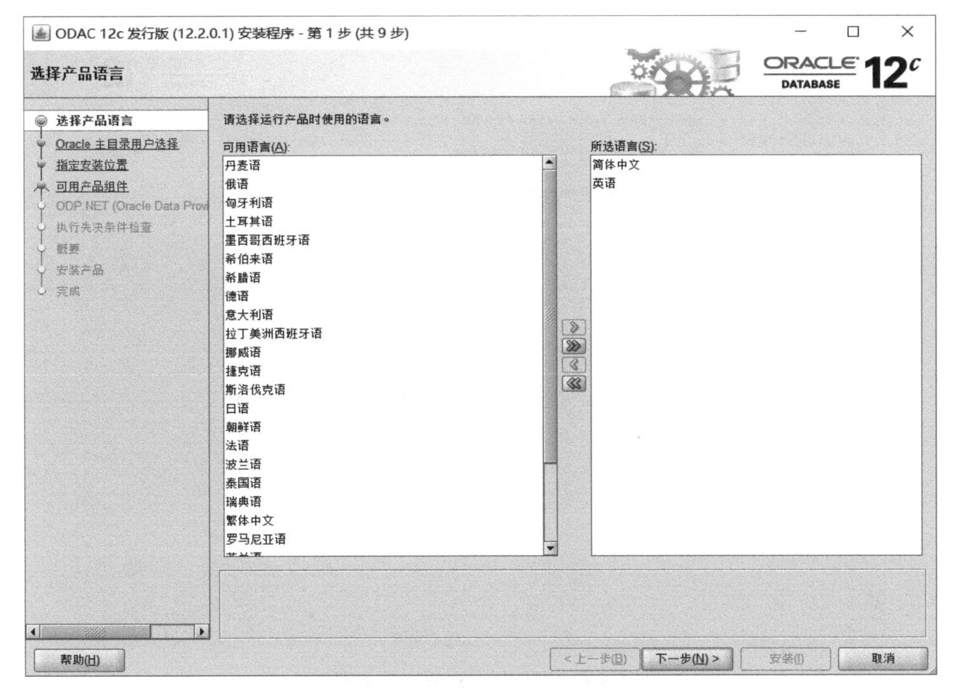

图 3-78　"选择产品语言"对话框

步骤 04 在“指定 Oracle 主目录用户”对话框中，选择“使用 Windows 内置账户”，单击“下一步”按钮，如图 3-79 所示。

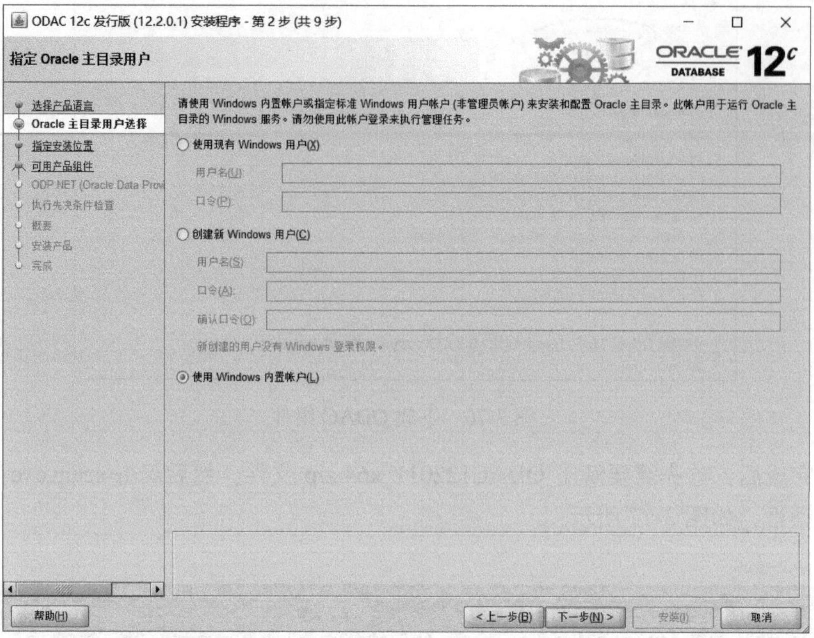

图 3-79 “指定 Oracle 主目录用户”对话框

步骤 05 在“指定安装位置”对话框中，设置 Oracle 基目录与软件位置，然后单击“下一步”按钮，如图 3-80 所示。

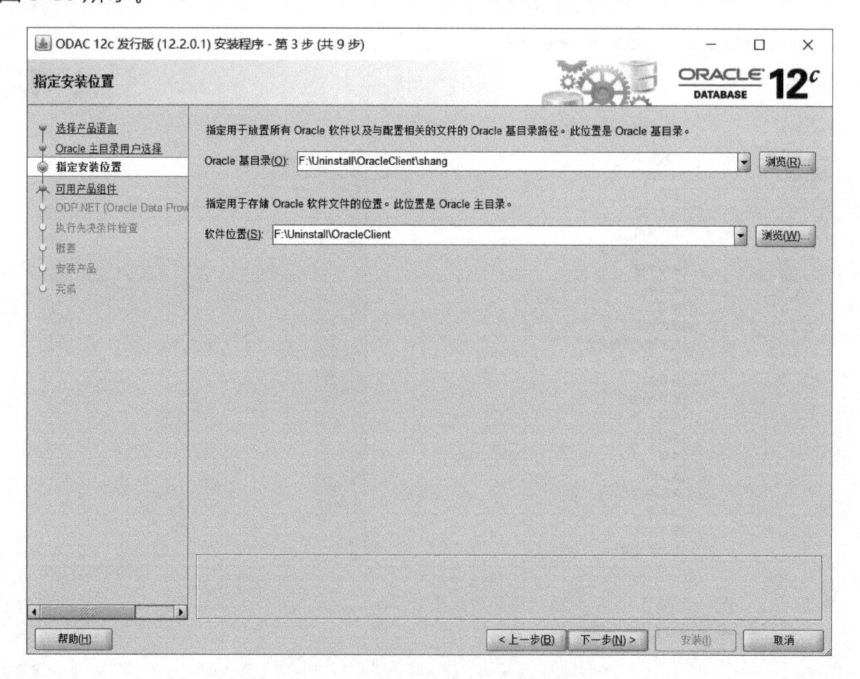

图 3-80 “指定安装位置”对话框

步骤 06 在“可用产品组件”对话框中，保持默认设置即可，单击“下一步”按钮，如图 3-81 所示。

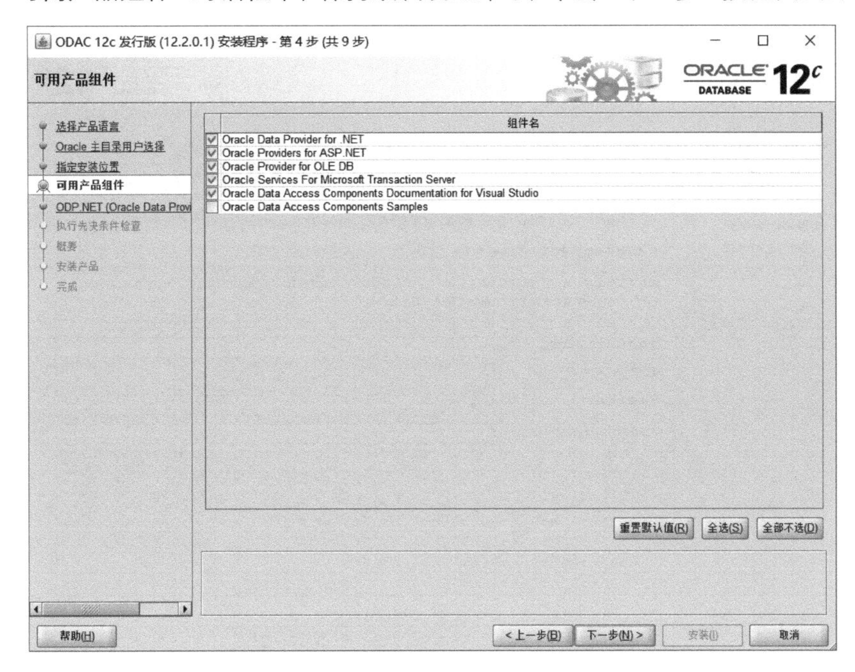

图 3-81　“可用产品组件”对话框

步骤 07 在 ODP.NET 对话框中，勾选“在计算机范围级别配置 ODP.NET 和/或 Oracle Providers for ASP.NET”复选框，然后单击“下一步”按钮，如图 3-82 所示。

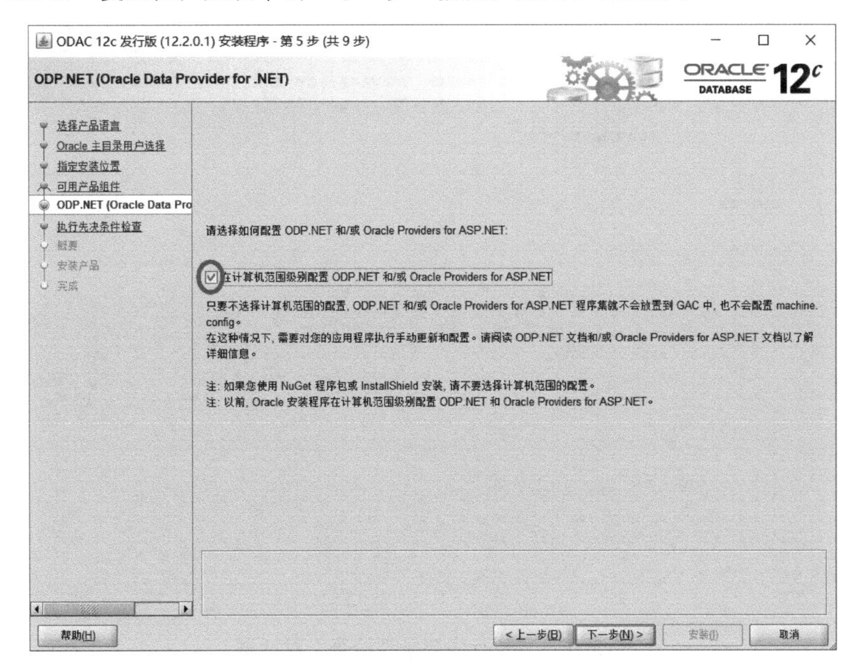

图 3-82　ODP.NET 对话框

步骤 08 在“数据库连接配置”对话框中，设置“连接别名”“端口号”“数据库主机名”“数据库服务名"，填写完毕后，单击"下一步"按钮，如图 3-83 所示。

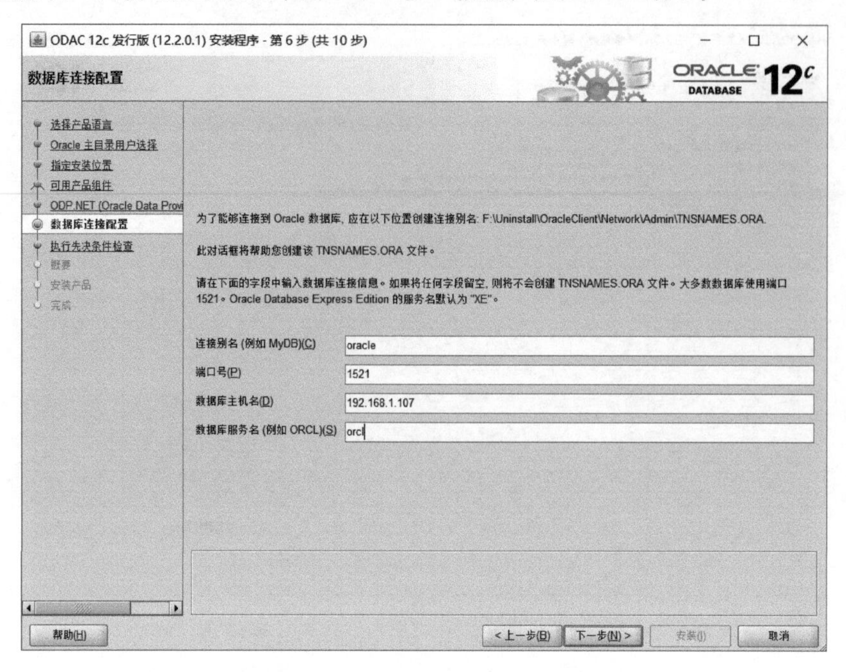

图 3-83 "数据库连接配置"对话框

步骤 09 在"执行先决条件检查"对话框中，将会显示检测的项目及其进度，如图 3-84 所示。

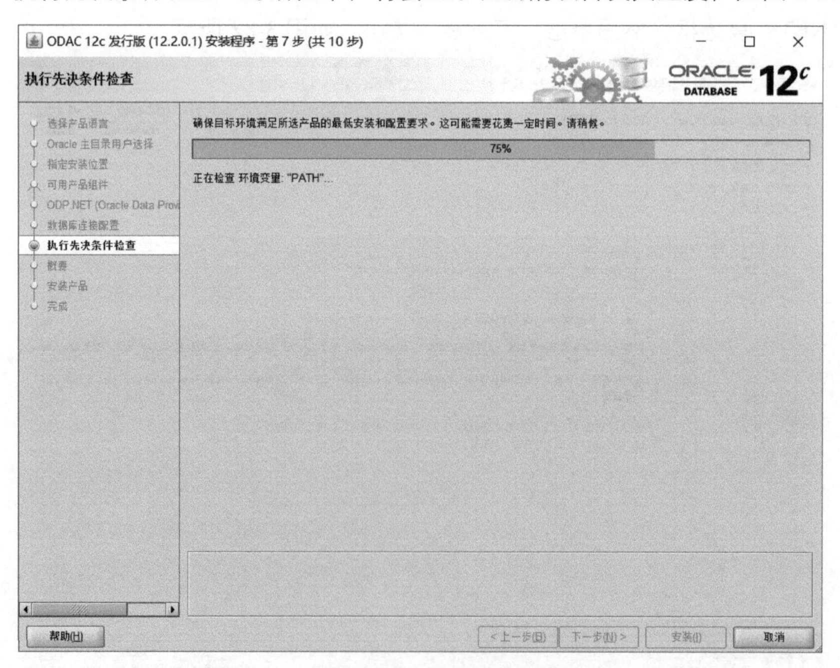

图 3-84 "执行先决条件检查"对话框

步骤 10 在"概要"对话框中，显示前期设置的全局设置信息，单击"安装"按钮即可，如图 3-85 所示。

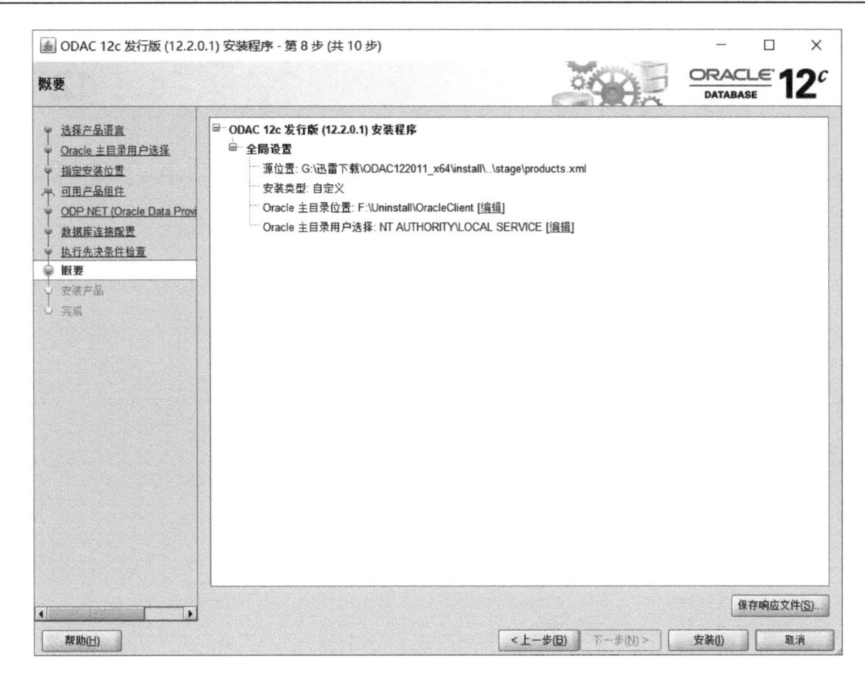

图 3-85　“概要”对话框

步骤 11 在“安装产品”对话框中，显示具体的安装过程及其状态，如图 3-86 所示。

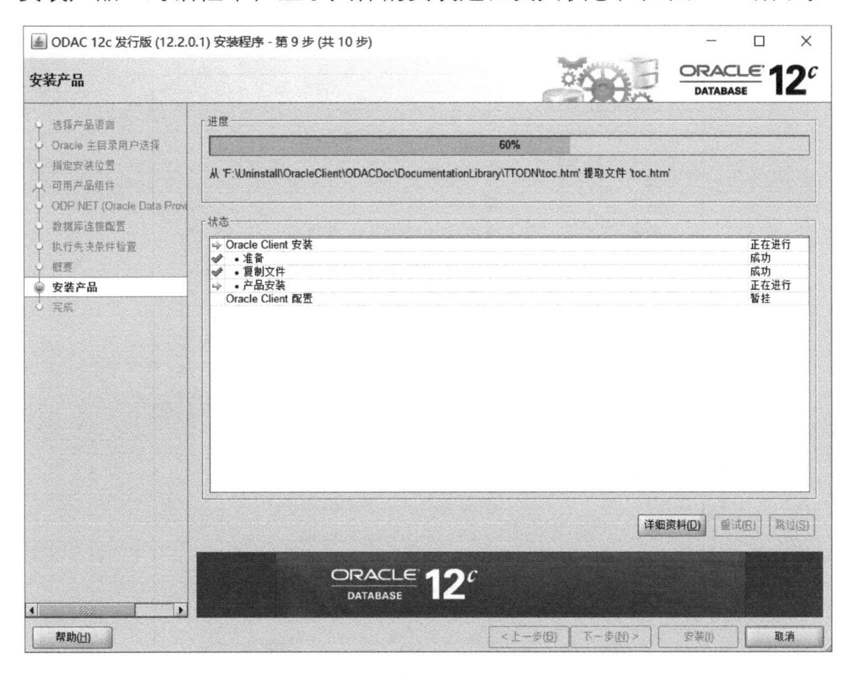

图 3-86　“安装产品”对话框

步骤 12 在“完成”对话框中，如果显示 Oracle 客户端安装成功的信息，就说明已经安装成功，单击“关闭”按钮即可，如图 3-87 所示。

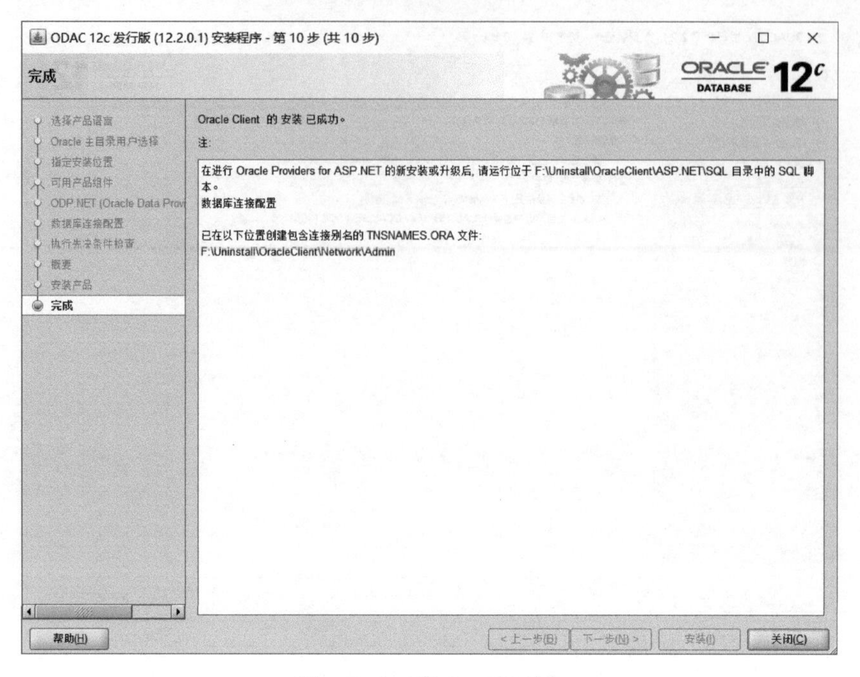

图 3-87 “完成”对话框

步骤13 在“主页”功能区单击“获取数据”选项卡，在打开的下拉框中选择“更多”选项，打开“获取数据”对话框，选择“数据库”类型中的 Oracle Database，如图 3-88 所示。

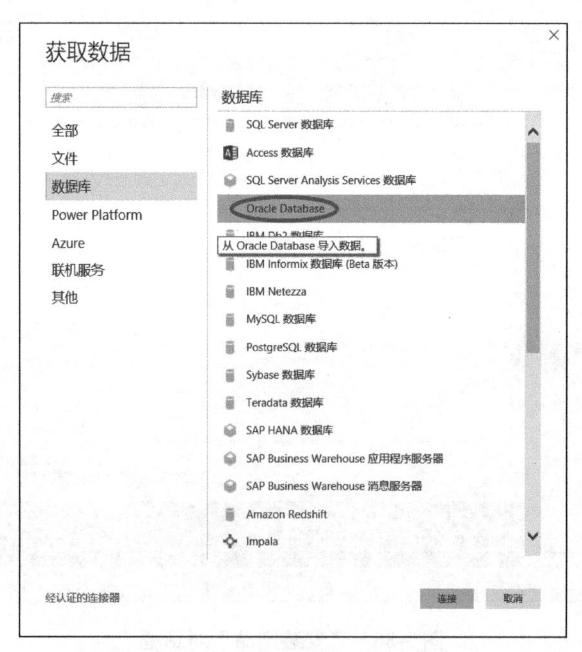

图 3-88 “获取数据”对话框

步骤14 单击“连接”按钮后，打开“Oracle 数据库”对话框，输入服务器的名称 oracle，这个是我们在安装过程中设置的连接别名，如果忘记，那么可以查阅 Network\Admin 文件夹下的 tnsnames.ora 文件，如图 3-89 所示。

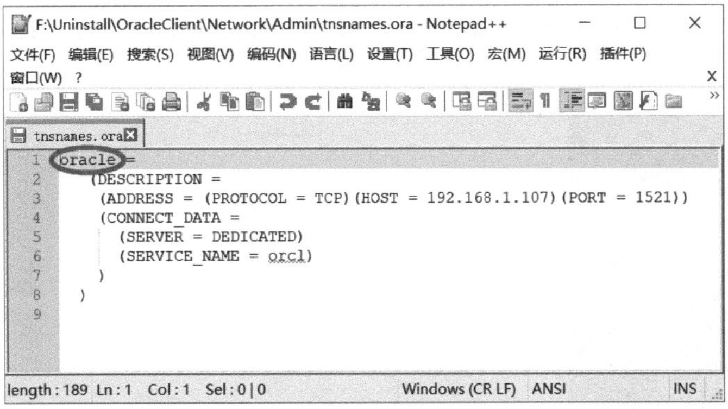

图 3-89　查阅文件

还可以单击“高级选项”，展开更多的设置选项，在“SQL 语句”文本框中输入查询语句，如图 3-90 所示，完成后单击“确定”按钮。

图 3-90　展开更多选项

步骤 15 在打开的对话框中，选择左侧的 Windows，然后在右侧选中“使用我的当前凭据”单选按钮，如图 3-91 所示。

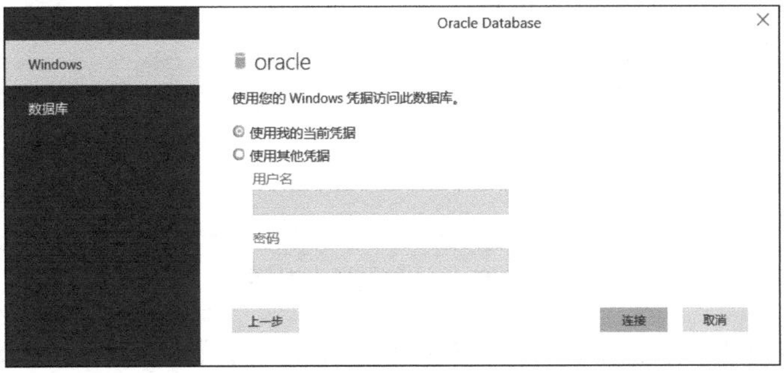

图 3-91　Windows 方式登录

步骤 16 在该对话框中选择“数据库”，输入数据库的用户名和密码，如图 3-92 所示，然后单击“连接”按钮即可。

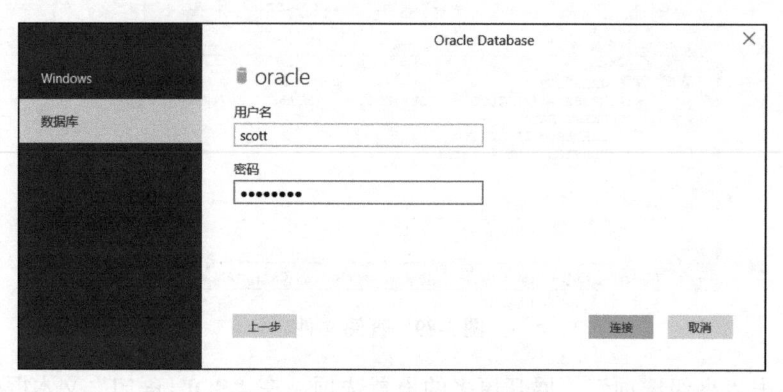

图 3-92 “数据库”方式登录

步骤 17 打开“导航器”对话框，在左窗格中选中一个数据表后，例如 orders 表，在右窗格中会出现该数据表的数据预览，如图 3-93 所示。单击“加载”按钮后，Microsoft Power BI 会打开“加载”对话框并显示与加载数据相关联的活动。

order_id	order_date	store_name	pay_method	deliver_date	planned_days
CN-2017-100070	2017-01-12	庐江路	其它	2017-01-14	1
CN-2017-100071	2017-01-12	燎原店	信用卡	2017-01-17	3
CN-2017-100072	2017-01-12	庐江路	信用卡	2017-01-17	6
CN-2017-100073	2017-01-12	杨店店	信用卡	2017-01-17	6
CN-2017-100074	2017-01-12	人民路店	其它	2017-01-17	6
CN-2017-100075	2017-01-12	众兴店	信用卡	2017-01-17	6
CN-2017-100076	2017-01-12	金寨店	信用卡	2017-01-17	6
CN-2017-100077	2017-01-14	临泉路	微信	2017-01-18	6
CN-2017-100078	2017-01-14	定远路店	其它	2017-01-18	6
CN-2017-100079	2017-01-14	金寨店	信用卡	2017-01-19	3
CN-2017-100080	2017-01-14	杨店店	支付宝	2017-01-19	3
CN-2017-100081	2017-01-14	金寨店	信用卡	2017-01-19	3
CN-2017-100082	2017-01-16	定远路店	其它	2017-01-20	6
CN-2017-100083	2017-01-16	金寨店	其它	2017-01-21	6
CN-2017-100084	2017-01-16	人民路店	其它	2017-01-21	6
CN-2017-100085	2017-01-16	庐江路	支付宝	2017-01-21	6
CN-2017-100086	2017-01-17	临泉路	支付宝	2017-01-19	3
CN-2017-100087	2017-01-17	海恒店	其它	2017-01-19	3
CN-2017-100088	2017-01-17	海恒店	信用卡	2017-01-21	6
CN-2017-100089	2017-01-18	众兴店	其它	2017-01-22	6

图 3-93 “导航器”对话框

数据库中的数据表加载到 Microsoft Power BI 后，将会在 Microsoft Power BI 的报表视图右侧的“字段”窗格中显示该表及其列名，如图 3-94 所示。

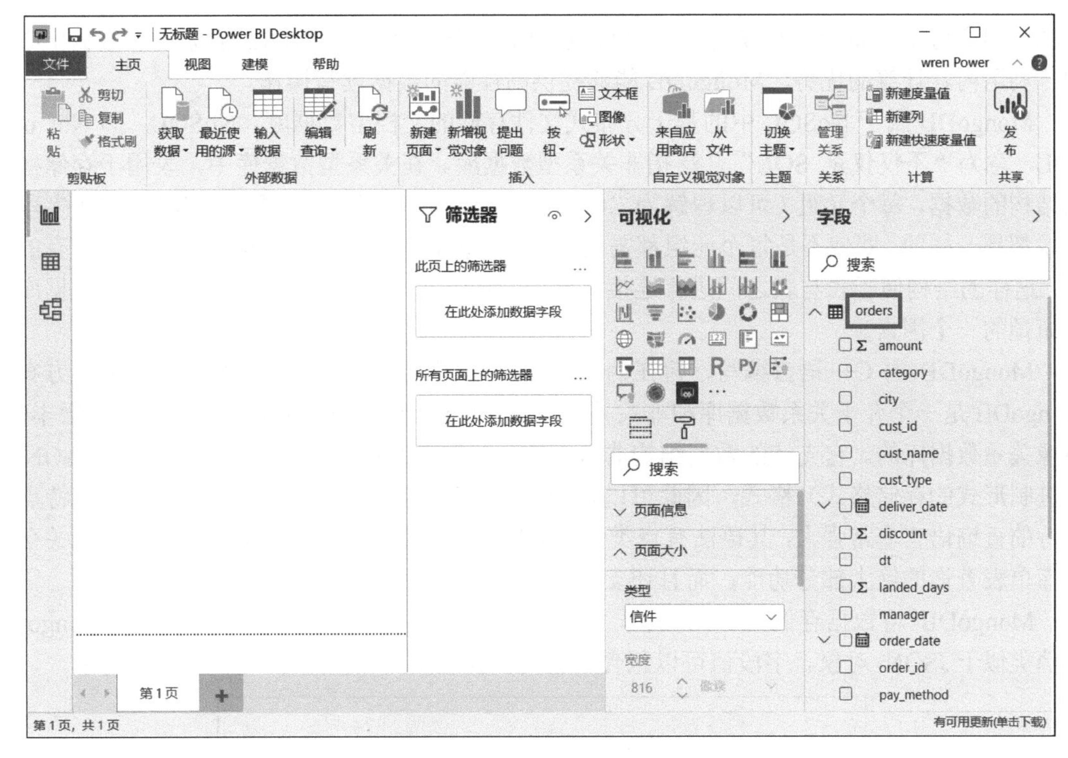

图 3-94　导入后的数据表信息

3.3　连接到非关系型数据库

非关系型数据库的产生是因为随着网站的发展，并发性增加，扩展性高，一致性要求降低。关系型数据库重要的一致性维护就显得有点多余，并且消耗着性能。因此有了非关系型数据库，它是关系型数据库的一种弱化的结果，在海量数据存储和查询上更胜一筹。

非关系型数据库主要是使用 key-value 的方式存储数据的，这是区别于关系型数据库的特点之一。由于数据间没有关联性，相对来说层级扁平，主要有文档类模型 MongoDB、键值对模型 Redis 和 MemcacheDB 等，主要优点如下：

（1）由于数据之间没有关系，因此易于扩展和查询。

（2）数据结构灵活，每个数据都可以有不同的结构。

（3）由于降低了一致性的要求，因此查询速度更快。

下面将以应用比较广泛的 MongoDB 非关系型数据库为例进行详细介绍。

3.3.1　MongoDB 简介

MongoDB（来自于英文单词 Humongous，中文含义为“庞大”）是可以应用于各种规模的企业、各个行业以及各类应用程序的开源数据库。作为一个适用于敏捷开发的数据库，MongoDB 的数据模式可以随着应用程序的发展而灵活地更新。MongoDB 是专为可扩展性、高性能和高可用性而设计的数据库。它可以从单服务器部署扩展到大型、复杂的多数据中心架构，利用内存计算的优势，MongoDB 能够提供高性能的数据读写操作。

MongoDB 属于 NoSQL 中的基于分布式文件存储的文档型数据库。NoSQL，即 Not only SQL，意为“不仅仅是 SQL”，泛指非关系型数据库。在关系型数据库中，表用于存储格式化结构的数据，每个元组（可以理解为二维表中的一行，在数据库中经常被称为记录）字段的组成都是一样的，即使不是每个元组都需要所有的字段，但数据库会为每个元组分配所有的字段，这样的结构便于表与表之间进行连接等操作，但从另一个角度来说，它也是关系数据库性能瓶颈的一个因素。

MongoDB 由 C++语言编写，旨在为 Web 应用提供可扩展的高性能数据存储解决方案。MongoDB 是一个介于关系数据库和非关系数据库之间的产品，是非关系数据库中功能很丰富、很像关系数据库的。它支持的数据结构非常松散，是类似 JSON 的 BSON（是一种类 JSON 的二进制形式的存储格式）格式，因此可以存储比较复杂的数据类型。MongoDB 最大的特点是支持的查询语言非常强大，其语法有点类似于面向对象的查询语言，几乎可以实现类似关系数据库单表查询的绝大部分功能，而且还支持对数据建立索引。

MongoDB 将数据存储为一个文档，数据结构由键值（key=>value）对组成。MongoDB 文档类似于 JSON 对象。字段值可以包含其他文档、数组及文档数组，如图 3-95 所示。

```
{
  name: "sue",                          ←—— field: value
  age: 26,                              ←—— field: value
  status: "A",                          ←—— field: value
  groups: [ "news", "sports" ]          ←—— field: value
}
```

图 3-95 MongoDB 数据存储格式

MongoDB 的主要目标是在键/值存储方式（提供了高性能和高度伸缩性）和传统的 RDBMS 系统（具有丰富的功能）之间架起一座桥梁，它集两者的优势于一身，适用于以下场景：

（1）网站数据：MongoDB 非常适合实时地插入、更新与查询数据，并具备网站实时数据存储所需的复制及高度伸缩性。

（2）缓存：由于性能很高，MongoDB 也适合作为信息基础设施的缓存层。在系统重启之后，由 Mongo 搭建的持久化缓存层可以避免下层的数据源过载。

（3）大尺寸、低价值的数据：使用传统的关系型数据库存储一些数据时可能会比较昂贵，在此之前，很多时候程序员往往会选择传统的文件进行存储。

（4）高伸缩性的场景：MongoDB 非常适合由数十或数百台服务器组成的数据库，Mongo 的路线图中已经包含对 MapReduce 引擎的内置支持。

（5）用于对象及 JSON 数据的存储：MongoDB 的 BSON 数据格式非常适合文档化格式的存储及查询。

3.3.2 MongoDB 的安装与配置

最新版本的 MongoDB 软件的官方下载地址是：https://www.mongodb.com/download-center#

community。现在 MongoDB 已经更新到 4.x 版本，在 4.x 版本中，不要再试图使用自定义安装。我们选择 4.2.2 版本，系统是 Windows 64 bit，包可以选择 MSI 或 ZIP，MSI 是安装程序，ZIP 是压缩包，如图 3-96 所示。

图 3-96 MongoDB 下载页面

安装没什么难度，如果使用 MSI 安装的话，默认安装在 C 盘。由于笔者安装的是 4.2.2 版本，在安装的时候就自动安装了 Windows 服务，检查一下服务里有没有这项就行了，如果有，就不需要安装了，如图 3-97 所示。

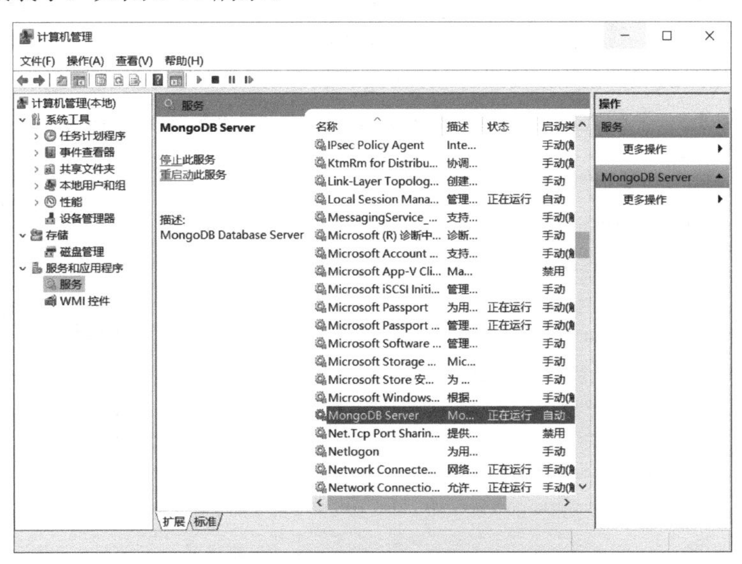

图 3-97 核查 MongoDB 服务

然后使用 cmd 命令模式切换到 MongoDB 安装目录的 bin 目录下，默认是 C:\Program Files\MongoDB\Server\4.2\bin，输入 mongo 进入 mongo 命令模式，如图 3-98 所示，说明服务

已启动，可以正常运行了，按 Ctrl+C 组合键退出 mongo 命令模式。

```
命令提示符
C:\Users\Powerwren>cd C:\Program Files\MongoDB\Server\4.2\bin

C:\Program Files\MongoDB\Server\4.2\bin>mongo
MongoDB shell version v4.2.2
connecting to: mongodb://127.0.0.1:27017/?compressors=disabled&gssapiServiceName=mongodb
Implicit session: session { "id" : UUID("d7065ef7-c8a6-40b2-8428-11356b11f998") }
MongoDB server version: 4.2.2
Server has startup warnings:
2020-01-10T15:24:10.566+0800 I  CONTROL  [initandlisten]
2020-01-10T15:24:10.566+0800 I  CONTROL  [initandlisten] ** WARNING: Access control is not enabled for the database.
2020-01-10T15:24:10.566+0800 I  CONTROL  [initandlisten] **          Read and write access to data and configuration is unrestricted.
2020-01-10T15:24:10.566+0800 I  CONTROL  [initandlisten]
---
Enable MongoDB's free cloud-based monitoring service, which will then receive and display
metrics about your deployment (disk utilization, CPU, operation statistics, etc).

The monitoring data will be available on a MongoDB website with a unique URL accessible to you
and anyone you share the URL with. MongoDB may use this information to make product
improvements and to suggest MongoDB products and deployment options to you.

To enable free monitoring, run the following command: db.enableFreeMonitoring()
To permanently disable this reminder, run the following command: db.disableFreeMonitoring()
---

> ^C
bye

C:\Program Files\MongoDB\Server\4.2\bin>
```

图 3-98　MongoDB 服务是否启动

随后配置环境变量，这个影响我们是否可以在任意位置进入 mongo 命令模式，如果没有配置环境变量，就只能先 cd 到 mongo 安装目录下的 bin 里，才能进入 mongo 命令模式，具体可以参考相应的资料，这里不再介绍。

3.3.3　连接 MongoDB 的步骤

要使 Microsoft Power BI 能连上 MongoDB 数据库，具体步骤如下：

步骤 01 开启 MongoDB 服务。保证本地的 MongoDB 服务是开启的，右击“计算机”，选择“管理”下的“服务”选项，即可查看 MongoDB 服务是否开启。

步骤 02 安装 MySQL ODBC 驱动。安装好了 MongoDB Connector for BI 还不够，还需要安装 mysql connector odbc，下载地址：https://dev.mysql.com/downloads/connector/odbc/，如图 3-99 所示。

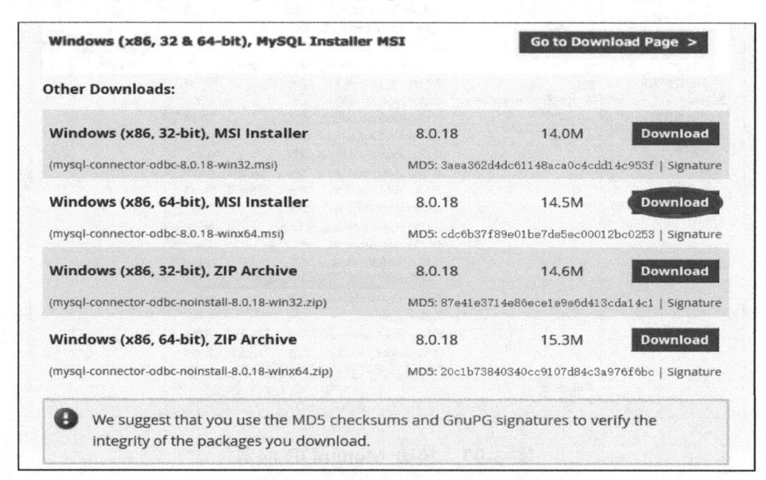

图 3-99　下载 MySQL ODBC 驱动

下载之后，具体安装步骤与 3.2.3 小节中安装 mysql connector net 的步骤类似，注意需要提前安装 Visual C++ 2015，否则无法正常安装。

步骤 03 安装 MongoDB 连接器。连接前需要下载和安装 MongoDB 的连接器，MongoDB Connector for BI 下载地址：https://www.MongoDB.com/download-center#bi-connector，如图 3-100 所示。

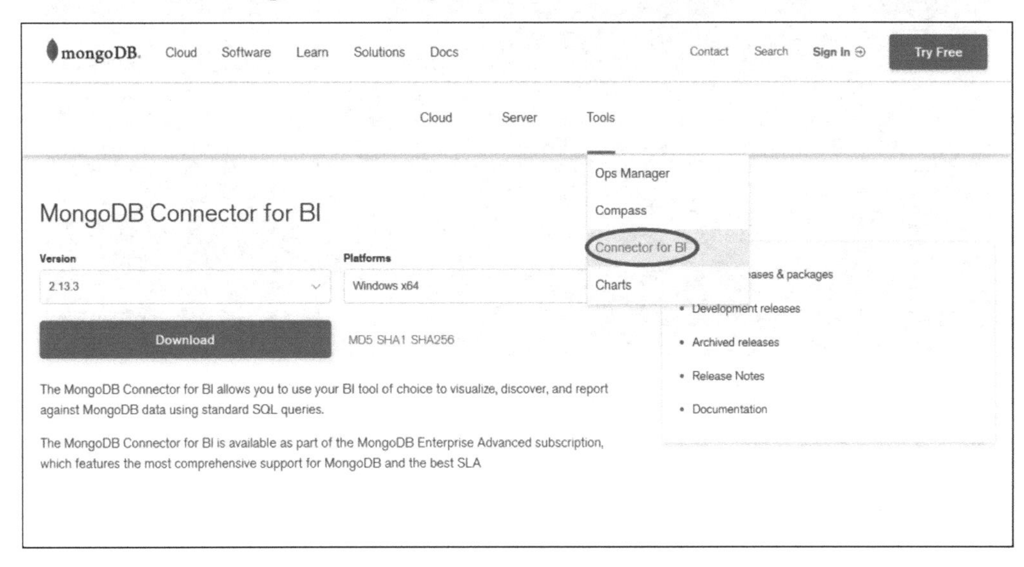

图 3-100　下载 MongoDB 连接器

安装之后，Connector for BI 的 bin 文件（默认是 C:\Program Files\MongoDB\Connector for BI\2.13\bin）目录下会多出 4 个文件：libeay32.dll、mongodrdl.exe、mongosqld.exe 和 ssleay32.dll，如图 3-101 所示。

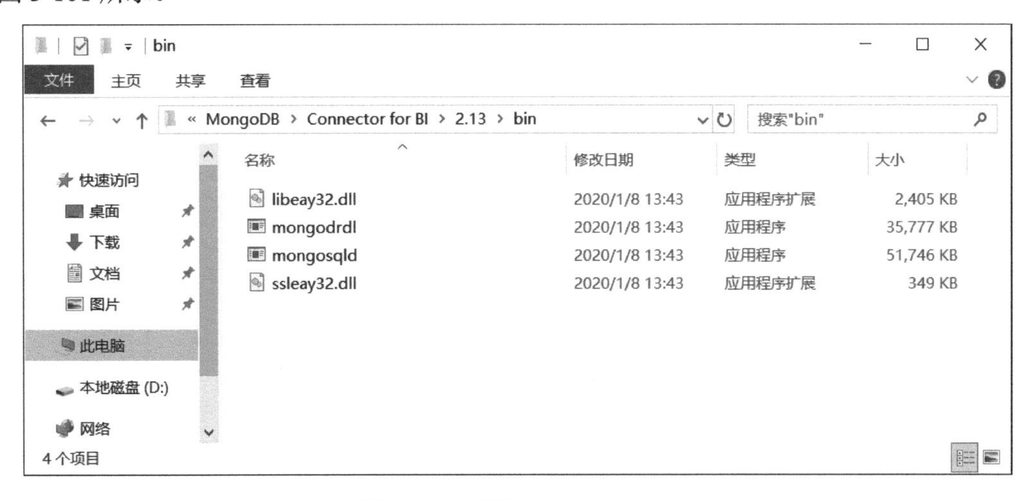

图 3-101　查看 Connector for BI

在本地运行 MongoDB Connector for BI 的运行命令：

```
mongosqld --mongo-uri "mongodb://localhost:27017/?connect=direct" --addr
"127.0.0.1:3308"
```

执行结果如图 3-102 所示。

```
命令提示符 - mongosqld --mongo-uri "mongodb://localhost:27017/?connect=direct" --addr "127.0.0.1:3308"
Microsoft Windows [版本 10.0.17763.316]
(c) 2018 Microsoft Corporation。保留所有权利。

C:\Users\Powerwren>cd C:\Program Files\MongoDB\Connector for BI\2.13\bin

C:\Program Files\MongoDB\Connector for BI\2.13\bin>mongosqld --mongo-uri "mongodb://localhost:27017/?connect=direct"
--addr "127.0.0.1:3308"
2020-01-10T16:38:03.891+0800 I CONTROL    [initandlisten] mongosqld starting: version=v2.13.3 pid=756 host=DESKTOP-D4
11QR1
2020-01-10T16:38:03.960+0800 I CONTROL    [initandlisten] git version: 4eba606eb402d9c9d9d0943e164dd8596b90cfce
2020-01-10T16:38:03.960+0800 I CONTROL    [initandlisten] OpenSSL version OpenSSL 1.0.2n-fips  7 Dec 2017 (built with
 OpenSSL 1.0.2s  28 May 2019)
2020-01-10T16:38:03.960+0800 I CONTROL    [initandlisten] options: {net: {port: 3308}, mongodb: {net: {uri: "mongodb:
//localhost:27017/?connect=direct"}}}
2020-01-10T16:38:03.960+0800 I CONTROL    [initandlisten] ** WARNING: Access control is not enabled for mongosqld.
2020-01-10T16:38:03.960+0800 I CONTROL    [initandlisten]
2020-01-10T16:38:03.971+0800 I NETWORK    [initandlisten] waiting for connections at 127.0.0.1:3308
2020-01-10T16:38:04.647+0800 I SCHEMA     [sampler] sampling MongoDB for schema...
2020-01-10T16:38:04.664+0800 I SCHEMA     [sampler] no namespaces were sampled
```

图 3-102　运行 MongoDB Connector for BI 命令

如果是连接远程服务器，就需要增加参数--auth -u root -p admin，命令如下，此外还需要在远程的 MongoDB 服务器启用 SSL。

```
mongosqld --mongo-uri "mongodb://192.168.31.25:3082/?connect=direct" --auth -u
root -p admin --addr "127.0.0.1:3308"
```

步骤 04 创建与配置 DSN。打开计算机"控制面板""管理工具"，选择"ODBC 数据源（64 位）"选项，创建一个系统 DSN，指向 MongoDB Connector for BI 命令行中的端口，即 localhost:3308，如图 3-103 所示。

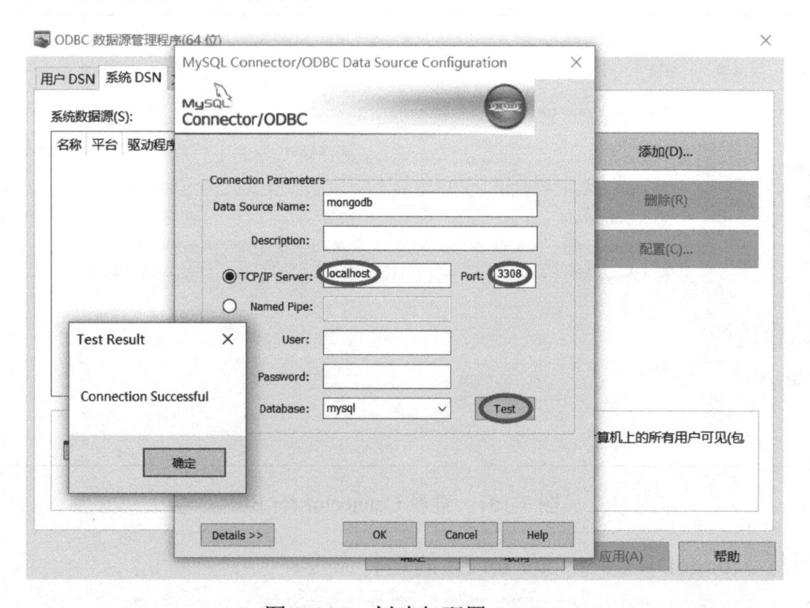

图 3-103　创建与配置 DSN

步骤 05 Power BI 连接 MongoDB。打开 Power BI，选择数据源，如果需要连接至 DSN，就需要连接至 ODBC，如图 3-104 所示。

图 3-104　Power BI 连接 ODBC 数据源

步骤 06 选择刚创建的 MySQL Connector ODBC 内容，名称为 mongodb，如图 3-105 所示。

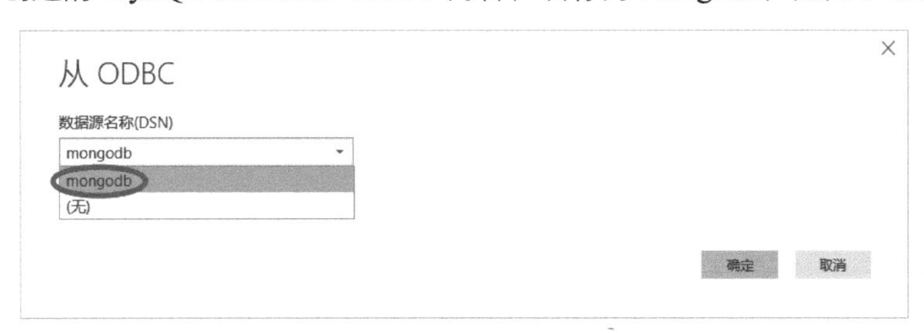

图 3-105　选择 ODBC 数据源

步骤 07 在 ODBC 驱动程序中输入用户名和密码，就可以连接 MongoDB 数据库，如图 3-106 所示。

图 3-106　输入用户名和密码

后续的操作与导入关系型数据库类似，这里就不再详细介绍了。

3.4 连接 Web 网页数据

我们可以将 Microsoft Power BI 连接到 Web 数据源。比如，我们这里分析的是“退休后适合生活在哪里”的一份调查数据，其网址是 http://www.bankrate.com/finance/retirement/best-places-retire-how-state-ranks.aspx，如图 3-107 所示。下面我们来看看如何使用该数据源。

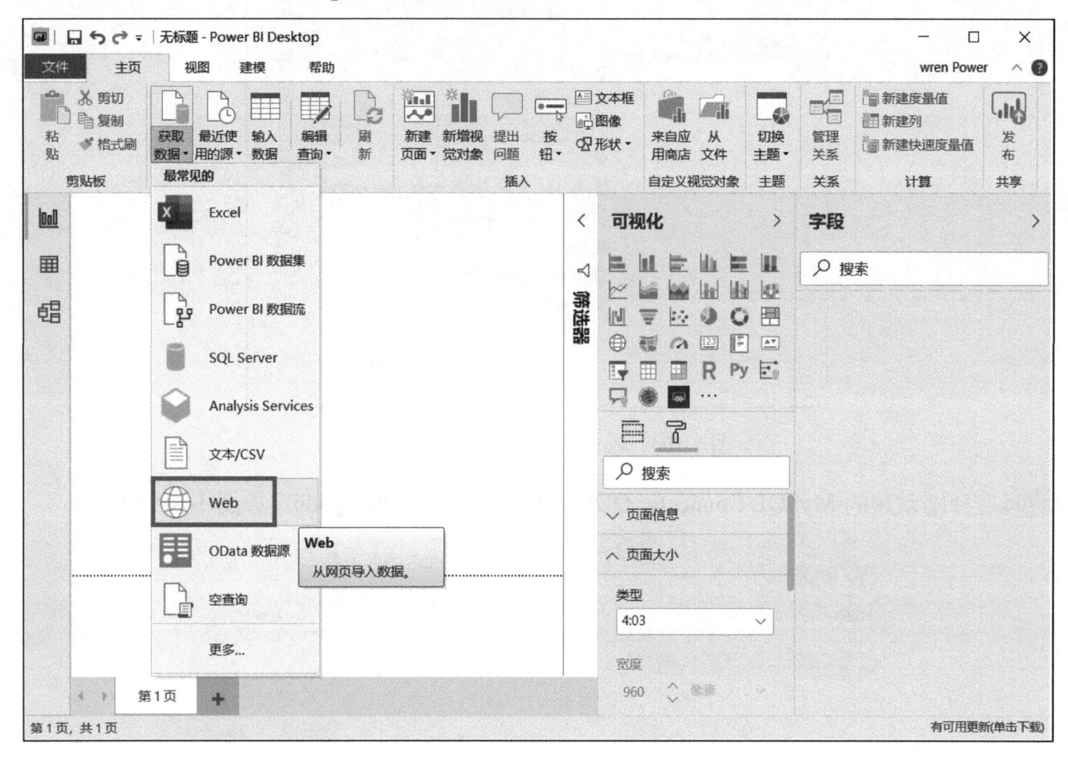

图 3-107 加载 Web 数据

步骤 01 在“从 Web”页面输入网页的 URL 地址，表中字段为各地的居住成本、税率、犯罪率等方面的排名，再单击“确定”按钮，如图 3-108 所示。

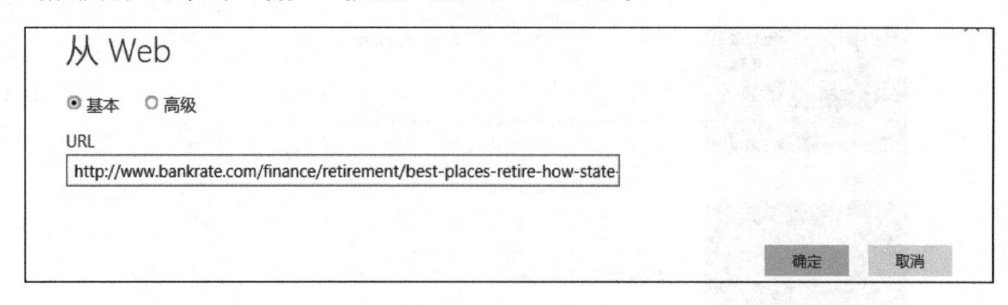

图 3-108 输入 URL

步骤 02 在“导航器”对话框，在左侧的“显示选项”中勾选需要导入的数据表，如图 3-109 所示。

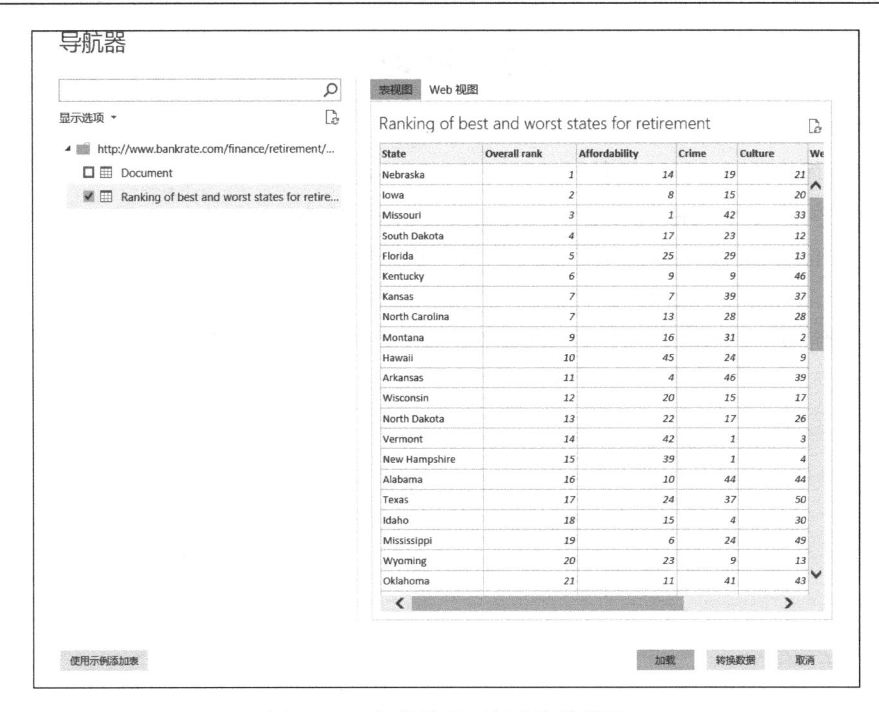

图 3-109　加载数据后的查询编辑器

步骤 03 单击“加载”按钮，Microsoft Power BI 查询编辑器将会爬取网页中的数据，并加载到软件中，如图 3-110 所示。

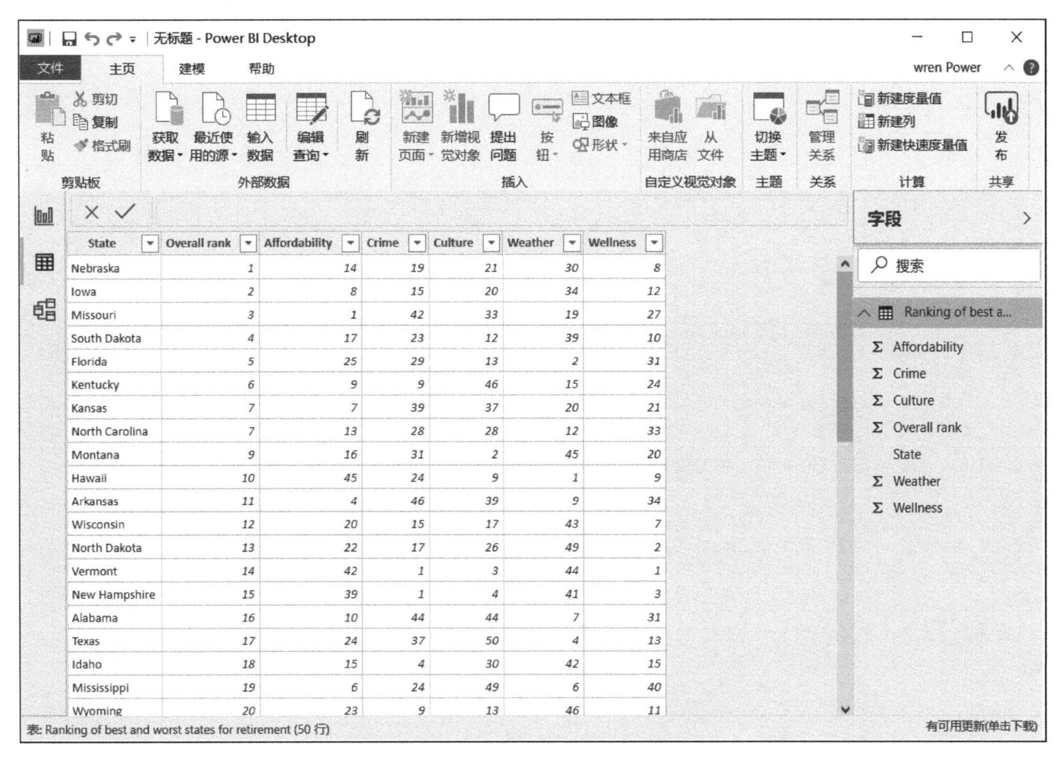

图 3-110　加载数据后的查询编辑器

3.5 练习题

1. 简述如何将单个 Excel 文件导入 Microsoft Power BI 中。
2. 简述如何将多个文件同时导入 Microsoft Power BI 中。
3. 简述 Microsoft Power BI 如何连接关系型数据库，如 MySQL。
4. 简述 Microsoft Power BI 如何连接非关系型数据库，如 MongoDB。
5. 简述 Microsoft Power BI 导入 Web 网页数据的步骤及注意事项。

第 4 章

Microsoft Power BI 基础操作

在前面的章节我们已经介绍了一些 Microsoft Power BI 的基础知识，本章将深入介绍软件的可视化基础操作、查询编辑器、数据表达式 DAX、创建和管理关系等，这是我们后续进行 Microsoft Power BI 数据可视化分析的基础。

4.1　数据可视化分析的基础操作

4.1.1　数据属性的操作

Microsoft Power BI 属性的操作主要包括新建列、删除列、重命名列和重新排序列等。在 Microsoft Power BI 进行属性操作之前，首先需要导入“客服中心话务员个人信息表.xlsx”数据文件，数据视图中显示的数据是在其加载到模型中的样子，如图 4-1 所示。

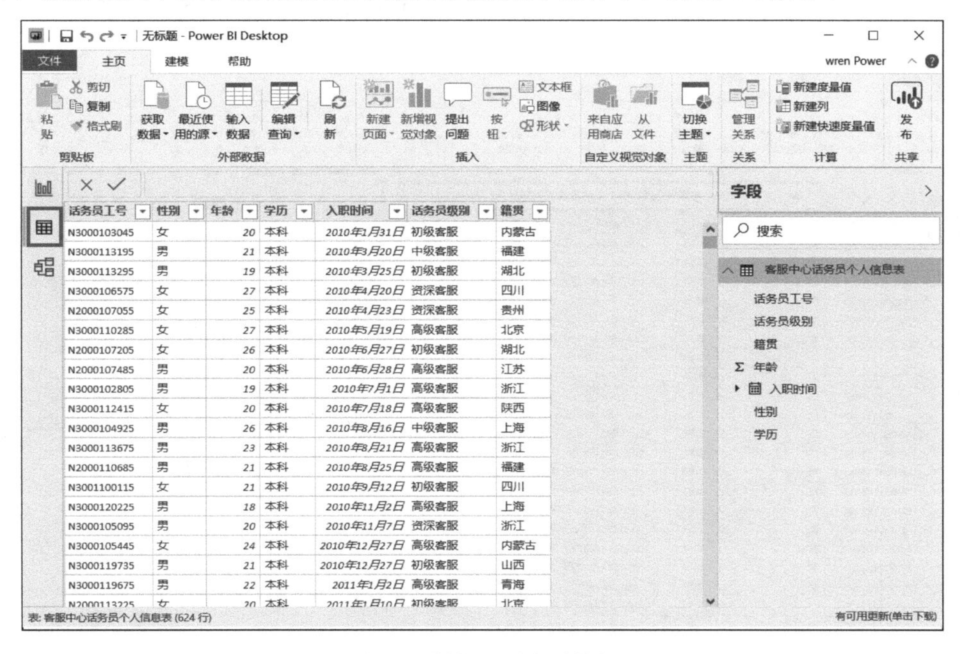

图 4-1　数据视图查看数据

1. 新建列

在 Microsoft Power BI 中创建新列，例如右击选择“入职时间”列，并选择“新建列”，如图 4-2 所示。

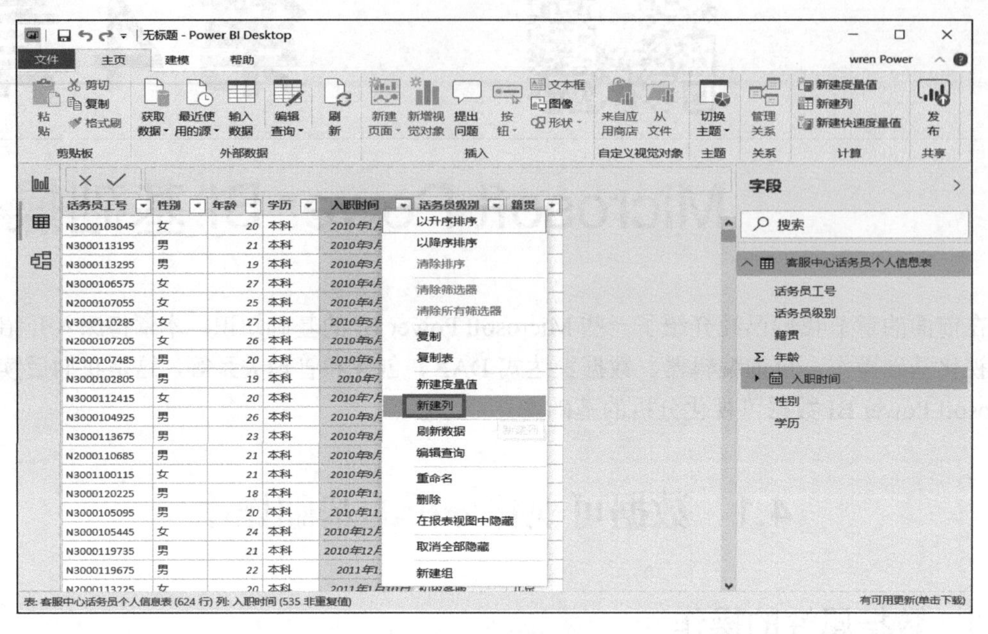

图 4-2　新建列

在公式栏中将会出现“列=”，我们可以根据需要重新进行设置，例如“工龄 =”，然后输入相应的公式“工龄=DATEDIFF('客服中心话务员个人信息表'[入职时间],TODAY(),YEAR)”，类似于在 Excel 中输入公式，有关公式的内容将在 4.3 节详细介绍，如图 4-3 所示。

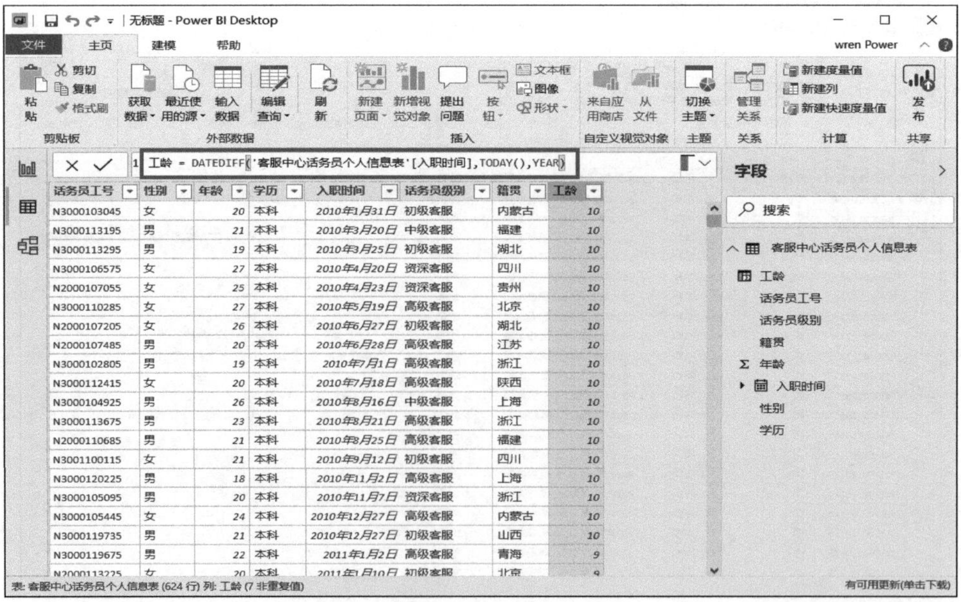

图 4-3　设置列名称

2. 删除列

在 Microsoft Power BI 中删除列也比较简单，例如右击选择“入职时间”列，并选择“删除”，如图 4-4 所示。

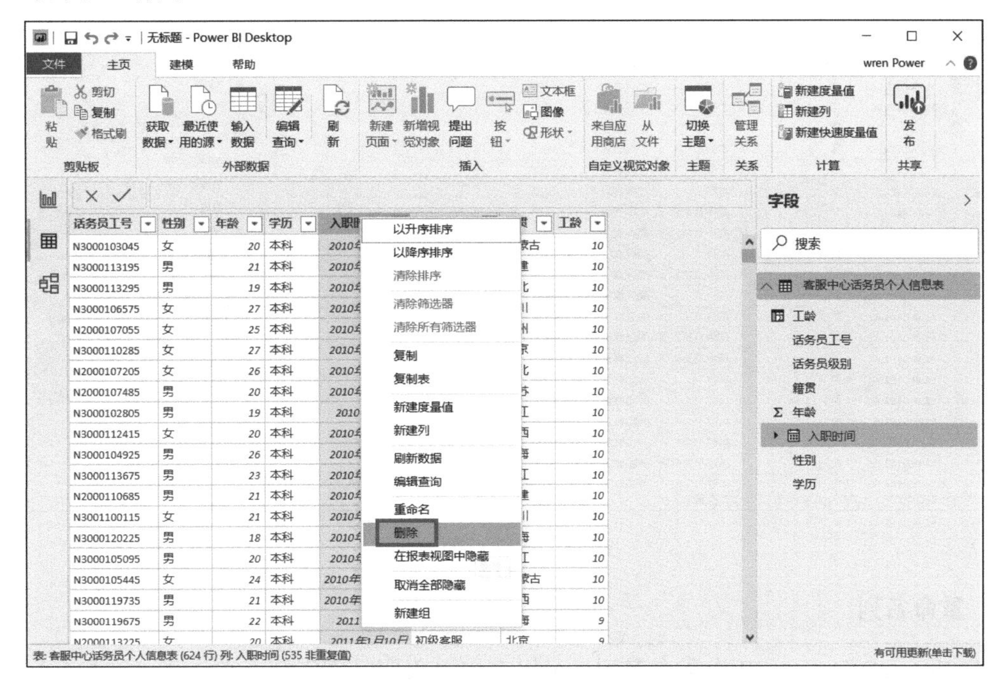

图 4-4　删除列

弹出“删除列”对话框，确定是否删除列，如图 4-5 所示。

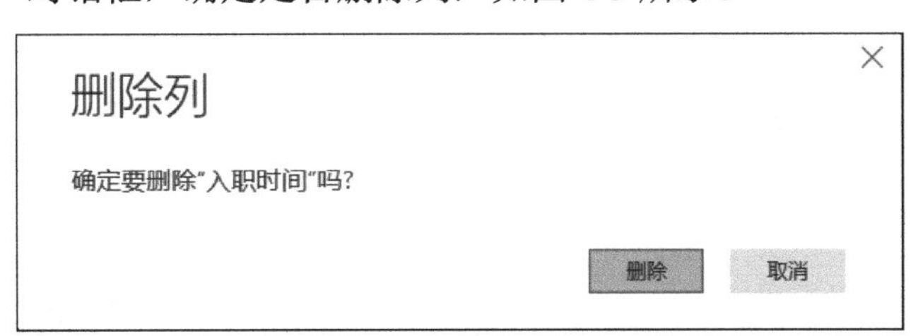

图 4-5　“删除列”对话框

如果单击“确定”按钮，“入职时间”列就会被删除，由于“工龄”是由“入职时间”计算出来的，因此也需要删除，如图 4-6 所示。

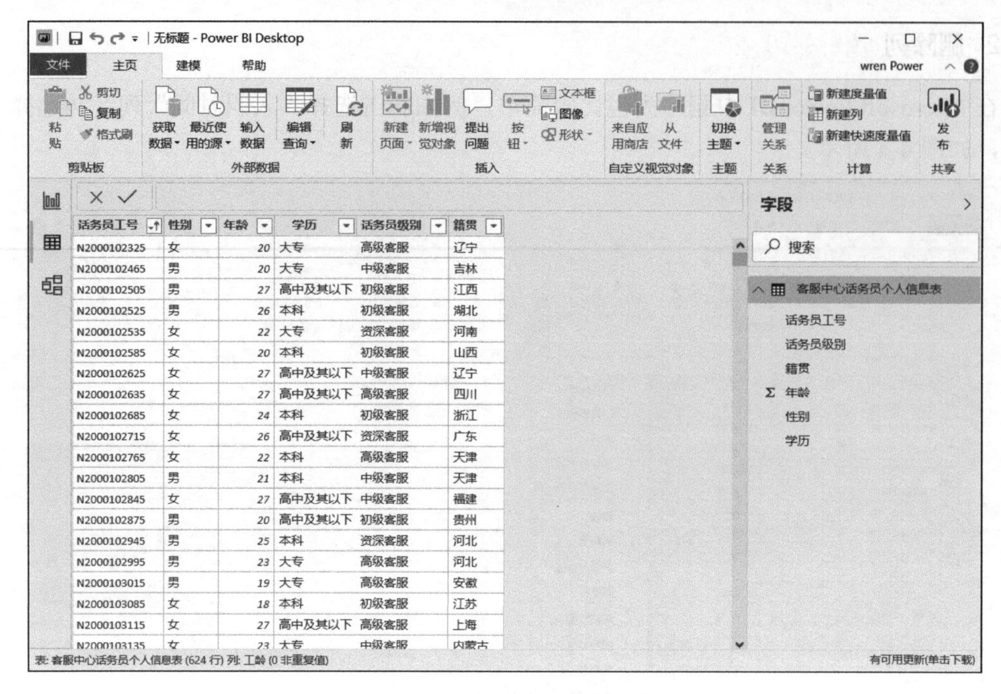

图 4-6 删除后的效果

3. 重命名列

在 Microsoft Power BI 中重命名列，可以右击“入职时间”列，并选择“重命名”选项，如图 4-7 所示。

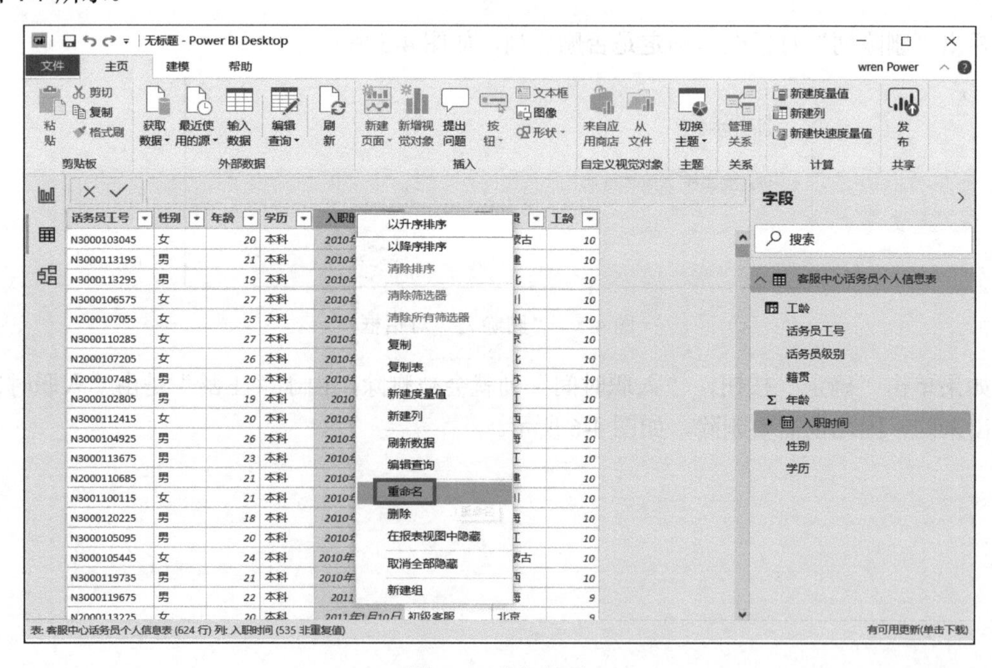

图 4-7 重命名列

然后可以将“入职时间”重新命名为“入职日期”，如图 4-8 所示。

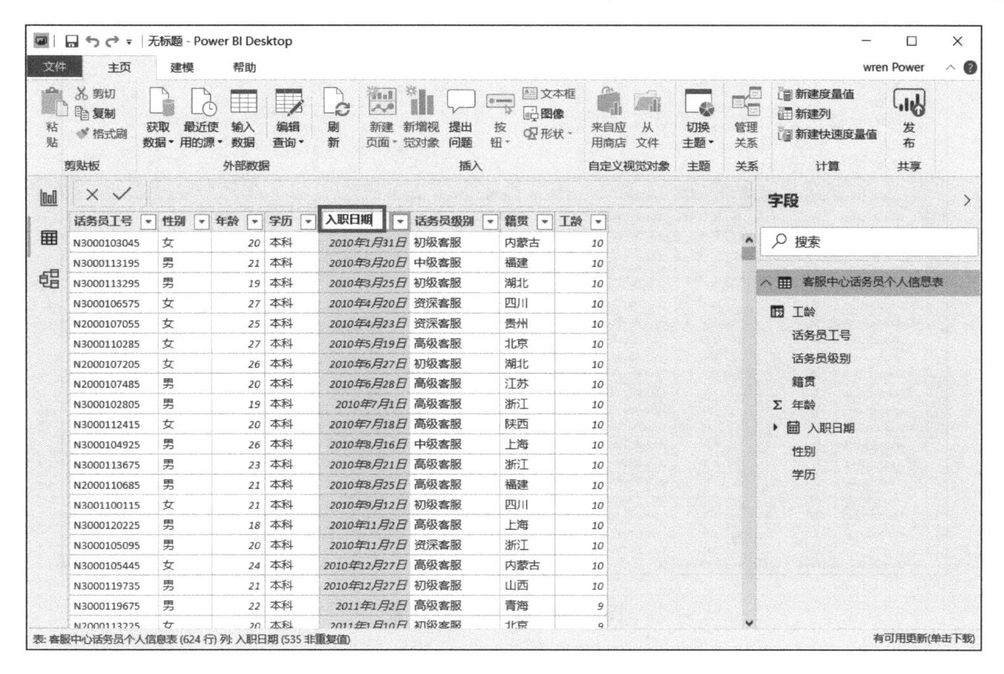

图 4-8　输入新的列名称

4. 数据排序

排序包括“以升序排序”和“以降序排序”，可以在 Microsoft Power BI 中对列排序，例如右击选择“年龄”列，选择“以升序排序”选项，如图 4-9 所示。

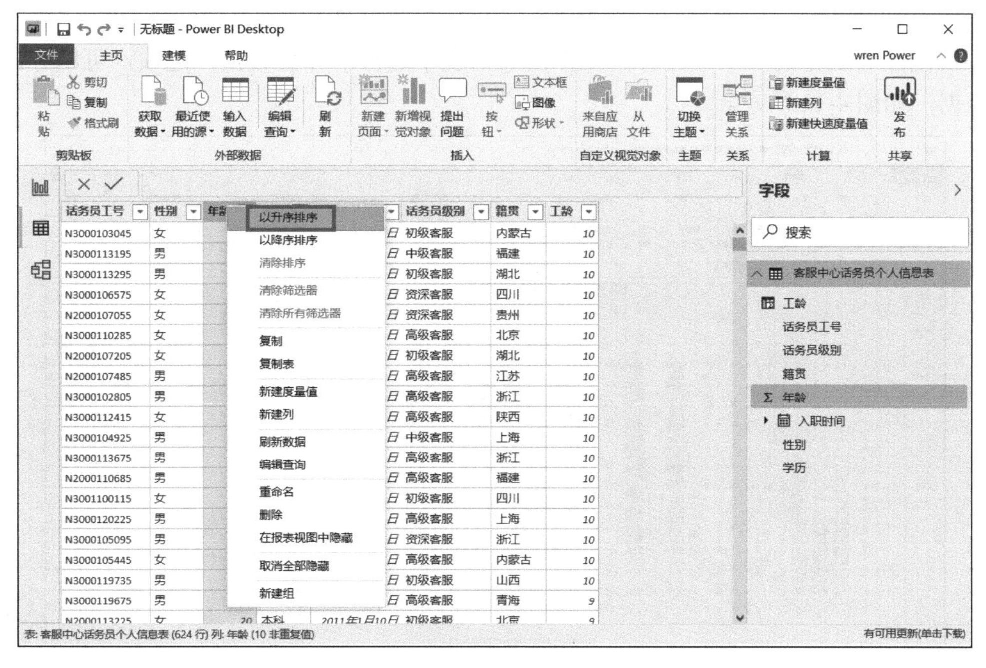

图 4-9　数据排序

数据就会按照年龄的大小升序排序，字段名称的右侧会有一个升序的图标，如图 4-10 所示。

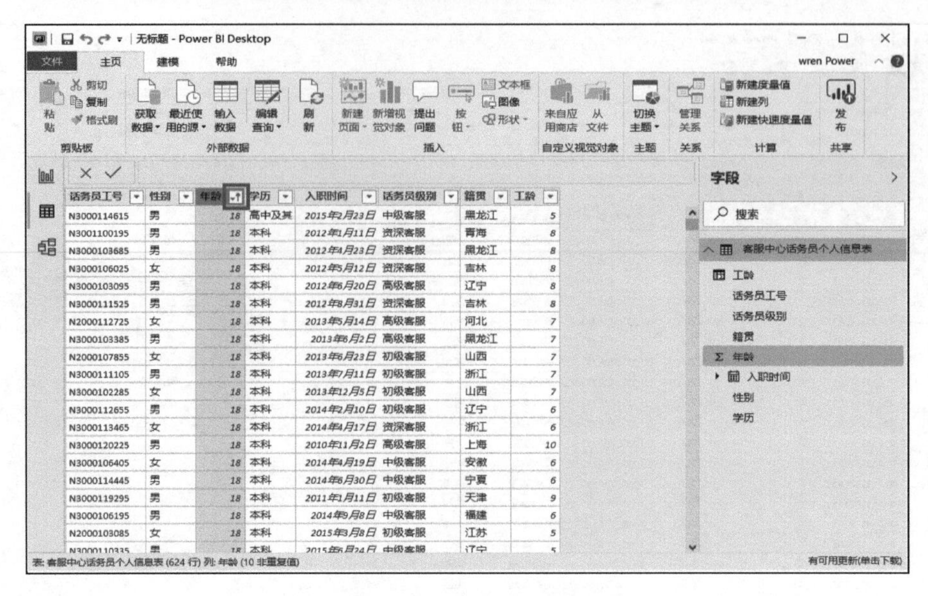

话务员工号	性别	年龄	学历	入职时间	话务员级别	籍贯	工龄
N3000114615	男	18	高中及其	2015年2月23日	中级客服	黑龙江	5
N3001100195	男	18	本科	2012年1月11日	资深客服	青海	8
N3000103685	男	18	本科	2012年4月23日	资深客服	黑龙江	8
N3000106025	女	18	本科	2012年5月12日	资深客服	吉林	8
N3000103095	男	18	本科	2012年6月20日	高级客服	辽宁	8
N3000111525	男	18	本科	2012年8月31日	资深客服	吉林	8
N2000112725	女	18	本科	2013年5月14日	高级客服	河北	7
N3000103385	男	18	本科	2013年6月2日	高级客服	黑龙江	7
N2000107855	女	18	本科	2013年6月23日	初级客服	山西	7
N3000111105	男	18	本科	2013年7月11日	初级客服	浙江	7
N3000102285	女	18	本科	2013年12月5日	初级客服	山西	7
N3000112655	男	18	本科	2014年2月10日	初级客服	辽宁	6
N3000113465	女	18	本科	2014年4月17日	资深客服	浙江	6
N3000120225	男	18	本科	2010年11月2日	高级客服	上海	10
N3000106405	女	18	本科	2014年4月19日	中级客服	安徽	6
N3000114445	男	18	本科	2014年6月30日	中级客服	宁夏	6
N3000119295	男	18	本科	2011年1月11日	初级客服	天津	9
N3000106195	男	18	本科	2014年9月8日	中级客服	福建	6
N2000103085	女	18	本科	2015年3月8日	初级客服	江苏	5

表: 客服中心话务员个人信息表 (624 行) 列: 年龄 (10 非重复值)

图 4-10　排序后的效果

4.1.2　数据视图的操作

在可视化分析的过程中，可能需要对可视化视图进行一些其他操作，从而满足实际工作的要求，主要有导出数据、查看数据、删除视图和排序数据等。下面将以“不同地区话务员数量及呼入量统计.pbix”为例进行详细介绍。

1. 导出数据

单击视图右上方的“...”图标，在弹出的列表中选择“导出数据”选项，可以导出视图中的数据，如图 4-11 所示。

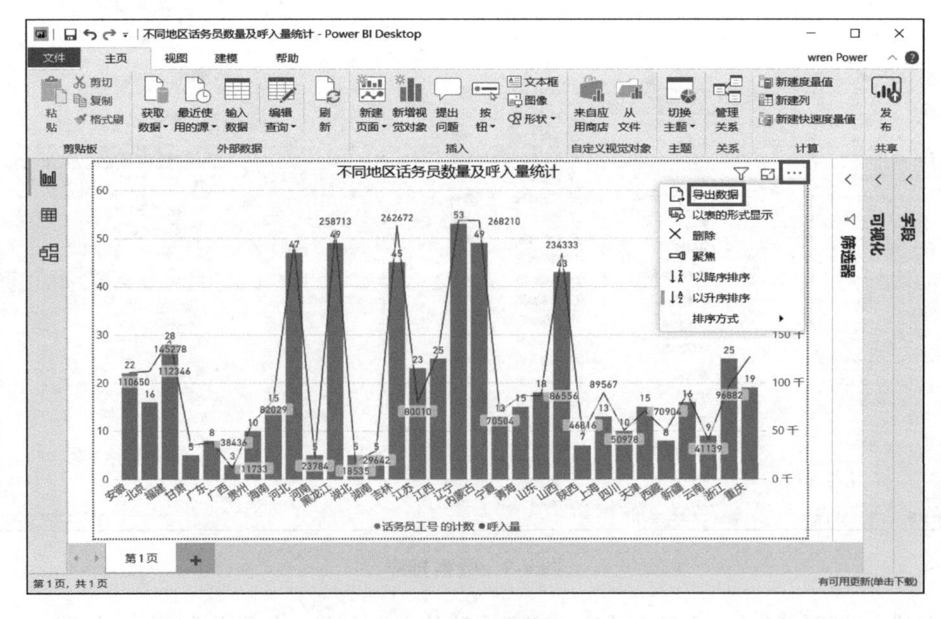

图 4-11　导出数据

2. 查看数据

单击视图右上方的“...”图标，在弹出的列表中选择“以表的形式显示”选项，可以查看视图中的数据，如图4-12所示。

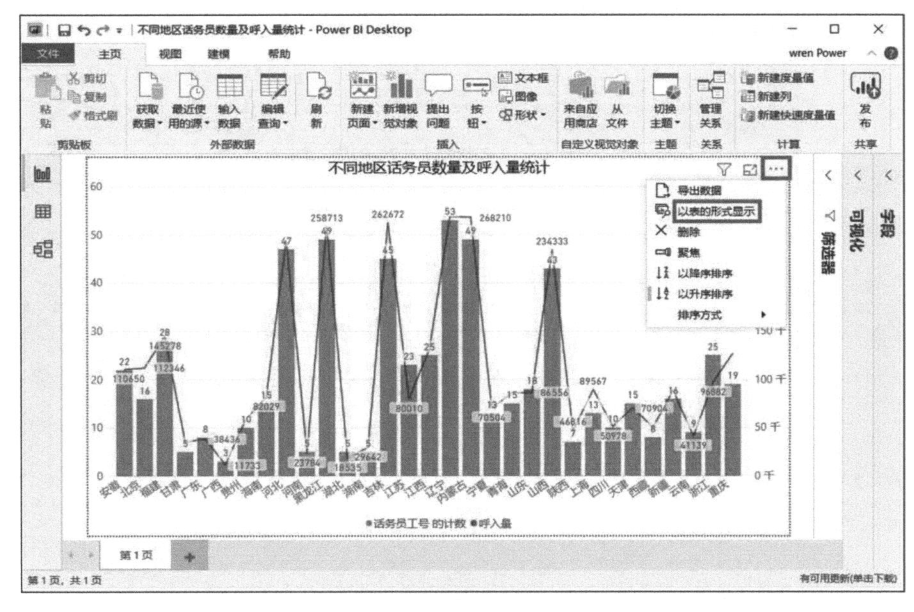

图 4-12　查看数据

3. 删除视图

单击视图右上方的“...”图标，在弹出的列表中选择“删除”选项，可以删除视图，如图4-13所示。

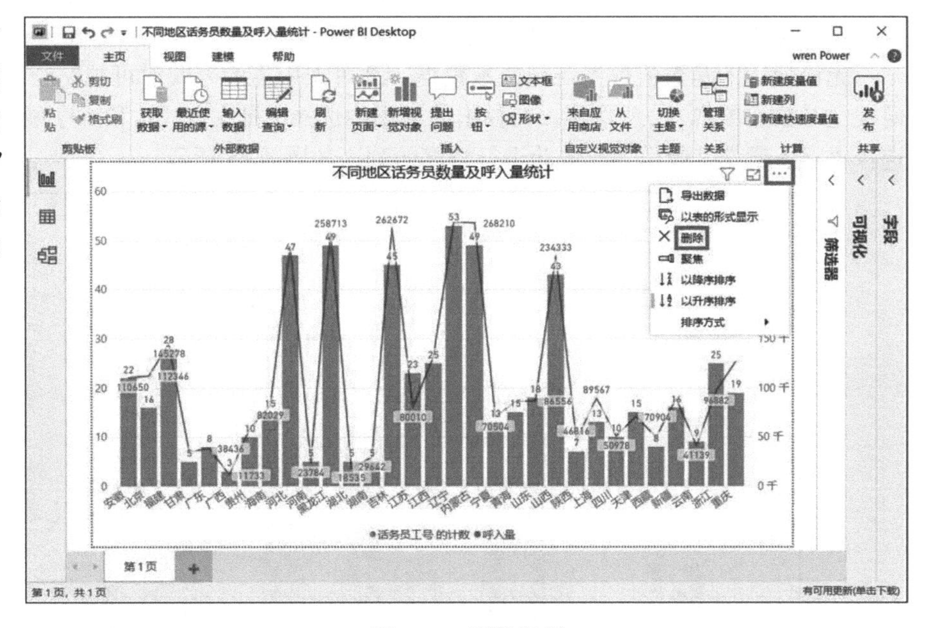

图 4-13　删除视图

4. 排序数据

可以在视图中按照某个字段或者某个统计量排序，例如单击视图右上方的“...”图标，在弹出的列表中选择“以降序排序”选项，默认将按照共享轴“籍贯”进行降序排序，如图

4-14 所示。如果选择“以升序排序”选项，那么默认将按照共享轴“籍贯”进行升序排序。

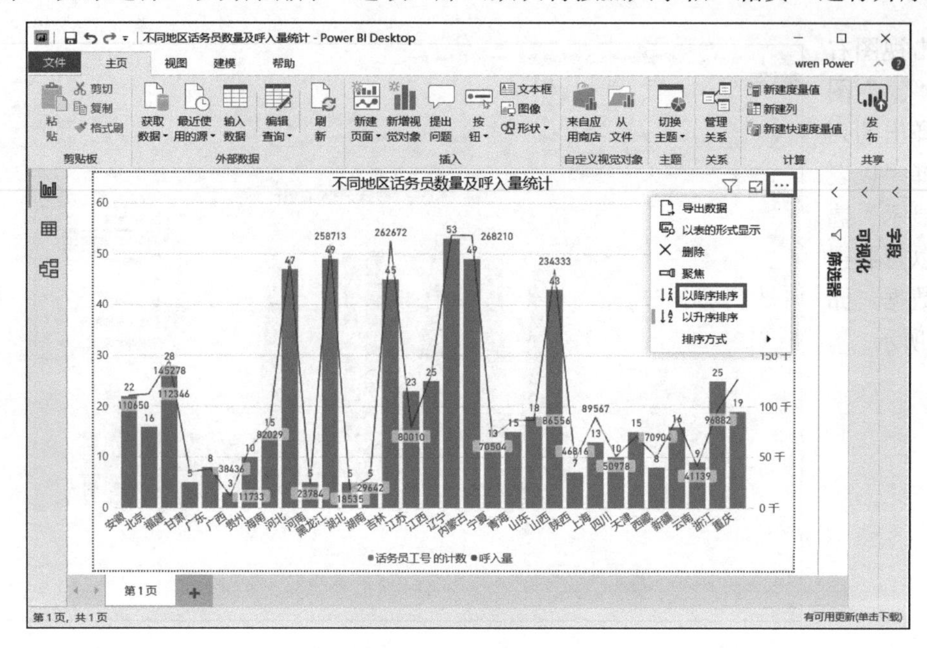

图 4-14 视图字段排序

在 Microsoft Power BI 中，通过更改视觉对象的排序方式可以突出显示想要表达的信息，并确保视觉对象反映想要传达的任何趋势。

无论使用的是数值数据还是文本数据，都可按所需的方式对可视化视图进行排序。在任何视觉对象上单击“...”图标，在弹出的选项中选择“排序方式”和排序所依据的字段，例如选择“呼入量”字段作为要依此进行排序的列，如图 4-15 所示。

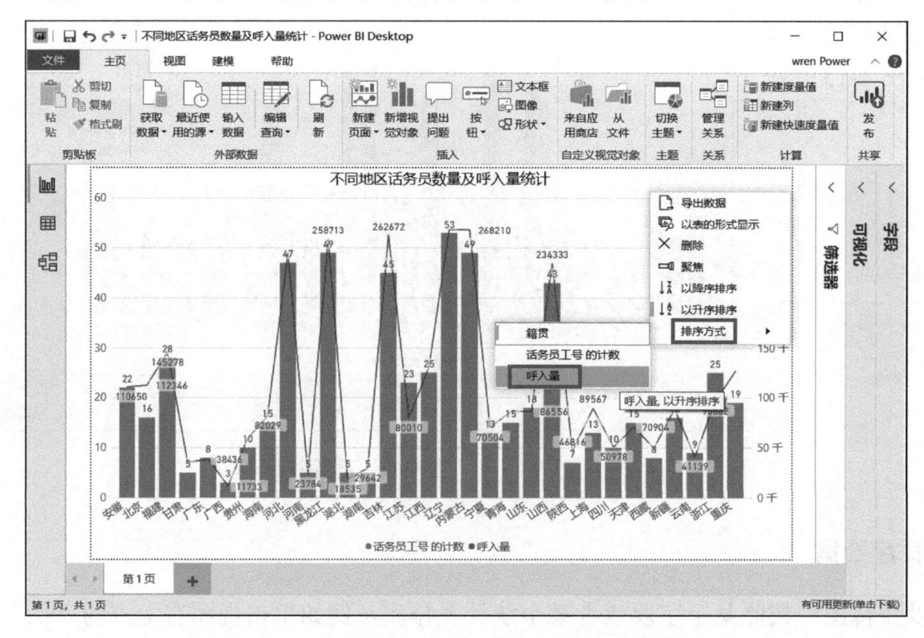

图 4-15 选择“排序方式”和排序所依据的字段

4.2　查询编辑器及其重要操作

4.2.1　查询编辑器简介

Microsoft Power BI 还附带有查询编辑器的功能，通过该功能可以连接到一个或多个数据源，调整和转换数据以满足用户的需要，然后将调整后的数据加载到 Microsoft Power BI。

如果要访问查询编辑器，在 Microsoft Power BI 的“主页”选项卡单击“编辑查询”下拉选项，在弹出的下拉框中选择“编辑查询”选项，如图 4-16 所示。

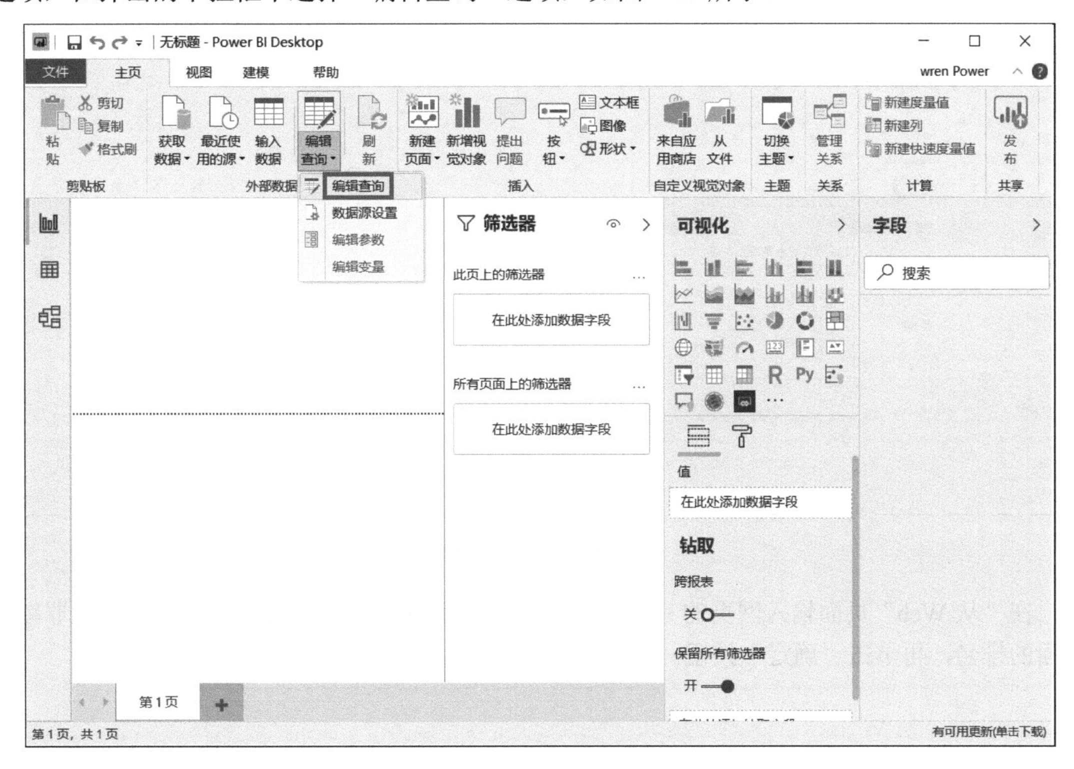

图 4-16　“编辑查询”选项

当没有连接到任何数据源时，查询编辑器是灰色空白的，如图 4-17 所示。

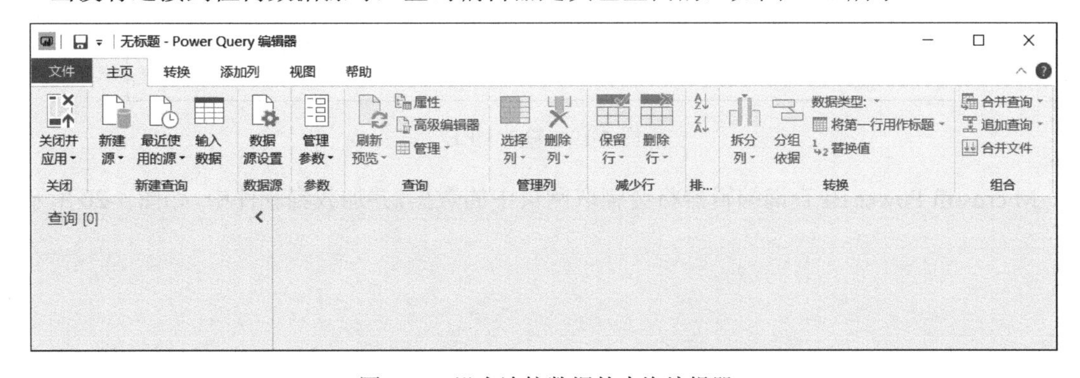

图 4-17　没有连接数据的查询编辑器

例如，当 Microsoft Power BI 连接到 Web 数据源时，我们这里输入的是“退休后适合生活在哪里”的一份调研数据，网址是：http://www.bankrate.com/finance/retirement/best-places-retire-how-state-ranks.aspx，如图 4-18 所示。

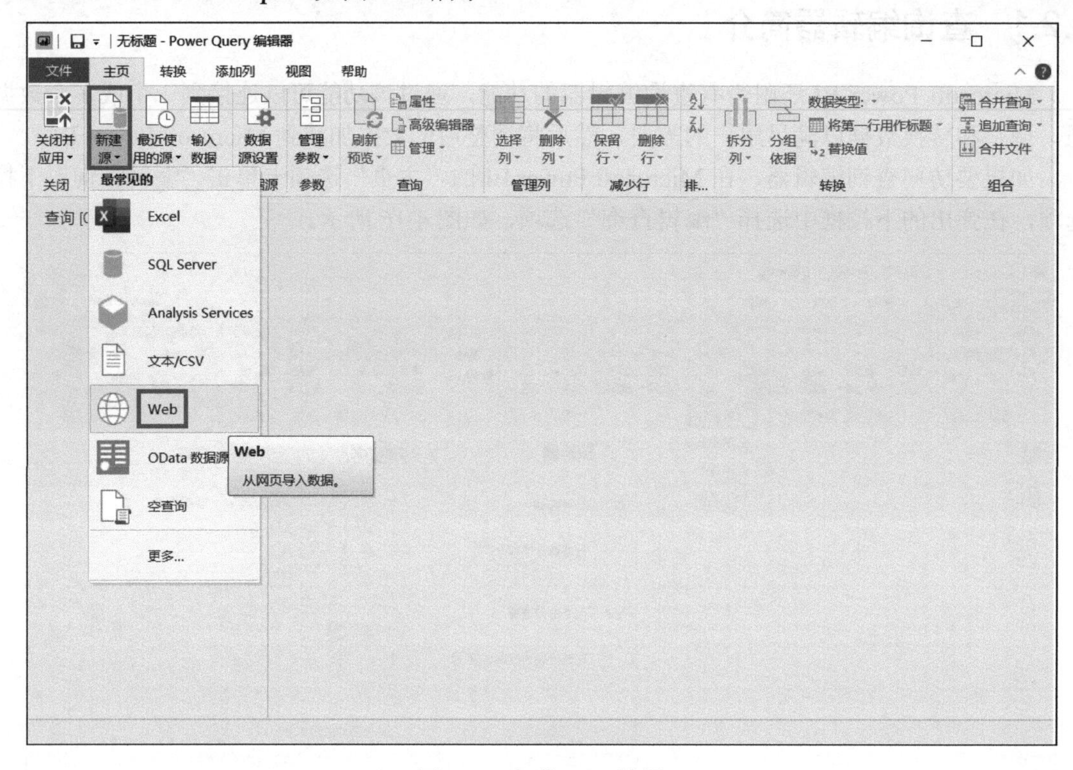

图 4-18　加载 Web 数据

在“从 Web”页面输入网页的 URL 地址，表中字段为各地的居住成本、税率、犯罪率等方面的排名，再单击“确定”按钮，如图 4-19 所示。

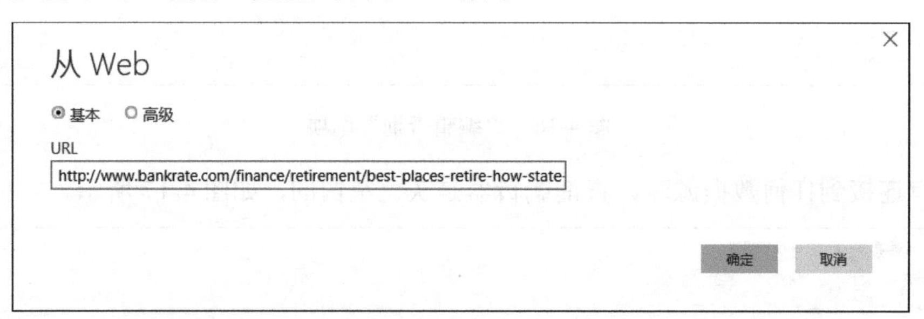

图 4-19　输入 URL

Microsoft Power BI 查询编辑器将会爬取网页中的数据，并加载到软件中，如图 4-20 所示。

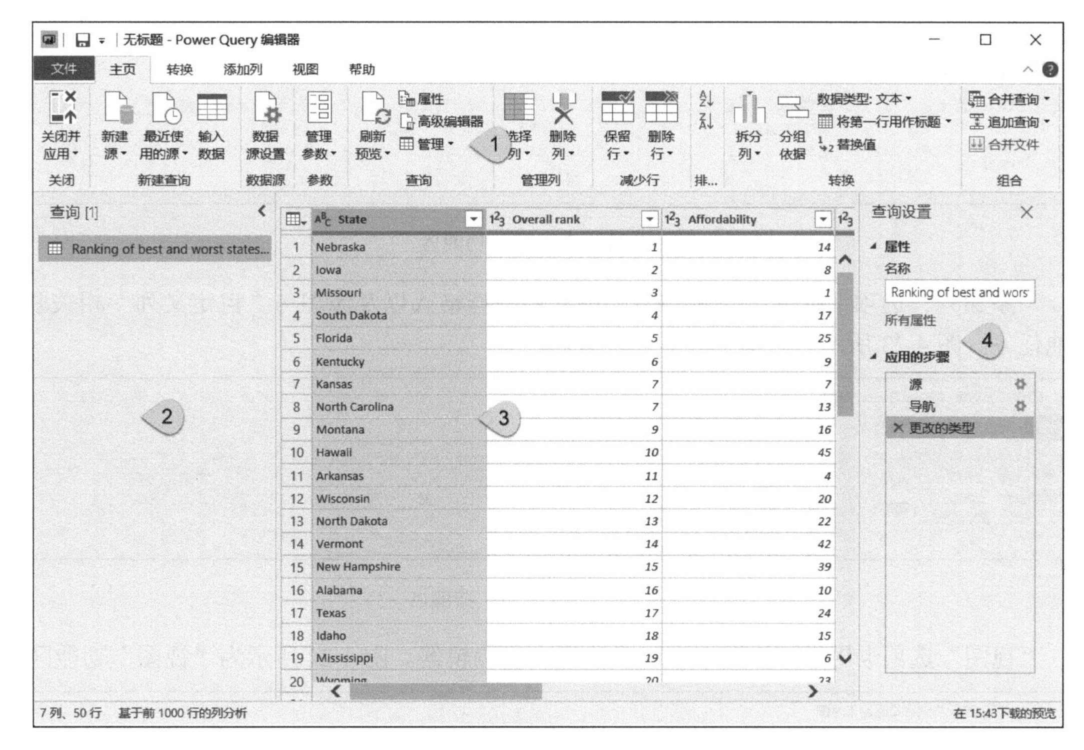

图 4-20　加载数据后的查询编辑器

建立数据连接后，查询编辑器显示的内容如下：

- 功能区：大部分按钮处于活动状态，与查询中的数据进行交互。
- “查询”窗格：列出所有的查询数据，可供选择、查看和调整。
- 数据视图：显示已选择的查询中的数据，可以对数据进行调整。
- “查询设置”窗格：列出了查询的属性和所有应用的操作步骤。

4.2.2　查询编辑器页面

1. “菜单栏”选项

查询编辑器包含“主页”“转换”“添加列”“视图”和“帮助”5 个选项卡。

“主页”选项卡提供了常见的查询任务，包括任何查询中的第一步获取数据。图 4-21 所示为“主页”功能区。

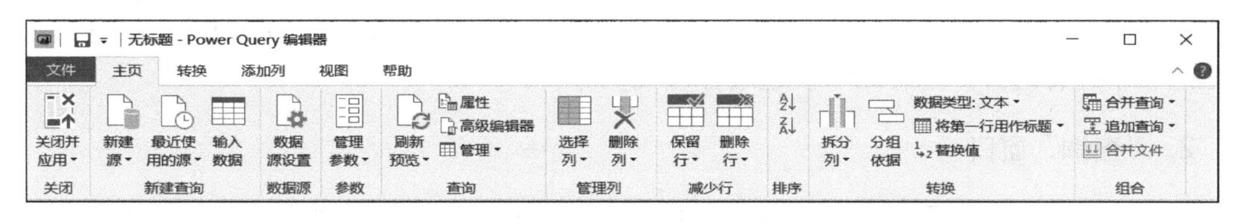

图 4-21　“主页”功能区

“转换”选项卡提供了对常见数据转换任务的访问，如添加或删除列、更改数据类型、拆分列和其他数据驱动任务。图 4-22 所示为“转换”功能区。

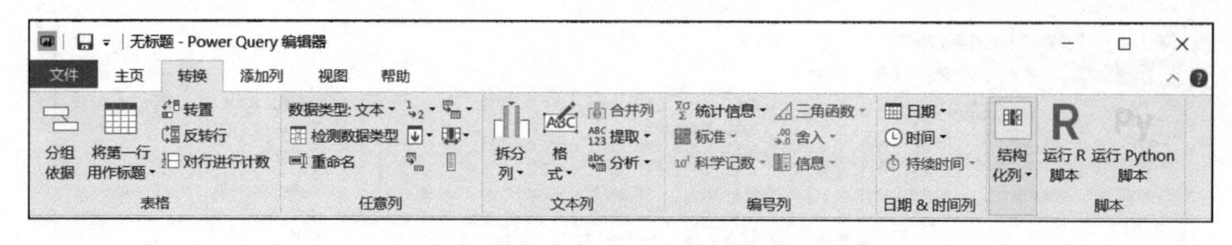

图 4-22　“转换”功能区

“添加列”选项卡提供了与添加列、设置列数据格式以及添加与“自定义列”相关联的其他任务。图 4-23 所示为“添加列”功能区。

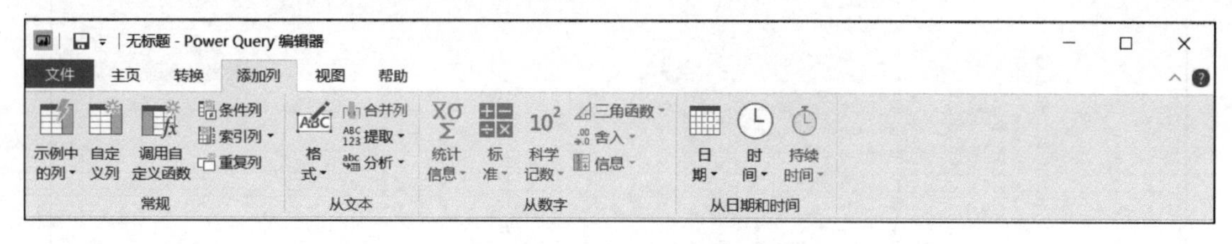

图 4-23　“添加列”功能区

“视图”选项卡用于切换窗格，以及显示高级编辑器。图 4-24 所示为“视图”功能区。

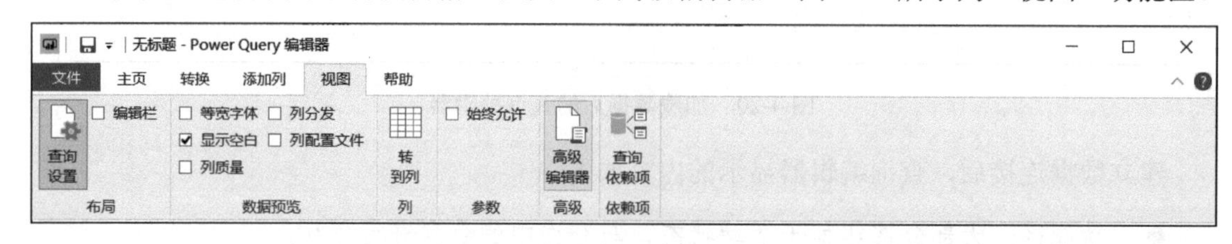

图 4-24　“视图”功能区

“帮助”选项卡用于方便用户的使用，提供相关的学习资料和视频，还有软件的学习社区等。图 4-25 所示为“帮助”功能区。

图 4-25　“帮助”功能区

很多功能区上使用的常用操作可以通过在“字段”窗格中通过右击字段名，在弹出的下拉框选项中进行选择，这有助于快速进行可视化分析。

2. “查询”窗口

“查询”窗格用于显示处于活动状态的查询，如图 4-26 所示。当从“查询”窗格中选择一个查询后，其数据会显示在数据视图中，可以调整并转换数据以满足需求。

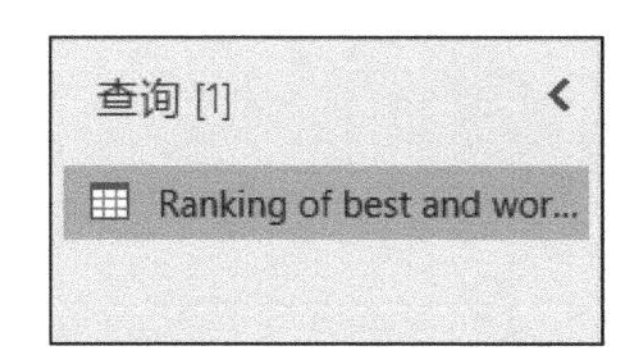

图 4-26　“查询”窗格

3. 数据视图

数据视图用于显示已选择的查询中的数据。以建立的 Web 数据连接为例，选择 Crime 列，右击字段名称，会弹出快捷菜单，例如更改类型为整数，如图 4-27 所示。

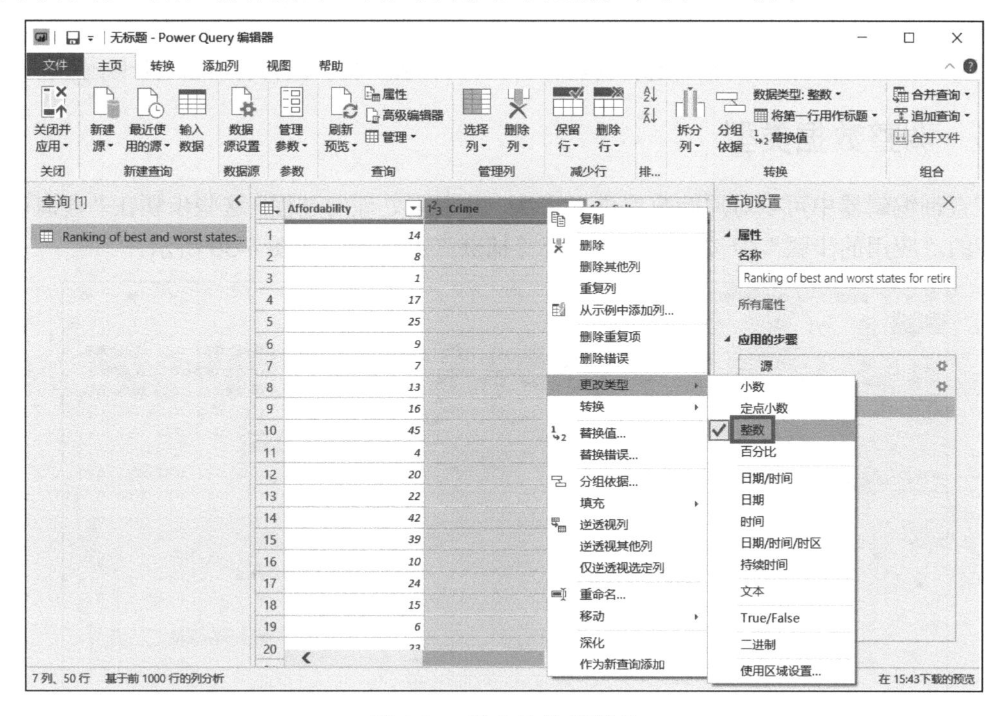

图 4-27　弹出的快捷菜单

当选择快捷菜单中的菜单项或功能区中的选项时，将对数据应用该操作，并将其保存为查询本身的一部分，这些操作步骤将按先后顺序记录在“查询设置”窗格中。

4. “查询设置”窗格

“查询设置”窗格用于显示与查询关联的所有步骤，如图 4-28 所示。“查询设置”窗格中的“应用的步骤”反映了刚刚更改了 Crime 列的数据类型。

在“查询设置”窗格中，可以根据需要重命名步骤、删除步骤、对步骤重新排序。要进行此类操作，需要右击“应用的步骤”中的相应步骤，然后从弹出的快捷菜单中选择相应的操作选项，如图 4-29 所示。

使用 Microsoft Power BI 的查询编辑器可以执行一些常用的任务：调整数据、追加数据、合并数据、对行进行分组等。下面会逐一进行详细介绍。

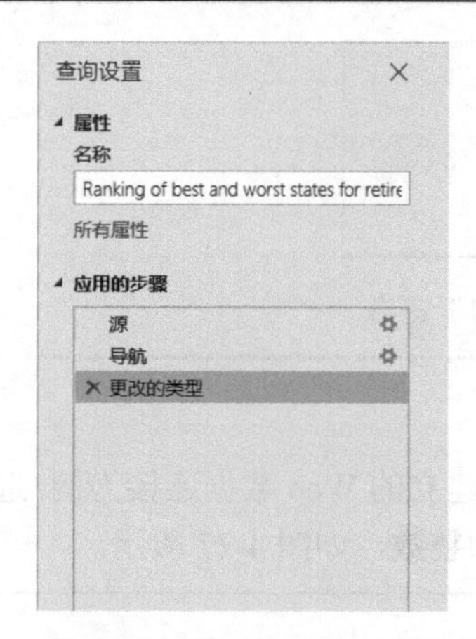

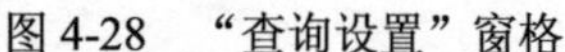

图 4-28 “查询设置”窗格　　图 4-29 选择具体步骤进行修改

4.2.3 调整数据类型

在查询编辑器中可以对原始数据进行清洗，并记录处理的过程，这些步骤在“查询设置”窗格下的“应用的步骤”中按清洗顺序进行“捕获”并记录，如图 4-30 所示。

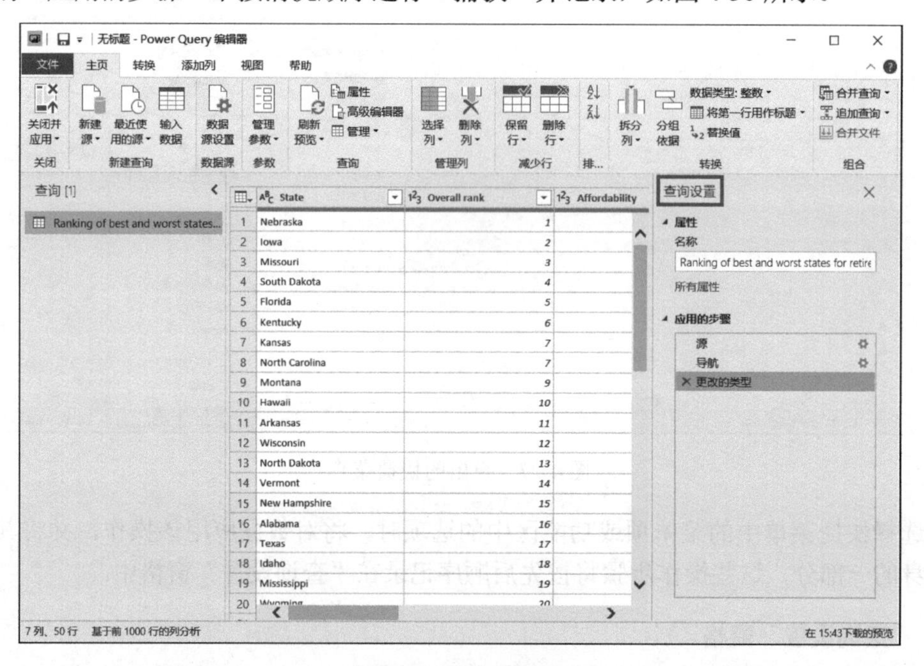

图 4-30 查询编辑器

查询编辑器加载数据后，对于某个数值类型的字段，如果我们需要的是文本类型，那么需要将其转换为文本，右击列名，然后在弹出的下拉框中选择“更改类型”→“文本”即可，如图 4-31 所示。

如果要选择多列，那么可以先选择一列，然后按 Shift 键，再选择其他相邻列，右击列名，在下拉框中选择“更改类型”，就可以更改所选中的列，也可以使用 Ctrl 键选择不相邻的列，并进行修改。

还可以将这些列转换为文本，在“转换”功能区单击“数据类型”下拉框，选择下拉框中的“文本”选项即可，如图 4-32 所示。

此外，还有删除列、重命名列、替换值、填充等调整数据的操作，操作方法基本与上述类似，这里不再具体介绍。

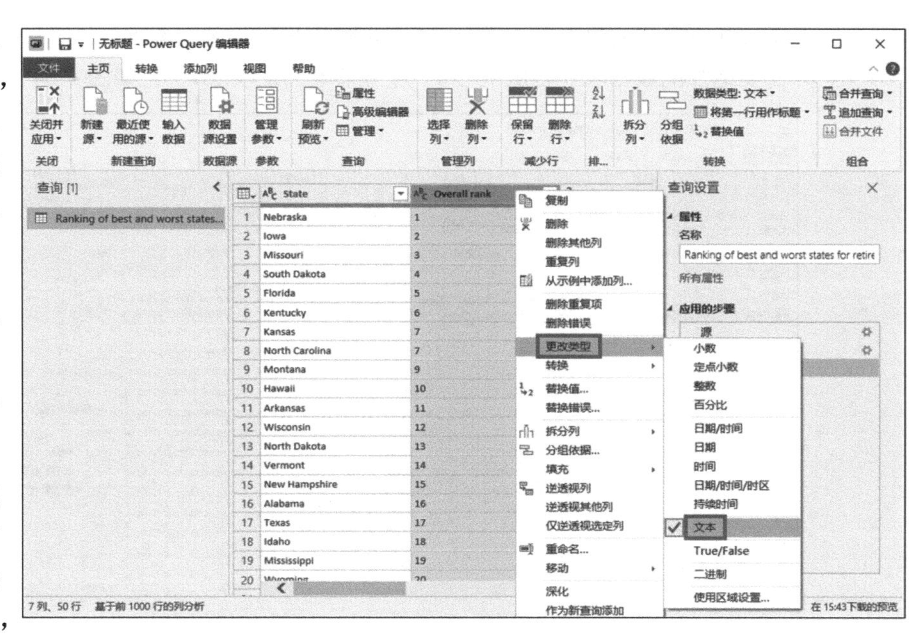

图 4-31　使用快捷菜单更改数据类型

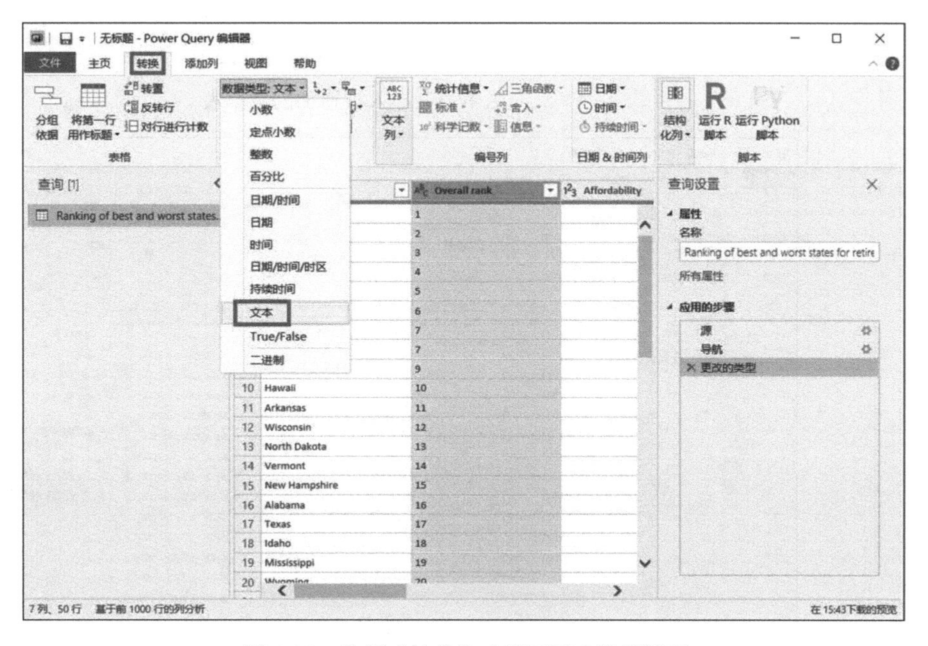

图 4-32　使用“转换”功能区更改数据类型

4.2.4　追加与合并数据

1. 追加数据

追加数据是指向已有的数据表中添加新的记录，这两张表需要具有相同的字段属性，具体操作步骤如下：

步骤 01 首先打开被追加的数据表“客服中心 10 月份来电记录表.xlsx”，如图 4-33 所示。然后打开需要追加的数据表“客服中心 11 月份来电记录表.csv”，如图 4-34 所示。

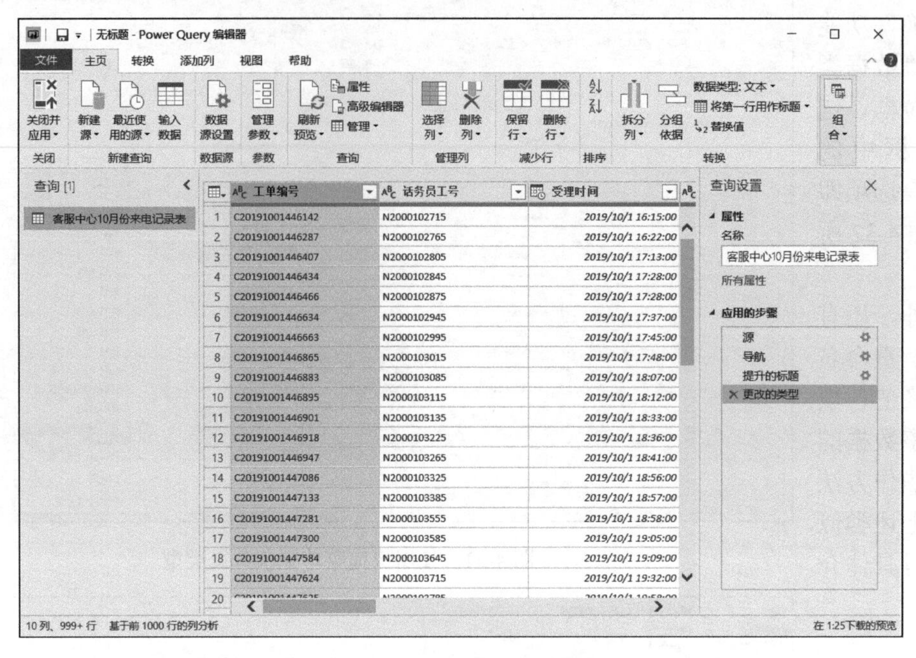

图 4-33 导入被追加的数据表

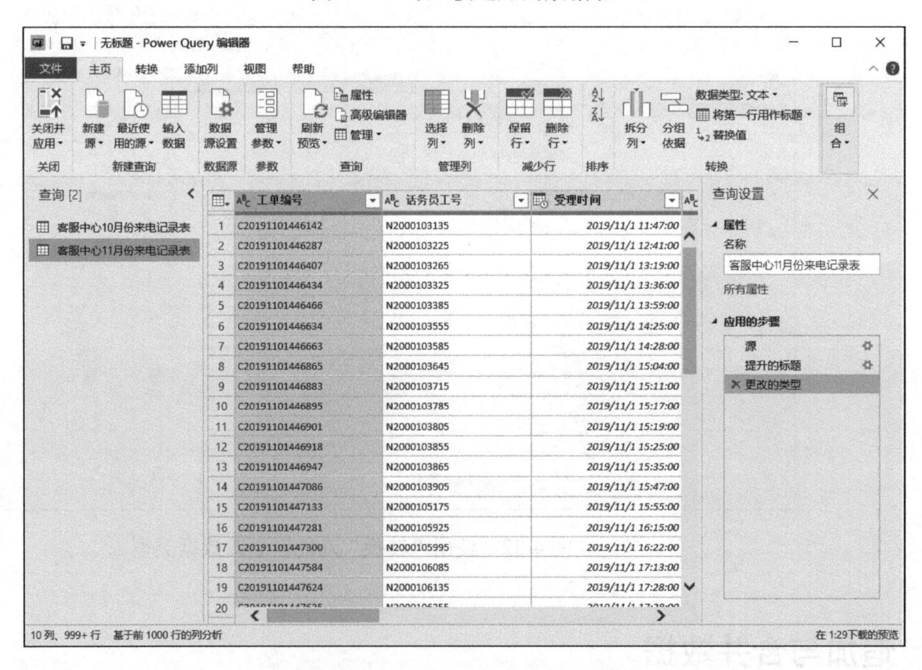

图 4-34 导入需要追加的数据表

步骤 02 从查询编辑器左侧的“查询”窗格中选择需要追加的数据，例如客服中心 10 月份来电记录表，然后在“主页”选项卡中单击“组合”，在下拉框中选择“追加查询”选项，如图 4-35 所示。

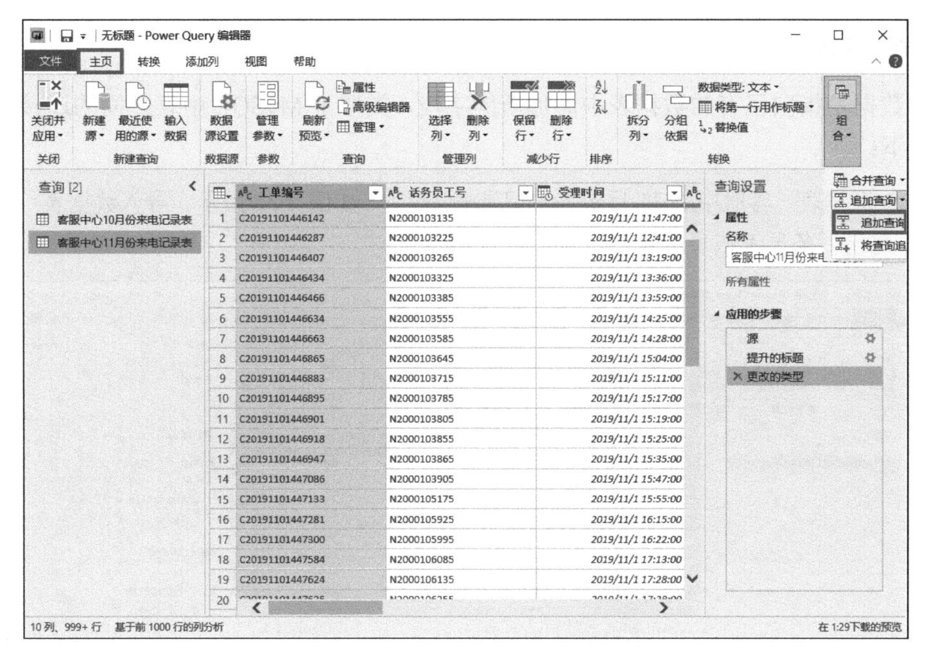

图 4-35　选择“追加查询”选项

步骤 03 打开“追加”对话框，在“要追加的表”下拉框中选择“客服中心 11 月份来电记录表”，如图 4-36 所示。

步骤 04 最后单击“确定”按钮即可，追加后的数据视图如图 4-37 所示。

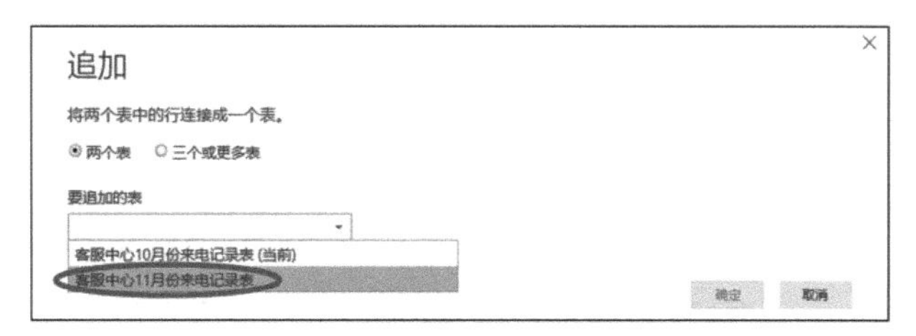

图 4-36　选择要追加的表

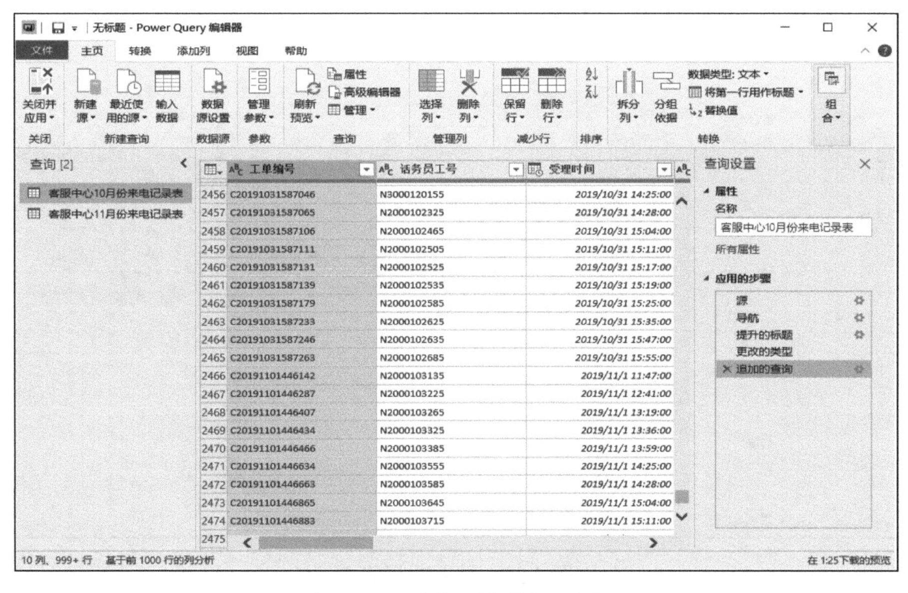

图 4-37　追加后的数据视图

2. 合并数据

合并数据是指向已有的数据表中添加新的字段，类似于 MySQL 中表之间的连接，具体操作步骤如下：

步骤 01 导入数据表"客服中心 11 月份来电记录表.csv"，如图 4-38 所示，导入数据表"客服中心 11 月份话务员考核表.xlsx"，如图 4-39 所示。

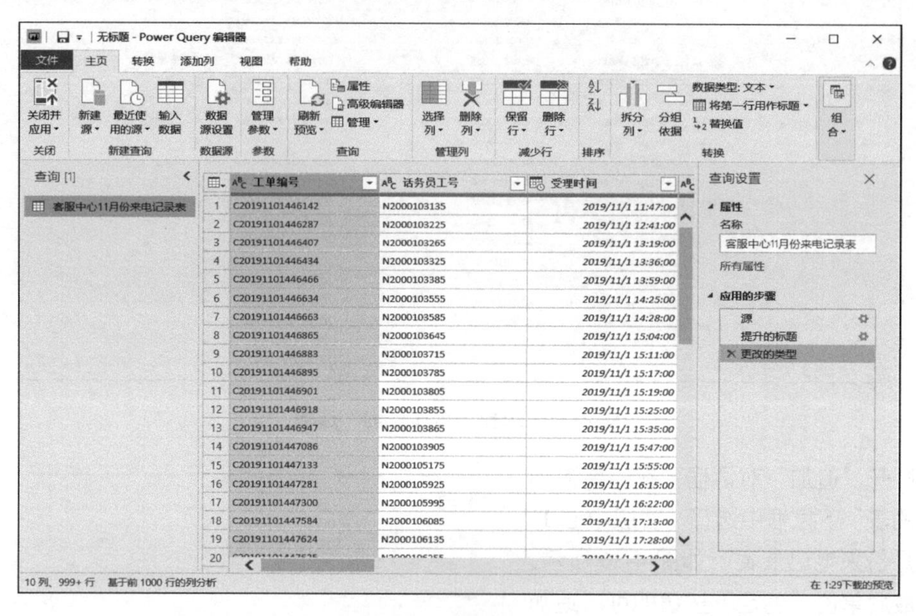

图 4-38 导入数据表 1

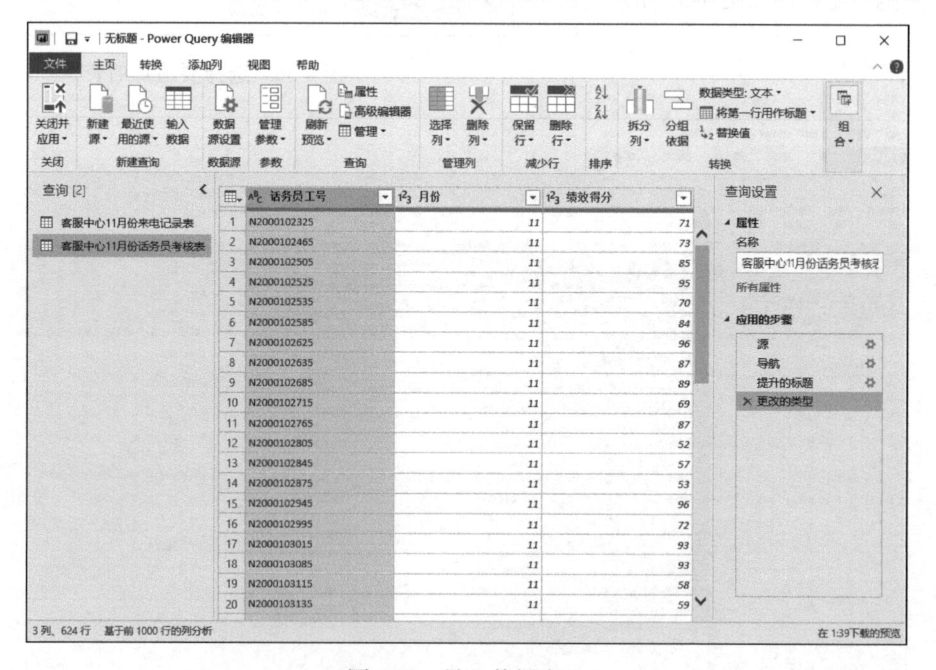

图 4-39 导入数据表 2

步骤 02 在查询编辑器左侧的“查询”窗格中选择想要合并的查询，例如“客服中心 11 月份来电记录表”，然后在“主页”功能区中单击“合并查询”下拉列表，选择“合并查询”选项，如图 4-40 所示。

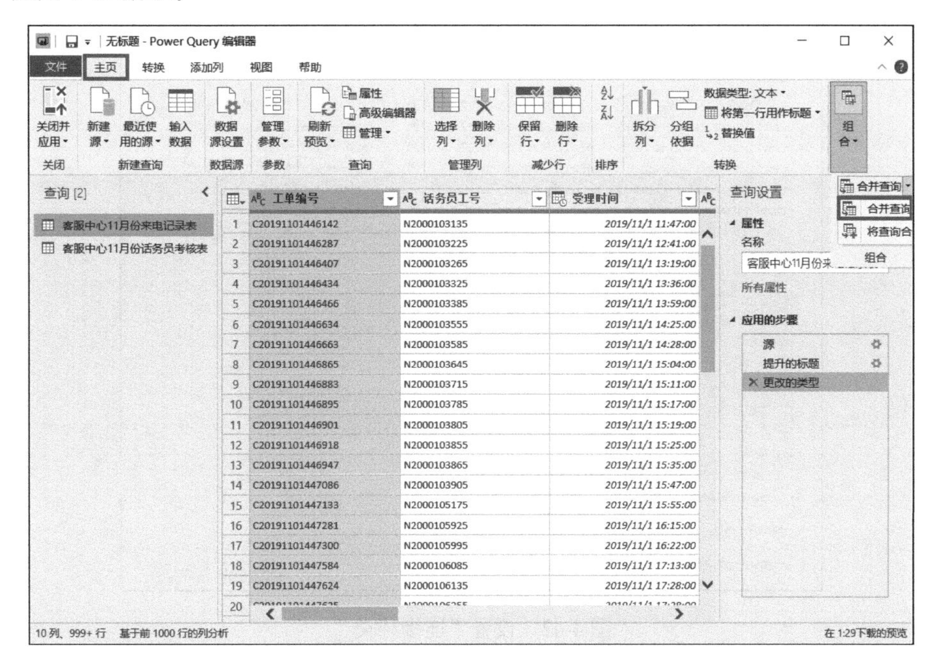

图 4-40 “合并查询”选项

步骤 03 弹出“合并”对话框，在“要合并的表”下拉框中选择“客服中心 11 月份话务员考核表”，如图 4-41 所示。

图 4-41 选择要合并的表

步骤04 在“连接种类”下拉框中选择连接选项，并选择“客服中心11月份来电记录表”中的“话务员工号”字段，这里的连接类型类似于MySQL的左连接，如图4-42所示。

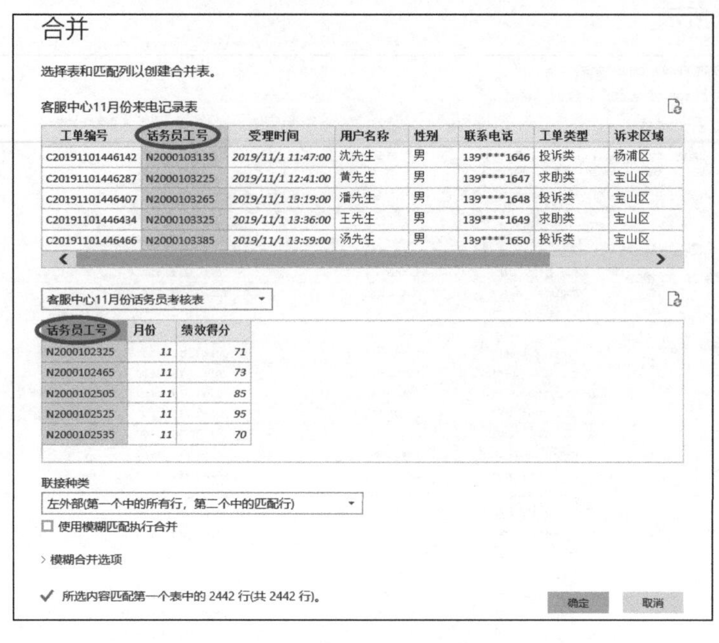

图4-42 设置“连接种类”

步骤05 单击“确定”按钮后，第二张表中的数据就会被合并到第一张表中，如图4-43所示。

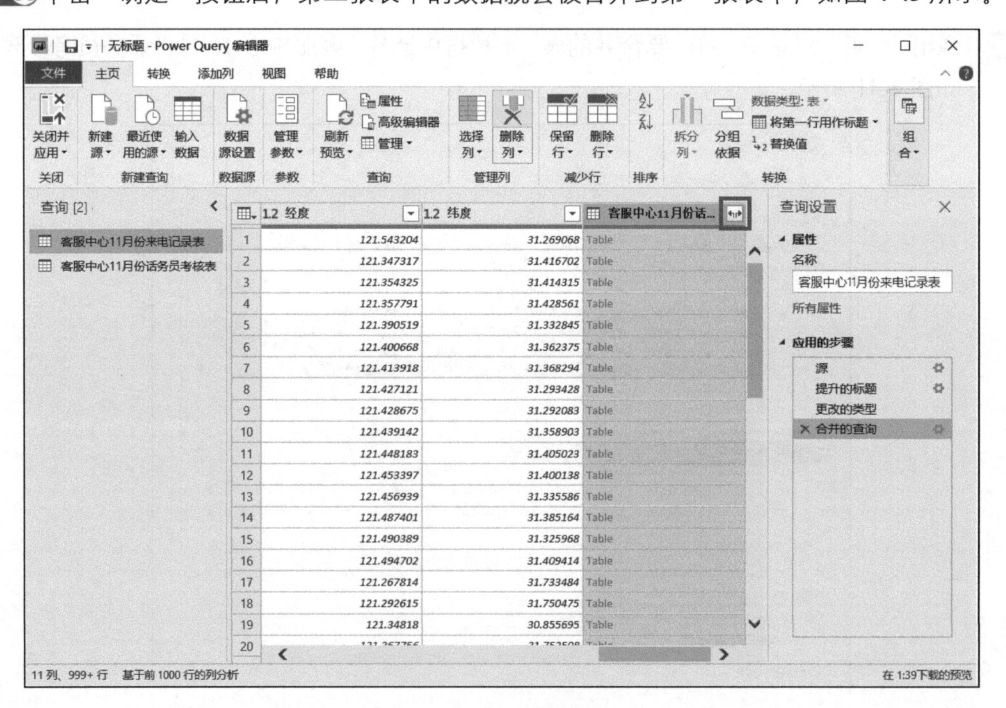

图4-43 合并两张表

步骤06 如果要查看合并后的数据，那么单击图标即可，如图4-44所示。

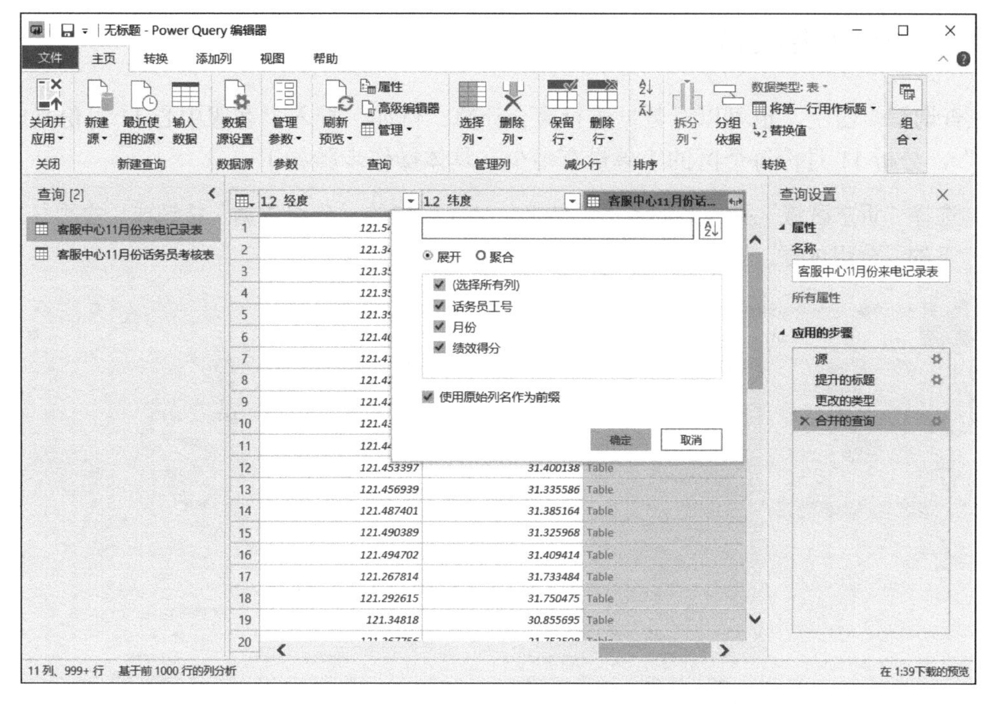

图 4-44　展开窗口

步骤 07 勾选“使用原始列名作为前缀”复选框，然后单击“确定”按钮，即可显示合并的数据，如图 4-45 所示。

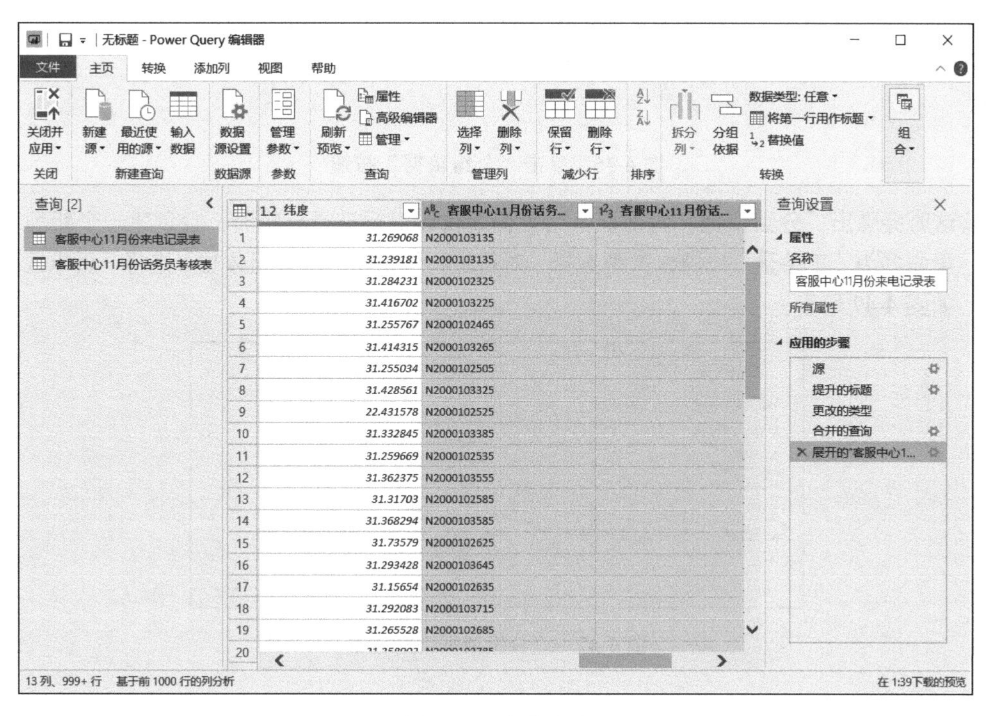

图 4-45　合并完成

4.2.5 数据分类汇总

在查询编辑器中，也可以对数据进行聚合计算。例如，导入“客服中心 11 月份来电记录表.csv”，分析 11 月份每个区的工单量有多少。具体操作步骤如下：

步骤 01 选择“诉求区域”列，然后单击“转换”功能区中的“分组依据”按钮或“主页”功能区下的“分组依据”按钮，如图 4-46 所示。

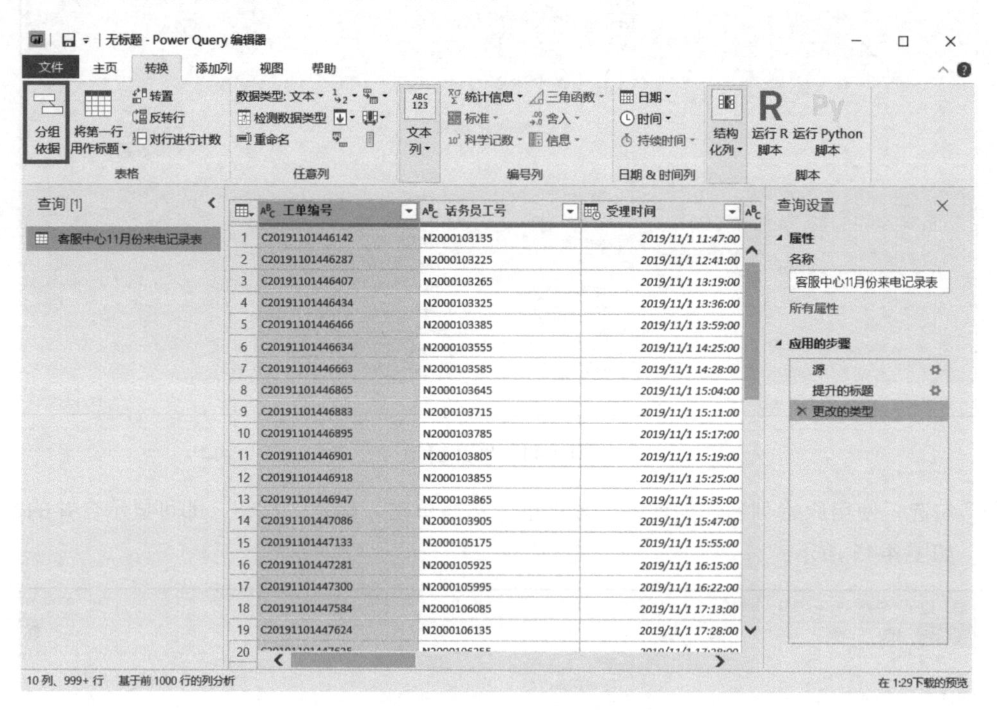

图 4-46　单击“分组依据”按钮

步骤 02 这时会弹出“分组依据”对话框，当查询编辑器对行进行分组时，会创建一个新列名，这里命名为“工单量”，操作类型选择“对行进行计数”，“分组依据”选择“诉求区域”，如图 4-47 所示。

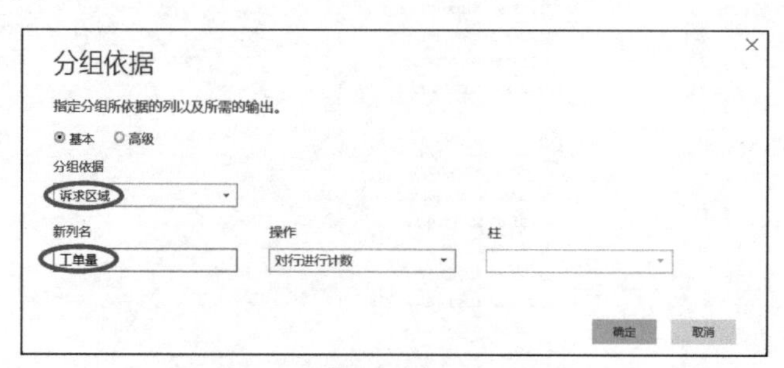

图 4-47　“分组依据”对话框

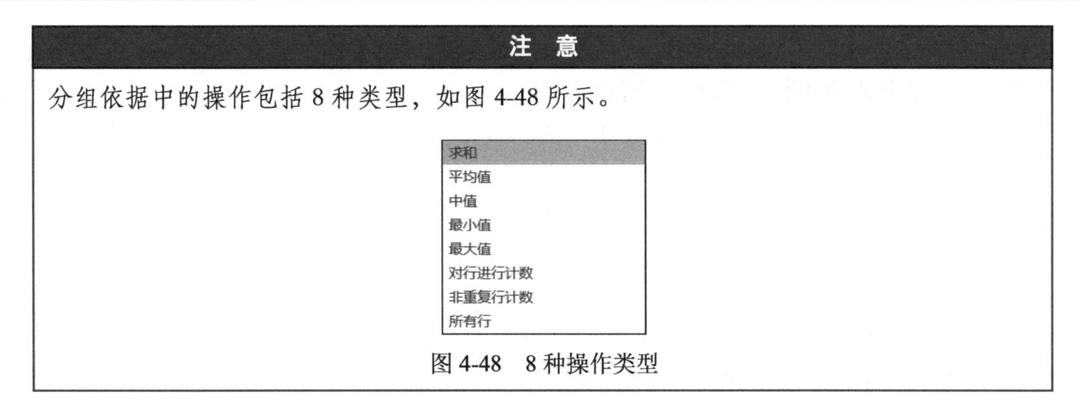

注　意

分组依据中的操作包括 8 种类型，如图 4-48 所示。

图 4-48　8 种操作类型

步骤 03 单击"确定"按钮后，将返回分组统计的结果，显示每个区在 11 月份的客户来电工单总量，如图 4-49 所示。

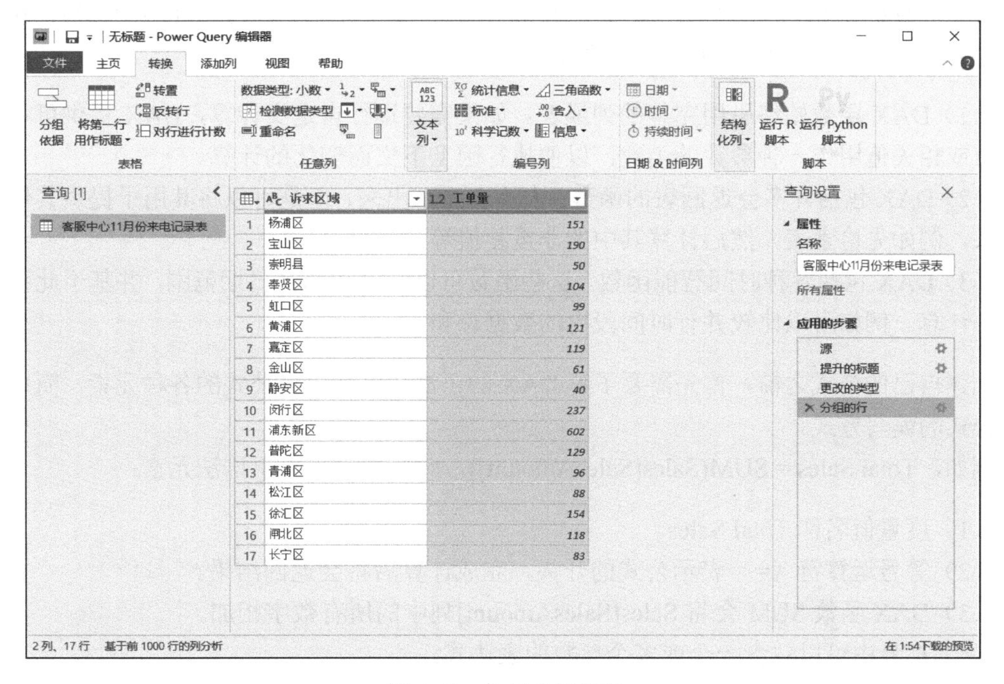

图 4-49　执行分组依据

此外，借助查询编辑器，可以单击刚刚完成的步骤旁边的"×"图标，删除最后一次的调整操作，如果对结果不满意，那么可以恢复此前的任意操作步骤。

4.3　数据分析表达式 DAX 及其案例

4.3.1　DAX 及其语法简介

Microsoft Power BI 的前身是 Excel 的 Power Query 和 Power Pivot，Power Query 背后是 M 函数，主要用于数据清洗，而 Power Pivot 使用的是 DAX 函数，主要用于数据建模。数据分

析表达式（DAX）可以帮助我们通过已有的数据来创建新的字段，它是表达式中可用于计算并返回一个或多个值的函数、运算符或常量的集合。

DAX 是一种函数语言，类似于 Excel 中的函数，可以包含嵌套函数、条件语句和值引用等。DAX 的执行是从内部函数或参数开始的，逐步向外计算。注意，DAX 公式需要单行书写，不能像 Python 等编程语言一样进行换行，因此函数的格式很重要。

与 Excel 类似，当开始向 Microsoft Power BI 公式栏输入公式时，Microsoft Power BI 会显示与当前输入的字母相匹配的函数，以提示用户要选择的可用函数。例如输入 S，列表中就会显示以 S 开头的函数，如果输入 Su，列表中就会显示名称中包含字母序列 Su 的函数。通过这种方式很容易使用 DAX 以及查找可用的函数。此外，可以通过使用键盘上的向上和向下箭头键，突出显示任何可用函数，该函数的简要说明也会显示出来。

DAX 主要用于处理表格，它有两个主要的数据类型：数字类型和其他类型。数字类型包括整数、小数和货币，其他类型包括字符串和二进制对象。如果熟悉 Excel 中的函数，那么会觉得 DAX 中的很多函数与之相似，但是 DAX 函数具有以下特点：

（1）DAX 函数始终引用完整的列或表。如果需要逐行自定义计算，DAX 提供可将当前行的值或相关值用作一种参数的函数，以便执行因上下文而变化的计算。

（2）DAX 包括许多会返回表的函数。表不会显示出来，但是可以将其用于提供其他函数的输入，例如先检索表，然后计算其中的非重复值等。

（3）DAX 包括各种时间智能函数。这些函数可以定义或选择日期范围，并基于此范围执行动态计算。例如可以比较并行时间段内的数据总和。

创建自己的公式之前，首先需要了解 DAX 的语法，包括组成公式的各种元素，简单来说就是公式的编写方式。

例如，Total Sales = SUM(Sales[SalesAmount])，此公式包含以下语法元素：

（1）度量值名称 Total Sales。

（2）等号运算符（=）表示公式的开头，完成计算后将会返回结果。

（3）DAX 函数 SUM 会将 Sales[SalesAmount]列中的所有数字相加。

（4）括号中可以包含一个或多个参数的表达式。

（5）引用的表是 Sales 表。

（6）Sales 表中的引用列为 SalesAmount。

该公式添加到报表后，会将销售额相加，并返回值。SalesAmount 列前面加上了列所属的 Sales 表，这就是所谓的完全限定列名称，因为它包括列名称且前面加上了表名。同一表中引用的列不需要在公式中包含该表名，这可以让引用多列的冗长公式变短，但是最好能够在公式中加上表名，这样便于理解。

4.3.2 DAX 函数的主要类型

DAX 函数主要包括：聚合函数、计数函数、逻辑函数、信息函数、文本函数、日期函数、关系函数和表函数等。

1. 聚合函数

与 Excel 中的聚合函数基本类似，DAX 中的聚合函数包括：SUM、AVERAGE、MIN、MAX、SUMX（以及其他 X 函数）。

这些函数仅适用于数值类型字段，通常一次只能聚合一列，但是以 X 结尾的聚合函数（例如 SUMX）可以同时处理多列，这些函数循环访问表。

2. 计数函数

与 Excel 中的计数函数基本类似，DAX 中经常使用的计数函数包括：COUNT、COUNTA、COUNTBLANK、COUNTROWS、DISTINCTCOUNT。

这些函数用来计数不同的元素，如非重复值、非空值和表的行数。

3. 逻辑函数

与 Excel 的逻辑函数类似，DAX 中的逻辑函数包括：AND、OR、NOT、IF、IFERROR。

这些特殊函数还可以使用运算符。例如，在 DAX 公式中，AND 可以输入为&&。如果公式中存在两个以上条件，就可以使用运算符（如&&），但在其他情况下最好使用函数名本身（如 AND），以增强 DAX 代码的可读性。

4. 信息函数

与 Excel 中的信息函数基本类似，DAX 中的信息函数包括：ISBLANK、ISNUMBER、ISTEXT、ISNONTEXT、ISERROR。

尽管这些函数在具体情况下很有用，但首先需要知道列的数据类型。

5. 文本函数

与 Excel 中的文本函数基本类似，DAX 中的文本函数包括：CONCATENTATE、REPLACE、SEARCH、UPPER、FIXED。

如果熟悉 Excel 如何处理文本，就很好理解了，如果不熟悉，那么可以在 Microsoft Power BI 上逐一试用这些函数，以了解它们的详细使用方法。

6. 日期函数

与 Excel 中的日期函数基本类似，DAX 中的日期函数包括：DATE、HOUR、NOW、EOMONTH、WEEKDAY。

这些函数对于从日期值中计算和提取相关信息很有用。

7. 关系函数

Microsoft Power BI 可以在多个表之间建立关系，并在“关系”视图中进行查看。

DAX 具有可以与建立了关系的表进行互动的关系函数，返回列值，或者使用 DAX 函数返回某个关系中的所有行。

8. 表函数

DAX 与 Excel 的显著区别是 DAX 允许在表达式间传递整个表，而不仅仅限于单个值。

DAX 中的表函数主要有：FILTER、ALL、VALUES、DISTINCT、RELATEDTABLE。

例如 DAX 表达式：FILTER(ALL(Table),Condition)将筛选整个表，而忽略当前筛选的任何内容。

4.3.3 省份和城市的合成

计算列的功能需要使用数据分析表达式（DAX），DAX 公式类似于 Excel 公式，具有许多与 Excel 相同的功能，但是 DAX 函数旨在处理交互式地切片或筛选报表中的数据，例如 Microsoft Power BI 中的数据。与 Excel 不同的是，在 Excel 中可以在表中每行使用不同公式，DAX 公式不具备这样的功能。

例如，现在需要创建一张报表，显示不同城市的订单量，包含省份和城市的合成字段，将 province 和 city 作为单个值，如图 4-50 所示。

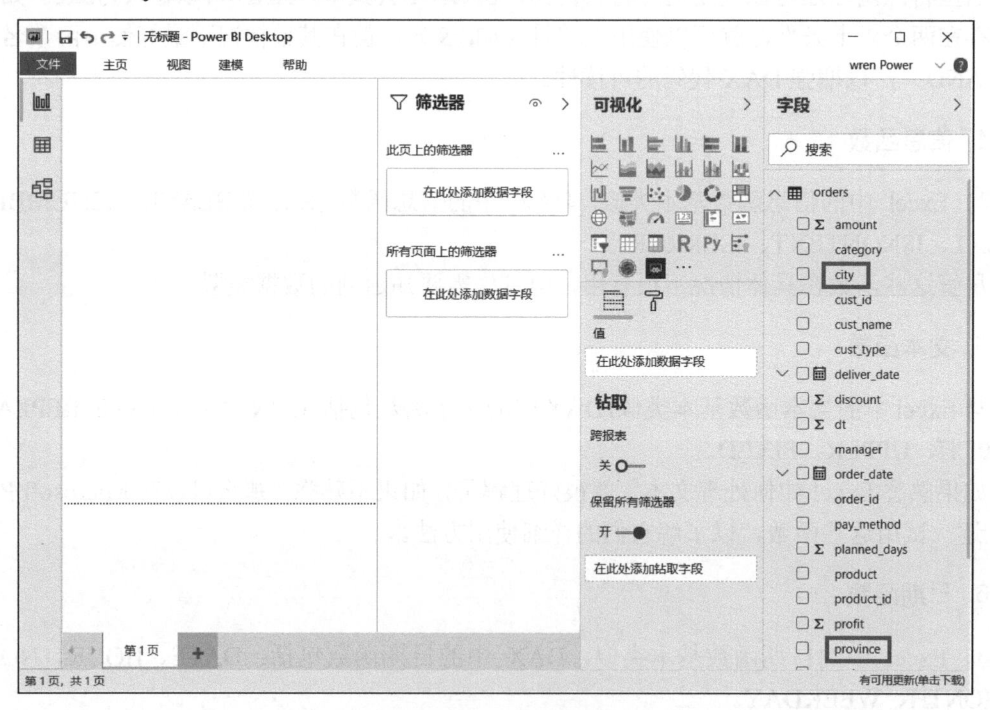

图 4-50　导入数据源

Microsoft Power BI 凭借计算列功能，可以很简单地将来自 province 列的省份与来自 city 列的城市组合或连接起来。首先右击 orders 表，然后单击“新建列”。在公式栏中输入公式：省份城市 = [province]&","&[city]，此公式创建名为“省份城市”的新列，对于地理表中的每一行，取 province 列，输入逗号和空格，然后连接 city 列，如图 4-51 所示。

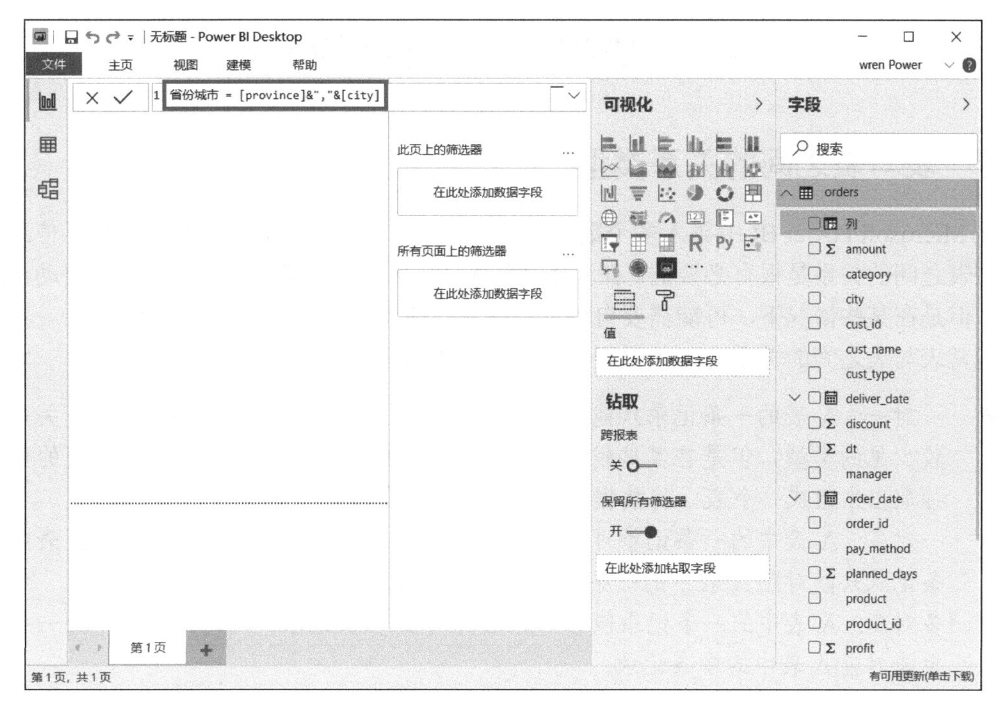

图 4-51　生成新字段

最后，将可视化窗格中的树状图添加至画布区域，选择“省份城市”与 amount 字段，并筛选出订单量大于等于 300 的城市，我们就可以直观地看到这些城市的订单量大小，如图 4-52 所示。

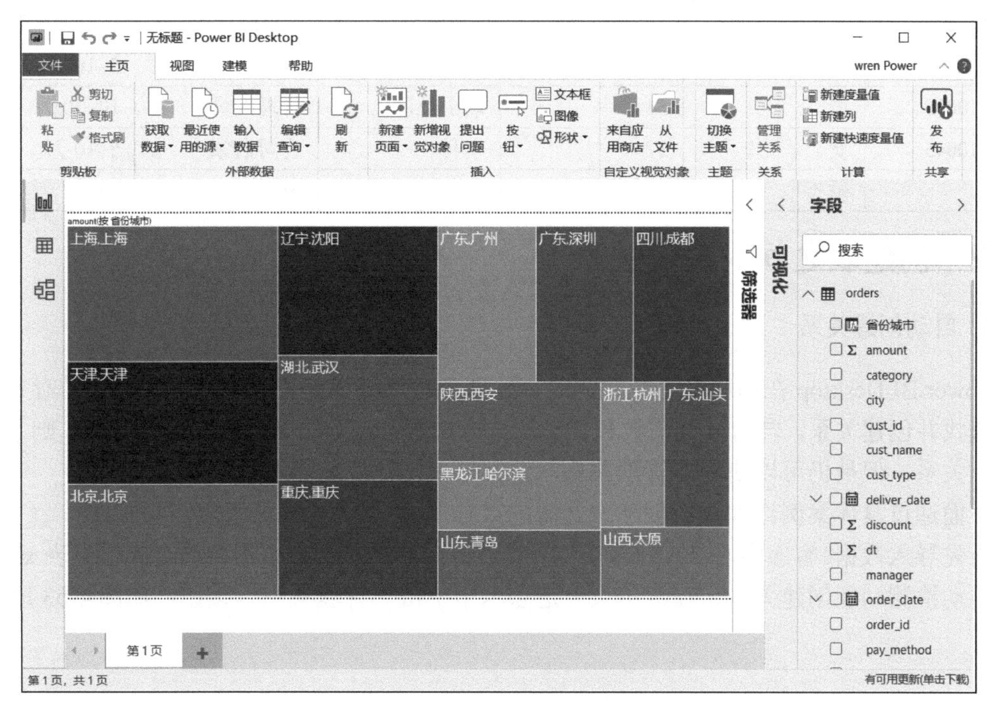

图 4-52　制作可视化视图

4.4 创建和管理表之间的关系

4.4.1 表与表之间的关系类型

在 Microsoft Power BI 中导入多个数据表时，为了准确计算结果并在报表中显示信息，管理这些表之间的关系是很有必要的。在大多数情况下，无须执行任何操作，软件会自动检测并执行，但是在某些情况下，可能需要自行创建关系，或者对关系进行一些更改。

通常表与表之间的关系有 3 种类型：一对一、一对多（或多对一）、多对多。

- 一对一：A 表的一条记录只能与 B 表的一条记录对应；反之亦然。一对一关系是比较少见的类型，但是在某些情况下，还是需要使用这种类型，例如将常用的数据列抽取出来组成一个表，将数据划分为不同的安全级别，等等。
- 一对多：A 表中的一条记录可以对应 B 表中的多条记录；但是反过来，B 表中的一条记录只能对应 A 表中的一条记录，是常见的关系类型。
- 多对多：A 表中的一条记录能够对应 B 表中的多条记录；同时，B 表中的一条记录也能对应 A 表中的多条记录。

一个关系通常对应一张二维表，在我们的实际工作中使用频繁，例如企业的客户信息、订单信息以及学校的学生信息等。客户表通常包含客户的基本信息，包括客户编号、性别、年龄、学历、职业、收入等字段，如表 4-1 所示。

表4-1 客户表字段

客户编号	性 别	年 龄	学 历	职 业	收 入
Cust-10015	男	34	高中	普通工人	5~10 万
Cust-10030	男	54	硕士及以上	管理人员	10~20 万
Cust-10045	女	37	本科	公司白领	5~10 万
…	…	…	…	…	…

4.4.2 创建表之间的数据关系

1. 自动创建关系

Power BI Desktop 在加载多个数据源时，软件会自动查找是否存在潜在关系，若存在，则尝试查找并创建关系，自动设置基数和交叉筛选方向等；若无法确定存在的匹配项，则不会自动创建关系，但是仍可以使用“管理关系”对话框来创建或编辑关系。

下面通过具体案例详细介绍创建表之间的数据关系。

首先导入数据“客服中心 2019 年呼入量数据.xlsx”和“客服中心话务员个人信息表.xlsx”，使用自动检测功能创建关系，在“主页”选项卡中单击“管理关系”按钮，如图 4-53 所示。

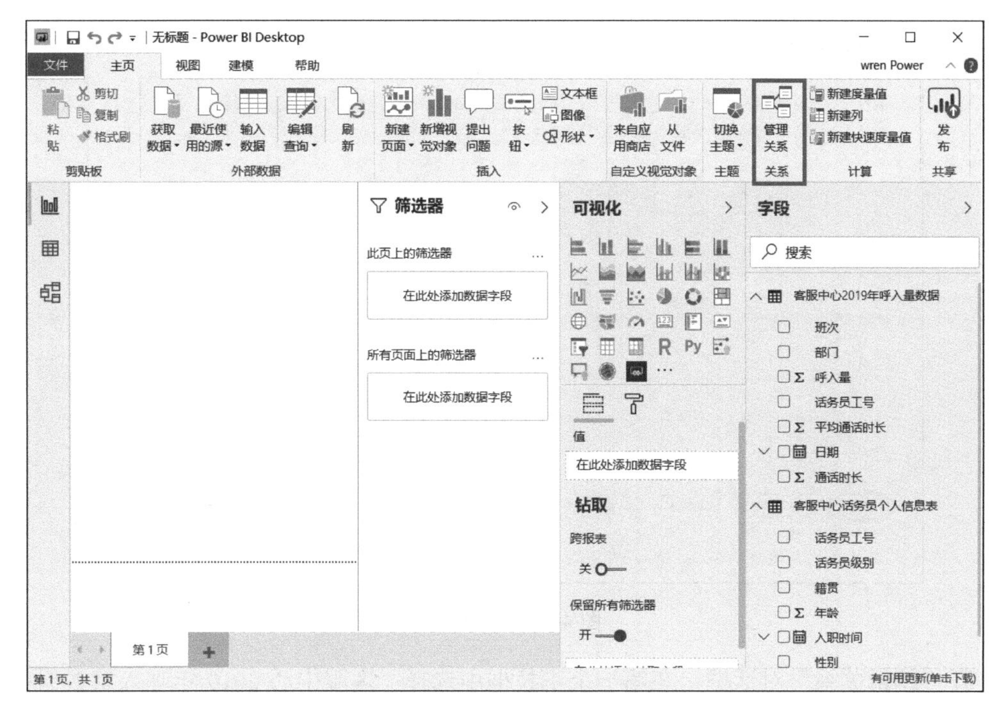

图 4-53　单击“管理关系”按钮

在弹出的“管理关系”对话框中，显示所有可用的关系，还可以单击“自动检测”按钮，软件会自动检查数据表之间的所有关系，如图 4-54 所示。

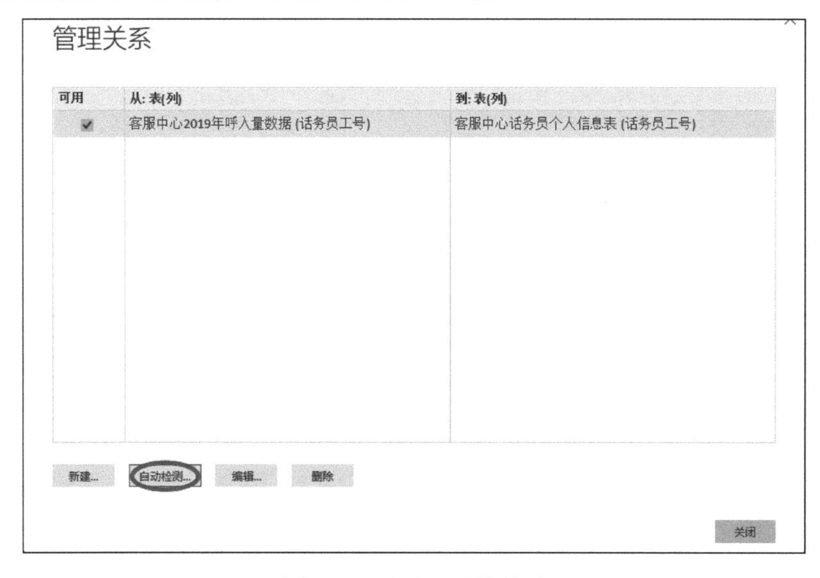

图 4-54　显示可用的关系

2. 手动创建关系

用户也可以手动创建关系，首先需要在“管理关系”对话框中单击“新建”按钮，如图 4-55 所示。

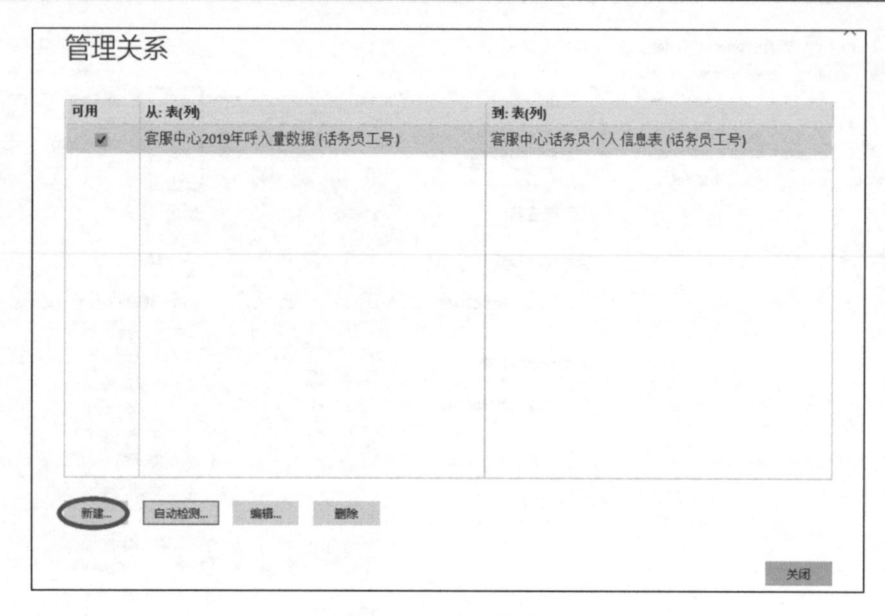

图 4-55 新建关系

打开“编辑关系”对话框，在第一个下拉框中选择“客服中心 2019 年呼入量数据”，在第二个下拉框中选择“客服中心话务员个人信息表”，如图 4-56 所示。

图 4-56 设置关系

在默认情况下，Microsoft Power BI 会自动配置新关系的基数和“交叉筛选器”的方向等。“基数”包括以下 4 种：

- 多对一（*:1）：这是默认类型，即一个表中的列可具有一个值的多个实例，而另一个相关表（常称为查找表）仅具有一个值的一个实例。

- 一对一（1:1）：一个表中的列仅具有特定值的一个实例，而另一个相关表也是如此。
- 一对多（1:*）：一个表中的列仅具有特定值的一个实例，而另一个相关表具有一个值的多个实例。
- 多对多（*:*）：一个表中的列可具有一个值的多个实例，而另一个相关表也是如此。

“交叉筛选器方向”分单一和双向两种：

- 单一：意味着连接表中的筛选选项适用于被连接的表格。
- 双向：这是常见的默认方向。意味着在进行筛选时，两个表被视为同一个表，适用于其周围具有多个查找表的单个表。

此外，如果勾选“使此关系可用”选项，就意味着此关系将用作活动的默认关系。

4.4.3 管理表之间的数据关系

1. 手动编辑关系

对于已经创建的关系，为了满足日常可视化分析的需求，我们需要进行维护与管理。在“管理关系”对话框中，单击“编辑”按钮，如图4-57所示。在打开的“编辑关系”对话框中，可以调整关系设置，如基数、交叉筛选器方向等。

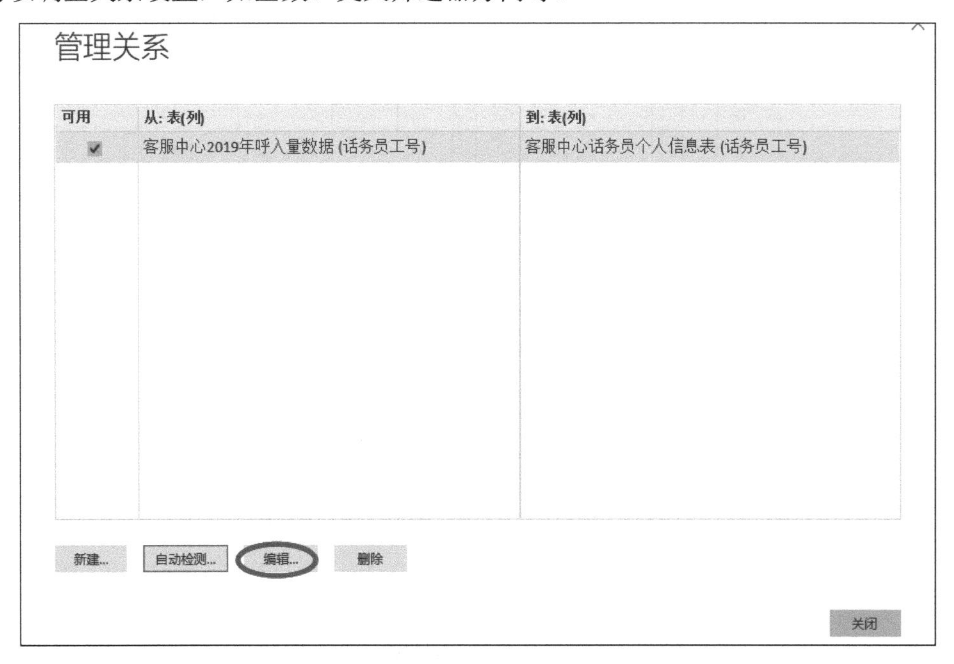

图4-57 编辑关系

2. 手动删除关系

我们还可以手动删除关系，可以在“管理关系”对话框中单击“删除”按钮，如图4-58所示。

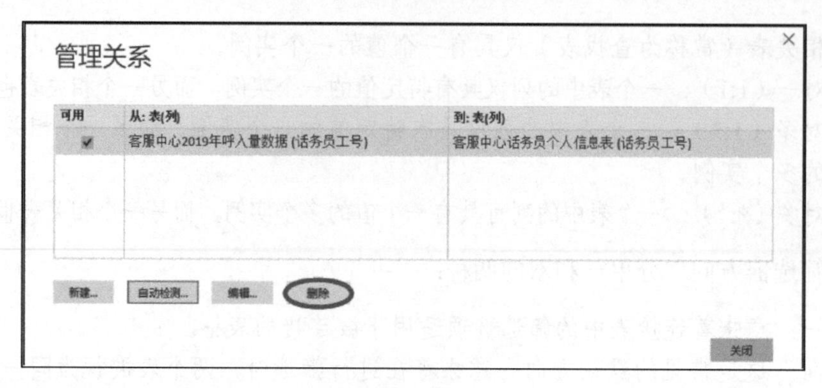

图 4-58　删除关系

4.5　案例：统计局 Web 数据可视化分析

在本案例中，我们将学习如何从国家统计局 Web 网站导入数据并创建可视化视图，这里分析的内容是 2020 年 1 月 70 个大中城市商品住宅销售价格指数，如图 4-59 所示。

表1：2020年1月70个大中城市新建商品住宅销售价格指数

城市	环比	同比	定基	城市	环比	同比	定基
	上月=100	上年同月=100	2015年=100		上月=100	上年同月=100	2015年=100
北　京	100.0	104.1	144.6	唐　山	101.2	113.6	140.0
天　津	99.8	101.3	132.3	秦皇岛	100.0	110.4	148.1
石家庄	100.0	108.8	155.6	包　头	100.0	105.9	123.7
太　原	99.4	102.9	129.3	丹　东	100.6	107.9	129.0
呼和浩特	100.5	114.8	151.3	锦　州	101.4	108.5	121.3
沈　阳	100.3	109.2	142.0	吉　林	101.0	109.2	135.9
大　连	100.1	108.4	136.8	牡丹江	100.7	105.1	124.4
长　春	100.0	108.6	137.8	无　锡	100.8	109.0	154.2
哈尔滨	100.3	109.4	143.5	扬　州	100.4	110.5	151.8
上　海	100.5	102.7	150.4	徐　州	100.8	111.5	158.7
南　京	100.1	103.3	153.6	温　州	100.3	104.5	121.1
杭　州	100.3	105.0	147.9	金　华	100.4	107.9	134.9
宁　波	100.6	108.2	139.7	蚌　埠	100.7	103.4	130.6
合　肥	100.4	103.7	161.4	安　庆	99.6	102.1	126.0
福　州	99.5	103.5	144.2	泉　州	100.3	103.5	116.1
厦　门	100.2	104.4	157.4	九　江	101.1	108.6	144.1
南　昌	100.3	103.3	140.7	赣　州	100.1	102.7	128.8
济　南	99.5	99.7	141.0	烟　台	100.5	109.7	142.8
青　岛	100.1	103.7	139.1	济　宁	100.2	109.3	135.3
郑　州	100.0	101.4	144.7	洛　阳	100.1	112.4	143.8
武　汉	100.4	111.5	161.6	平顶山	100.2	108.6	130.2
长　沙	100.6	104.6	147.2	宜　昌	99.5	100.1	129.5
广　州	100.3	104.2	156.9	襄　阳	100.6	110.0	136.1
深　圳	100.5	104.3	151.9	岳　阳	99.7	97.9	120.3
南　宁	100.4	112.0	151.8	常　德	99.8	103.4	127.6
海　口	99.9	106.6	148.4	惠　州	100.7	105.0	142.1
重　庆	100.0	107.5	142.7	湛　江	99.5	104.1	130.3
成　都	100.3	110.0	154.1	韶　关	99.8	99.5	122.7
贵　阳	99.5	104.4	145.7	桂　林	100.3	106.7	130.8
昆　明	100.0	110.5	147.4	北　海	100.4	107.7	142.2
西　安	100.3	112.8	170.1	三　亚	101.3	106.7	155.1
兰　州	100.6	104.7	127.5	泸　州	99.8	97.9	120.9
西　宁	100.8	114.7	137.2	南　充	99.6	102.0	128.1
银　川	101.0	112.8	130.0	遵　义	100.2	104.2	129.1
乌鲁木齐	99.9	101.1	116.6	大　理	100.8	114.1	149.3

图 4-59　国家统计局数据

以下我们来介绍行上述数据分析的具体方法和步骤。

4.5.1　连接到 Web 数据源

在 Power BI Desktop 的“主页”功能区中单击“获取数据”选项，在打开的下拉列表中选择 Web 选项，如图 4-60 所示。

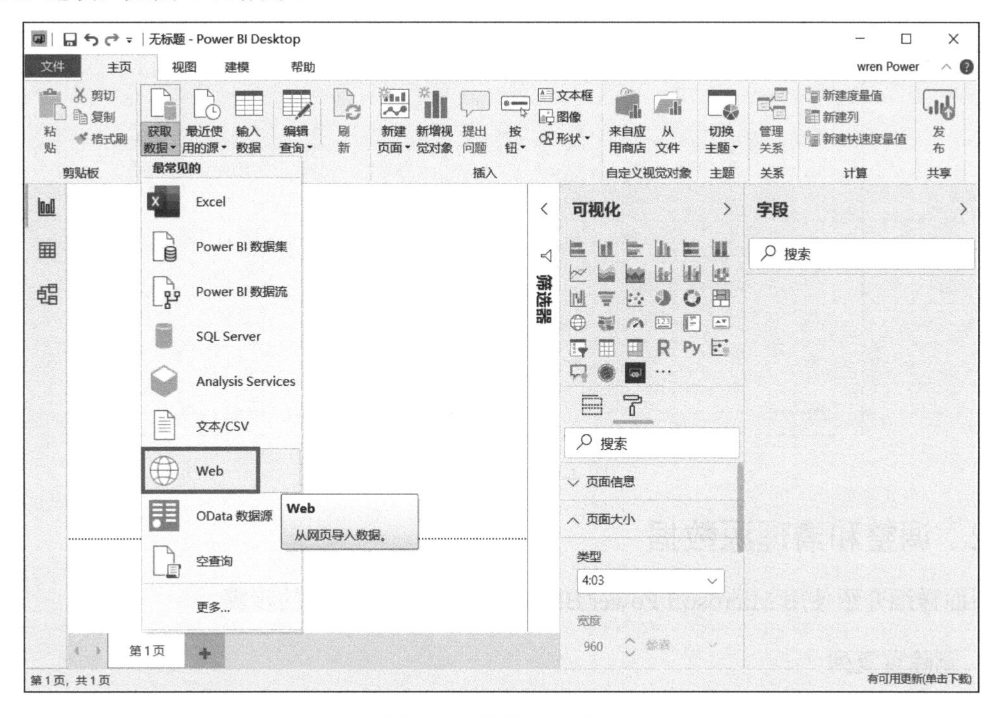

图 4-60　选择 Web 选项

在“从 Web”对话框中选择“基本”方式，并输入统计数据所在的 URL 地址（http://www.stats.gov.cn/tjsj/zxfb/202002/t20200217_1726707.html），如图 4-61 所示，然后单击“确定”按钮。

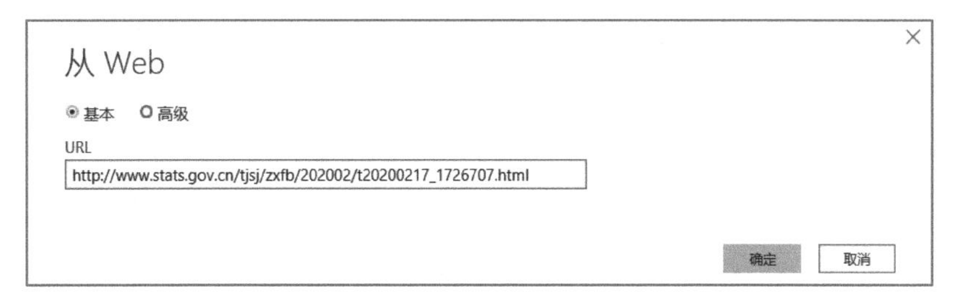

图 4-61　“从 Web”对话框

Microsoft Power BI 将建立与网页的连接，弹出“导航器”对话框，显示此页面上所有的可用表，我们可以单击左侧窗格中的表名预览每张表中的数据。

这里需要选择 Table 1 表，由于原始数据无法满足我们的分析需求，因此需要对其进行清洗，单击“转换数据”按钮，如图 4-62 所示。

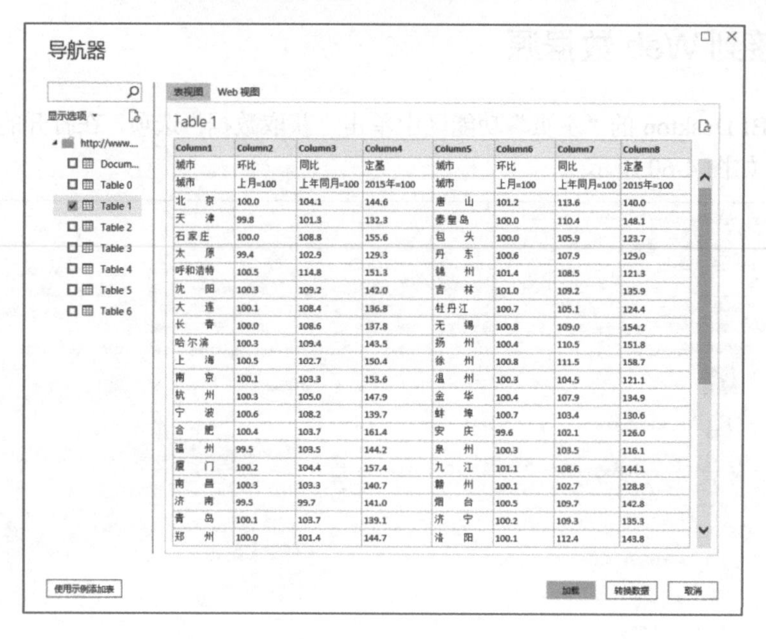

图 4-62　选择数据表

4.5.2　调整和清理源数据

下面详细介绍使用 Microsoft Power BI 对原始数据进行清理的步骤。

1. 删除重复列

Column1 列中的城市存在重复，这里需要删除重复值，默认保留第一行的数据，这样可以实现删除第二行相应指标的解释（上月=100，上年同月=100，2015 年=100）。首先选择 Column1 列，然后单击“主页”选项卡，在“删除行”选项的下拉框中选择“删除重复项”，如图 4-63 所示。

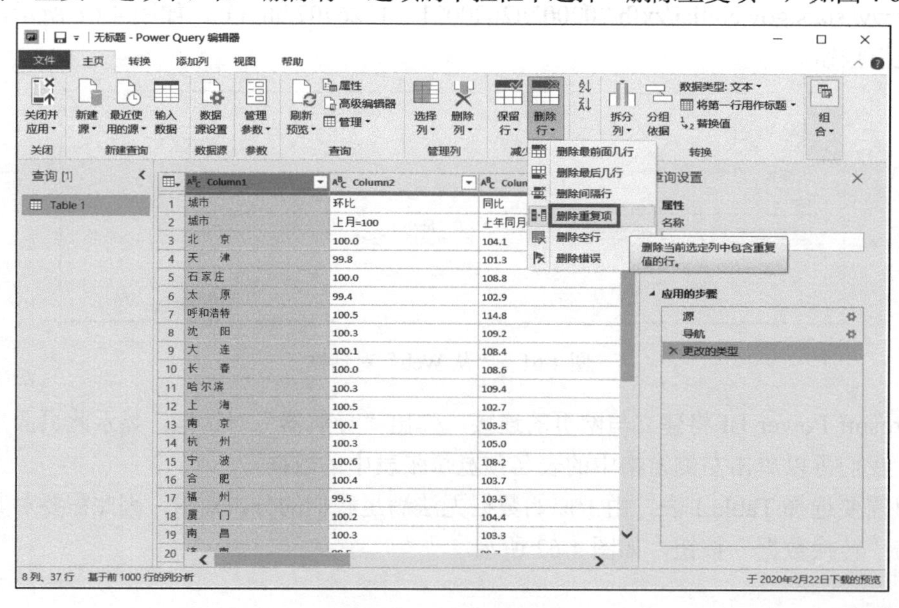

图 4-63　删除重复项

2. 复制数据表

由于这里的 70 个城市的数据被分成了两列，需要将两列数据合并成一列，即追加数据，不同表之间的数据追加操作比较简单，但是这里位于同一张表中，因此需要将原数据复制一张同样的数据表，再进行相应字段的追加。

首先，右击 Table 1 表，在下拉框中选择“复制”，并将 Table 1 (2)重新命名为 Table 2，如图 4-64 所示。

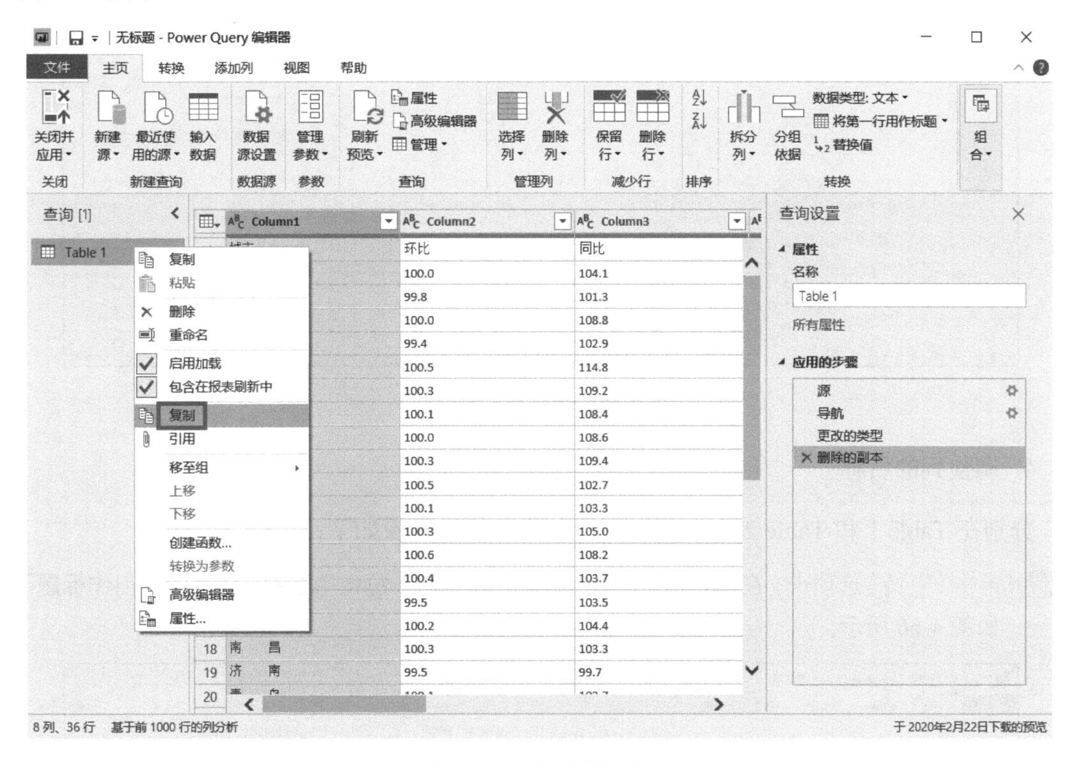

图 4-64　复制数据表

3. 删除不需要的列

分别删除 Table 1 和 Table 2 表中不需要的列。其中 Table 1 表需要删除 Column5、Column6、Column7、Column8 列，Table 2 表需要删除 Column1、Column2、Column3、Column4 列，如图 4-65 所示。

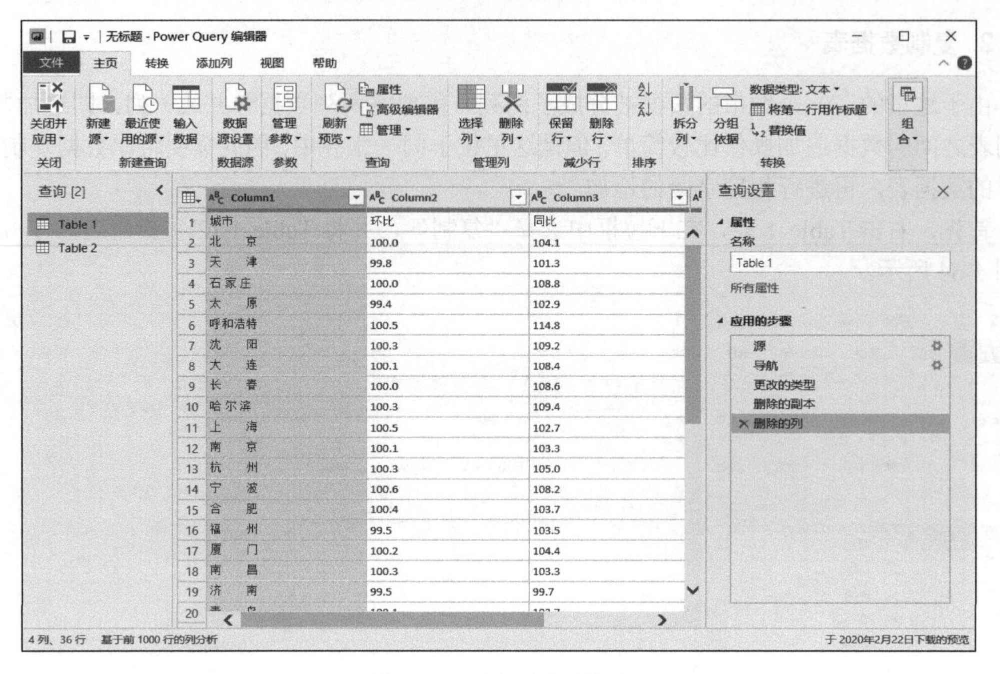

图 4-65 删除不需要的列

4. 调整列的名称

分别在 Table 1 和 Table 2 表中调整列的名称，具体步骤如下：

步骤 01 单击"主页"选项卡，在"将第一行用作标题"选项的下拉框中选择"将第一行用作标题"，如图 4-66 所示。

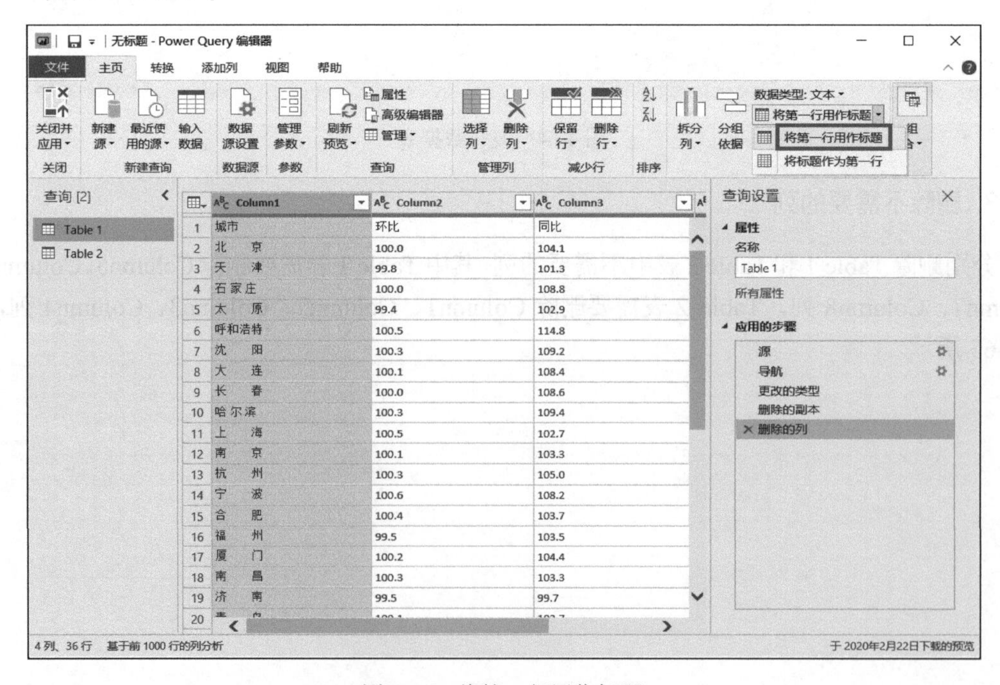

图 4-66 将第一行用作标题

步骤 02 在“应用的步骤”中，单击“更改的类型 1”左侧的 ×，删除“更改的类型 1”，这是为了进一步调整变量的名称，如图 4-67 所示。

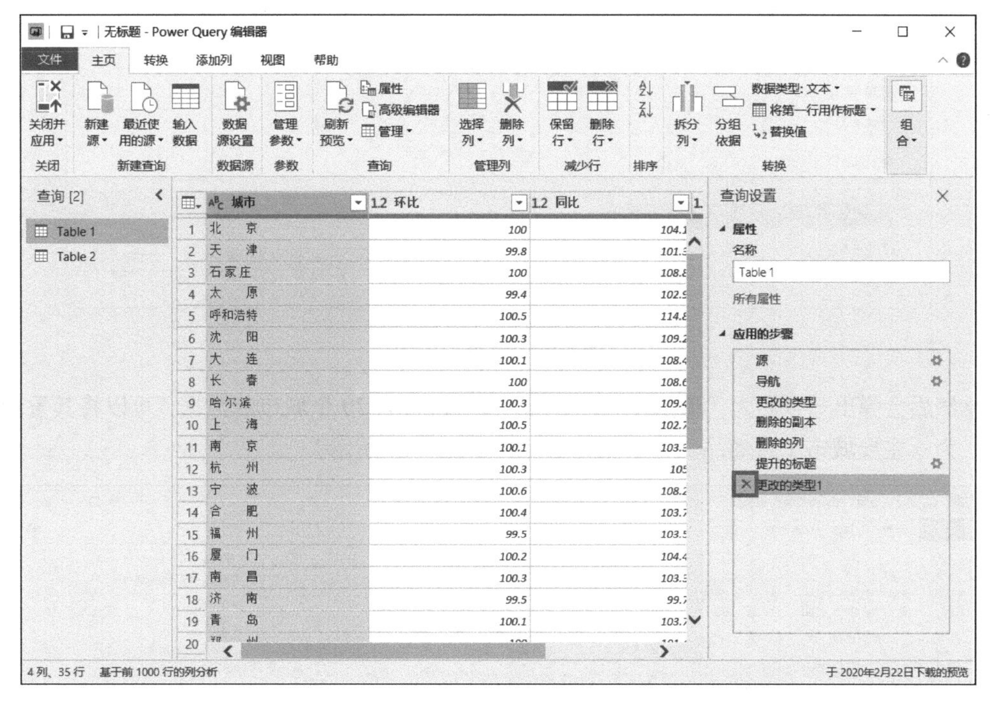

图 4-67 调整变量的名称

通过上面的操作，Table 1 和 Table 2 表中的字段就调整为“城市”“环比”“同比”“定基”，且 Table 1 表是 70 个大中城市中前 35 个城市的数据，Table 2 表是后 35 个城市的数据。

5. 合并数据表

下面将 Table 1 和 Table 2 表 4E2D 的数据进行追加合并，具体步骤如下：

步骤 01 单击“主页”选项卡，在“追加查询”选项的下拉框中选择“将查询追加为新查询”，如图 4-68 所示，如果选择“追加查询”，就在原来的表中追加数据，不生成新表。

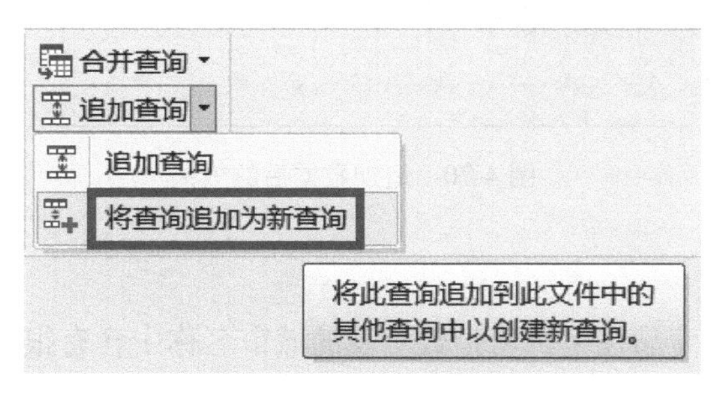

图 4-68 将查询追加为新查询

步骤 02 弹出“追加”对话框，在主表中选择 Table 1 表，在要追加到主表的表中选择 Table 2 表，然后单击“确定”按钮，如图 4-69 所示。

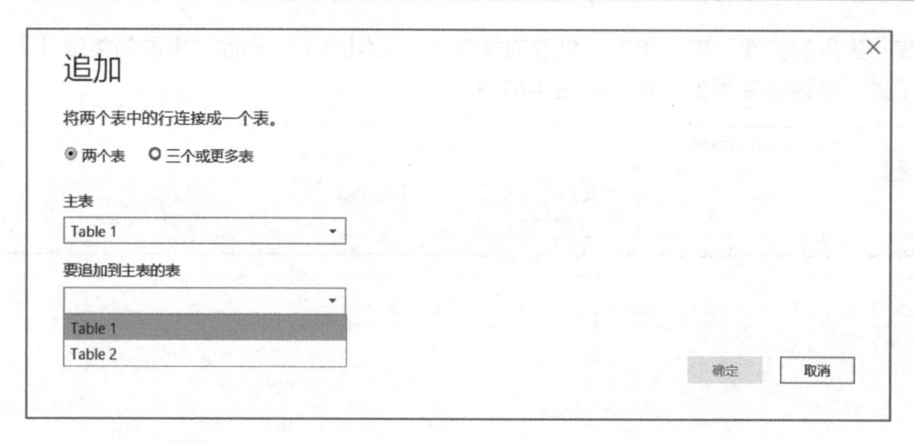

图 4-69　设置追加表

步骤 03 然后会弹出一张名为“追加 1”的新表，它包含所有 70 个城市的数据，可以将其重新命名为“主要城市 1 月商品住宅价格指数”，如图 4-70 所示。

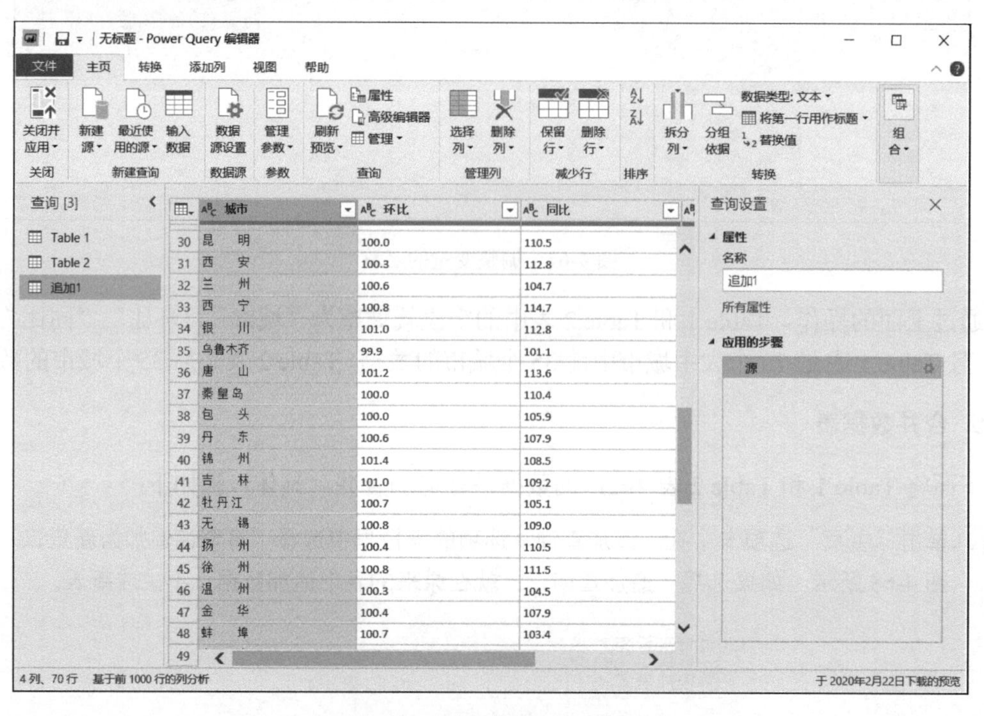

	城市	环比	同比
30	昆　明	100.0	110.5
31	西　安	100.3	112.8
32	兰　州	100.6	104.7
33	西　宁	100.8	114.7
34	银　川	101.0	112.8
35	乌鲁木齐	99.9	101.1
36	唐　山	101.2	113.6
37	秦皇岛	100.0	110.4
38	包　头	100.0	105.9
39	丹　东	100.6	107.9
40	锦　州	101.4	108.5
41	吉　林	101.0	109.2
42	牡丹江	100.7	105.1
43	无　锡	100.8	109.0
44	扬　州	100.4	110.5
45	徐　州	100.8	111.5
46	温　州	100.3	104.5
47	金　华	100.4	107.9
48	蚌　埠	100.7	103.4
49			

图 4-70　追加数据后的效果

6. 替换清理文本

在“主要城市 1 月商品住宅价格指数”表的城市名称中含有很多空格，为了可视化视图的美观，需要将其删除，步骤如下：

步骤 01 单击“主页”选项卡，选择“替换值”，或者右击“城市”列，在弹出的快捷菜单中选择“替换值”选项，如图 4-71 所示。

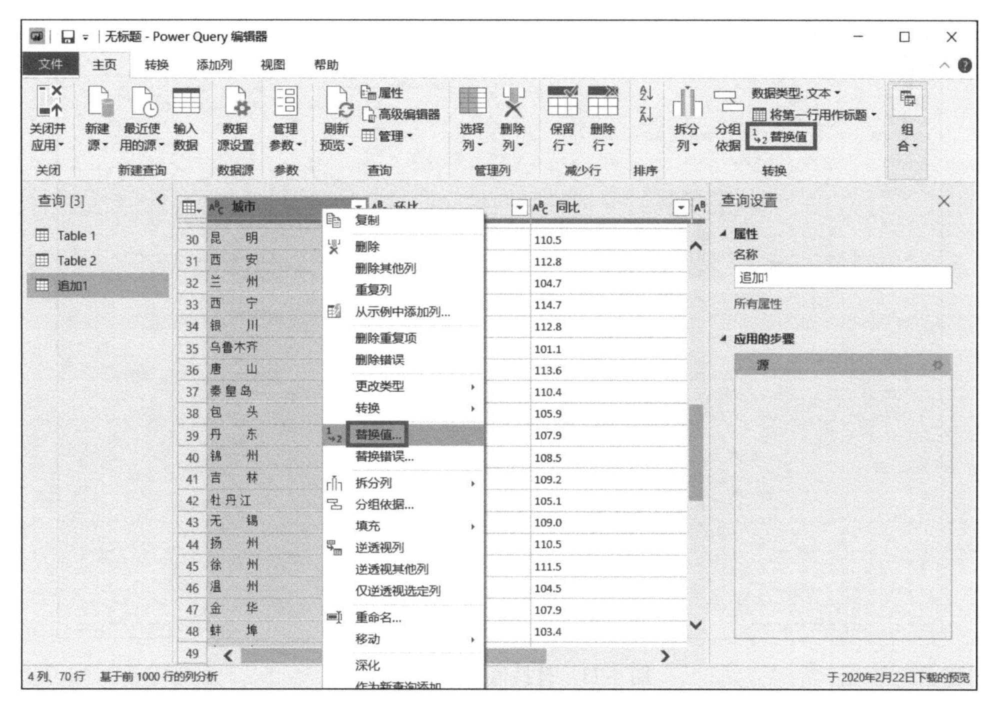

图 4-71　选择“替换值”

步骤 02 打开“替换值”对话框，在“要查找的值”文本框中输入“　”，将“替换为”文本框留空，如图 4-72 所示，然后单击“确定”按钮，注意这里的“要查找的值”要输入正确。

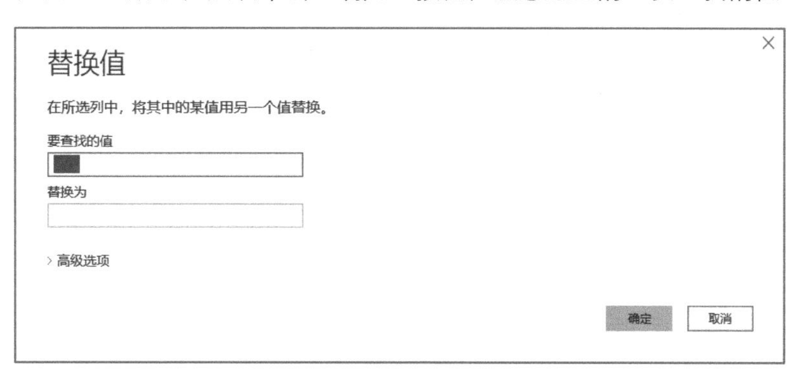

图 4-72　“替换值”对话框

步骤 03 用同样的方法，对 3 个字中的空格再进行清理，例如“石 家 庄”中还存在空格，清理后的最终效果如图 4-73 所示。然后单击左上方的“关闭并应用”按钮，保存操作结果。

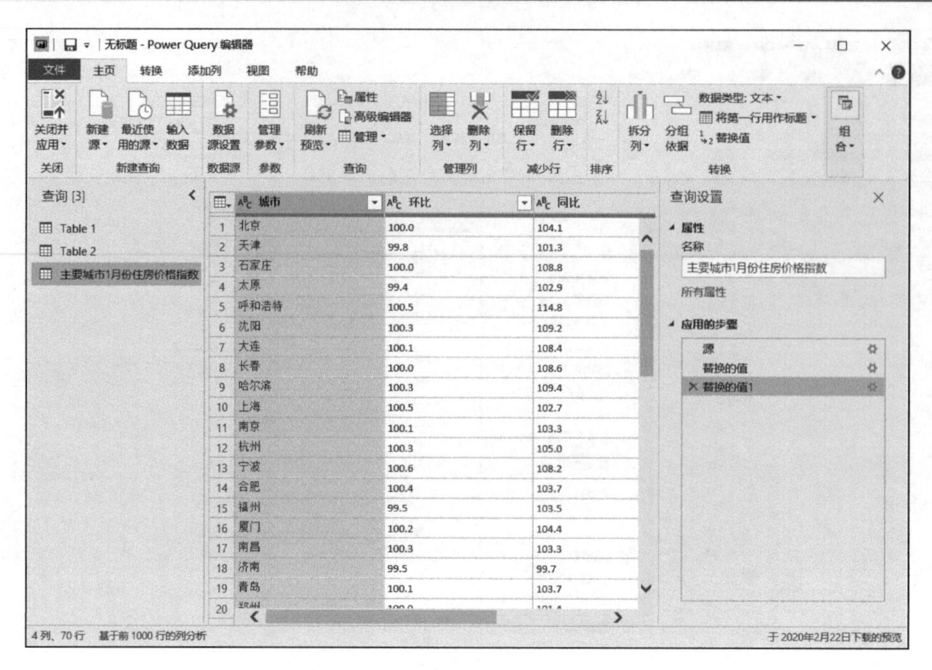

图 4-73　替换值后的数据视图

步骤 04 这里的环比、同比、定基的数据类型是文本类型，还需要将其调整为小数类型，如图 4-74 所示。

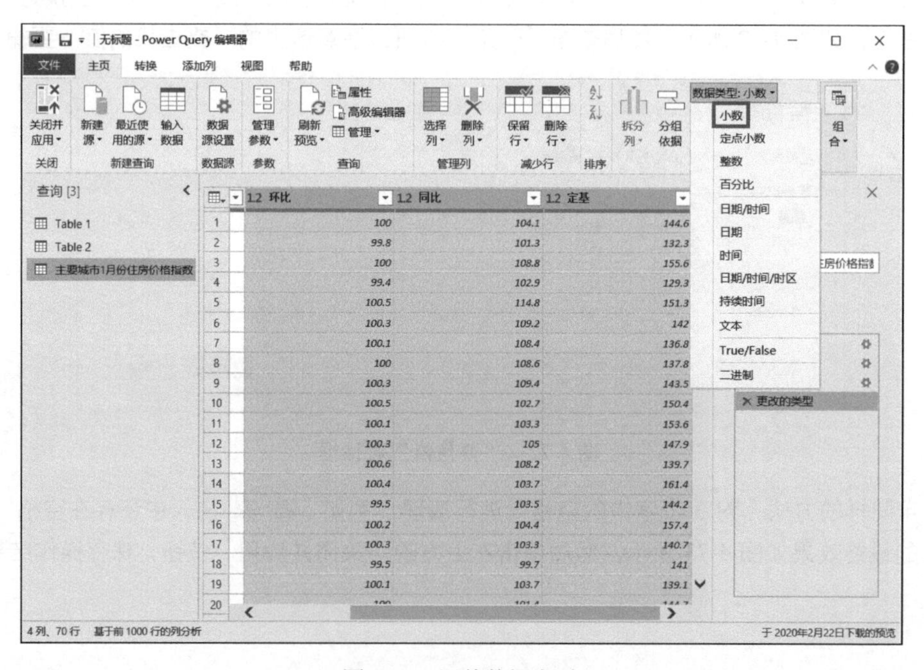

图 4-74　调整数据类型

截至目前，我们爬取了国家统计局网站 2020 年 1 月份 70 个主要城市商品住宅价格指数数据，并进行了数据清洗处理。

4.5.3 创建和发布可视化视图

在 Microsoft Power BI Desktop 界面的右侧“字段”窗格中可以看到所生成的最终表和过程表，如图 4-75 所示。

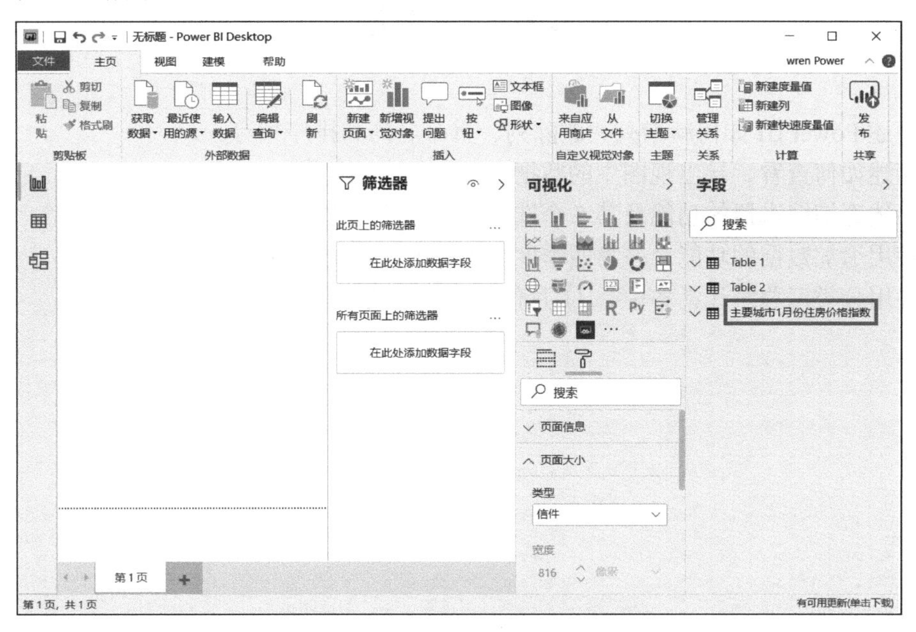

图 4-75 报表视图和“字段”窗格

单击“可视化”窗格中的“分区表”图标，从“字段”窗格中将创建可视化效果所需要的字段拖曳到报表画布中，例如城市、同比、环比，即可得到 70 个城市商品房价格指数的同比和环比的分区图，如图 4-76 所示。

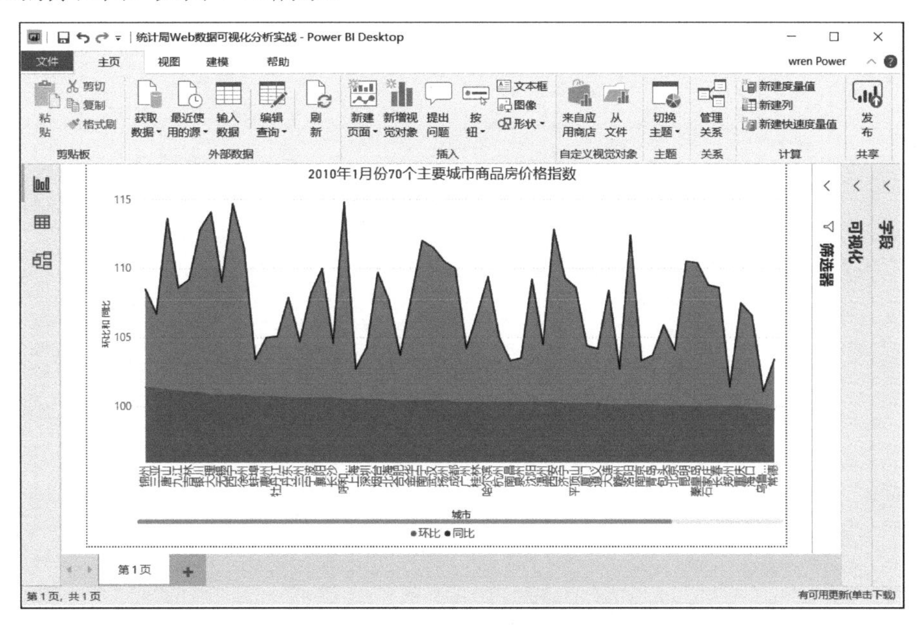

图 4-76 拖曳字段到报表画布中

最后，单击“主页”选项卡上的“发布”按钮，即可将制作好的报表发布到 Microsoft Power BI 服务上，从而实现与同事的共享。

4.6 练习题

1. 简述 Power BI 如何新增列、删除列、重命名列和排序列等。
2. 简述如何查看、导出视图中的数据以及如何删除视图。
3. 简述查询编辑器的功能及其 5 个选项卡的主要选项。
4. 使用追加数据的功能合并第四季度 3 个月的来电记录表。
5. 使用分类汇总统计话务中心 11 月份每种类型的工单数量。

·第/二/部/分·

Microsoft
Power BI之可视化篇

本部分我们将详细介绍Microsoft Power BI的数据可视化操作，包括16种常用的自带可视化视图、16种重要的自定义可视化视图以及如何创建数据报表及其注意事项，这是我们使用Microsoft Power BI进行数据可视化分析的基本技能。

第 5 章

Microsoft Power BI 自带可视化视图

Microsoft Power BI 除了默认自带的可视化视图（如条形图、折线图和散点图等，共计 31 种）外，用户还可以自定义更加丰富的展示效果。本章将详细介绍 16 种常用的自带可视化视图和 16 种常用的自定义可视化视图。注意，本章使用的是电商企业的客户订单表 orders.xlsx。

5.1 自带可视化视图概述

Microsoft Power BI 安装后，默认自带的可视化视图主要有条形图、折线图和散点图等，共计 31 种，这些视图基本能够满足我们日常工作的需要，如图 5-1 所示。

图 5-1 自带可视化视图

这些视图主要可以分为以下几类：

（1）条形图类：堆积条形图、簇状条形图、百分比堆积条形图。

（2）柱形图类：堆积柱形图、簇状柱形图、百分比堆积柱形图。

（3）折线类：折线图、折线和堆积柱形图、折线和簇状柱形图、KPI。

（4）面积类：分区图、堆积面积图、功能区图表、饼图、环形图、树状图、仪表。

（5）地图类：地图、着色地图、ArcGIS Maps for Power BI。

（6）脚本类：Python 视觉对象、R 脚本 Visual。

（7）表格类：卡片图、多行卡、表、矩阵、切片器。

（8）其他类：瀑布图、散点图、漏斗图、关键影响因素。

5.2 调整可视化对象元素

在“可视化”窗格，单击需要创建的可视化视图类型，例如堆积柱形图，画布区域默认的视觉对象是类似于所选的视觉对象类型的空白占位符，如图 5-2 所示。

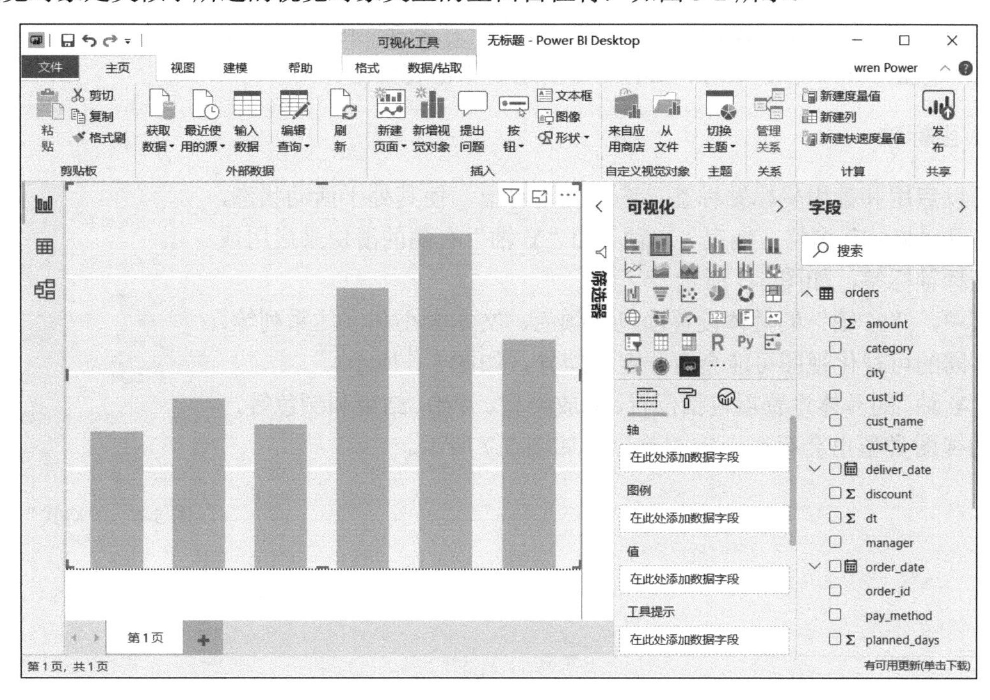

图 5-2　创建堆积柱形图可视化视图

将 province 字段拖曳到“轴”设置项，dt 拖曳到“图例”设置项，sales 拖曳到“值”设置项，并选择“求和”计算类型，注意默认是“求和”类型，如图 5-3 所示。

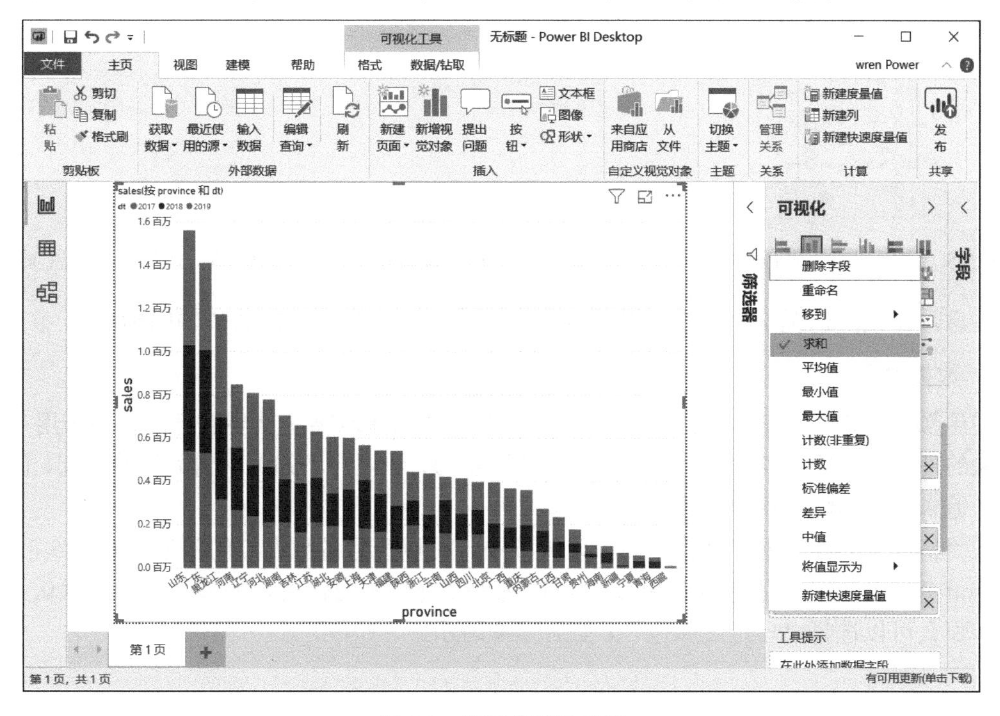

图 5-3　配置堆积柱形图

微调视图外观以实现最佳效果。在“格式”设置项下，可以对可视化对象进行调整，包括“图例”“X 轴”“Y 轴”“数据颜色”“数据标签”“标题”和“背景”等，如图 5-4 所示。下面将详细介绍。

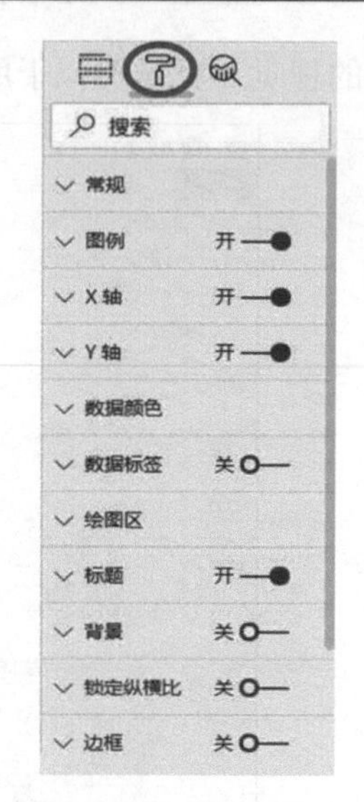

图 5-4 “格式”设置项

1. 坐标轴

可以启用和禁用坐标轴标签。选择视觉对象，使其处于活动状态，然后打开“格式”窗格，拖曳“X 轴”和“Y 轴”右侧的滑块来启用或禁用坐标轴标签，如图 5-5 所示。

其中，“X 轴”的具体设置项包括颜色、文本大小和字体系列等，注意不同的可视化视图可能会有一定的差异，如图 5-6 所示。

“Y 轴”的具体设置项包括位置、缩放类型、开始、结束和颜色等，不同的视图类型也会存在一定的差异，如图 5-7 所示。

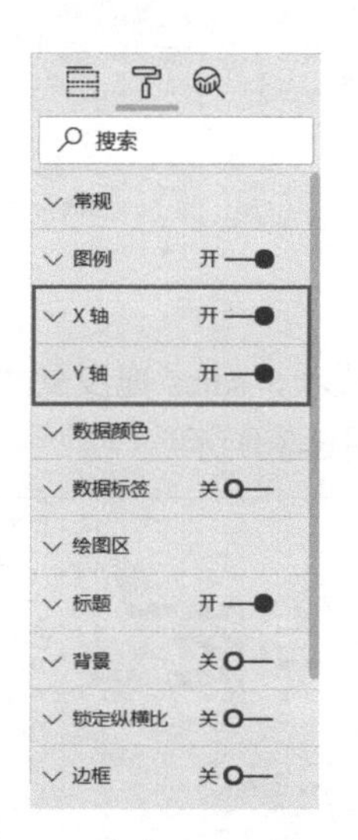

图 5-5 启用或禁用坐标轴标签

图 5-6 “X 轴”设置项

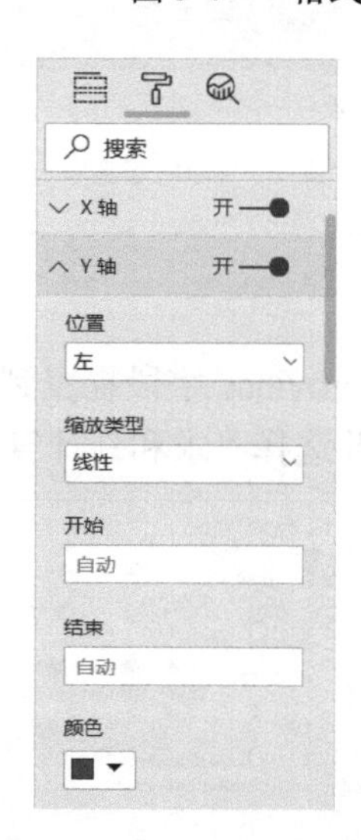

图 5-7 “Y 轴”设置项

注意，在某些情况下，如果启用了“数据标签”，可能需要禁用 Y 轴的标签。

2. 数据颜色

使用颜色可以使报表成为一个有机整体，并能突出显示某些重要信息，有利于用户对视觉对象的理解。但是太多的颜色会分散用户的注意力，让用户不知道从何处开始看起，因此不要为了追求美观而牺牲用户对报表的理解。

在“格式”窗格下的“数据颜色”设置项中，可以查看各数据点的颜色，如图 5-8 所示。Microsoft Power BI 默认提供的主题颜色可以确保多样性和对比度，如果不想使用默认主题调色板，那么可以选择“自定义颜色”，如图 5-9 所示。

图 5-8　设置数据点颜色

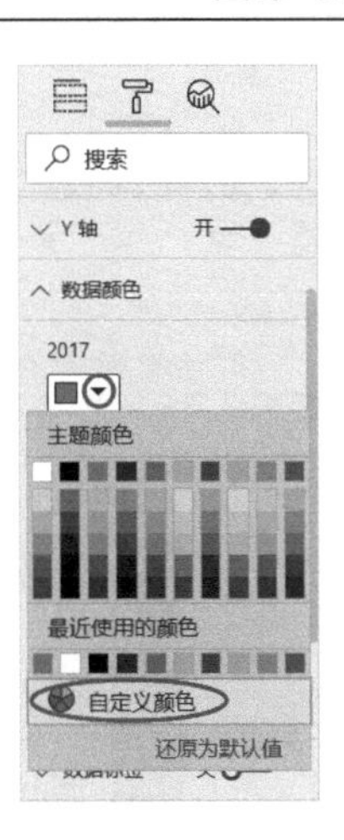

图 5-9　Microsoft Power BI 的主题颜色

3. 数据标签

在“格式”窗格下的“数据标签”设置项中开启或关闭数据标签，如果要显示数据标签，就务必将其设置为“开”。当视图比较密集时，开启“数据标签”后，可能会无法显示数据标签的警告信息，这时我们就需要调整降低图形的密度，例如可以将 region 字段拖曳到“筛选器”上，并选择“华东”地区的 6 个省市作为分析比较的对象，如图 5-10 所示。

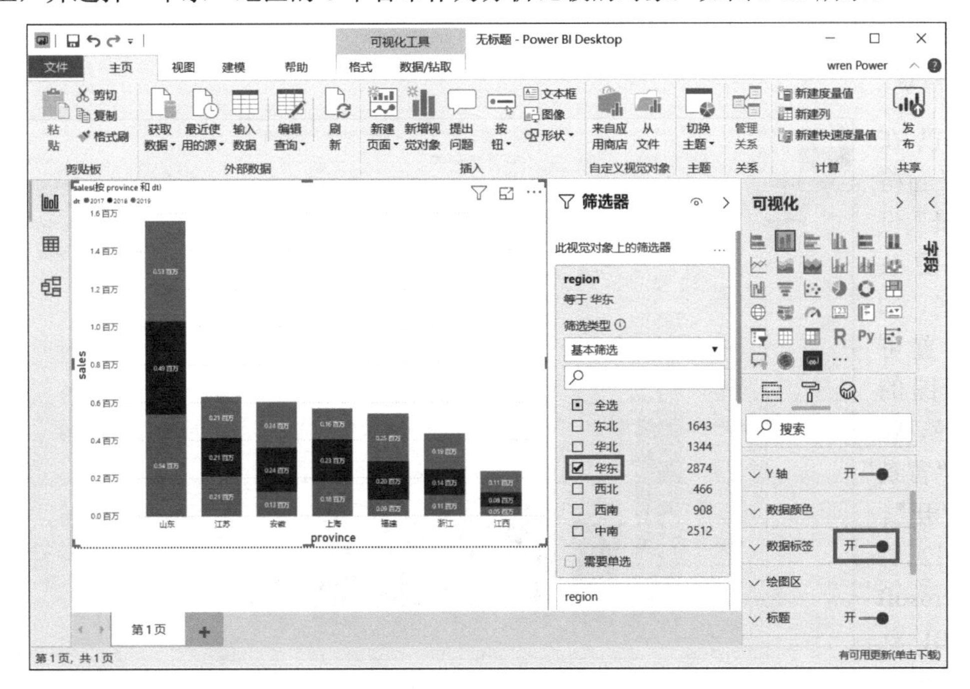

图 5-10　设置数据标签

注　意
有些视图没有“数据标签”设置项，例如环形图等。

4. 标题

可以在“格式”窗格的“标题”设置项下开启或关闭标题，将“标题”右侧的滑块拖曳至“开”或“关”位置即可，若选择开启，则可以在“标题文本”框中输入具体的标题。此外标题的对齐方式分为左对齐、右对齐和居中对齐 3 种，如图 5-11 所示。

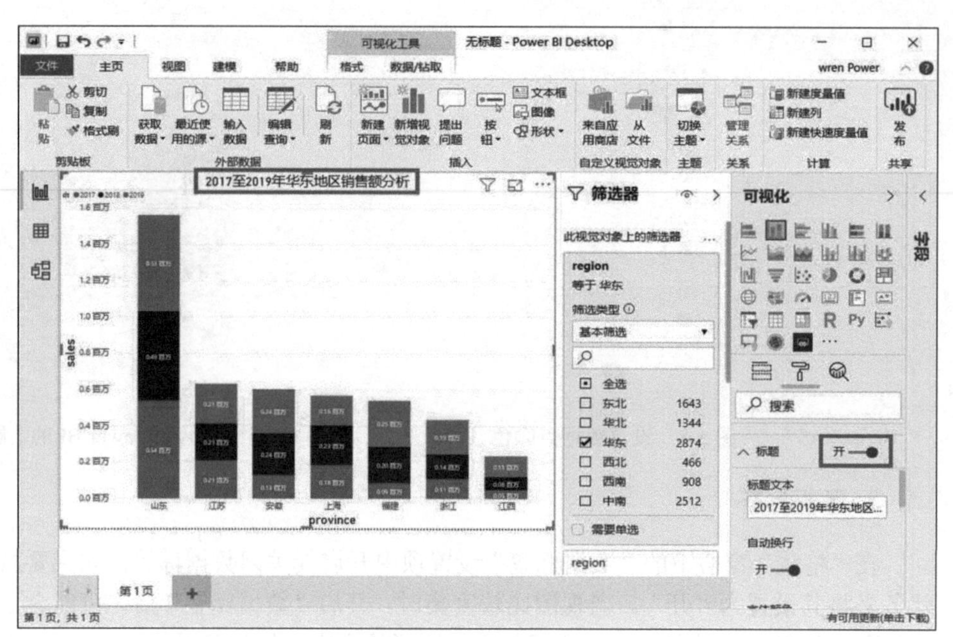

图 5-11 设置标题格式

5. 背景

可以在“格式”窗格的“背景”设置项中更改背景颜色，如果要设置可视化视图的背景颜色，就务必将“背景”设置为“开”，如图 5-12 所示。Microsoft Power BI 默认提供的背景颜色可以确保多样性和对比度，也可以进行修改。

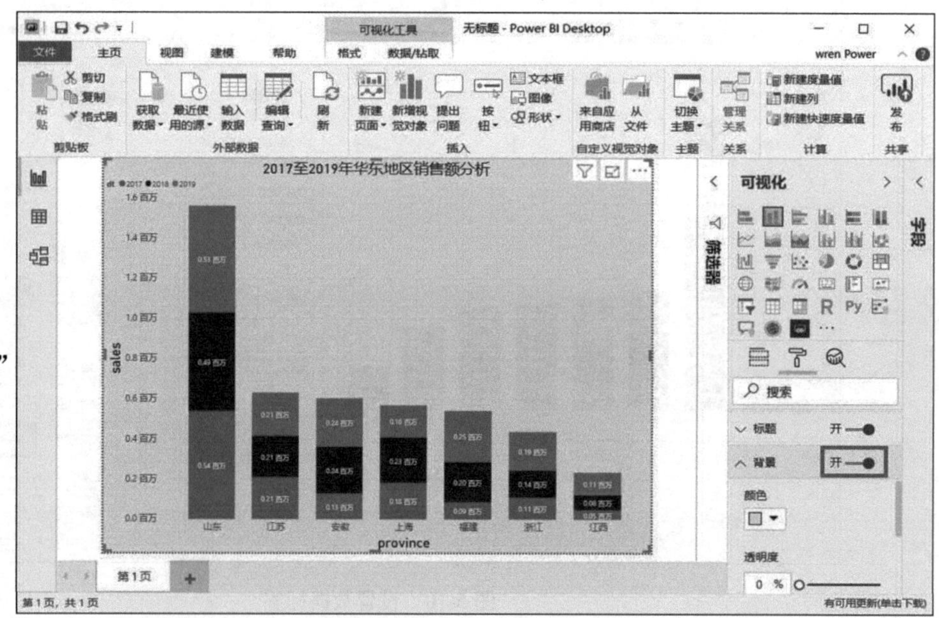

图 5-12 设置背景颜色

6. 图例

可以在“格式”窗格的“图例”设置项中设置图例，如果要设置可视化视图的图例，就务必将“图例”设置为“开”，如图 5-13 所示。Microsoft Power BI 默认提供的图例位置在左上方，文本大小是 8 磅，如果不想使用默认值，那么可以进行相应的修改。

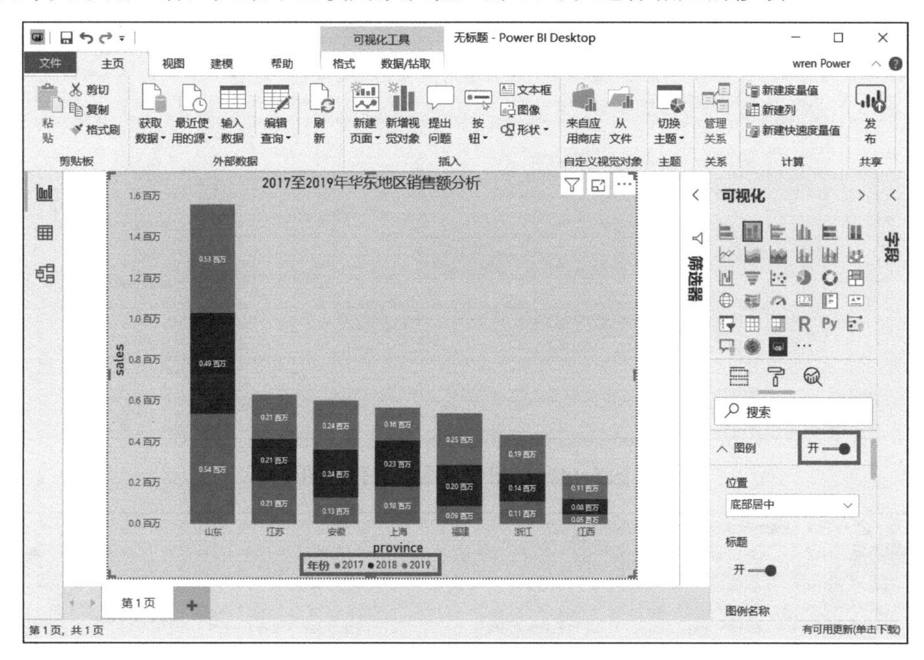

图 5-13 设置图例样式

5.3 创建自带的可视化视图

Microsoft Power BI 默认自带的可视化视图有条形图、柱形图、折线图、面积图和散点图等 31 种。下面我们重点介绍 16 种比较常用的视图，在进行可视化分析之前，首先需要导入订单表 orders.xlsx。

5.3.1 堆积条形图：区域销售额的比较分析

由于堆积条形图是我们创建的第一张可视化视图，因此下面将详细介绍其操作步骤，其他的可视化视图与此类似，具体的实现步骤将简略概括地介绍。

单击“可视化”窗格中的“堆积条形图”图标，在画布区域会出现堆积条形图的模板，由于没有拖曳数据，因此视图是灰色的，如图 5-14 所示。

在“字段”窗格中，将 region 拖曳到“可视化”窗格的“轴”设置项，将 pay_method 拖曳到“图例”设置项，将 sales 拖曳到“值”设置项，并单击 sales 字段右侧的下拉框，选择“求和”选项，默认就是“求和”，如图 5-15 所示。

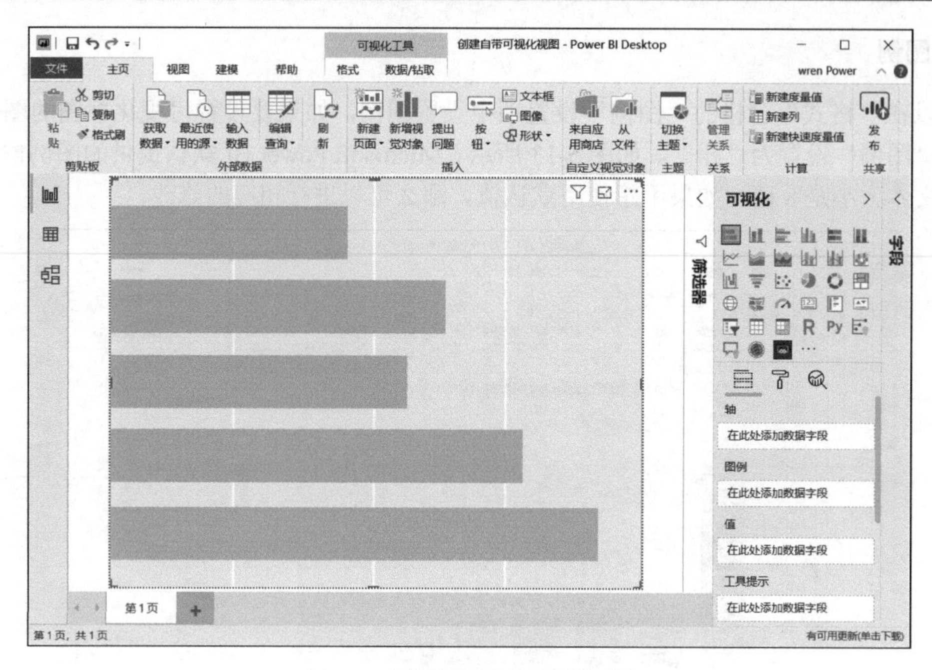

图 5-14 堆积条形图可视化视图

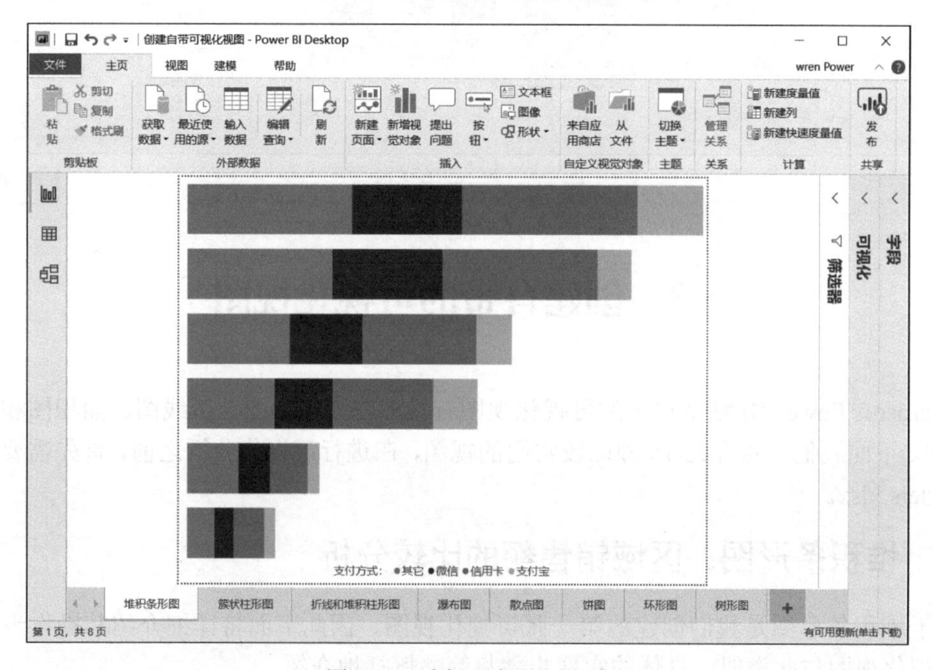

图 5-15 选择“求和”选项

在 Microsoft Power BI 画布中会显示 2019 年企业在不同地区和支付方式下的销售额堆积条形图，如图 5-16 所示。此外，在“格式”设置下，还可以根据实际需要对图形进行适当的调整，如视图大小、数据标签和标题等，可以参考前面的相关内容，这里不再详细介绍。

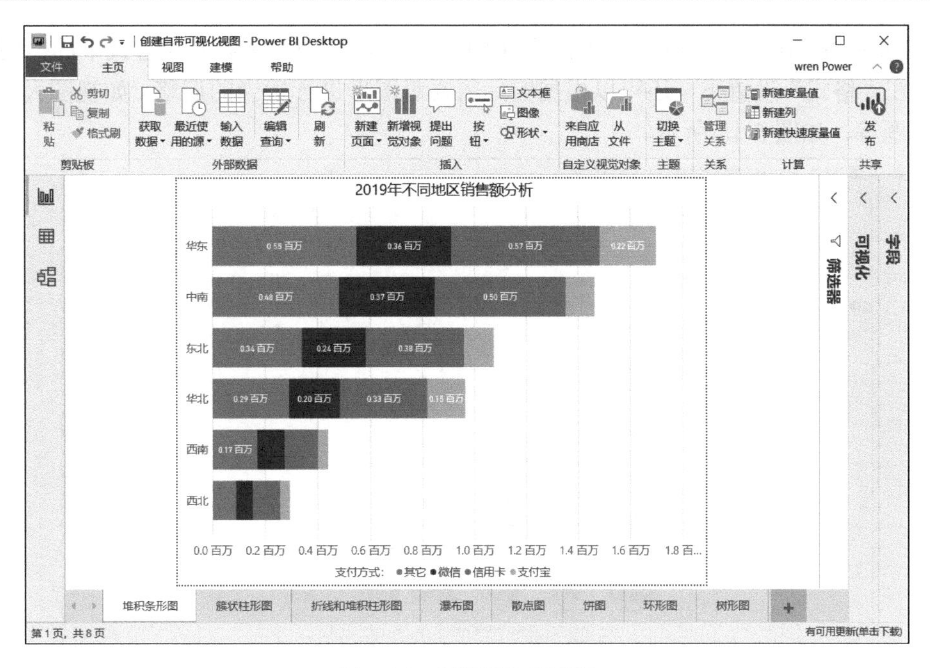

图 5-16　调整堆积条形图

5.3.2　簇状柱形图：客户不同支付渠道分析

单击“可视化”窗格中的“簇状柱形图”图标，在画布区域会出现其模板。在“字段”窗格中，将 region 拖曳到“可视化”窗格的“轴”设置项，将 pay_method 拖曳到“图例”设置项，将 sales 拖曳到“值”设置项，并单击 sales 字段右侧的下拉框，选择“求和”选项，如图 5-17 所示。

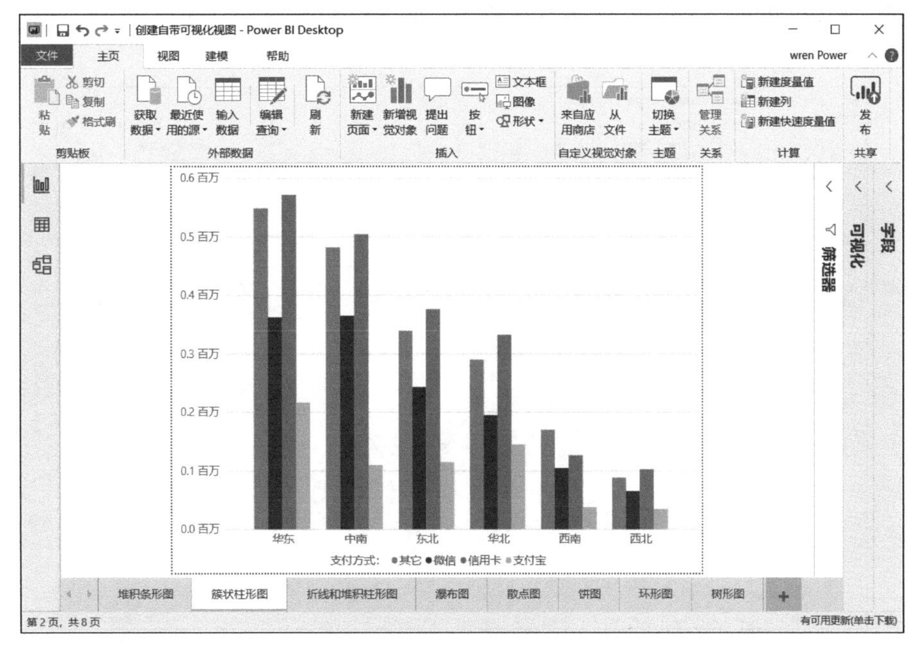

图 5-17　簇状柱形图

在 Microsoft Power BI 画布中会显示 2019 年企业在不同地区和支付方式下的销售额簇状柱形图，在“格式”设置下，还可以根据实际需要对图形进行适当的调整，如视图大小、数据标签和标题等，如图 5-18 所示。

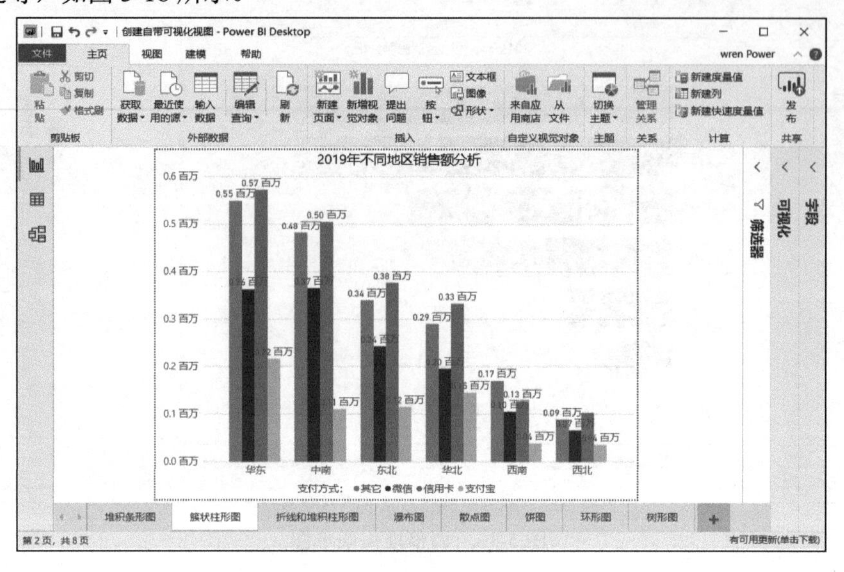

图 5-18　调整簇状柱形图

5.3.3 分区图：不同类型客户的购买额分析

单击“可视化”窗格中的“分区图”图标，在画布区域会出现分区图的模板。在“字段”窗格中，将 cust_type 拖曳到“可视化”窗格的“轴”设置项，将 pay_method 拖曳到“图例”设置项，将 sales 拖曳到“值”设置项，并单击 sales 字段右侧的下拉框，选择“求和”选项，如图 5-19 所示。

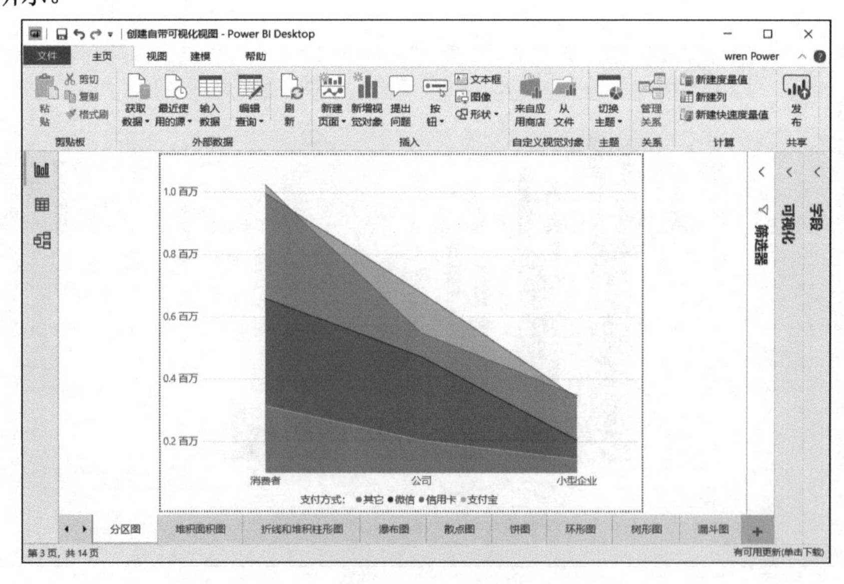

图 5-19　分区图

在 Microsoft Power BI 画布中会显示 2019 年不同类型客户和支付方式下的销售额分区图，在“格式”设置下，还可以根据实际需要对图形进行适当的调整，如视图大小、数据标签和标题等，如图 5-20 所示。

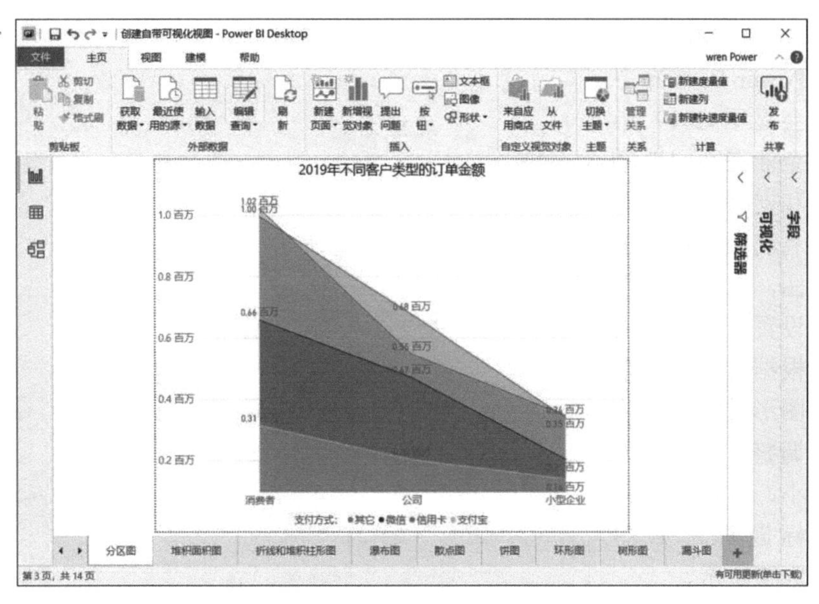

图 5-20　调整分区图

5.3.4　堆积面积图：不同区域的利润额分析

单击“可视化”窗格中的“堆积面积图”图标，在画布区域会出现其模板。在“字段”窗格中，将 region 拖曳到“可视化”窗格的“轴”设置项，将 pay_method 拖曳到“图例”设置项，将 profit 拖曳到“值”设置项，并单击 profit 字段右侧的下拉框，选择“求和”选项，如图 5-21 所示。

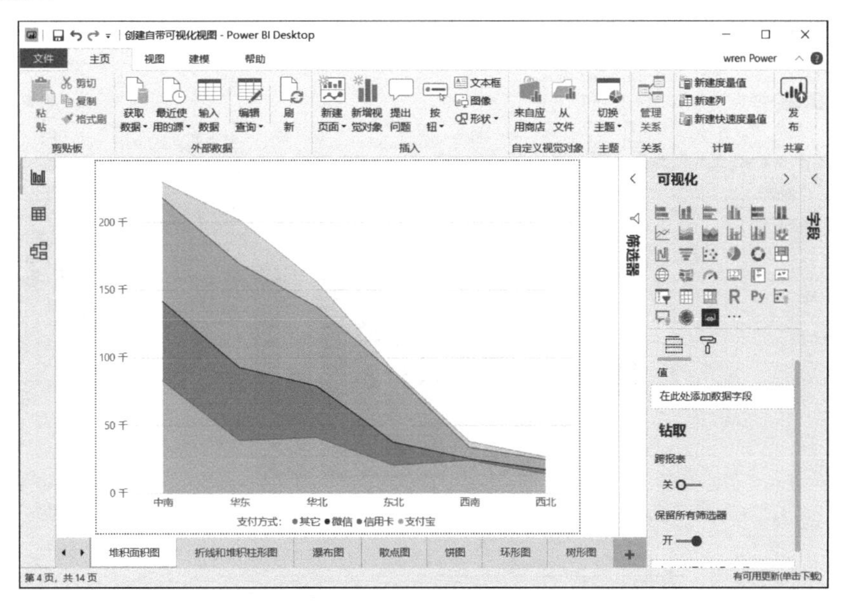

图 5-21　配置堆积面积图

在 Microsoft Power BI 画布中会显示 2019 年企业在不同地区和支付方式下的利润额堆积面积图，在“格式”设置下，还可以根据实际需要对图形进行适当的调整，如视图大小、数据标签和标题等，如图 5-22 所示。

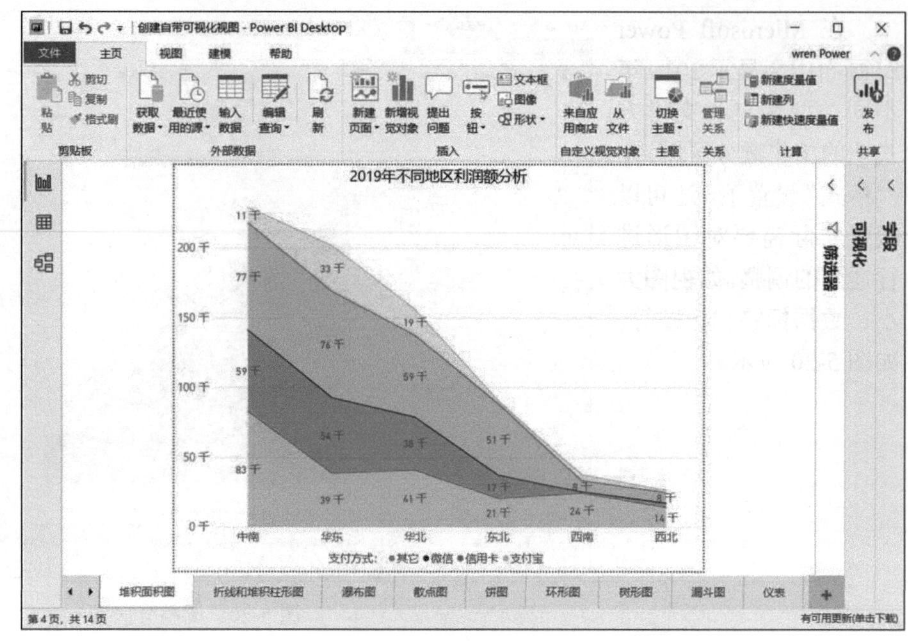

图 5-22　调整堆积面积图

5.3.5　折线和堆积柱形图：月度销售业绩分析

单击“可视化”窗格中的“折线和堆积柱形图”图标，在画布区域会出现折线和堆积柱形图的模板。在“字段”窗格中，将 order_date 拖曳到“可视化”窗格的“共享轴”设置项，在其下拉框中只留下“月份”，将 category 拖曳到“列序列”设置项，将 profit 拖曳到“列值”设置项，并单击其右侧的下拉框，选择“求和”选项，再将 sales 拖曳到“行值”设置项，计算类型也是“求和”，如图 5-23 所示。

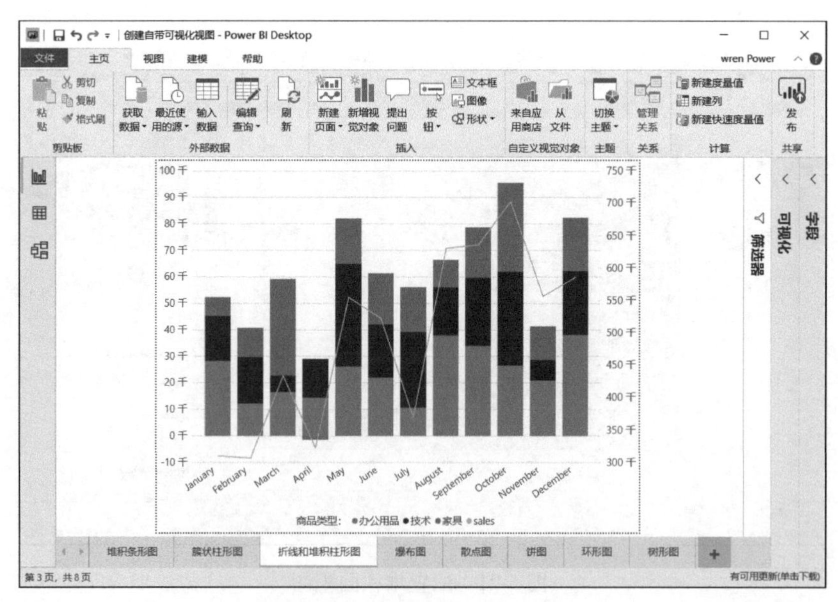

图 5-23　配置折线和堆积柱形图

在 Microsoft Power BI 画布中会显示 2019 年企业销售额和利润额的折线和堆积柱形图，在“格式”设置下，还可以根据实际需要对图形进行适当的调整，如视图大小、数据标签和标题等，如图 5-24 所示。

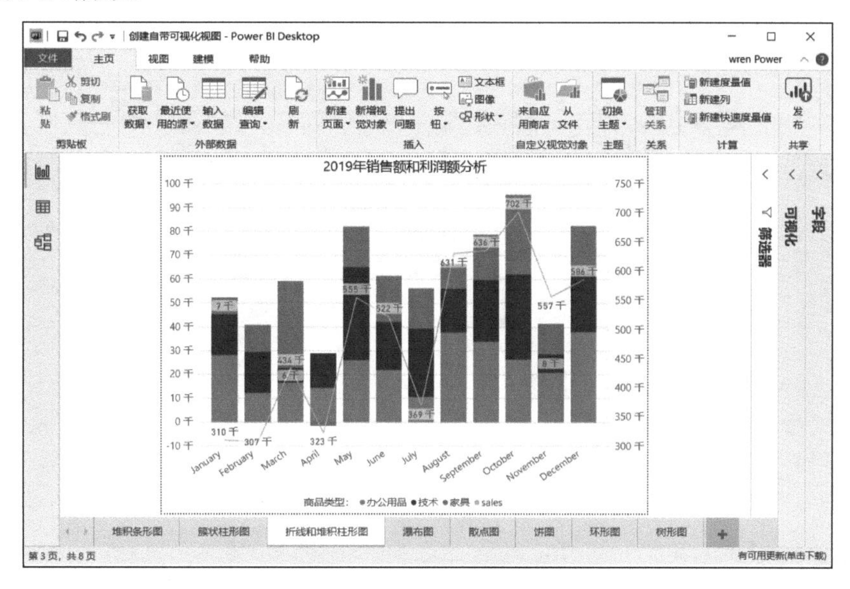

图 5-24　调整折线和堆积柱形图

5.3.6　瀑布图：不同区域销售额的比较分析

单击“可视化”窗格中的“瀑布图”图标，在画布区域会出现瀑布图的模板。在“字段”窗格中，将 region 拖曳到“可视化”窗格的“类别”设置项，将 sales 拖曳到“Y 轴”设置项，并单击 sales 字段右侧的下拉框，选择“求和”选项，如图 5-25 所示。

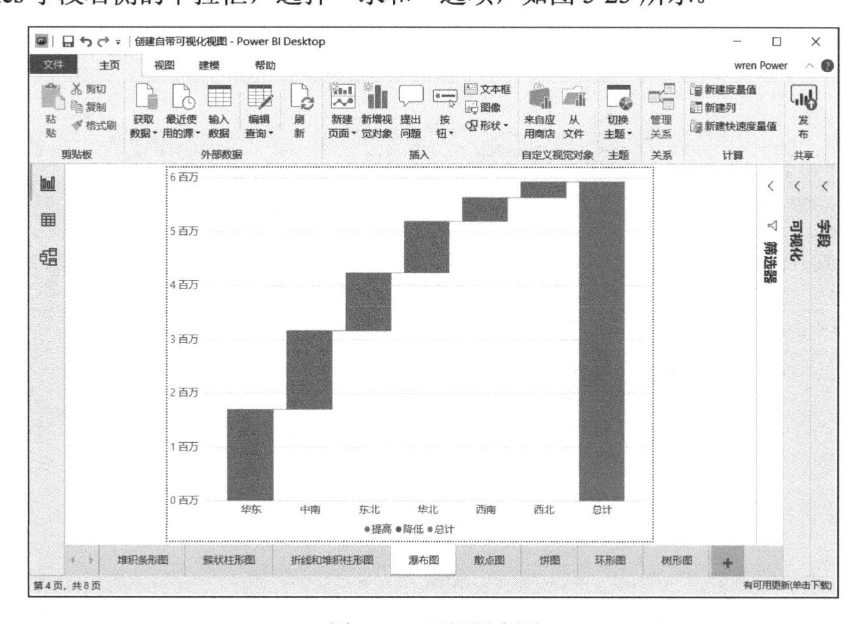

图 5-25　配置瀑布图

在 Microsoft Power BI 画布中会显示 2019 年企业在不同地区的销售额瀑布图，在“格式”设置下，还可以根据实际需要对图形进行适当的调整，如视图大小、数据标签和标题等，如图 5-26 所示。

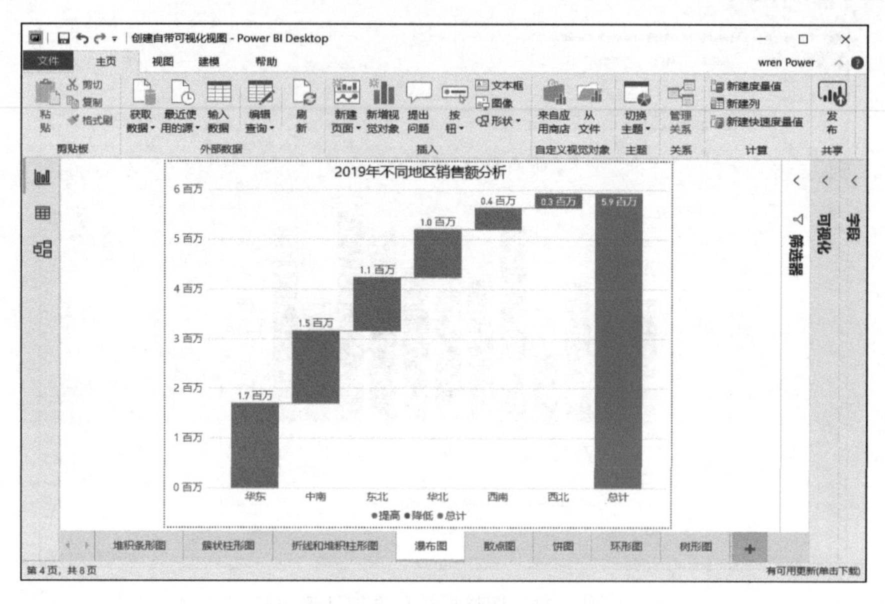

图 5-26 调整瀑布图

5.3.7 散点图：销售额和利润额的相关分析

单击“可视化”窗格中的“散点图”图标，在画布区域会出现散点图的模板。在“字段”窗格中，将 pay_method 拖曳到“图例”设置项，将 sales 拖曳到“X 轴”设置项，并单击 sales 字段右侧的下拉框，选择“不汇总”选项，将 profit 拖曳到“Y 轴”设置项，在下拉框中选择“不汇总”选项，如图 5-27 所示。

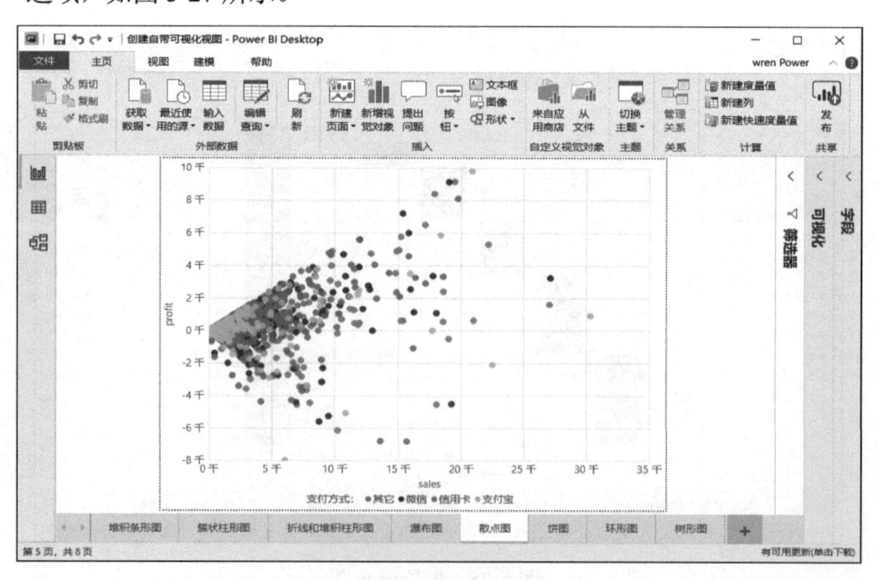

图 5-27 配置散点图

在 Microsoft Power BI 画布中会显示 2019 年企业销售额和利润额的散点图，在“格式”设置下，还可以根据实际需要对图形进行适当的调整，如视图大小和标题等，如图 5-28 所示。

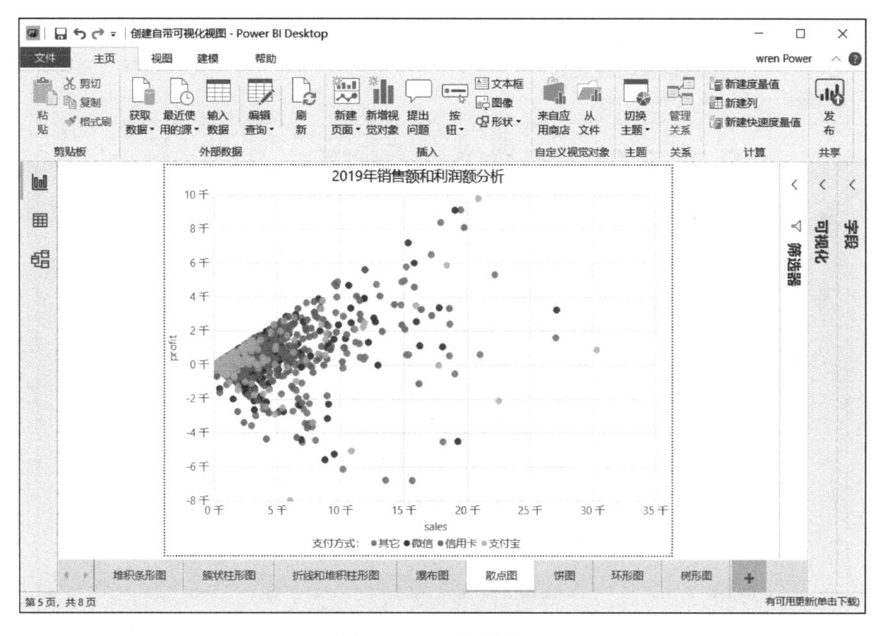

图 5-28 调整散点图

5.3.8 饼图：不同区域销售额的占比分析

单击“可视化”窗格中的“饼图”图标，在画布区域会出现“饼图”的模板。在“字段”窗格中，将 region 拖曳到“图例”设置项，将 sales 拖曳到“值”设置项，并单击 sales 字段右侧的下拉框，选择“求和”选项，如图 5-29 所示。

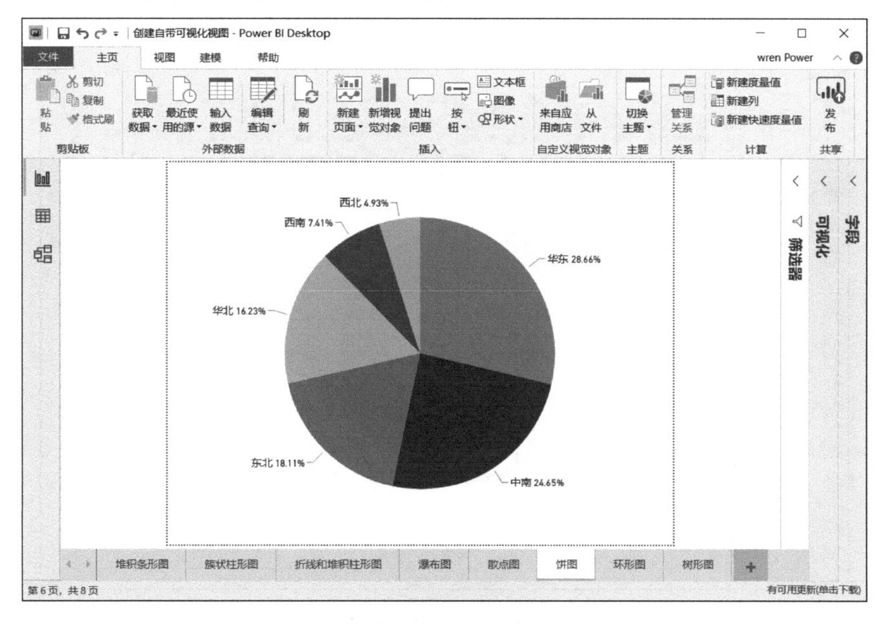

图 5-29 配置饼图

在 Microsoft Power BI 画布中会显示 2019 年企业在不同区域销售额的百分比饼图，在“格式”设置下，还可以根据实际需要对图形进行适当的调整，如视图大小、详细信息和标题等，如图 5-30 所示。

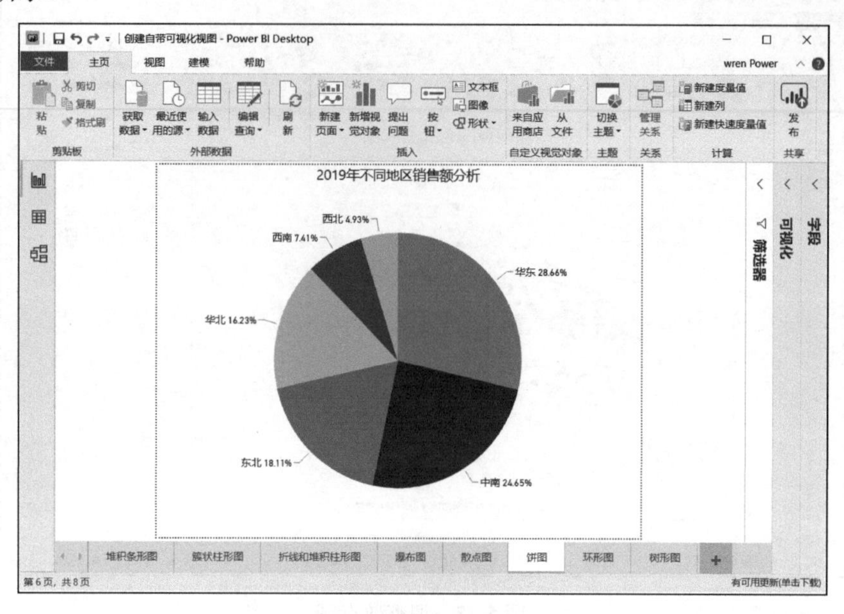

图 5-30　调整饼图

5.3.9　环形图：销售经理的销售业绩分析

单击“可视化”窗格中的“环形图”图标，在画布区域会出现环形图的模板。在“字段”窗格中，将 region 拖曳到“图例”设置项，将 sales 拖曳到“值”设置项，并单击 sales 字段右侧的下拉框，选择“求和”选项，如图 5-31 所示。

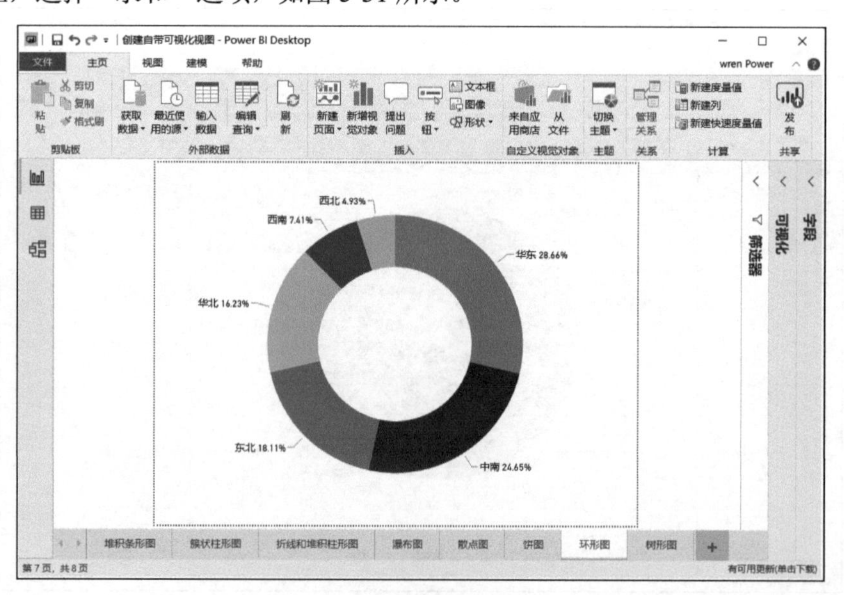

图 5-31　配置环形图

在 Microsoft Power BI 画布中会显示 2019 年企业在不同区域销售额的环形图，在“格式”设置下，还可以根据实际需要对图形进行适当的调整，如视图大小、详细信息和标题等，如图 5-32 所示。

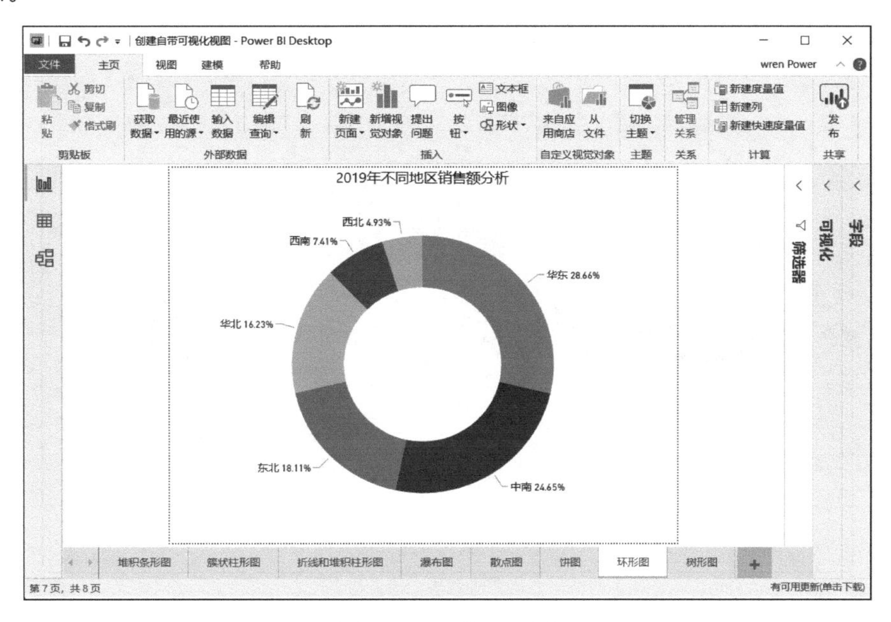

图 5-32 调整环形图

5.3.10 树形图：不同省市的利润额分析

单击“可视化”窗格中的“树状图”图标，在画布区域会出现树状图的模板。在“字段”窗格中，将 province 拖曳到“组”设置项，将 profit 拖曳到“值”设置项，并单击 profit 字段右侧的下拉框，选择“求和”选项，如图 5-33 所示。

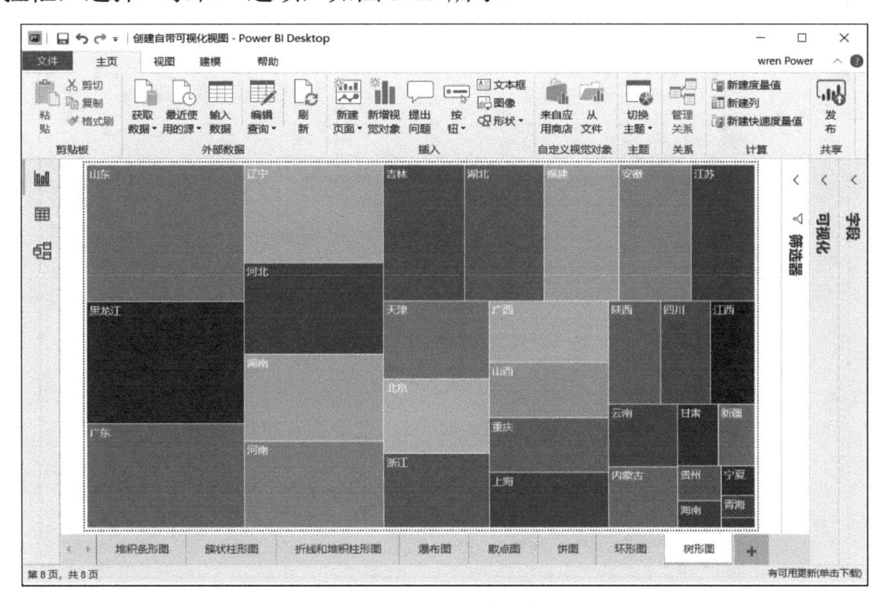

图 5-33 配置树形图

在 Microsoft Power BI 画布中会显示 2019 年企业在各个省市利润额的树形图，在“格式”设置下，还可以根据实际需要对图形进行适当的调整，如视图大小、数据标签和标题等，如图 5-34 所示。

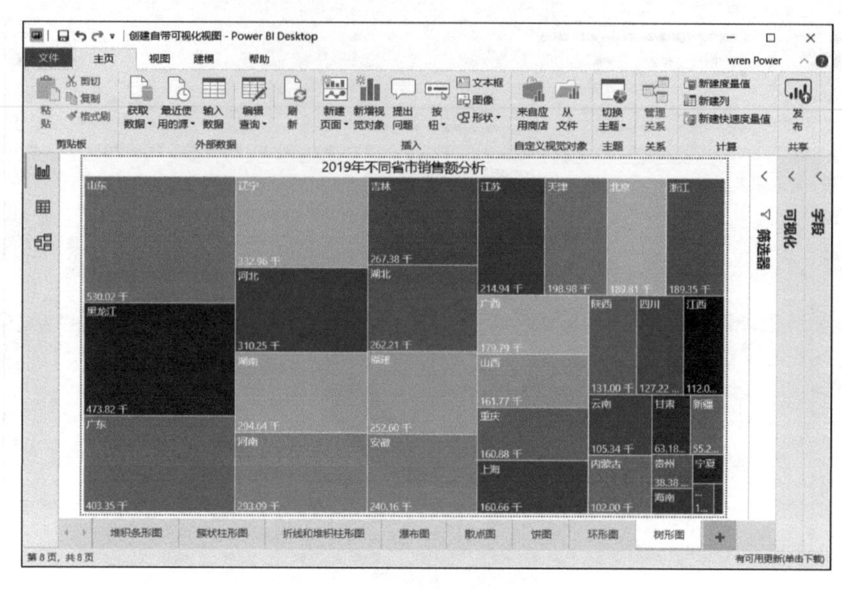

图 5-34 调整树形图

5.3.11 漏斗图：不同省市的销售额分析

单击“可视化”窗格中的“漏斗图”图标，在画布区域会出现漏斗图的模板。在“字段”窗格中，将 province 拖曳到“可视化”窗格的“轴”设置项，将 pay_method 拖曳到“图例”设置项，将 sales 拖曳到“值”设置项，并单击 sales 字段右侧的下拉框，选择“求和”选项，如图 5-35 所示。

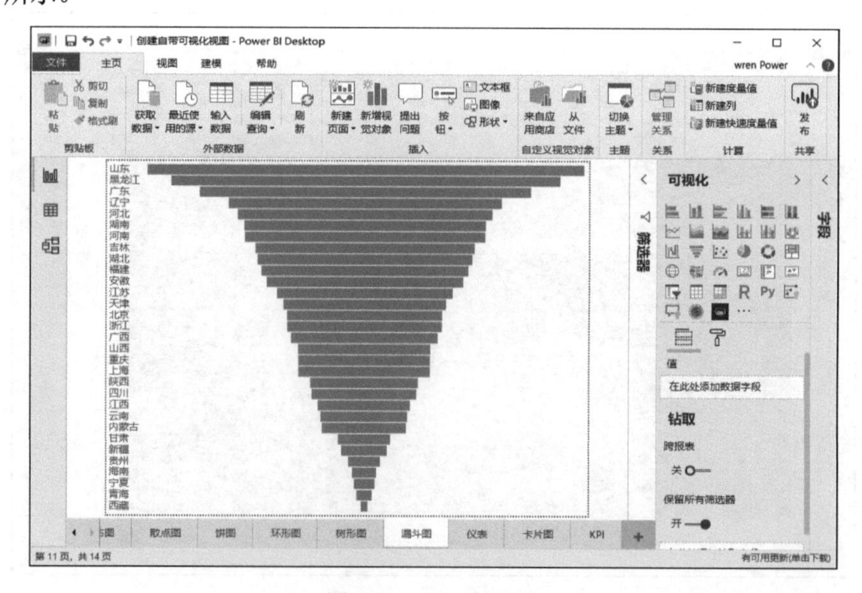

图 5-35 配置漏斗图

在 Microsoft Power BI 画布中会显示 2019 年企业在各个省市销售额的漏斗图，在“格式”设置下，还可以根据实际需要对图形进行适当的调整，如视图大小、数据标签和标题等，如图 5-36 所示。

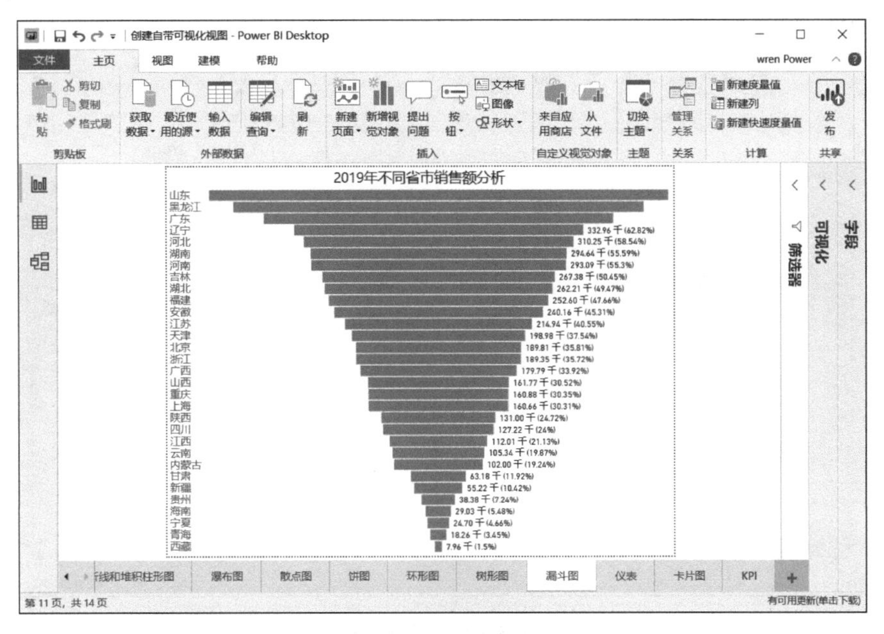

图 5-36 调整漏斗图

5.3.12 仪表：订单商品的到货时间分析

单击“可视化”窗格中的“仪表”图标，在画布区域会出现仪表的模板。首先在 Microsoft Power Query 编辑器中计算生成实际到货天数 landed_days 字段，公式为：[deliver_date]-[order_date]，如图 5-37 所示，并修改字段类型为整数类型。其实 landed_days 在数据集中已经存在，这里主要是为了说明其生成过程。

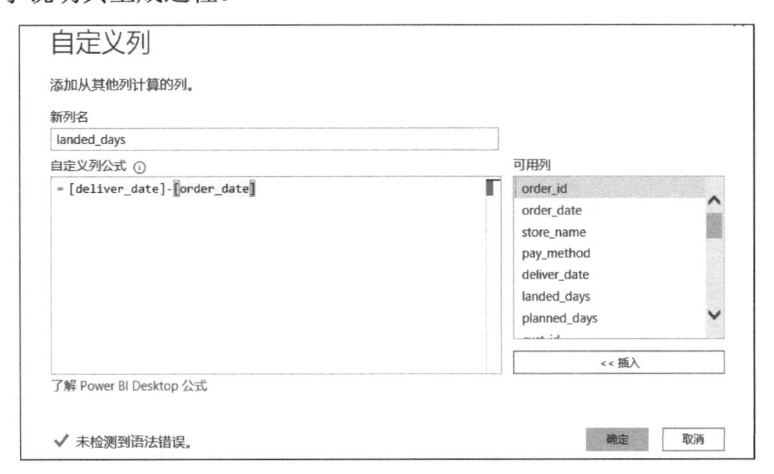

图 5-37 自定义实际到货天数

在“字段”窗格中，将 landed_days 拖曳到“值”设置项，并单击其右侧的下拉框，选择

“平均值”选项，将 planned_days 拖曳到“目标值”设置项，并单击其右侧的下拉框，选择“平均值”选项，如图 5-38 所示。

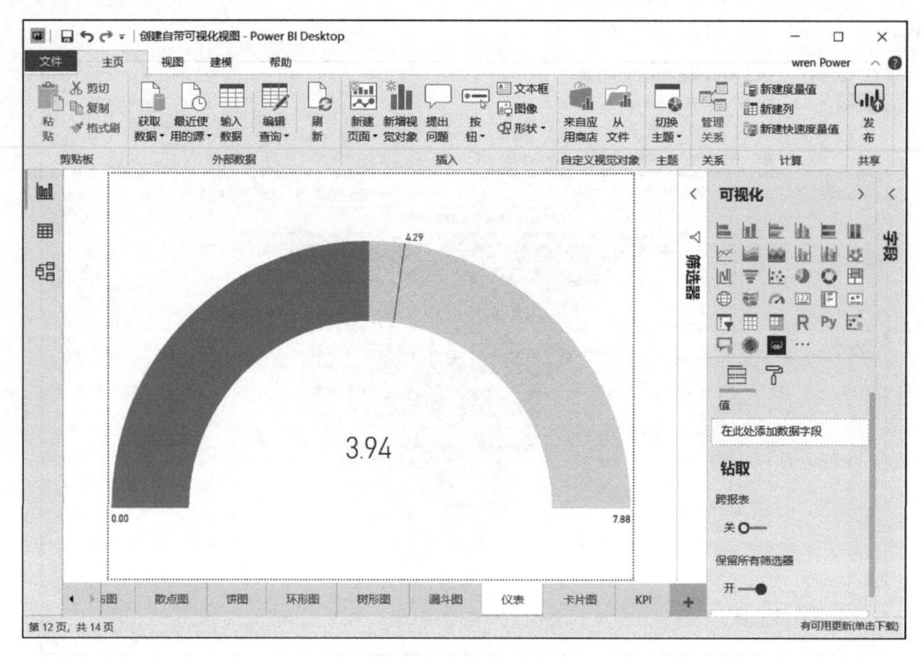

图 5-38　配置仪表

在 Microsoft Power BI 画布中会显示 2019 年企业商品实际到货平均时间和计划到货平均时间的仪表，在“格式”设置下，还可以根据实际需要对图形进行适当的调整，如视图大小、数据标签和标题等，如图 5-39 所示。

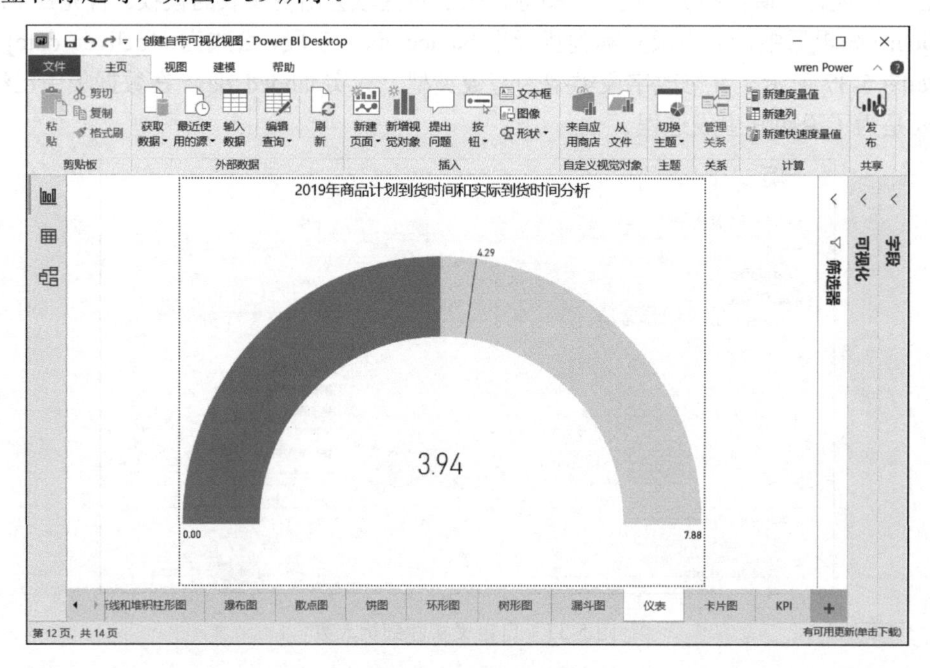

图 5-39　调整仪表

5.3.13　卡片图：客户订单总金额的卡片图

单击“可视化”窗格中的“卡片图”图标，在画布区域会出现其模板。在“字段”窗格中，将 sales 拖放到“值”设置项，并单击其右侧的下拉框，选择“求和”选项，如图 5-40 所示。

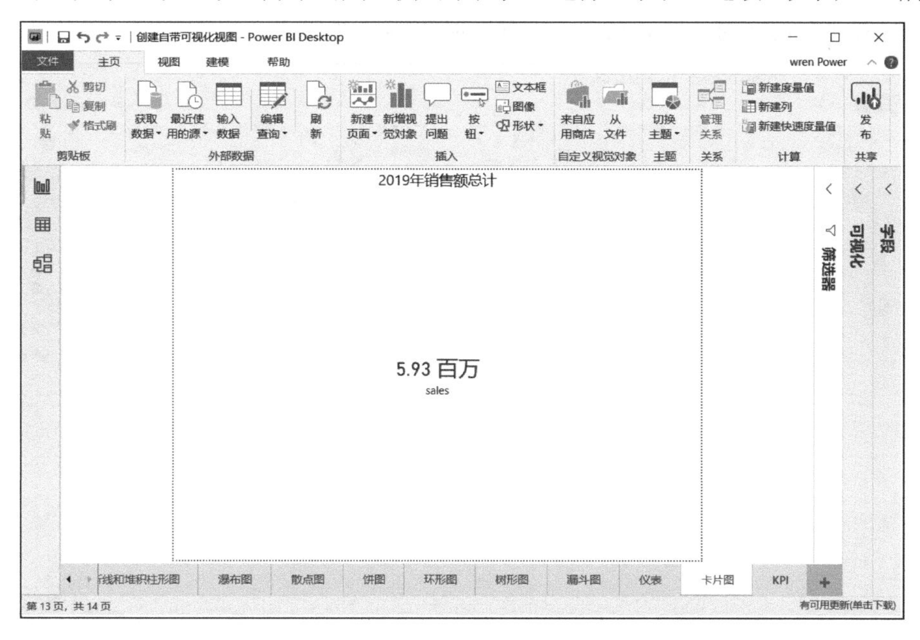

图 5-40　配置卡片图

在 Microsoft Power BI 画布中会显示 2019 年企业销售总额的卡片图，在“格式”设置下，还可以根据实际需要对图形进行适当的调整，如视图大小、背景和标题等，如图 5-41 所示。

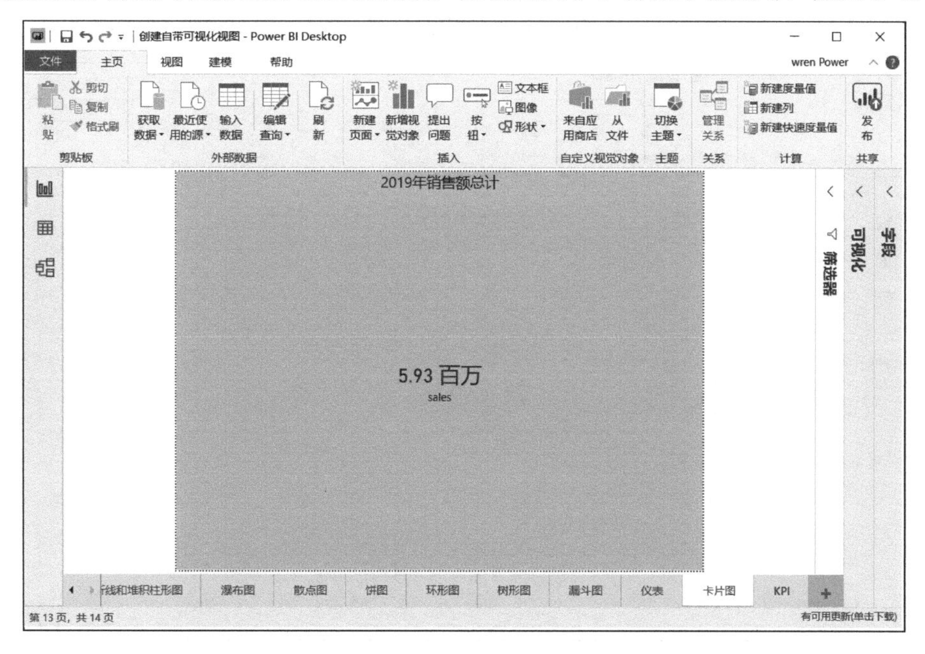

图 5-41　调整卡片图

5.3.14 KPI：客户每日客单价的走势分析

单击“可视化”窗格中的 KPI 图标，在画布区域会出现其模板。在“字段”窗格中，将 sales 拖曳到“指标”设置项，并单击其右侧的下拉框，选择“平均值”选项，将 order_date 拖曳到“可视化”窗格的“走向轴”设置项，如图 5-42 所示。

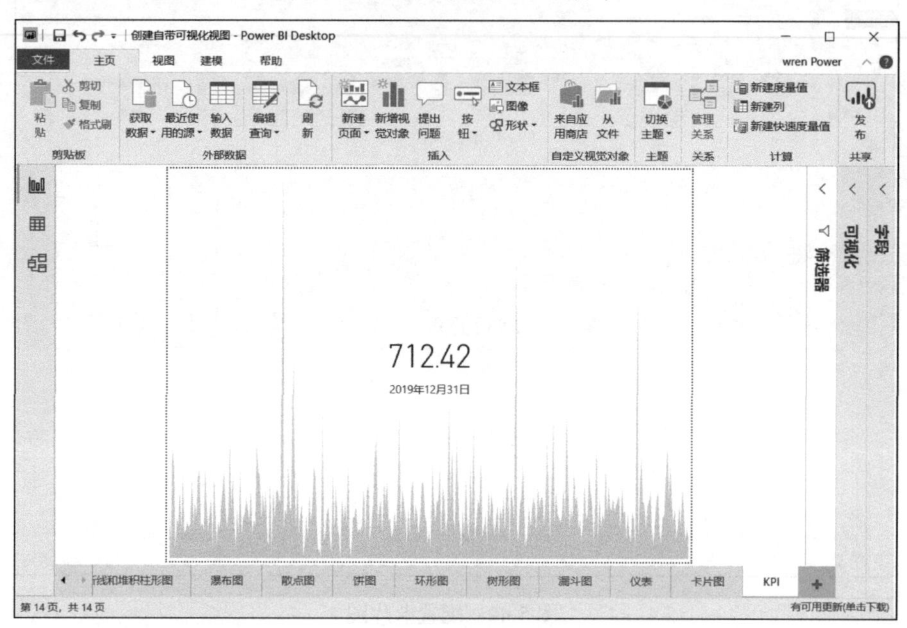

图 5-42 配置 KPI

在 Microsoft Power BI 画布中会显示 2019 年企业每天平均订单金额的 KPI，在“格式”设置下，还可以根据实际需要对图形进行适当的调整，如视图大小、背景和标题等，如图 5-43 所示。

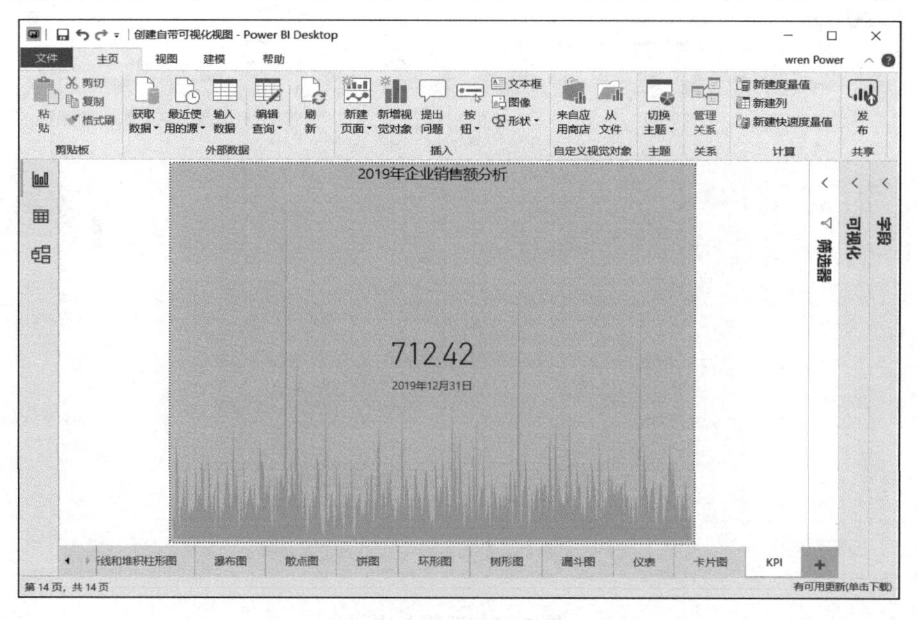

图 5-43 调整 KPI

5.3.15　R 视觉对象：订单金额的频数分析

在 Microsoft Power BI 中使用 R 脚本视觉对象之前，首先需要安装 R，本书使用的 R 版本是 3.6.2，安装比较简单，这里就不做介绍了。在 Microsoft Power BI 中，需要指定 R 的安装路径，选择“文件”→“选项和设置”命令，在“选项”对话框中选择“R 脚本”，如图 5-44 所示。

图 5-44　“选项”对话框

将数据源 orders.xlsx 表加载到 Microsoft Power BI，从“可视化”窗格选择“R 脚本 Visual”可视化视图，如果尚未启用脚本视觉对象，就会提示启用脚本视觉对象，如图 5-45 所示。

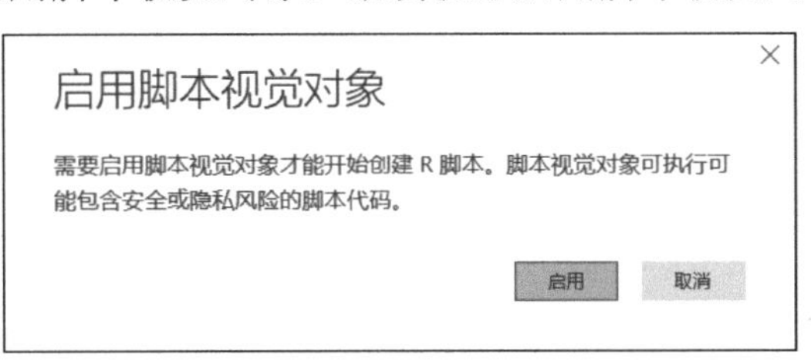

图 5-45　启用脚本视觉对象

启用脚本视觉对象后，此操作将创建灰色的 R 视觉对象显示脚本结果，同时也会显示“R 脚本编辑器”窗格，如图 5-46 所示。

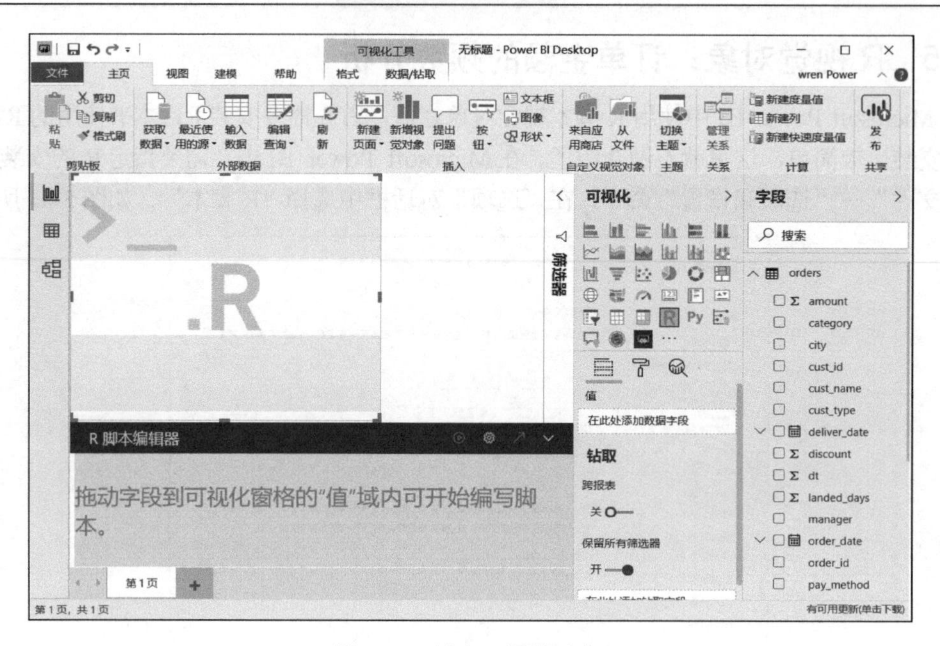

图 5-46　创建 R 视觉对象

将 order_id 和 sales 字段拖入可视化框格的“值”这个位置，注意拖入的字段有些是数值型的，要将默认的“求和”改为“不汇总”，再将 dt 字段拖曳到“此页上的筛选器”设置项，选择 2019 年数据，如图 5-47 所示。

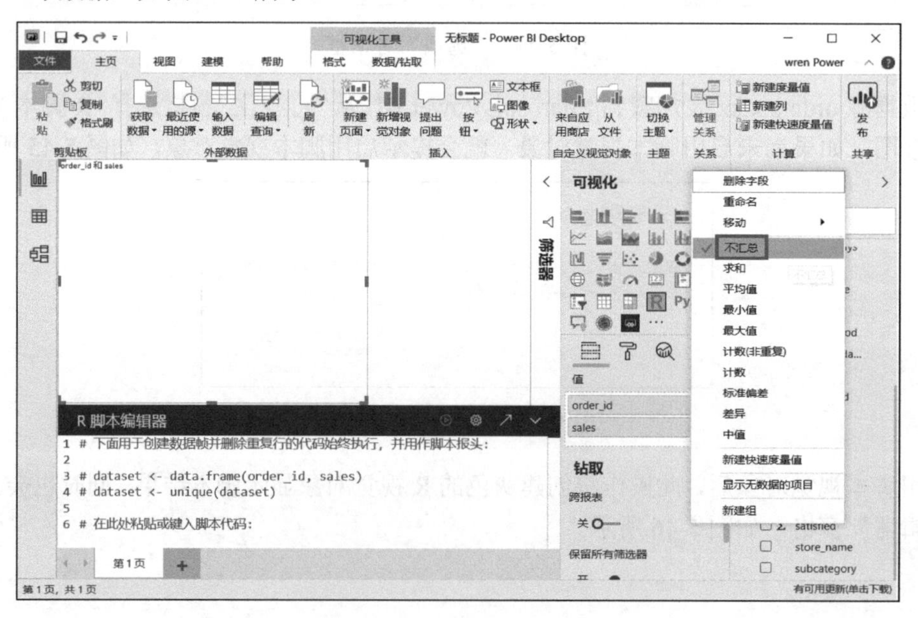

图 5-47　配置 R 视觉对象

在 R 脚本编辑器中输入 R 的代码：

```
    par(pin = c(10,5))
    hist(x=dataset$sales/10000,main="2019 年企业订单销售额频率分布",col=rainbow(5),
labels=TRUE,family="STKaiti",cex.axis=1.5,cex.lab=1.5,cex.main=2.5)
```

并单击右下方的“运行脚本”按钮，程序执行结果如图 5-48 所示。

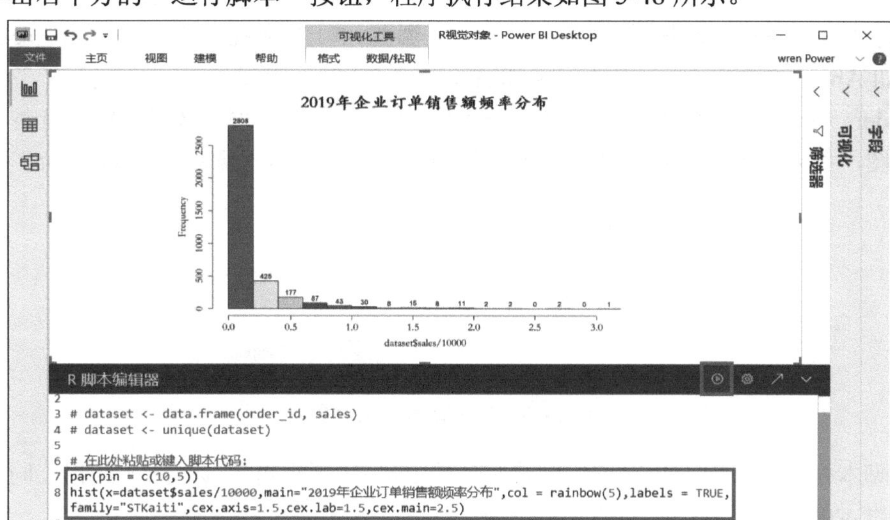

图 5-48　输入 R 代码

5.3.16　Python 视觉对象：指标相关分析

在 Microsoft Power BI 中使用 Python 视觉对象，首先需要安装 Python 的开发环境，这里使用的是 Anaconda，并进行相应的配置。在 Microsoft Power BI 中，要指定 Python 的安装和设置，选择“文件”→“选项和设置”命令，在“选项”对话框中选择“Python 脚本编写”，如图 5-49 所示。

图 5-49　“选项”对话框

注意，如果使用的是 Anaconda 集成环境，还需要配置环境变量，在计算机的“系统属性”→“环境变量”→“系统变量”→Path 中添加 3 个路径：F:\Uninstall\Anaconda3、F:\Uninstall\Anaconda3\Scripts、F:\Uninstall\Anaconda3\Library\bin。

将 orders.xlsx 表加载到 Microsoft Power BI，从“可视化”窗格选择“Python 视觉对象”可视化视图，如果尚未启用脚本视觉对象，就会提示启用脚本视觉对象，如图 5-50 所示。

图 5-50　启用脚本视觉对象

启用脚本视觉对象后，此操作将创建灰色的 Python 视觉对象显示脚本结果，同时会显示“Python 脚本编辑器”窗口，如图 5-51 所示。

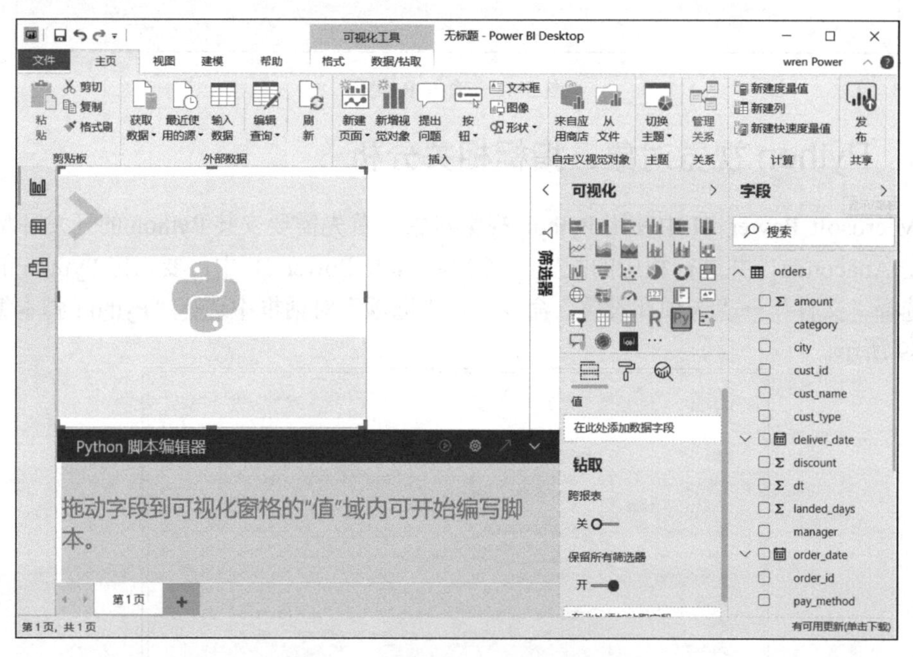

图 5-51　创建 Python 脚本编辑器

将 sales 和 profit 字段拖入可视化框格的“值”这个位置，注意拖入的字段是数值型的，要将默认的“求和”改为“不汇总”，再将 dt 字段拖曳到“此页上的筛选器”设置项，选择 2019 年数据，如图 5-52 所示。

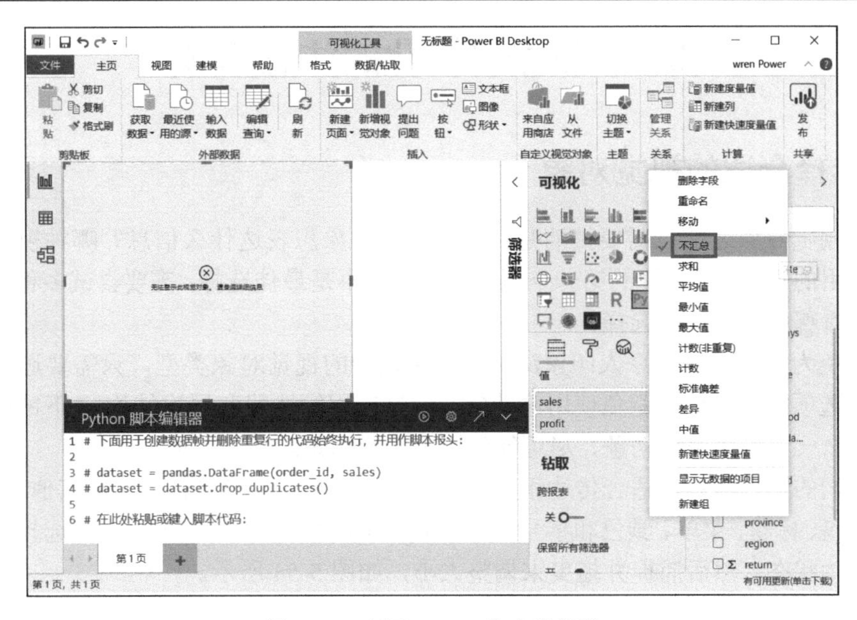

图 5-52　配置 Python 脚本编辑器

在 Python 脚本编辑器中输入以下代码:

```
import matplotlib.pyplot as plt
plt.scatter(dataset["sales"],dataset["profit"],color='b',marker='*')
plt.show()
```

单击右下方的“运行脚本”按钮，程序执行结果如图 5-53 所示。这里是通过散点图的形式分析不同地区销售额和利润额之间的关系，其实在 Microsoft Power BI 中还有其他相关分析的方法，例如可以自定义可视化视图，生成相关图，在第 6 章我们将会详细介绍。

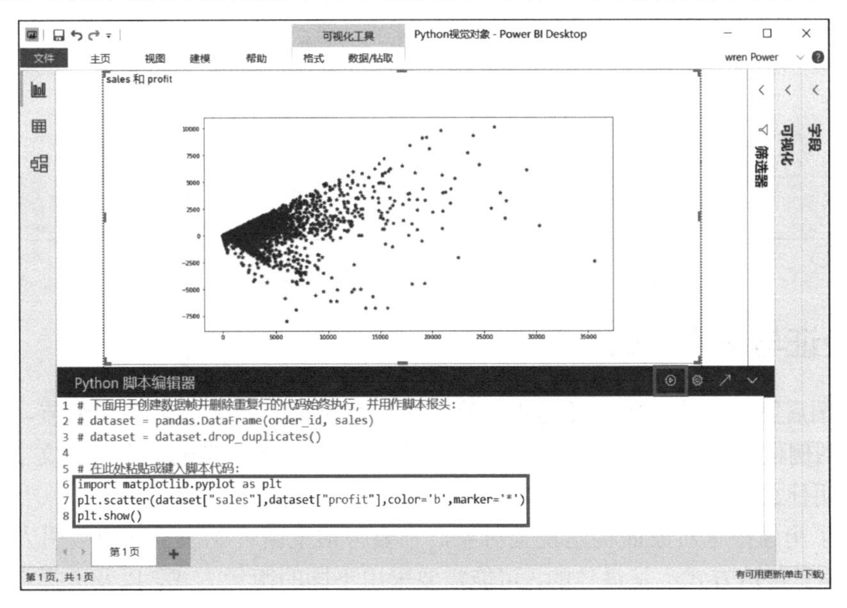

图 5-53　输入 Python 代码

5.4 数据可视化的注意事项

5.4.1 选择合适的视觉对象

在绘制视觉对象之前，需要搞清楚：这个视觉对象想表达什么信息？哪种视觉对象更合适？经常使用的方法是，选择的第一个视觉对象类型不是最佳选择，需要尝试多种视觉对象类型，然后看看哪种才是最佳选择。

尽量避免为了让报表更令人印象深刻而使用复杂的视觉对象类型，只需要选择能够传达信息的简单选项即可。尽量避免使用滚动条，尝试应用筛选器和层次结构/向下钻取。如果无法避免，那么一定要使用滚动条，尽可能使用水平滚动条。

即使我们的选择绝对是适合传达相应信息的视觉对象，也可能需要借助其他元素的力量，例如设置标签、标题、菜单、颜色和字号。调整视觉对象大小的具体操作：首先选择视觉对象，使其处于活动状态，然后捕捉并拖曳来调整大小，如图 5-54 所示。

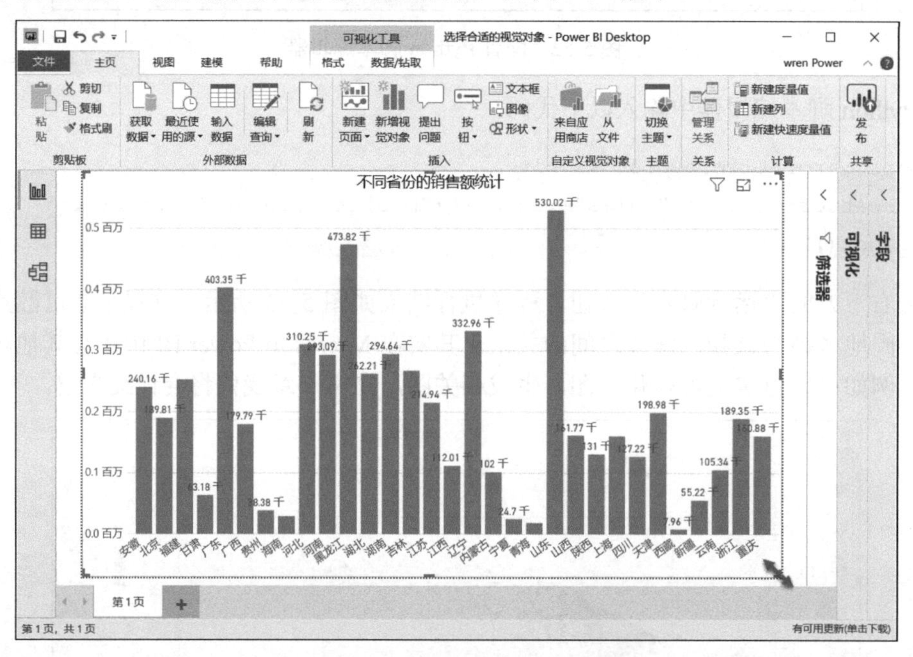

图 5-54 调整视觉对象大小

5.4.2 验证与事实是否一致

创建视图后第一步就需要验证是否正确、是否与预期一致，然后调整细节，如坐标轴、颜色取值、图例位置、图上标签、图表标题。此外，还需要在恰当的地方备注文字说明，并明确图表想说明什么业务问题、业务逻辑和结论。

不要为了构建视觉对象而构建视觉对象，不要害怕重新开始来尝试更吸引人的信息传达方式，也许信息传达方式不是最佳的，可能需要采用不同的衡量方式，以及选择合适的度量值等。构建的视觉对象可能会歪曲事实，不要创建有意歪曲事实的视觉对象，如图 5-55 所示。

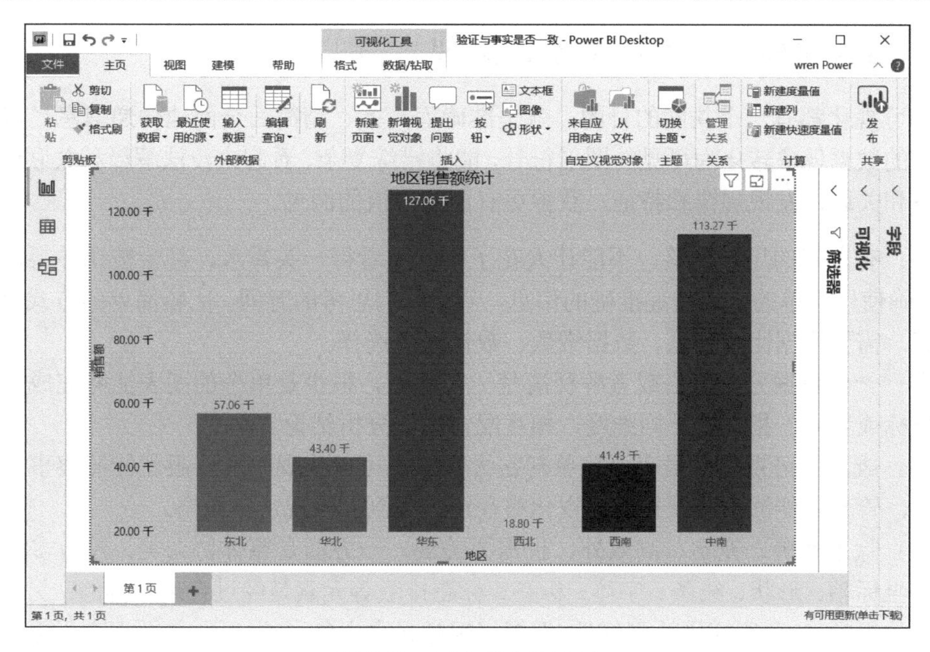

图 5-55　歪曲事实的视图

在图 5-55 中，视觉对象展示 2019 年某连锁超市在全国 6 个大区的销售额统计，用户往往认为 Y 轴是从零开始的，从而认为西北地区 2019 年的销售额为 0 元，从而导致歪曲事实的情况发生，而实际上 Y 轴是从 2 万元开始的。

我们需要调整图形的 Y 轴起始点，应该从零开始，重新设置后的视图如图 5-56 所示。

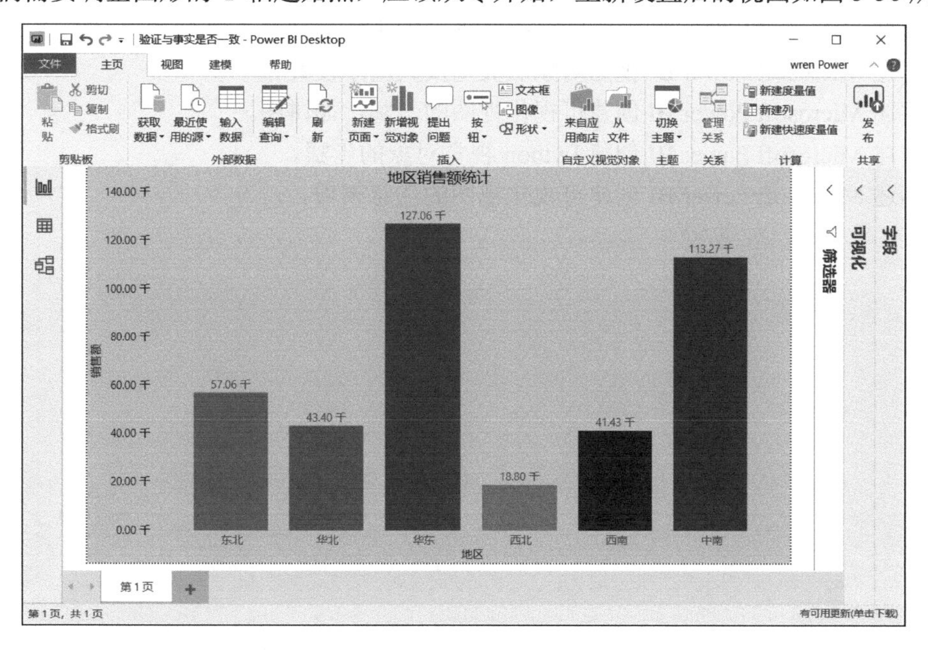

图 5-56　反映事实的视图

5.4.3 图表简单、充实、高效、美观

数据可视化都有一个共同的目的，就是准确而高效、精简而全面地传递信息。可视化能将不可见的数据现象转化为可见的图形符号，能将错综复杂、看起来没法解释和关联的数据建立起联系和关联，发现规律和特征，获得更有商业价值的洞见。

简单：有友好的用户体验，不能让人花了时间又看得一头雾水，甚至被误导得出错误的结论。准确使用简单的方式传递准确的信息，节约人们思考的时间。比较简单的方式是使用合理的图表，需要根据比较关系、数据维数、数据多少选择。

充实：一份数据分析报告或者解释清楚一个问题，很少是单个的图表能够完成的，都需要多个指标或者同一指标的不同维度，相互配合佐证分析结论。

高效：成功的可视化，虽表面简单却富含深意，可以让观察者一眼就能洞察事实并产生新的理解，管理者能够沿着规划的可视化路径迅速找到和发现决策策略。

美观：除了准确、充实、高效外，也需要美观。一方面是整体协调美，没有多余元素，图表中的坐标轴、形状、线条、字体、标签、标题排版等元素是经过合理安排的；另一方面是让人愉悦的视觉美，色彩应用恰到好处，把握好视觉元素中色彩的运用，使图形变得更加生动、有趣，信息表达得更加准确和直观。

5.5 练习题

1. 简述 Microsoft Power BI 自带的可视化视图的主要类型。
2. 简述 Microsoft Power BI 视图对象的类型及其基本设置。
3. 简述 Microsoft Power BI 创建可视化视图的步骤，如饼图。
4. 简述 Microsoft Power BI 创建 Python 视觉对象的步骤。
5. 简述 Microsoft Power BI 创建可视化视图的注意事项。

第 6 章

Microsoft Power BI 自定义可视化视图

Microsoft Power BI 除了默认自带的可视化视图外，用户还可以自定义更加丰富的展示效果。本章将详细介绍一些基础的可视化视图和重要的自定义可视化视图。注意，本章使用的是电商企业的客户订单表 orders.xlsx。

6.1 如何自定义可视化视图

Microsoft Power BI 自带的可视化图表已经比较丰富，但是对于一些行业，可视化视图要求比较高，自带的图表还是不能满足需求，对于这些高级用户也提供支持，一个突出的特点就是让用户可以自定义展示效果。

Microsoft Power BI 已经为我们自定义了非常丰富的可视化视图，可以通过“主页”下的“来自应用商店”搜索和加载需要的可视化视图，如图 6-1 所示。

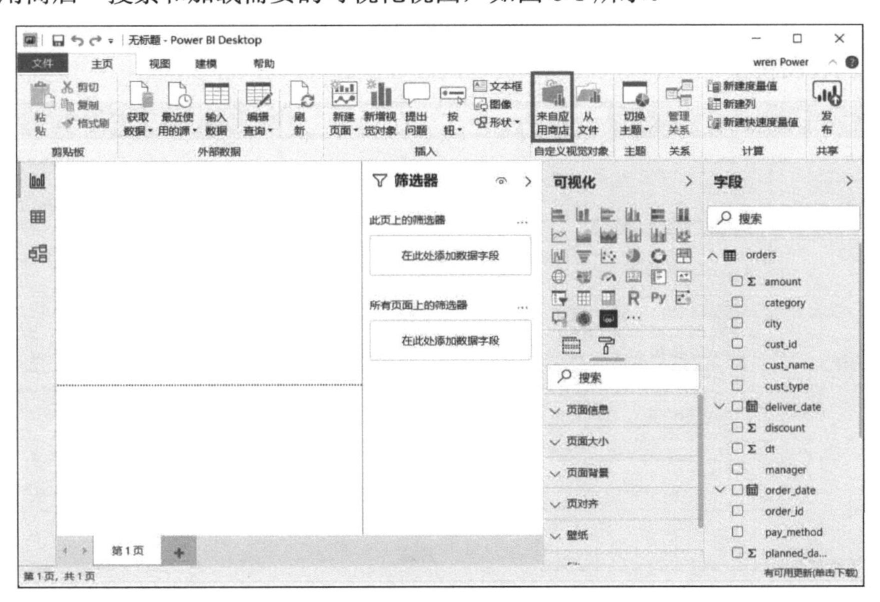

图 6-1　搜索和加载可视化视图

在“Power BI 视觉对象”页面，将会显示所有可用的视图效果，分为 10 类：KPI、Power BI 认证、仪表、信息图、地图、数据可视化、时间、筛选、编辑者精选、高级分析，如图 6-2 所示。

图 6-2　选择可视化视图

6.2　下载可视化视图模板

我们除了从应用市场直接导入可视化视图模板外，还可以到微软官方网站下载需要的模板，这可以满足特定环境下的报表开发需求，下载网址：https://appsource.microsoft.com/en-us/marketplace/apps?src=office&product=power-bi-visuals，如图 6-3 所示，截至 2020 年 3 月共有 248 种可视化视图模板。

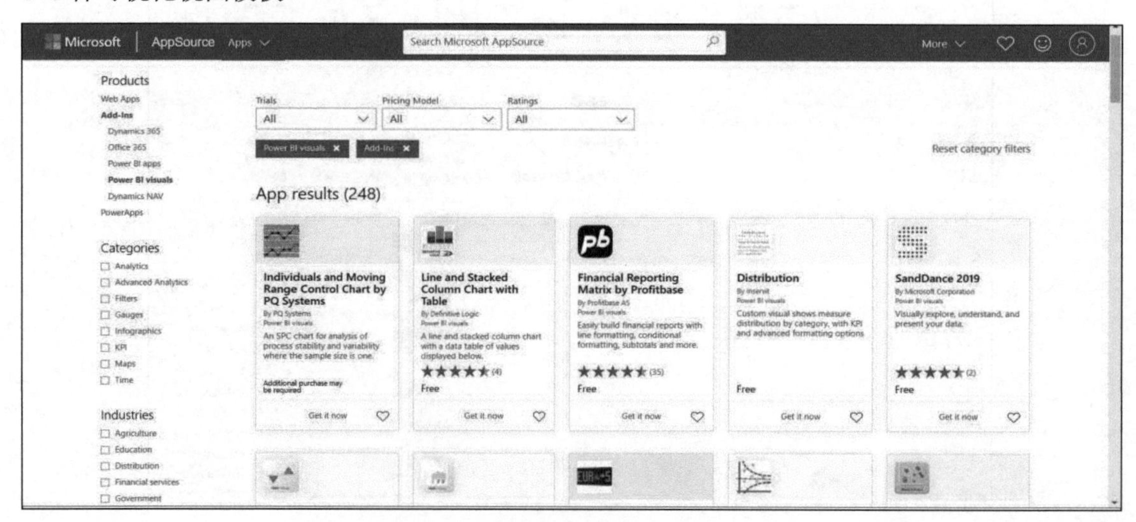

图 6-3　下载自定义可视化视图

下面以子弹图（Bullet Chart）为例讲解如何自定义可视化视图。首先在搜索栏中输入 Bullet Chart，并单击“搜索”按钮，再选择 Bullet Chart 可视化视图，可以看出该可视化视图是免费的，然后单击 Get it now 按钮，如图 6-4 所示。

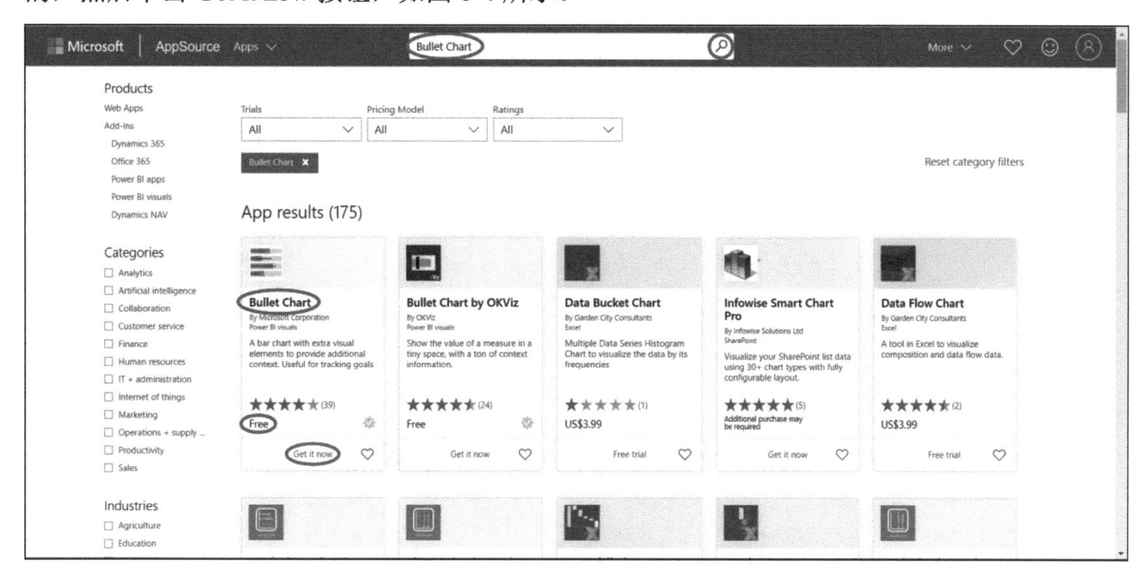

图 6-4　选择 Bullet Chart

然后进入视图许可页面，单击 Continue 按钮，如图 6-5 所示。

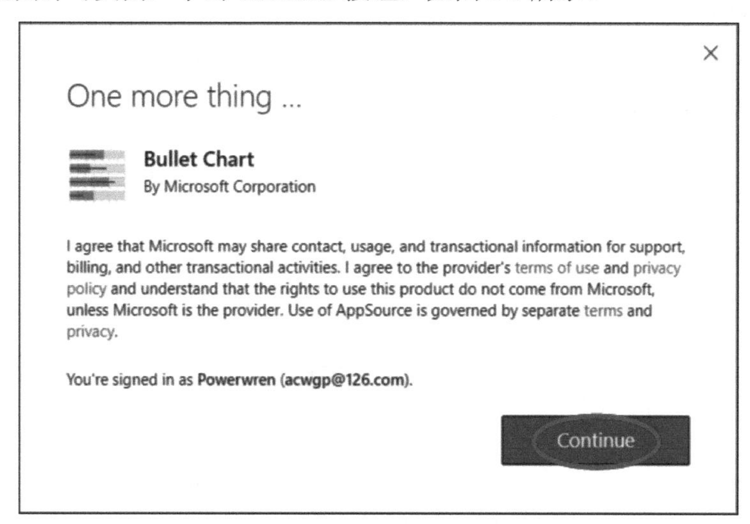

图 6-5　选择下载快捷方式

进入视图下载页面，单击 Download for Power BI，这样 Bullet Chart 可视化视图就可以下载到本地，文件名为 BulletChart.BulletChart1443347686880.2.0.1.0.pbiviz，如图 6-6 所示。

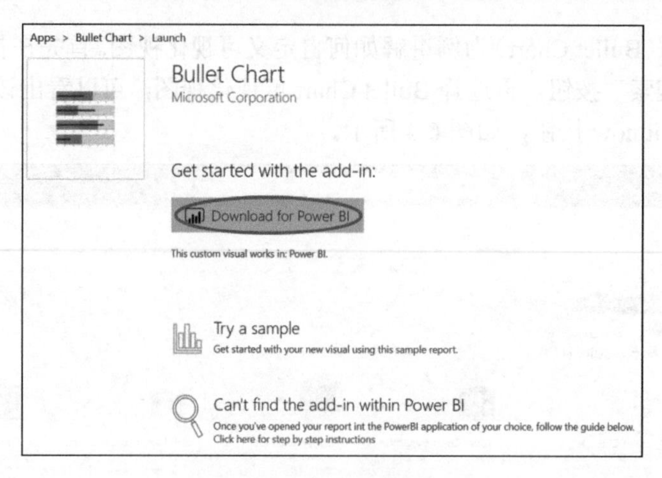

图 6-6 选择下载链接

6.3 导入可视化视图模板

在 Microsoft Power BI 中，导入可视化视图通常有两种方法：从应用商店直接导入和从下载的离线文件导入。下面逐一进行介绍。

1. 从应用商店导入

在 Microsoft Power BI 界面，单击“可视化”窗格下的“导入自定义视觉对象”按钮 ⋯ ，选择“从应用商店导入”，如图 6-7 所示。

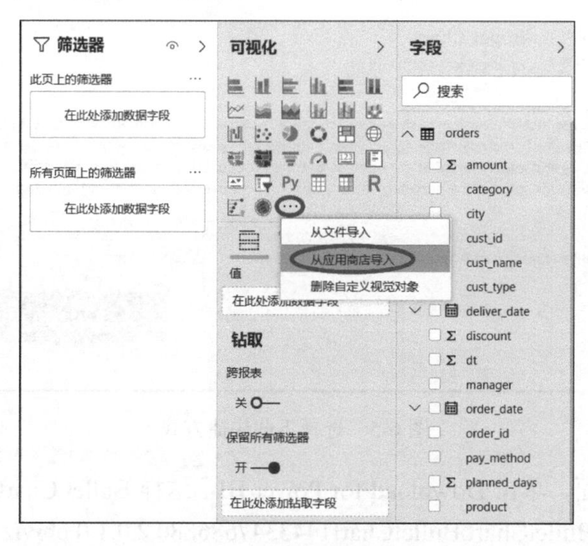

图 6-7 从应用商店导入

在“Power BI 视觉对象”界面，单击需要添加的可视化对象右侧的“添加”按钮，如图 6-8 所示。

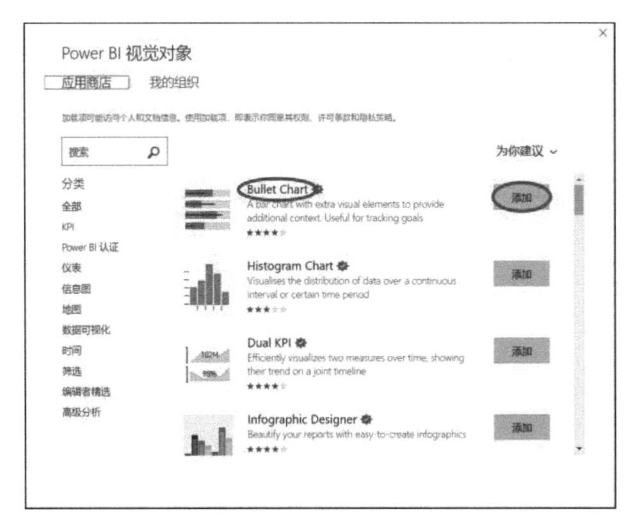

图 6-8　添加自定义可视化视图

在“导入自定义视觉对象”对话框，单击“确定”按钮，如图 6-9 所示。

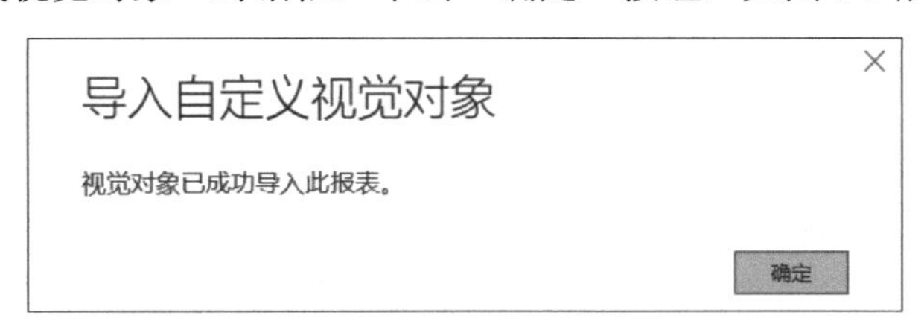

图 6-9　导入自定义视觉对象

子弹图（Bullet Chart）视图对象将会被导入“可视化”窗格中，如图 6-10 所示。

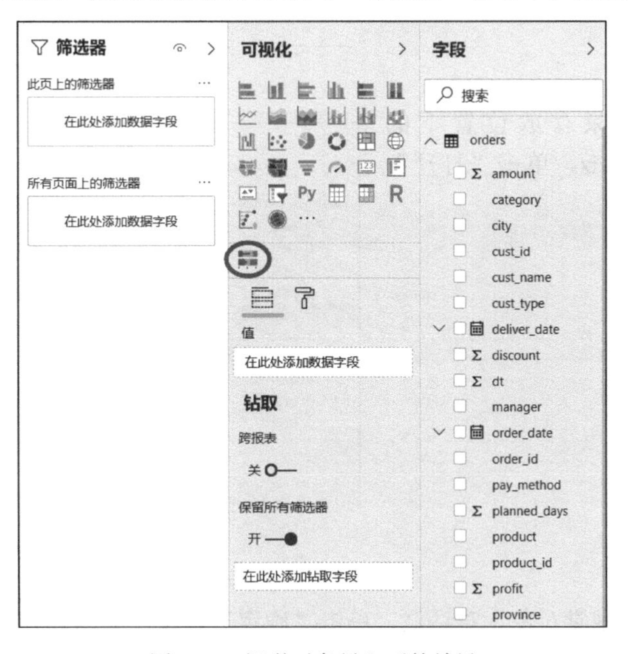

图 6-10　视觉对象导入后的效果

2. 从文件导入

在 Microsoft Power BI 界面，单击“可视化”窗格下的“导入自定义视觉对象”按钮 ⋯ ，选择“从文件导入”，如图 6-11 所示。

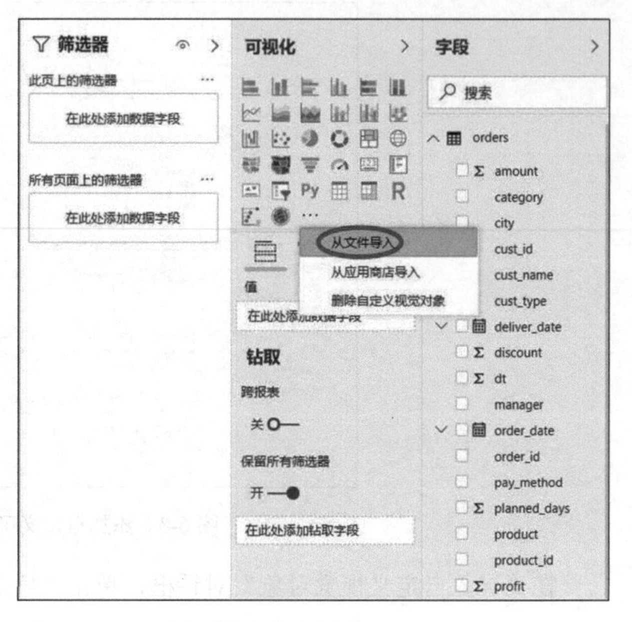

图 6-11　从文件导入

在“注意：导入自定义视觉对象”页面，单击“导入”按钮，如图 6-12 所示。

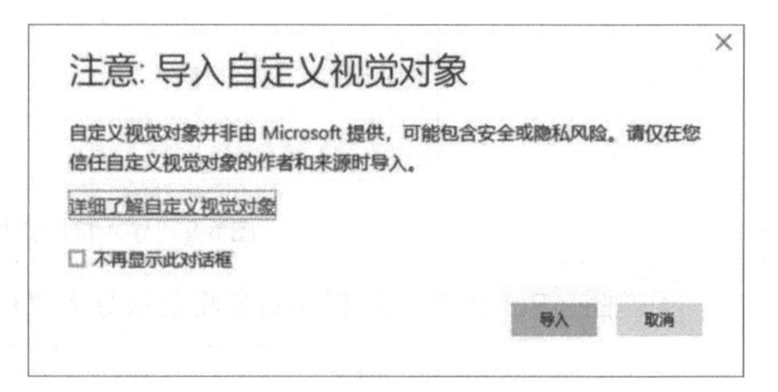

图 6-12　导入自定义视觉对象

选择自定义效果存放位置下的 BulletChart.2.0.1.0.pbiviz，单击“打开”按钮，如图 6-13 所示。

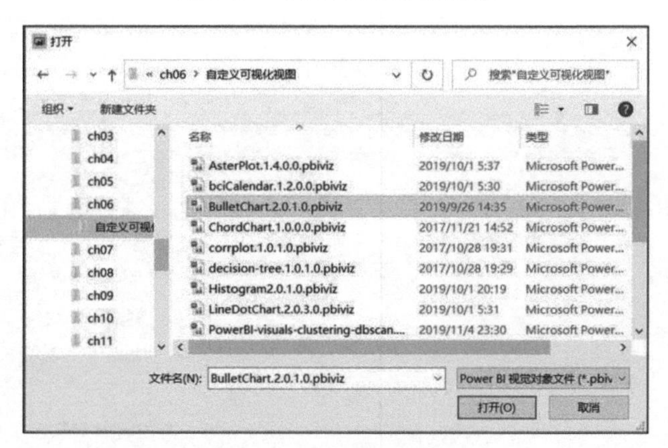

图 6-13　选择视觉对象

在“导入自定义视觉对象”对话框，单击“确定”按钮，如图 6-14 所示。

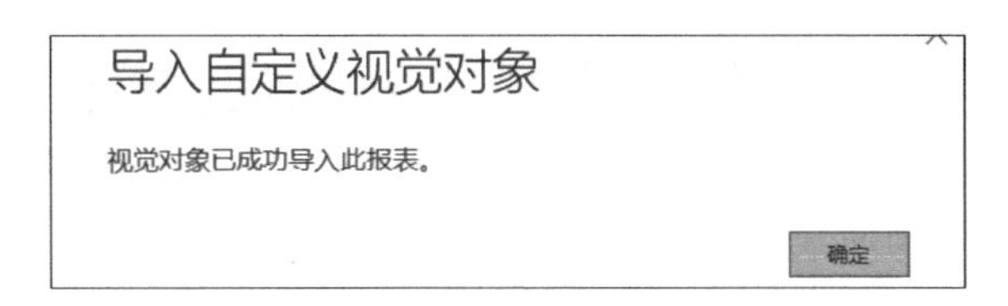

图 6-14　导入自定义视觉对象

子弹图（Bullet Chart）视图对象将会被导入“可视化”窗格中，如图 6-15 所示。

图 6-15　视觉对象导入后的效果

6.4　固定可视化视图模板

为了后期可以重复使用已经添加的视图，需要在 Microsoft Power BI 中将自定义视图添加到可视化视图窗格，如果不固定添加视图，当软件重启后，该视图就需要重新导入。固定自定义视图的步骤：右击“可视化”窗格下已经添加了的视觉对象，例如子弹图（Bullet Chart），选择“固定到可视化效果窗格”选项即可，如图 6-16 所示。

此外，还可以选择“从报表中删除自定义视觉对象”选项，删除不需要的自定义可视化视图。

图 6-16　固定可视化视图

6.5 创建自定义可视化视图

部分自定义可视化视图需要使用到 R，请确保在打开案例文件前已经安装相应版本的 R 软件及其依赖包。

由于自定义可视化视图太多，本书仅仅讲解一些具有代表性的视图。注意，本节的自定义可视化视图使用的数据为电商 A 企业的客户订单表 orders.xlsx。

6.5.1 相关图：订货量、销售额、利润额的相关分析

相关图用于研究多个变量之间的关系，并突出显示最相关的变量，从而反映变量之间的相关系数大小，是研究相关关系的有效工具。

需要安装的 R 版本：R 3.3.0 及以上，依赖 corrplot 包。

相关图是一个开源的视觉效果，我们可以从 GitHub 官方网站获取其完整的开发代码：https://github.com/microsoft/PowerBI-visuals-corrplot。

在 Microsoft Power BI 中制作相关图（Correlation Plot）的具体步骤如下：

步骤 01 首先在 Microsoft Power BI 中导入相关图可视化视图，在“可视化”窗格中会出现其图标，单击“可视化”窗格中的“相关图”图标，在画布区域会出现其模板。然后在“字段”窗格中，将 region、amount、sales、profit 字段拖入“可视化”窗格的 Values 设置项中，并将 amount、sales、profit 三个字段的计算类型调整为“平均值”，默认是“求和”类型。

步骤 02 在 Microsoft Power BI 画布中会显示 2019 年不同地区订单数量、销售额与利润额的相关图，在“格式”设置下，还可以根据实际需要对图形进行适当的调整，如视图大小、数据标签和标题等，如图 6-17 所示。

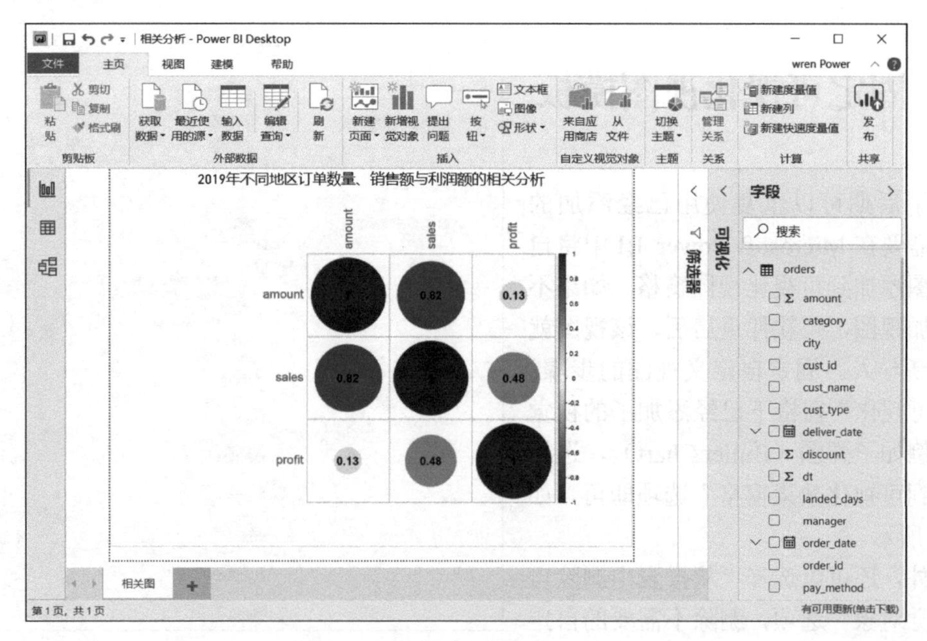

图 6-17 相关图

6.5.2　聚类图：客户订单销售额与利润额的聚类分析

聚类是将原始数据分类到不同类或簇的过程，同一个簇中的数据具有很大的相似度，而不同簇间具有很大的差异性。密度聚类算法（DBSCAN）是一个基于密度的聚类算法。

需要安装的 R 版本：R 3.3.0 及以上，依赖 scale、fpc、car、dbscan 包。

聚类图是一个开源的视觉效果，我们可以从 GitHub 官方网站获取其完整的开发代码：https://github.com/microsoft/PowerBI-visuals-DBSCAN。

在 Microsoft Power BI 中制作聚类图（DBSCAN Clustering）的具体步骤如下：

步骤 01 首先在 Microsoft Power BI 中导入聚类图可视化视图，在“可视化”窗格中会出现其图标，单击“可视化”窗格中的“聚类图”图标，在画布区域会出现其模板。在“字段”窗格中，将 sales、profit 字段拖入“可视化”窗格的 Values 设置项中。

步骤 02 在 Microsoft Power BI 画布中会显示 2019 年企业销售额与利润额的聚类图，在“格式”设置下，还可以根据实际需要对图形进行适当的调整，如视图大小、数据标签和标题等，如图 6-18 所示。

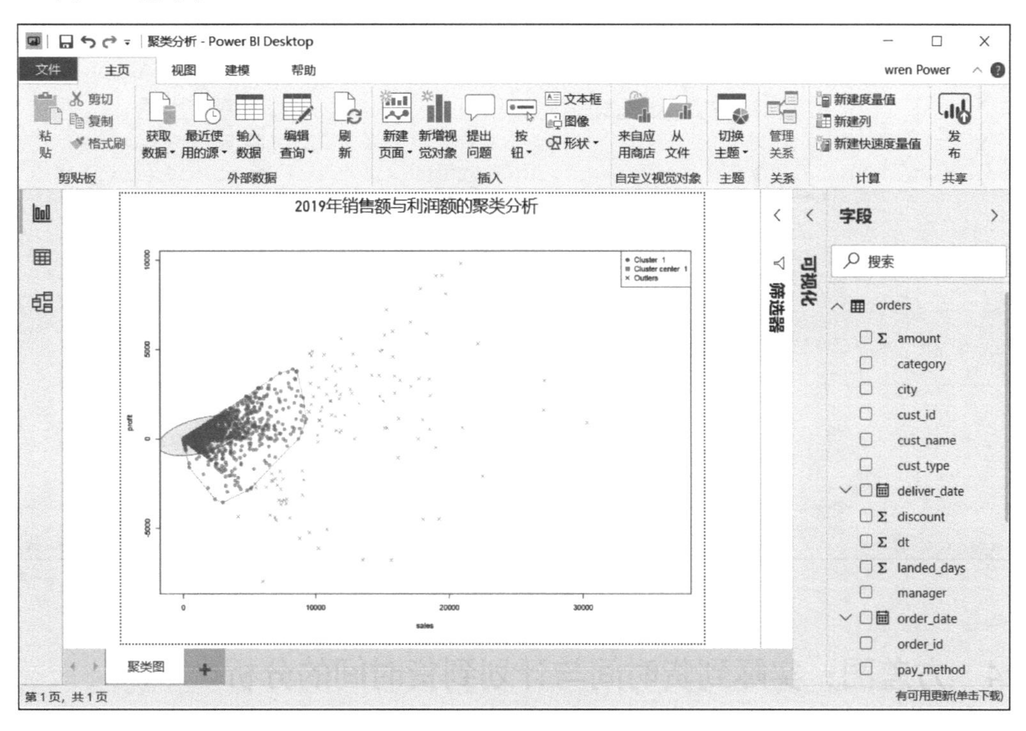

图 6-18　聚类图

6.5.3　决策树：商品到货时间和折扣与退货的分析

决策树是常见和易于理解的决策算法，是一种从训练集中归纳出树形分类规则的过程，如果目标是分类变量，就会生成“分类树”，而如果是数字，结果就是“回归树”。

需要安装的 R 版本：R 3.3.0 及以上，依赖 rpart、rpart.plot、RColorBrewer 包。

决策树是一个开源的视觉效果，我们可以从 GitHub 官方网站获取其完整的开发代码：https://github.com/microsoft/PowerBI-visuals-decision-tree。

在 Microsoft Power BI 中生成决策树（Decision Tree）的具体操作步骤如下：

步骤 01 首先在 Microsoft Power BI 中导入决策树可视化视图，在“可视化”窗格中会出现其图标，单击“可视化”窗格中的“决策树”图标，在画布区域会出现其模板。然后在“字段”窗格中，将 return 拖入“可视化”窗格的 Target Variable 设置项中，将 discount、landed_days、planned_days 拖入“可视化”窗格的 Input Variables 设置项中。

步骤 02 在 Microsoft Power BI 画布中会显示 2019 年企业商品到货时间和折扣与退货的决策树，在“格式”设置下，还可以根据实际需要对图形进行适当的调整，如视图大小、数据标签和标题等，如图 6-19 所示。

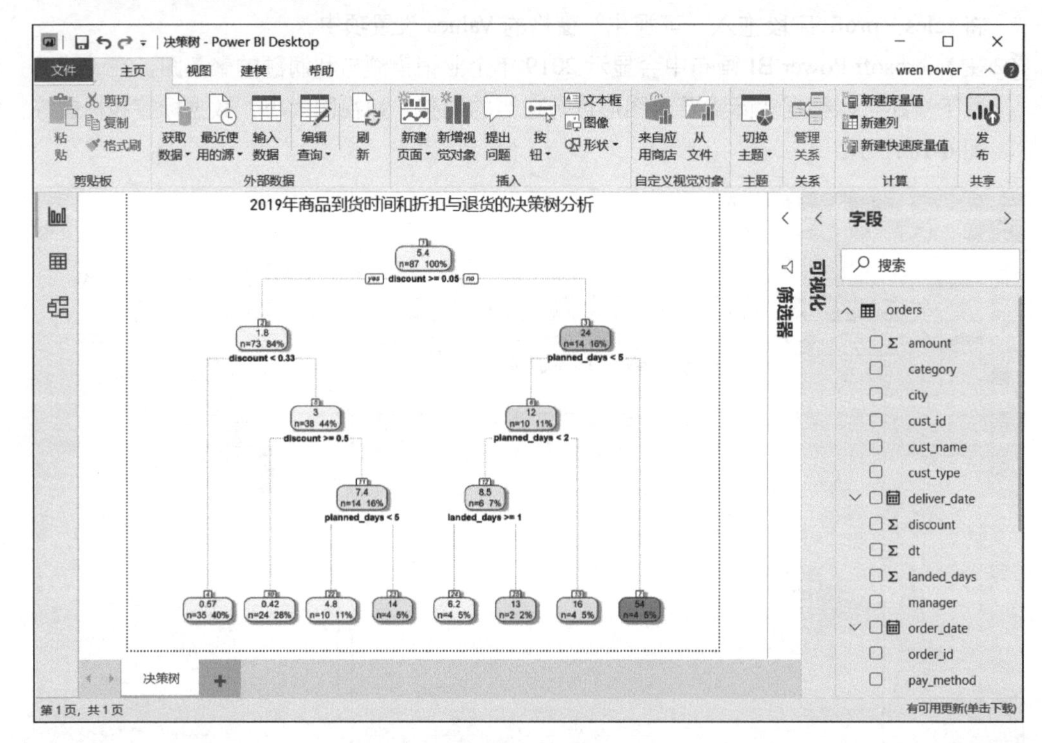

图 6-19 决策树

6.5.4 方差图：实际到货时间与计划到货时间的分析

方差图是在一个视觉对象中集成 3 个不同维度的两个值的比较分析，应用比较广泛，例如分析实际值与计划值、预测值与计划值、预测值与上一年值的比较，以及分析一段时间内降雨数据、特定时期跨地区就业率的比较等。

Microsoft Power BI 的方差图使用户能够比较数据，并以绝对值和百分比的形式显示差异。在 Microsoft Power BI 中生成方差图（Variance Chart）的具体操作步骤如下：

步骤 01 在 Microsoft Power BI 中导入方差图可视化视图，在“可视化”窗格中会出现其图标，单击“可视化”窗格中的“方差图”图标，在画布区域会出现其模板。在“字段”窗格中，将

region 拖入“可视化”窗格的 Category 设置项中，将 planned_days 拖入“可视化”窗格的 Primary Value 设置项中，计算类型设置为“平均值”，将 landed_days 拖入“可视化”窗格的 Comparison Value 设置项中，计算类型设置为“平均值”。

步骤 02 在 Microsoft Power BI 画布中会显示 2019 年不同地区实际到货时间与计划到货时间的方差图，在“格式”设置下，还可以根据实际需要对图形进行适当的调整，如视图大小、数据标签和标题等，如图 6-20 所示。

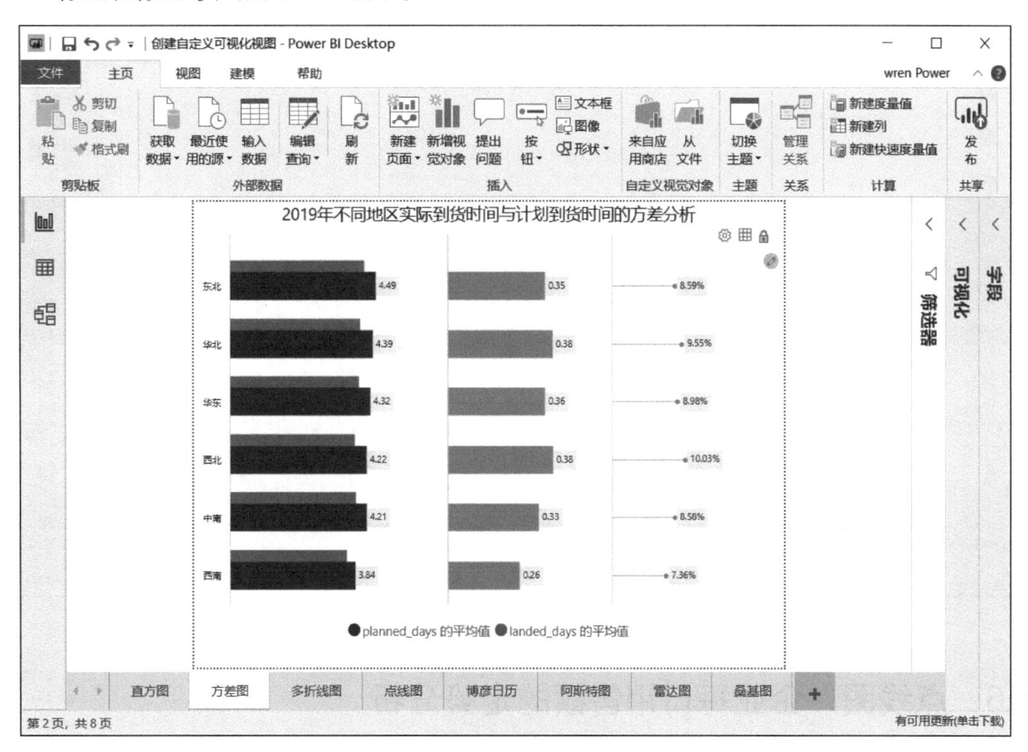

图 6-20 方差图

6.5.5 多折线图：不同类型商品销售额的折线图分析

多折线图视觉效果提供以面板或网格绘制折线图的功能，使用相同比例和坐标轴，可以轻松比较数据之间的差异，与折线图类似。

截至 2019 年 10 月份，最新版本是 1.0.1.0，它解决了在 iOS 设备上的渲染，以及空值不再绘制为零等问题。

在 Microsoft Power BI 中生成多折线图（Small Multiple Line Chart）的具体操作步骤如下：

步骤 01 在 Microsoft Power BI 中导入多折线图可视化视图，在“可视化”窗格中会出现其图标，单击“可视化”窗格中的“多折线图”图标，在画布区域会出现其模板。在“字段”窗格中，将 category 拖入“可视化”窗格的 Small Multiple 设置项中，将 order_date 拖曳到“可视化”窗格的 Axis 设置项中，将 sales 拖曳到“可视化”窗格的“Values”设置项中。

步骤 02 在 Microsoft Power BI 画布中会显示 2019 年企业不同类型商品销售额的多折线图，在“格式”设置下，还可以根据实际需要对图形进行适当的调整，如视图大小、数据标签和标题等，如图 6-21 所示。

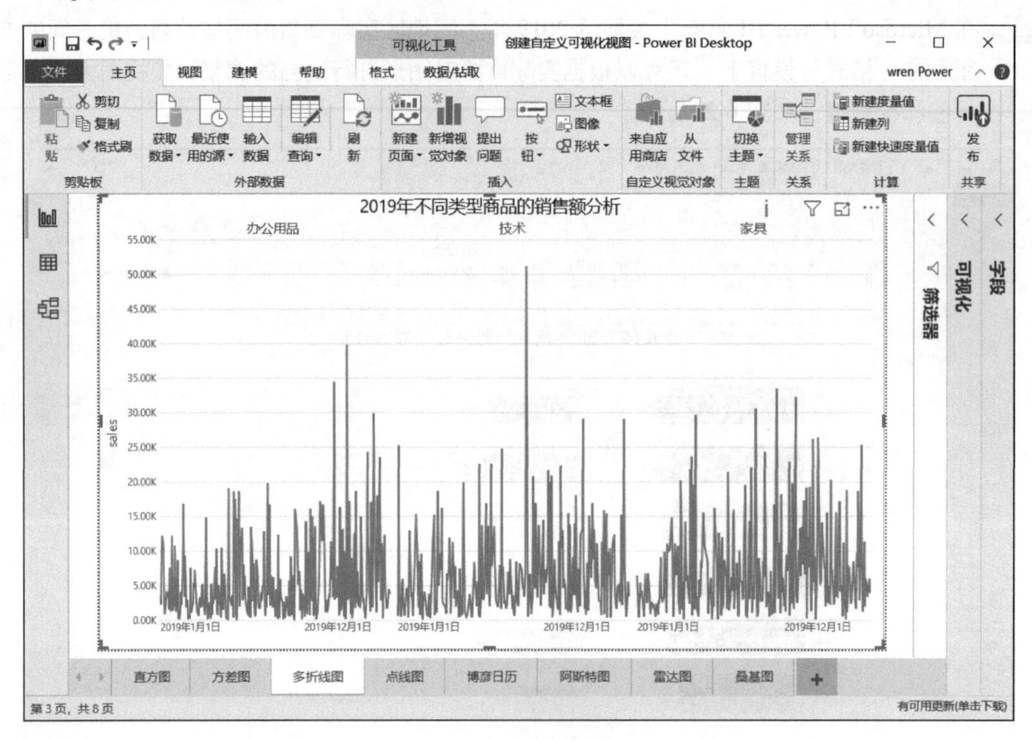

图 6-21 多折线图

6.5.6 点线图：企业每日销售额的走势分析

点线图是带有动画点的动画折线图，展示数据时，使用点线图为的是吸引观众，气泡的大小可以根据数据进行定制。当图表动画显示时，使用计数器显示正在运行的总数，格式选项提供了线条、点和动画。

点线图是一个开源的视觉效果，我们可以从 GitHub 官方网站获取其完整的开发代码：https://github.com/Microsoft/PowerBI-visuals-linedotchart。

在 Microsoft Power BI 中生成点线图（LineDot Chart）的具体操作步骤如下：

步骤 01 在 Microsoft Power BI 中导入点线图可视化视图，在“可视化”窗格中会出现其图标，单击“可视化”窗格中的“子弹图”图标，在画布区域会出现其模板。在“字段”窗格中，将 order_date 拖入“可视化”窗格的“日期”设置项中，将 sales 拖入“可视化”窗格的“值”设置项中，计算类型为“求和”。

步骤 02 在 Microsoft Power BI 画布中会显示 2019 年企业每日销售额的点线图，在“格式”设置下，还可以根据实际需要对图形进行适当的调整，如视图大小、数据标签和标题等，如图 6-22 所示。

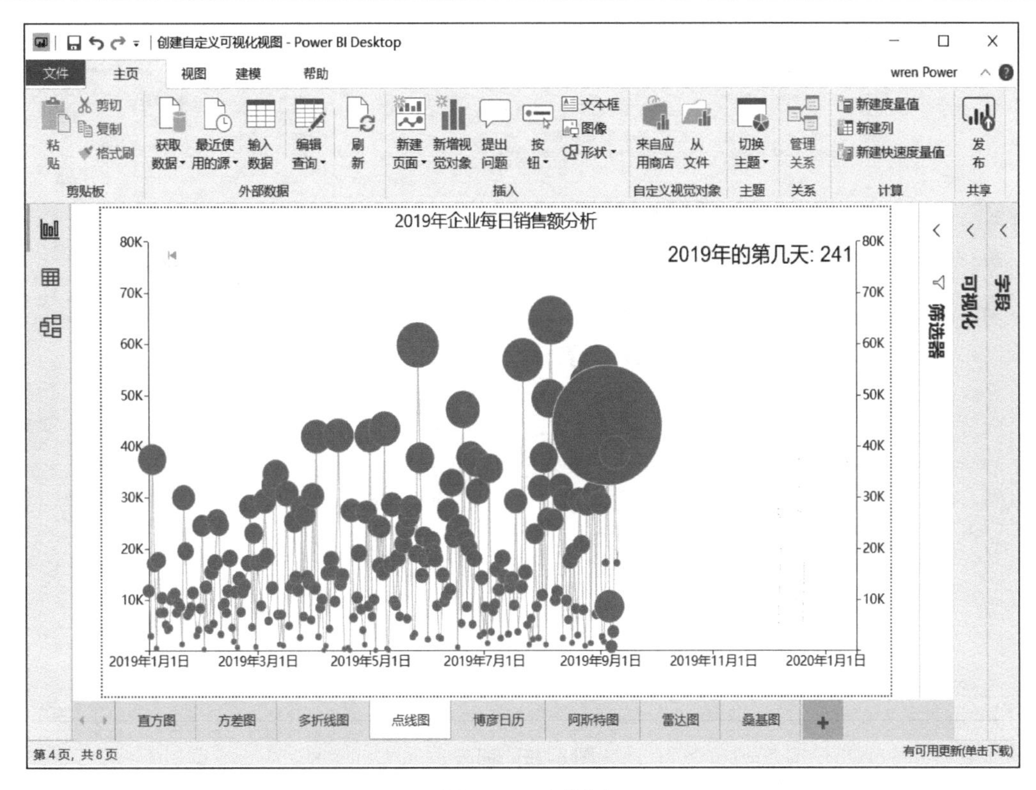

图 6-22　点线图

6.5.7　词云：企业热销商品类型的可视化分析

词云是一个开源的视觉效果，我们可以从 GitHub 官方网站获取其完整的开发代码：https://github.com/Microsoft/PowerBI-visuals-wordcloud。

在 Microsoft Power BI 中生成词云（Word Cloud）的具体操作步骤如下：

步骤 01 在 Microsoft Power BI 中导入词云可视化视图，在"可视化"窗格中会出现其图标，单击"可视化"窗格中的"子弹图"图标，在画布区域会出现其模板。在"字段"窗格中，将 subcategory 拖入"可视化"窗格的"类型"设置项中，将 order_id 拖入"可视化"窗格的"值"设置项中，计算类型为"计数"。

步骤 02 在 Microsoft Power BI 画布中会显示 2019 年企业商品类型的词云，在"格式"设置下，还可以根据实际需要对图形进行适当的调整，如视图大小、数据标签和标题等，如图 6-23 所示。

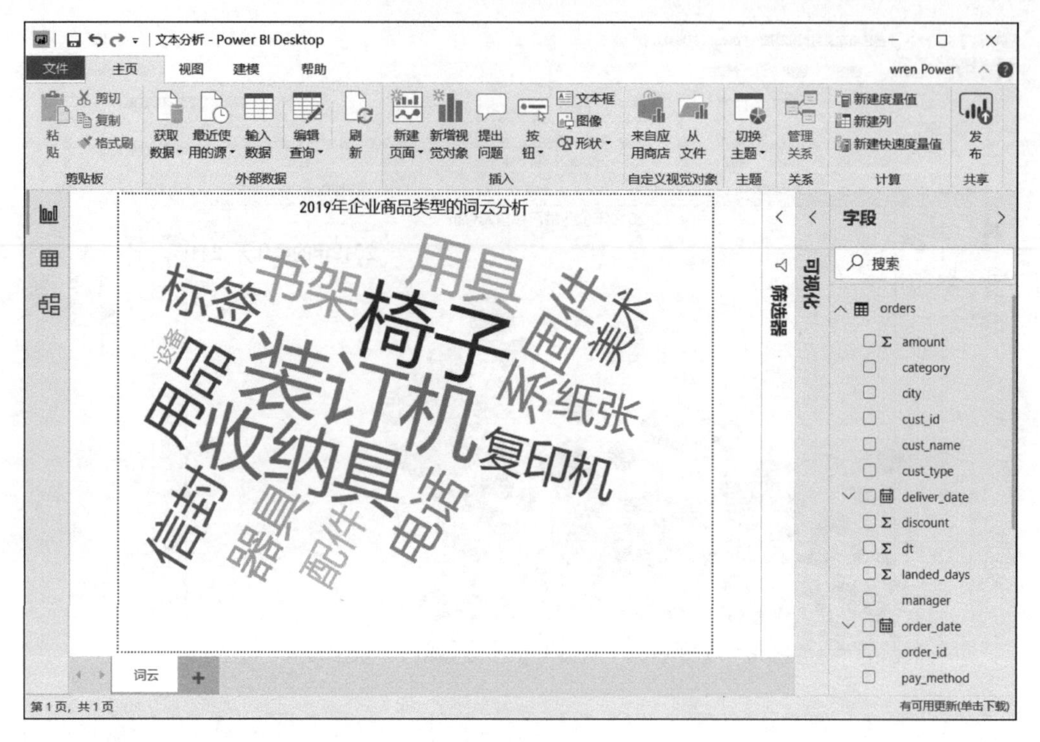

图 6-23 词云

6.5.8 博彦日历：企业每日销售额总和日历图

博彦日历是一个日历视图，提供一个月的日历布局，使我们可以更好地查看所选月份每一天的数据。还提供了许多自定义功能，从基本格式化选项（如字体大小、颜色等）到更高级的功能，如不同的数据颜色比例、数据标签和工具提示。

博彦日历可视化视图的注意事项如下：

（1）不支持日期层次结构。如果在查看数据时遇到问题，确保日期字段不显示为“日期层次结构”。

（2）将使用所选数据集中第一个日期的月份/年份。如果数据集跨越多个月或几年，视觉效果就只显示第一个月/年。

（3）日期字段使用“日期/时间”（而不是“日期”）。建议使用数据集中的日期列，或者根据需要创建计算日期列。

博彦日历是一个开源的视觉效果，我们可以从 GitHub 官方网站获取其完整的开发代码：https://github.com/mannymerino/bci-calendar。

在 Microsoft Power BI 中生成博彦日历（Beyondsoft Calendar）的具体步骤如下：

步骤 01 在 Microsoft Power BI 中导入博彦日历可视化视图，在“可视化”窗格中会出现其图标，单击“可视化”窗格中的“子弹图”图标，在画布区域会出现其模板。在“字段”窗格中，将 order_date 拖入“可视化”窗格的 Date Field 设置项中，将 sales 拖入“可视化”窗格的 Measure Data 设置项中。

步骤 02 在 Microsoft Power BI 画布中会显示 2019 年 1 月份的企业销售额日历图，在“格式”设置下，还可以根据实际需要对图形进行适当的调整，如视图大小、数据标签和标题等，如图 6-24 所示。

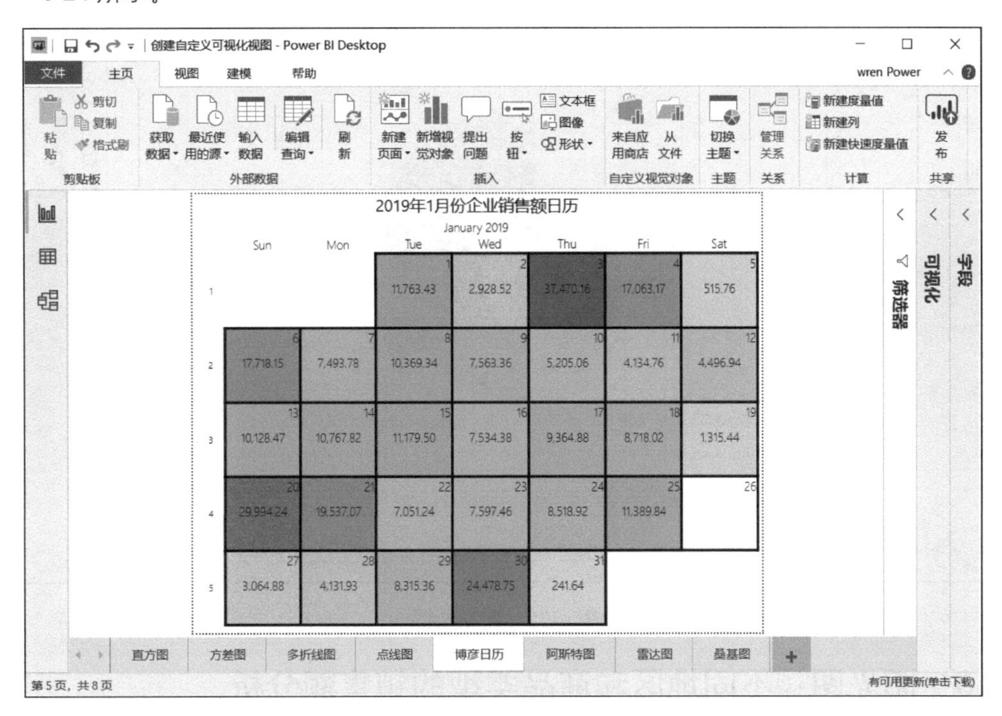

图 6-24　博彦日历

6.5.9　阿斯特图：不同地区销售额的占比分析

阿斯特图是对环形图的扭曲，它使用第二个值来显示扫描角度。数据源中最多有两个度量：第一个度量控制每个部分的深度，第二个度量控制每个部分的宽度。

阿斯特图是一个开源的视觉效果，我们可以从 GitHub 官方网站获取其完整的开发代码：https://github.com/Microsoft/PowerBI-visuals-asterplot。

在 Microsoft Power BI 中生成阿斯特图（Aster Plot）的具体步骤如下：

步骤 01 在 Microsoft Power BI 中导入阿斯特图可视化视图，在“可视化”窗格中会出现其图标，单击“可视化”窗格中的“子弹图”图标，在画布区域会出现其模板。在“字段”窗格中，将 region 拖入“可视化”窗格的“类别”设置项中，将 sales 拖入“可视化”窗格的“Y 轴”设置项中。

步骤 02 在 Microsoft Power BI 画布中会显示 2019 年不同地区销售额的阿斯特图，在“格式”设置下，还可以根据实际需要对图形进行适当的调整，如视图大小、数据标签和标题等，如图 6-25 所示。

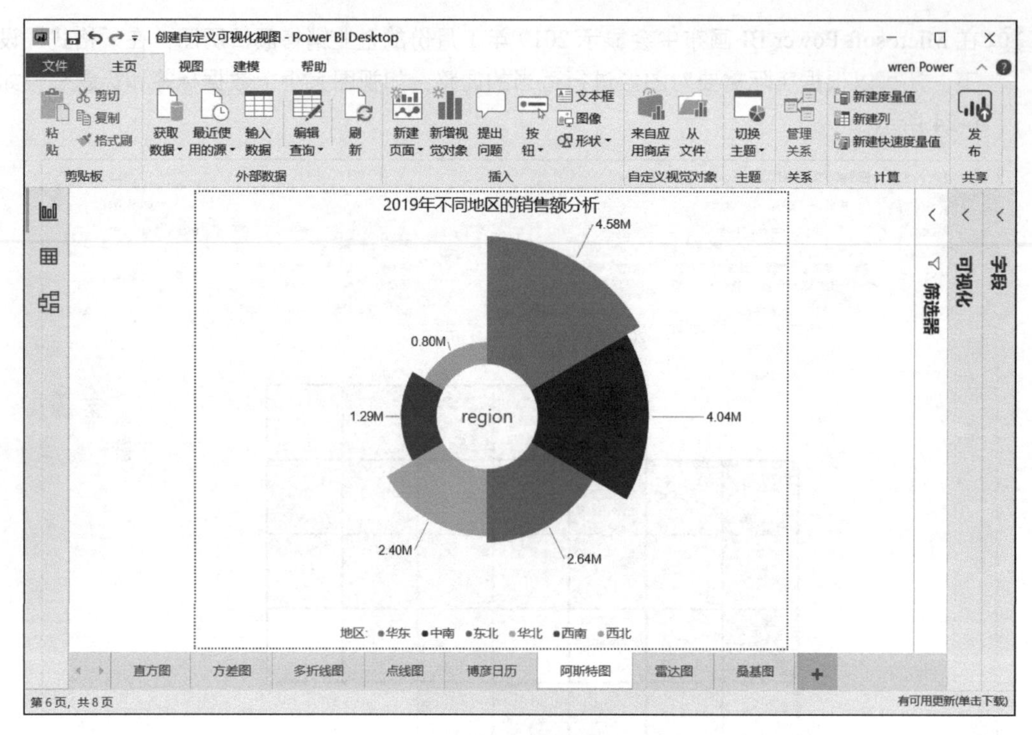

图 6-25 阿斯特图

6.5.10 阳光图：不同地区和商品类型的销售额分析

阳光图用于显示分层数据，由同心圆描绘，中间的圆圈表示根节点，层次结构从中心向外移动，内圆的一部分与外圆的分段具有层次关系。

阳光图是一个开源的视觉效果，我们可以从 GitHub 官方网站获取其完整的开发代码：https://github.com/Microsoft/PowerBI-visuals-sunburst。

在 Microsoft Power BI 中生成阳光图（Sunburst Chart）的具体步骤如下：

步骤 01 在 Microsoft Power BI 中导入阳光图可视化视图，在“可视化”窗格中会出现其图标，单击“可视化”窗格中的“子弹图”图标，在画布区域会出现其模板。在“字段”窗格中，将 region、category 拖入“可视化”窗格的“组”设置项中，将 sales 拖入“可视化”窗格的“值”设置项中，计算类型为“求和”。

步骤 02 在 Microsoft Power BI 画布中会显示 2019 年不同地区和商品类型销售额的阳光图，在“格式”设置下，还可以根据实际需要对图形进行适当的调整，如视图大小、数据标签和标题等，如图 6-26 所示。

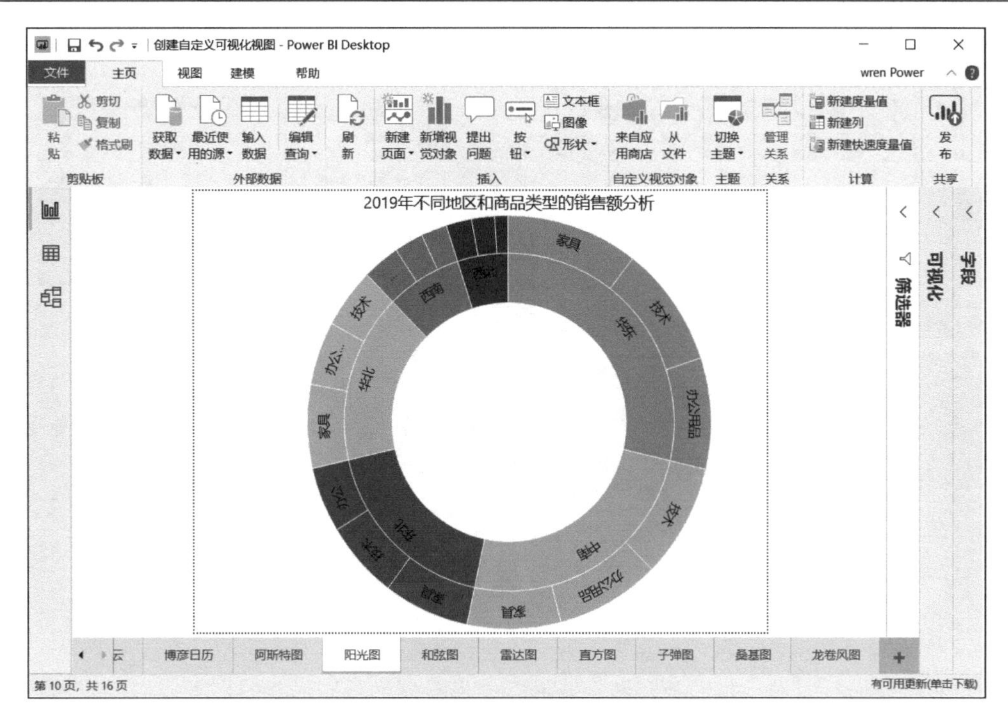

图 6-26　阳光图

6.5.11　和弦图：不同区域的销售额比较分析

和弦图是显示数据之间相互关系的视图。实体之间的连接用来显示它们共享的东西，这使得和弦图适合比较数据集之间或不同数据组之间的相似性。

和弦图是一个开源的视觉效果，我们可以从 GitHub 官方网站获取其完整的开发代码：https://github.com/Microsoft/PowerBI-visuals-chord。

在 Microsoft Power BI 中生成和弦图（Chord Chart）的具体操作步骤如下：

步骤 01 在 Microsoft Power BI 中导入和弦图可视化视图，在"可视化"窗格中会出现其图标，单击"可视化"窗格中的"子弹图"图标，在画布区域会出现其模板。在"字段"窗格中，将 region 拖入"可视化"窗格的"从"设置项中，将 sales 拖入"可视化"窗格的"值"设置项中。

步骤 02 在 Microsoft Power BI 画布中会显示 2019 年不同地区销售额的和弦图，在"格式"设置下，还可以根据实际需要对图形进行适当的调整，如视图大小、数据标签和标题等，如图 6-27 所示。

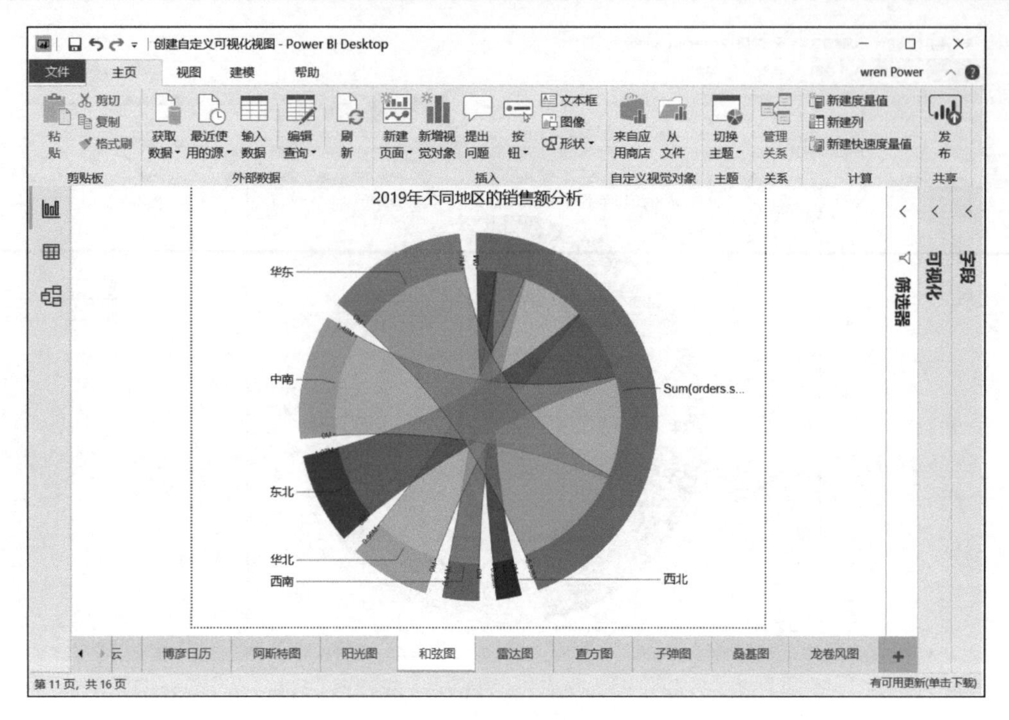

图 6-27 和弦图

6.5.12 雷达图：实际到货时间与计划到货时间分析

雷达图又称蜘蛛网图，以同一点开始的轴上显示 3 个或多个定量变量的视图，轴的相对位置和角度通常是无意义的。每个变量都提供了一个从中心开始的轴，所有的轴径向排列，相互之间的距离相等，同时在所有的轴间保持相同的比例，每个变量值沿着其各自的轴线和数据集中的所有变量绘制并连接在一起形成一个多边形。

雷达图是一个开源的视觉效果，我们可以从 GitHub 官方网站获取其完整的开发代码：https://github.com/Microsoft/PowerBI-visuals-RadarChart。

在 Microsoft Power BI 中生成雷达图（Radar Chart）的具体操作步骤如下：

步骤 01 在 Microsoft Power BI 中导入雷达图可视化视图，在"可视化"窗格中会出现其图标，单击"可视化"窗格中的"子弹图"图标，在画布区域会出现其模板。在"字段"窗格中，将 region 拖入"可视化"窗格的"类别"设置项中，将 landed_days、planned_days 拖入"可视化"窗格的"Y 轴"设置项中，计算类型都设置为"平均值"。

步骤 02 在 Microsoft Power BI 画布中会显示 2019 年不同地区的实际到货平均时间与计划到货平均时间的雷达图，在"格式"设置下，还可以根据实际需要对图形进行适当的调整，如视图大小、数据标签和标题等，如图 6-28 所示。

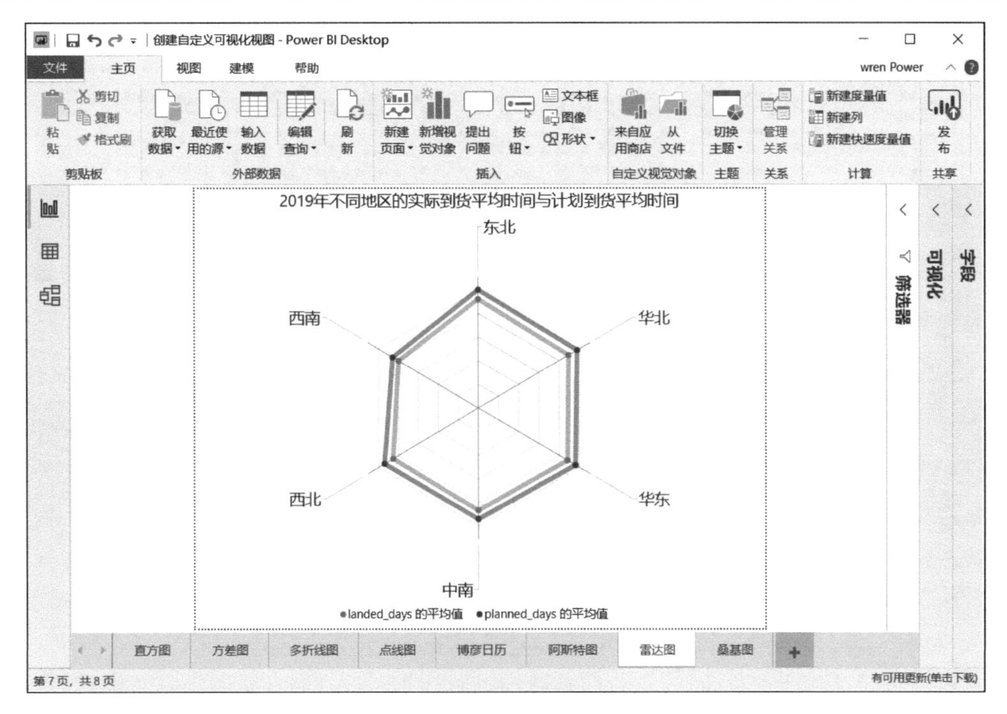

图 6-28　雷达图

6.5.13　直方图：商品订单金额的频数分布情况

直方图是由一系列高度不等的线段表示数据分布的视图。在制作直方图时，首先需要对数据进行分组，如果没有手动分组，Microsoft Power BI 就会自动分组。

直方图是一个开源的视觉效果，我们可以从 GitHub 官方网站获取其完整的开发代码：https://github.com/Microsoft/PowerBI-visuals-histogram。

在 Microsoft Power BI 中生成直方图（Histogram Chart）的具体操作步骤如下：

步骤 01 在 Microsoft Power BI 中导入决策树可视化视图，在“可视化”窗格中会出现其图标，单击“可视化”窗格中的“子弹图”图标，在画布区域会出现其模板。在“字段”窗格中，将 amount 拖入“可视化”窗格的“值”设置项中，将 order_id 拖入“可视化”窗格的“频率”设置项中，计算类型设置为“计数”。

步骤 02 在 Microsoft Power BI 画布中会显示 2019 年企业商品订单频率的直方图，在“格式”设置下，还可以根据实际需要对图形进行适当的调整，如视图大小、数据标签和标题等，如图 6-29 所示。

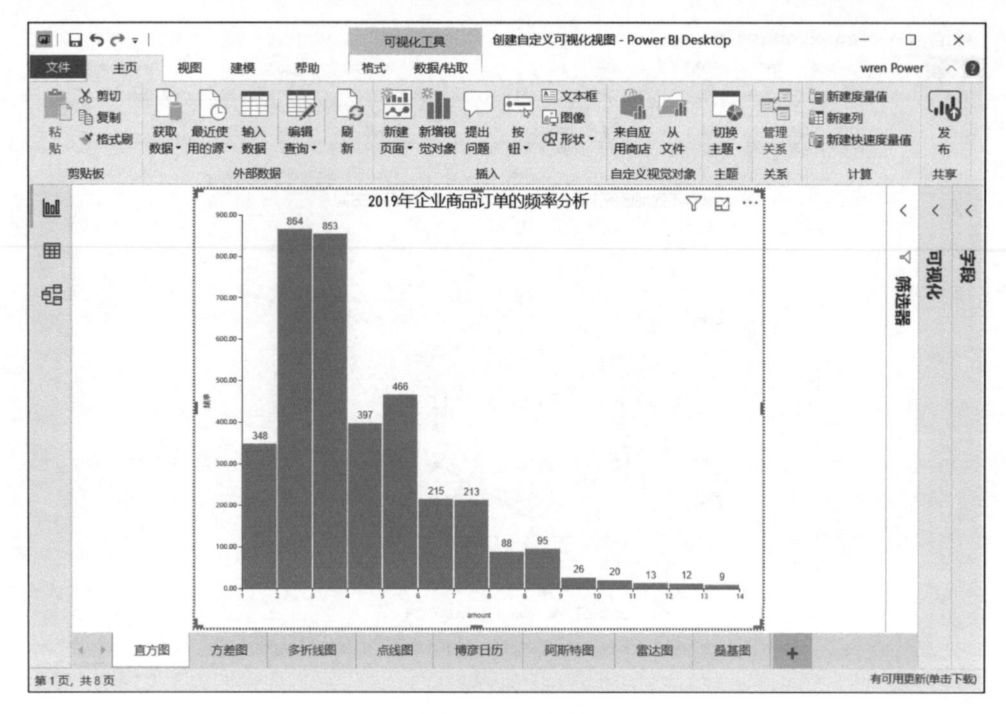

图 6-29 直方图

6.5.14 子弹图：订单商品到货时间准时性分析

子弹图可作为仪表板和仪表的替代品。它是带有额外视觉元素的条形图，以提供额外的上下文信息，主要用于追踪目标。子弹图将衡量标准与一个或多个其他衡量标准进行比较，以丰富其含义，子弹图可以是水平的或垂直的，可以堆叠以允许一次比较多个测量。

子弹图是一个开源的视觉效果，我们可以从 GitHub 官方网站获取其完整的开发代码：https://github.com/Microsoft/PowerBI-visuals-bulletchart。

在 Microsoft Power BI 中生成子弹图（Bullet Chart）的具体操作步骤如下：

步骤 01 在 Microsoft Power BI 中导入子弹图可视化视图，在“可视化”窗格中会出现其图标。单击“可视化”窗格中的“子弹图”图标，在画布区域会出现其模板。在“字段”窗格中，将 region 拖入“可视化”窗格的“类别”设置项中，将 landed_days 拖入“可视化”窗格的“值”设置项中，计数类型设置为“平均值”，将 planned_days 拖入“可视化”窗格的“目标值”设置项中，计数类型设置为“平均值”，将 amount 拖入“可视化”窗格的“有待改善”设置项中，计数类型设置为“平均值”。

步骤 02 在 Microsoft Power BI 画布中会显示 2019 年不同地区的实际到货与计划到货时间的子弹图，在“格式”设置下，还可以根据实际需要对图形进行适当的调整，如视图大小、数据标签和标题等，如图 6-30 所示。

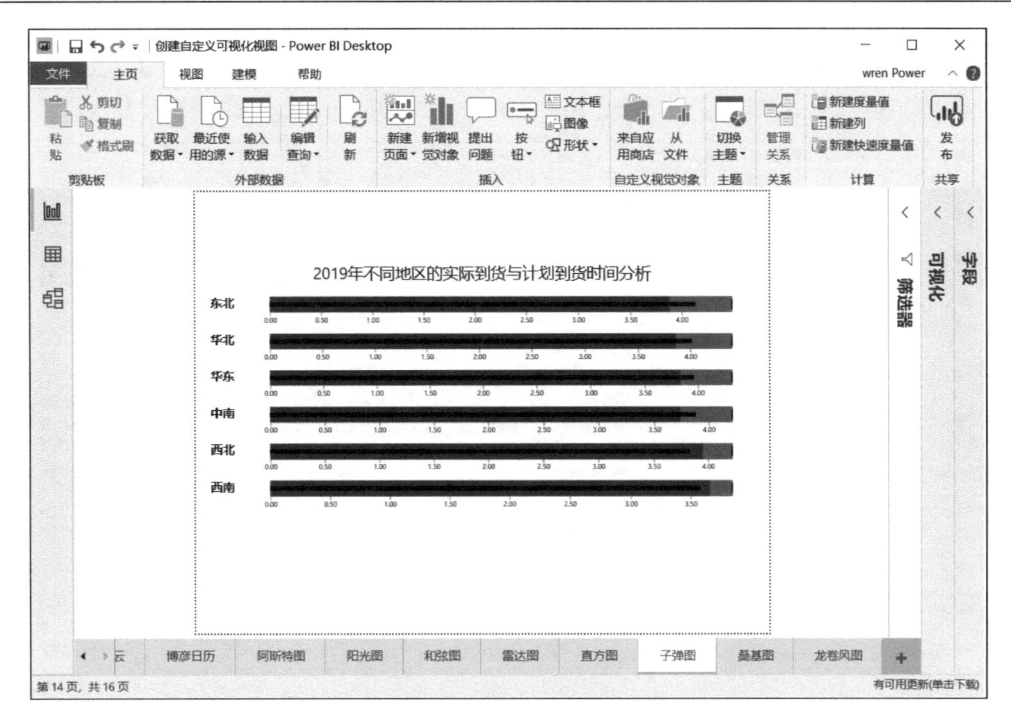

图6-30 子弹图

6.5.15 桑基图：不同地区的支付方式比较分析

桑基图是一种特殊类型的流程图，图中各部分的宽度对应数据的大小。通过桑基图可以清楚地找到源头、目的地和步骤，以及物品如何快速流过它们，也可以通过单击链接或流程本身来与其交互。

桑基图是一个开源的视觉效果，我们可以从GitHub官方网站获取其完整的开发代码：https://github.com/Microsoft/PowerBI-visuals-sankey。

在Microsoft Power BI中生成桑基图（Sankey Chart）的具体操作步骤如下：

步骤01 在Microsoft Power BI中导入桑基图可视化视图，在“可视化”窗格中会出现其图标，单击“可视化”窗格中的“子弹图”图标，在画布区域会出现其模板。在“字段”窗格中，将region拖入“可视化”窗格的“源”设置项中，将pay_method拖入“可视化”窗格的“目标”设置项中，将sales拖入“可视化”窗格的“称重”设置项中，计算类型设置为“求和”。

步骤02 在Microsoft Power BI画布中会显示2019年不同地区支付方式的桑基图，在“格式”设置下，还可以根据实际需要对图形进行适当的调整，如视图大小、数据标签和标题等，如图6-31所示。

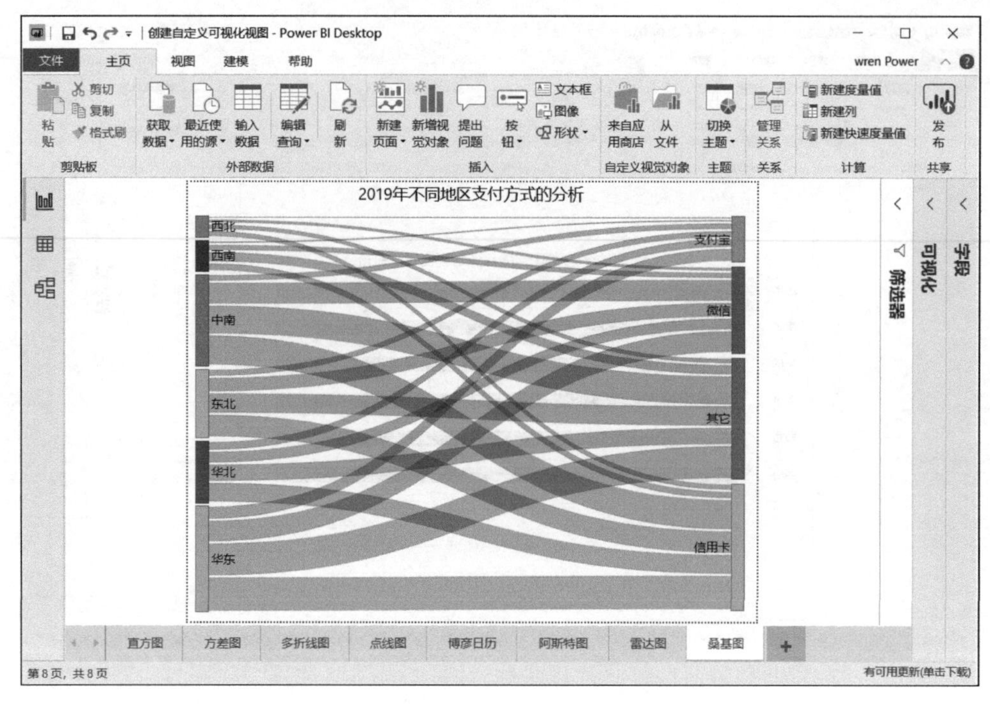

图 6-31　桑基图

6.5.16　龙卷风图：不同地区历史销售额的分析

龙卷风图是一种特殊类型的条形图，应用于比较两组间变量的相对重要性，其中数据类别是垂直列出的，并且是有序排列的，因此最大的柱形图出现在图表的顶部。

龙卷风图是一个开源的视觉效果，我们可以从 GitHub 官方网站获取其完整的开发代码：https://github.com/Microsoft/PowerBI-visuals-tornado。

在 Microsoft Power BI 中生成龙卷风图（Tornado chart）的具体操作步骤如下：

步骤 01 在 Microsoft Power BI 中导入龙卷风图可视化视图，在“可视化”窗格中会出现其图标，单击“可视化”窗格中的“子弹图”图标，在画布区域会出现其模板。在“字段”窗格中，将 dt 拖入“筛选器”窗格的“此页上的筛选器”设置项中，在“基本筛选”筛选类型下，选择 2018 和 2019，将 province 拖入“可视化”窗格的“组”设置项中，将 dt 拖入“可视化”窗格的“图例”设置项中，将 sales 拖入“可视化”窗格的“值”设置项中，计算类型设置为“求和”。

步骤 02 在 Microsoft Power BI 画布中会显示 2019 年不同地区销售额的龙卷风图，在“格式”设置下，还可以根据实际需要对图形进行适当的调整，如视图大小、数据标签和标题等，如图 6-32 所示。

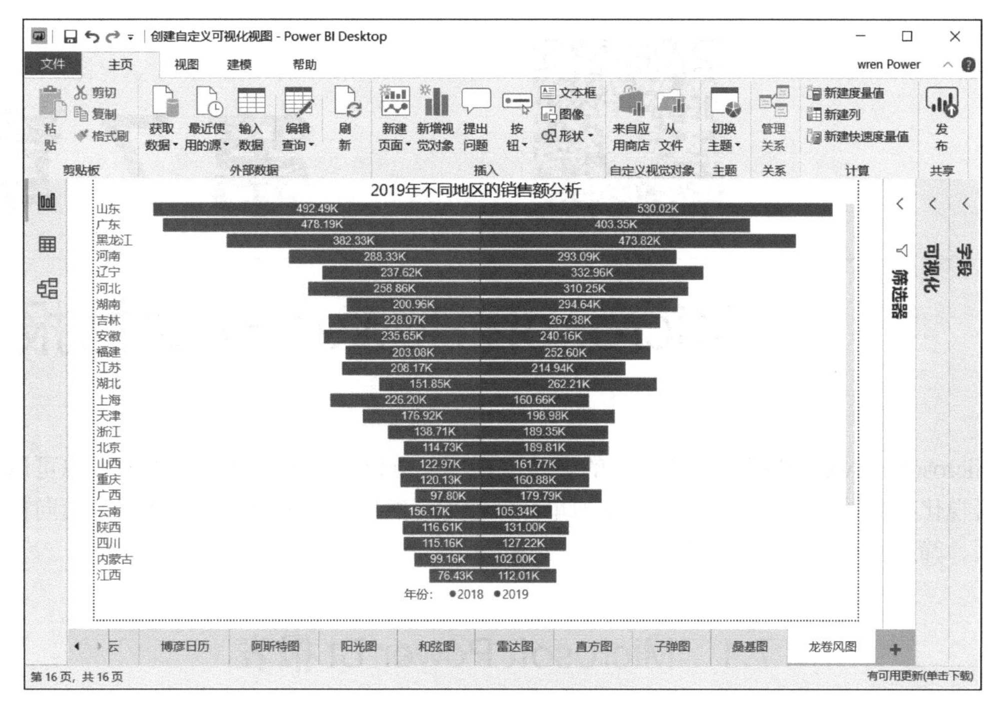

图 6-32　龙卷风图

6.6　练习题

1. 简述 Microsoft Power BI 如何自定义可视化视图。
2. 简述 Microsoft Power BI 创建自定义可视化视图的步骤。
3. 简述 Microsoft Power BI 如何创建相关图及其注意事项。
4. 简述 Microsoft Power BI 如何创建词云及其注意事项。
5. 简述 Microsoft Power BI 如何创建雷达图及其注意事项。

第 7 章

Microsoft Power BI 数据报表

Microsoft Power BI 报表是数据集的多角度视图，可以包含单个可视化视图，也可以包含充满可视化视图的多个页面。本章首先简单介绍报表，然后介绍如何制作报表，包括向报表添加页面、筛选器等，以及报表设计的注意事项。

7.1　Microsoft Power BI 报表

7.1.1　Microsoft Power BI 报表简介

Microsoft Power BI 报表是数据集的多角度视图，可以包含单个可视化视图，也可以包含多个视图，如图 7-1 所示，注意图中销售额的单位均为“元”。

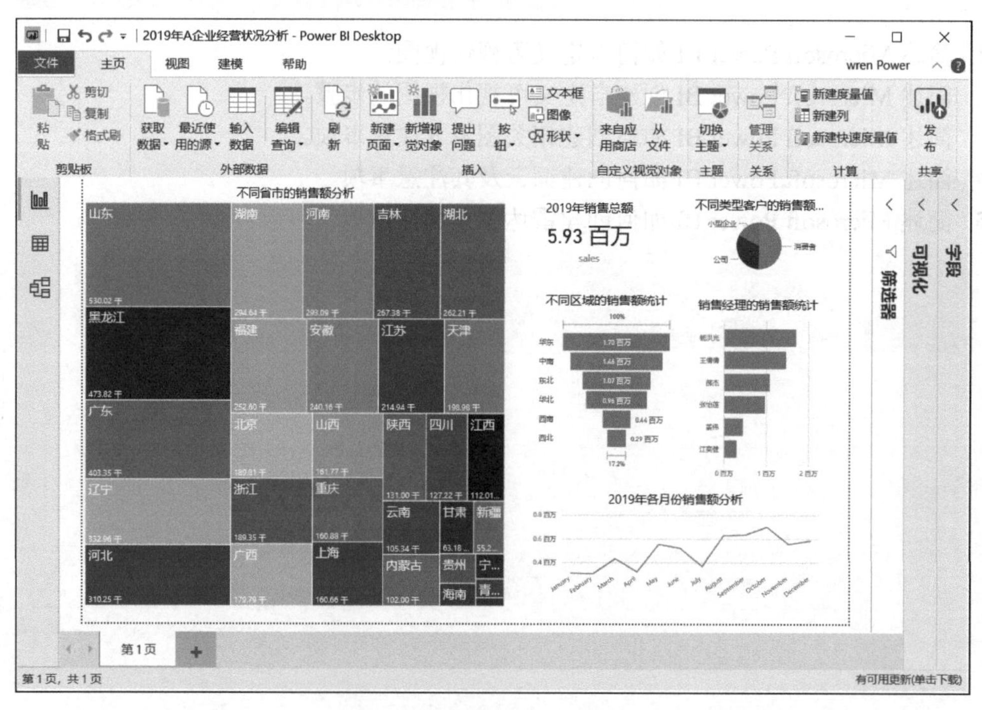

图 7-1　Microsoft Power BI 报表

7.1.2　Microsoft Power BI 报表的特点

Microsoft Power BI 报表以数据集为基础，其中的每个视图表示信息的一个方面。此外，可视化视图不是静态的，可以添加和删除数据、更改可视化视图类型，并在深入探究数据时应用筛选器和切片器等，从而挖掘隐含的有价值信息并寻找答案。

例如，单击饼图中的客户细分区域时，其他视图也会发生变化，突出显示相应的统计数据，如图 7-2 所示。

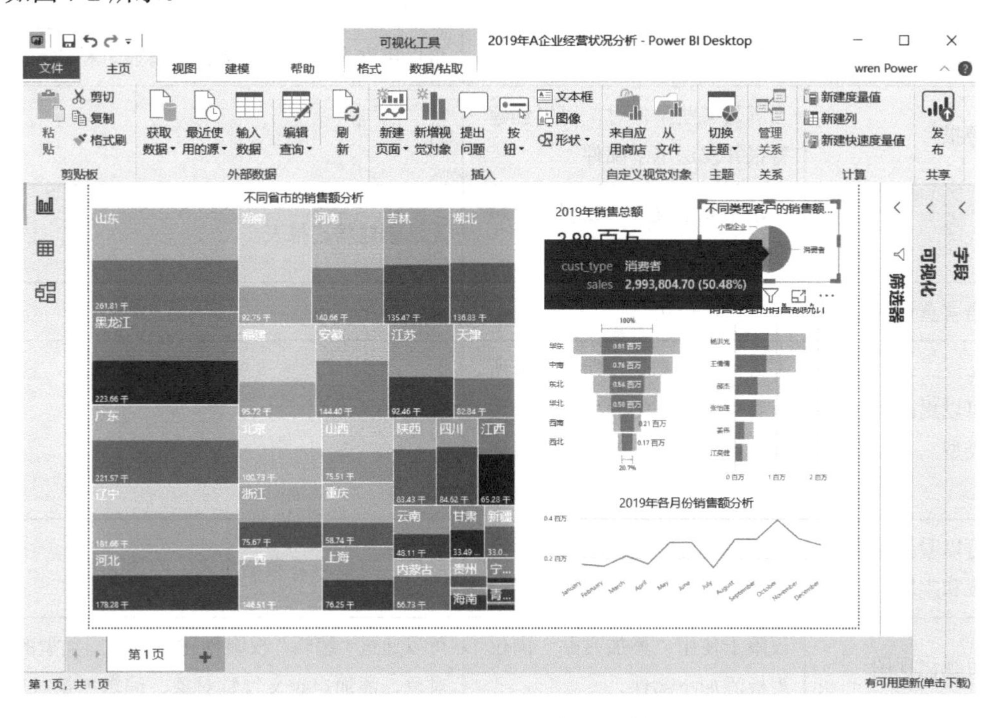

图 7-2　突出显示相应的统计数据

7.1.3　Microsoft Power BI 报表与仪表板的差异

仪表板类似于报表，具有高度的交互性和定制性，并且可以随着数据源的变化而自动更新。注意，仪表板是 Power BI 服务的一个功能，Power BI Desktop 中无此功能，在第 17 章将会详细介绍 Power BI 服务。

仪表板上的可视化效果来源于报表，并且其中的每个报表都基于一个数据集，仪表板与报表很容易混淆，因为它们都是填充可视化视图的画布，两者之间的差异如表 7-1 所示。

表7-1　报表与仪表板的功能差异

功　能	仪　表　板	报　表
页面	一个页面	一个或多个页面
数据源	一个或多个数据集	每个报表的单个数据集
是否可用于 Microsoft Power BI	否	是，可以在 Microsoft Power BI 中创建和查看报表

（续表）

功　能	仪 表 板	报　表
固定	只能将现有的可视化视图（磁贴）从当前仪表板固定到其他仪表板	可以将可视化视图（作为磁贴）固定到任何仪表板，也可以将整个报表页面固定到任何仪表板
订阅	无法订阅仪表板	可以订阅报表页面
筛选	无法筛选或切片	可以用许多方式来筛选、突出显示和切片
设置警报	当满足某些条件时，可以创建警报并发送电子邮件	否
功能	可以将某个仪表板设置为“精选”	无法创建精选报表
自然语言查询	从仪表板可用	从报表不可用
是否可以更改可视化视图类型	不可以。事实上，即使报表所有者更改报表中的可视化视图类型，仪表板上的固定可视化视图也不会更新	可以
是否可以看到基础数据集表和字段	不可以。可以导出数据，但看不到仪表板本身的表和字段	可以。可以查看数据集表、字段和值
创建可视化视图	仅限于使用“添加磁贴”向仪表板添加小部件	可以通过“编辑”权限创建许多不同类型的视觉对象、添加自定义视觉对象、编辑视觉对象等
自定义	可以通过移动和排列、调整大小、添加链接、重命名、删除和显示全屏等可视化视图（磁贴）进行自定义，但是数据和可视化视图本身是只读的	在“阅读”视图中，可以发布、嵌入、筛选、导出、下载为.pbix，查看相关内容，生成 QR 码，在 Excel 中进行分析等。在“编辑”视图中，可以执行到目前为止所提到的一切操作，甚至更多操作

7.2 创建与发布 Microsoft Power BI 报表

7.2.1 为报表添加新的视图页面

当报表页面存在多个可视化视图时，不必挤得满满的，可以添加新的空白页面，单击左下方的加号图标，如图 7-3 所示，然后输入新页面的名称即可。

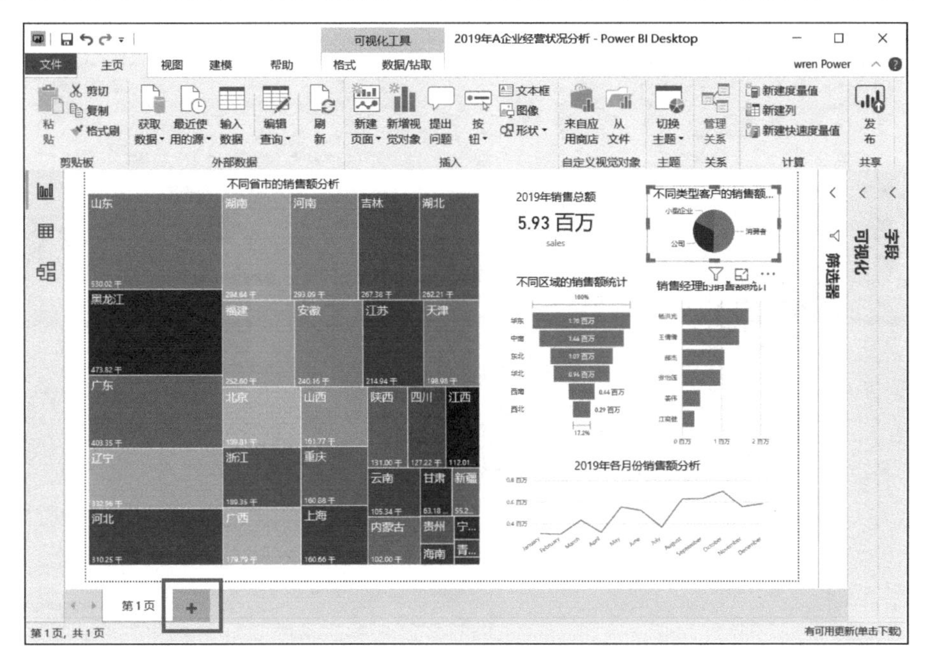

图 7-3　单击加号图标

如果需要复制某个页面，就右击页面，然后在快捷菜单中选择“复制页”选项，如图 7-4 所示。

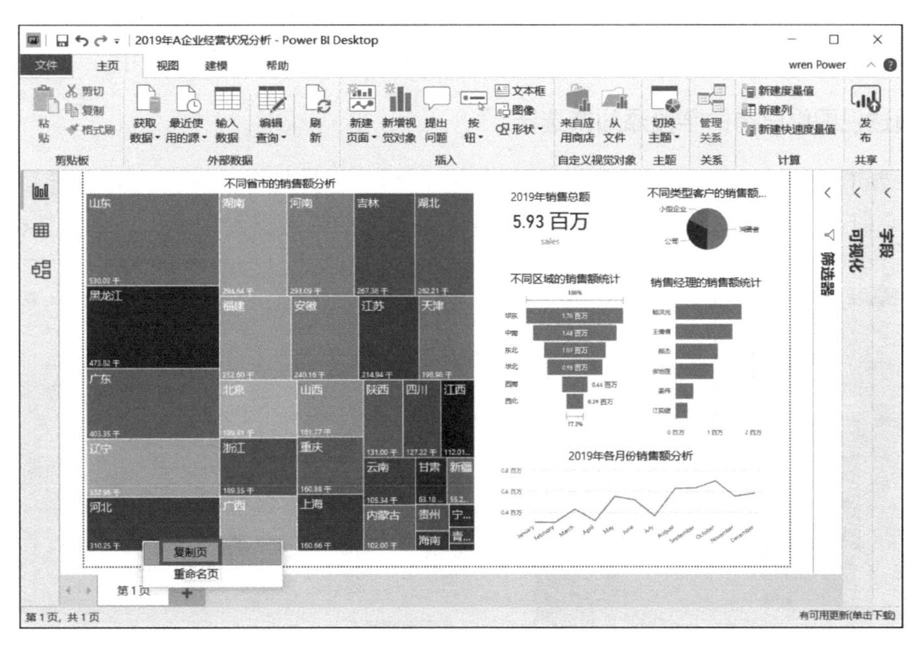

图 7-4　复制页面

如果要重命名某个页面，就右击页面，在快捷菜单中选择“重命名页”选项，如图 7-5 所示，然后输入新的名称即可。此外，“删除页”和“隐藏页”选项还可以删除和隐藏页面。

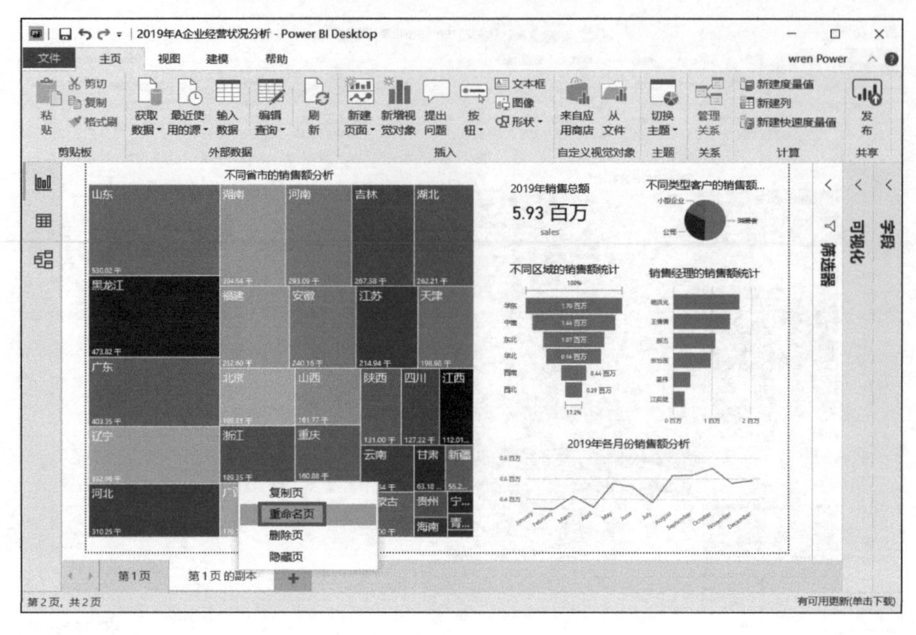

图 7-5　重命名页面

7.2.2　为报表添加“筛选器”字段

向特定的视图中添加筛选器：第一种是通过视图中已有的字段添加；第二种是通过视图中尚未使用的字段添加，并将该字段直接添加到“视觉级筛选器”设置项中。

1. 通过视图中已有的字段添加筛选器

打开“可视化”“筛选器”和“字段”窗格，然后选择视觉对象，将其激活。视图中的所有筛选字段会在“筛选器”窗格下的“此视觉对象上的筛选器”中列出，如图 7-6 所示。

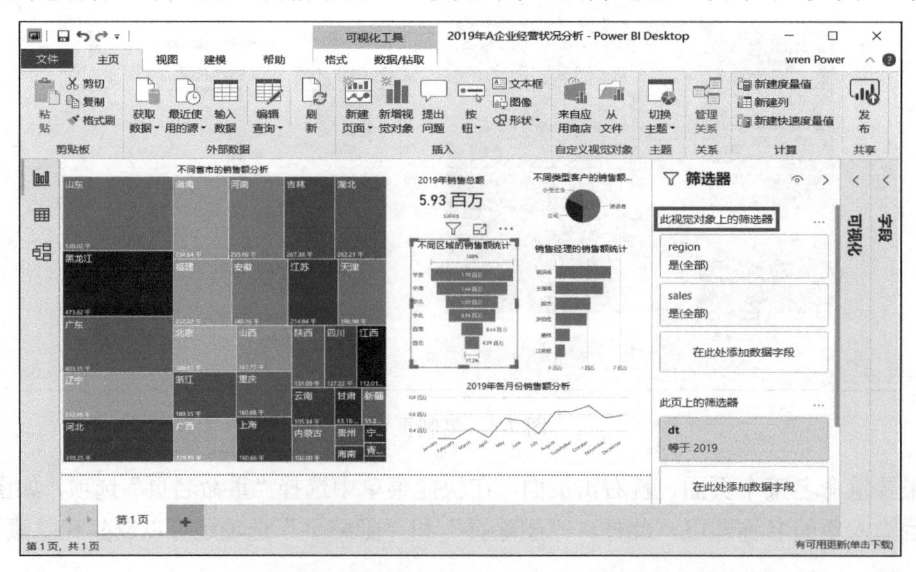

图 7-6　激活视觉对象后使用的所有字段被列出来

此时可以向可视化视图中已有的字段添加筛选器，在“此视觉对象上的筛选器”区域，单击箭头按钮以展开要筛选的字段。筛选器的类型有“基本筛选”“高级筛选”和“前 N 个筛选”3 类，这里选择“基本筛选”，然后选择“东北”“华东”和“中南”复选框，视觉对象会随新筛选器的选项变化而变化。将报表与筛选器保存后，就可以通过选择或清除值的方式与筛选器进行交互，如图 7-7 所示。

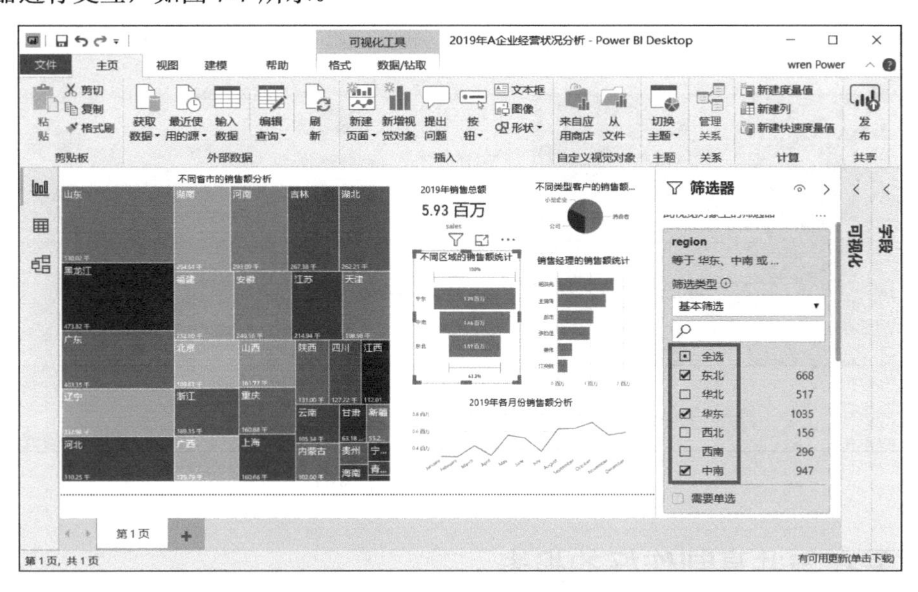

图 7-7　此视觉对象上的筛选器

2. 通过视图中尚未使用的字段添加筛选器

在“筛选器”窗格中，选择需要添加的字段，然后将其拖曳到“此视觉对象上的筛选器”，这里将 return 字段拖曳到“此视觉对象上的筛选器”中，其中 0 表示该订单没有退货，1 表示该订单退货，这里选中“0”复选框，可视化视图就调整为仅显示 A 公司 2019 年不同区域没有退回商品的销售额，如图 7-8 所示。

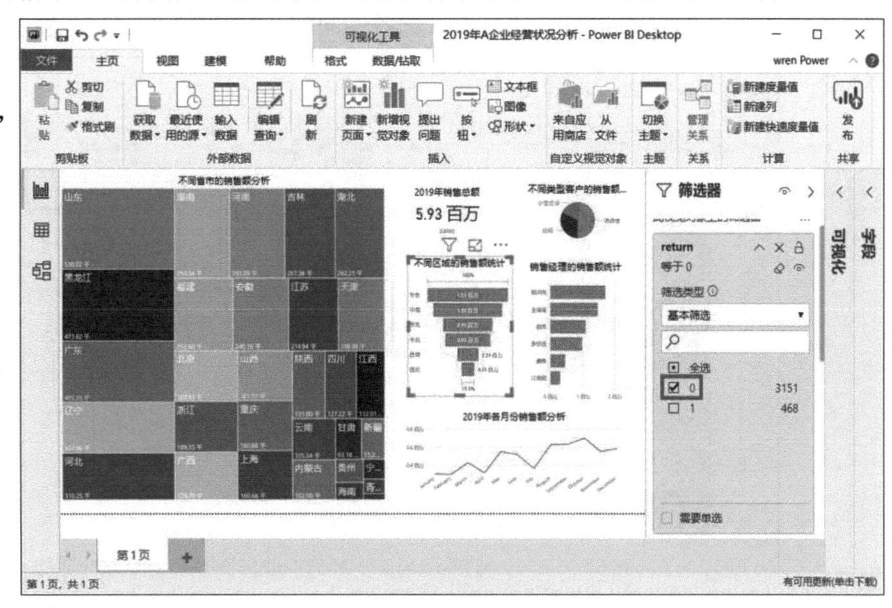

图 7-8　调整后的可视化视图

此外，Microsoft Power BI 还可以向单个报表页面和所有报表页面添加筛选器，“此页上的筛选器”选项实现向单个报表页面添加筛选器，如图 7-9 所示，“所有页面上的筛选器”选项实现向所有报表页面添加筛选器。

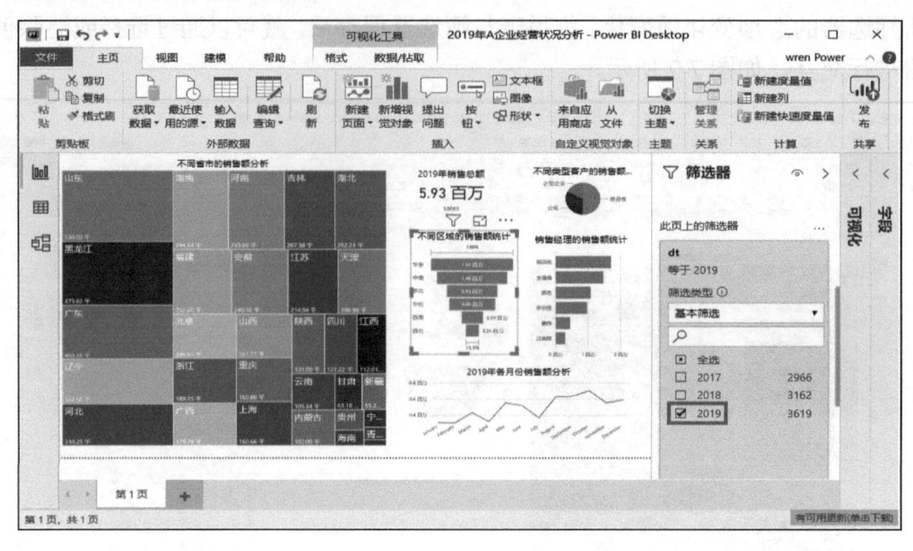

图 7-9 调整后的可视化视图

7.2.3 发布与共享制作好的报表

截至目前，我们已经了解了如何在报表和仪表板中创建可视化视觉对象，接下来就可以使用 Microsoft Power BI 轻松地完成发布和共享操作了。

在发布与共享报表之前，首先需要注册一个 Microsoft Power BI 的账户，注册是免费的，然后登录账户，软件的右上方会显示登录名，如图 7-10 所示。

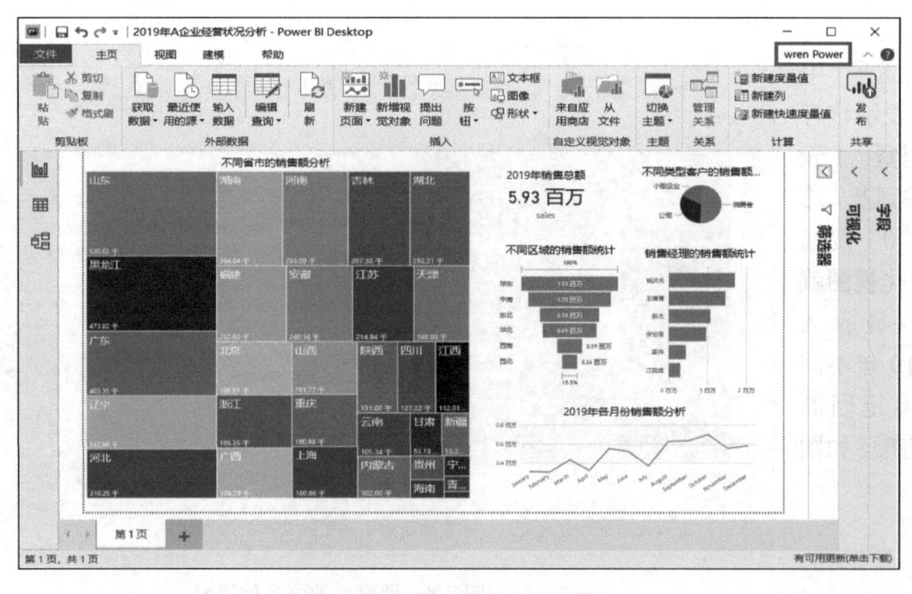

图 7-10 调整后的可视化视图

在 Microsoft Power BI 中完成报表创作后，只需单击 Microsoft Power BI “主页” 选项卡中的 “发布” 按钮，即可进入发布流程，如图 7-11 所示。报表和数据等都会被上传到 Microsoft Power BI 服务。

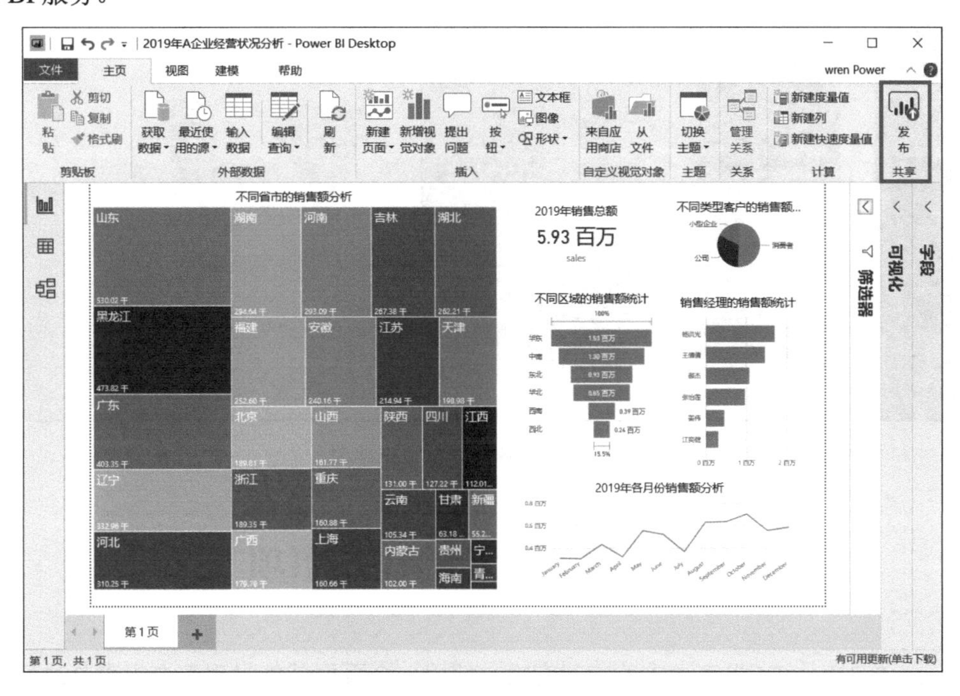

图 7-11　调整后的可视化视图

发布完成后，会提示已成功，并提供一个链接地址，如图 7-12 所示。

图 7-12　调整后的可视化视图

单击链接后，在浏览器中会打开发布到 Microsoft Power BI 服务中的相应报表，如图 7-13 所示。截至目前，我们已经很轻松地将报表从 Microsoft Power BI 发布到了 Power BI 服务上。

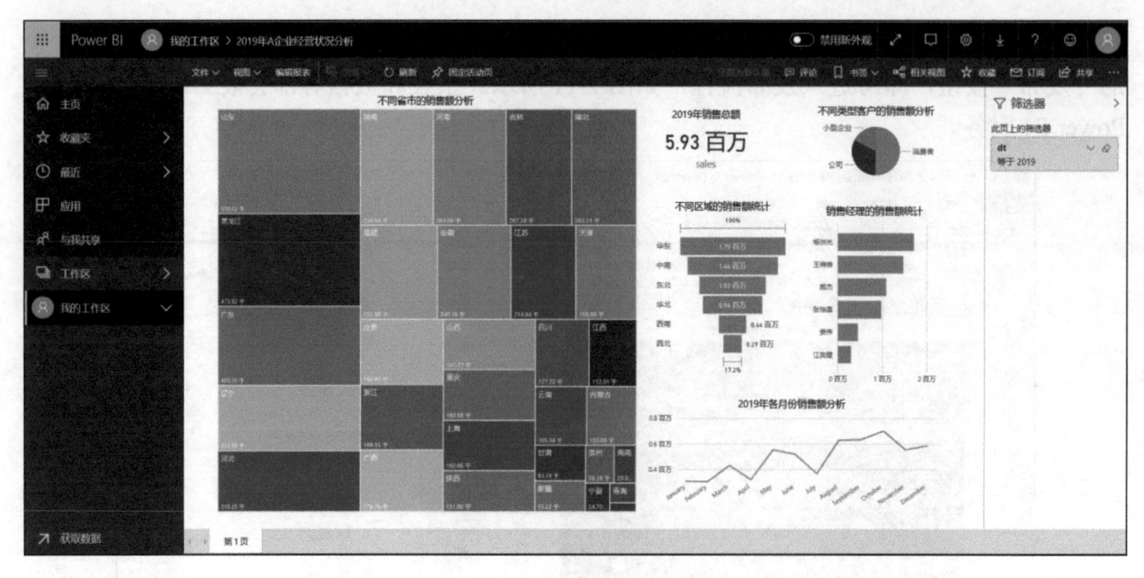

图 7-13 调整后的可视化视图

7.3 报表设计的注意事项

Microsoft Power BI 报表画布的空间有限，使用一个页面就能呈现整个报表是最好的，但是如果无法在一个报表页面上呈现所有元素，就需要将报表分成多个页面，注意各个报表页面所展示的内容要有一定的逻辑关系。

7.3.1 合理布局报表视图页面

报表元素的布局不仅会影响用户对报表的理解，而且还是用户浏览报表页面时的导引，元素的布置方式也是在向用户传达信息。在大多数情况下，人们习惯从左往右、从上往下进行浏览，因此需要将最重要的元素放在报表左上角。

1. 对齐

对齐并不意味着不同组件的尺寸必须相同，也不是说报表上的每一行都必须有相同数量的组件，只需要页面采用有助于用户浏览的样式即可。

在 Microsoft Power BI 中，需要对多个视图进行对齐，可以使用“格式”功能区下的“对齐”和“分布”，图 7-14 所示为“对齐”选项。

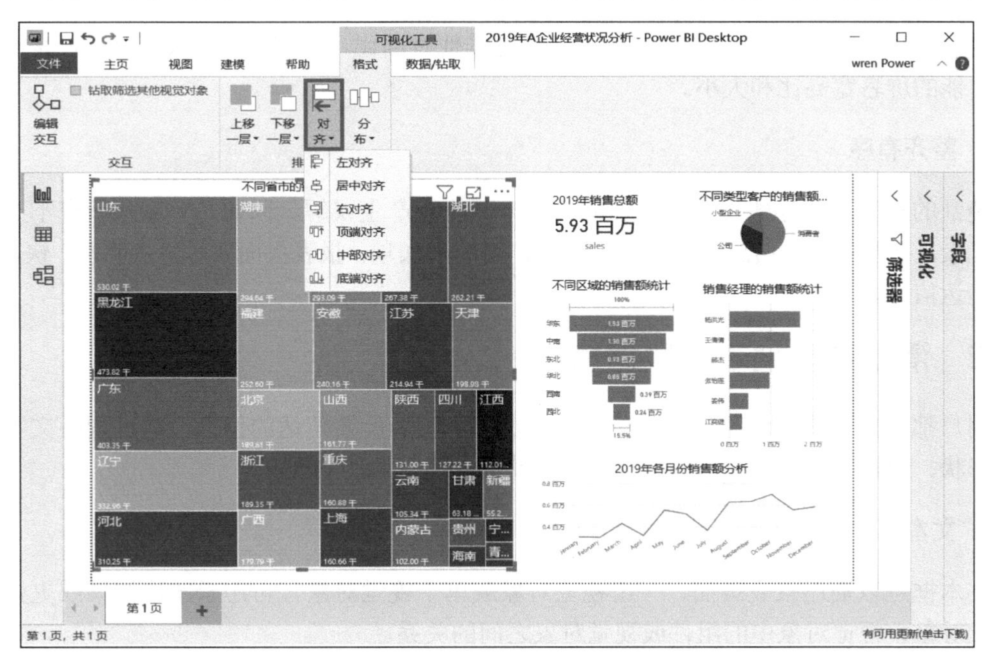

图 7-14　“对齐”选项

2. 调整页面大小

如果已经确定报表的查看和显示方式，那么在设计时要注意减少空白区域，填满整个画布，尽量不要对各个视觉对象使用滚动条。

缩小页面后，各个元素相对于整个页面就会放大，为此可以取消选择页面上的所有视觉对象，然后设置“格式”窗格下的“页面大小”，如图 7-15 所示。

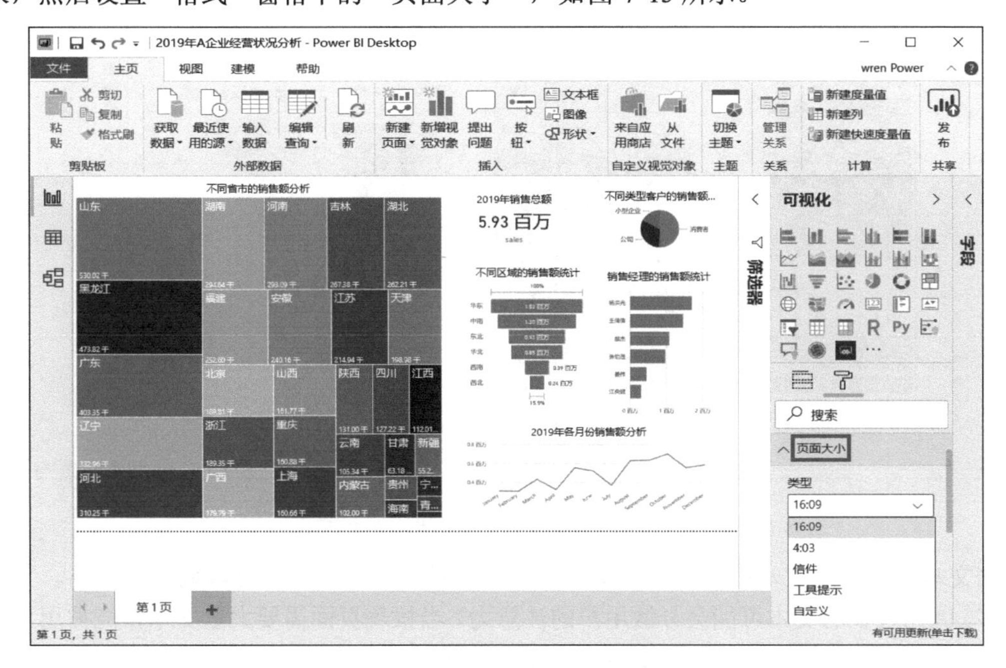

图 7-15　设置视觉对象的确切位置

在设计报表时要注意采用 4:3、16:9，还是其他宽高比，小屏幕还是大屏幕，还是要适应所有可能的屏幕宽高比和大小。

3. 整齐有序

凌乱的报表可能导致用户无法理解，甚至可能会产生误解。因此，要删除所有不必要的报表元素，不要添加对信息理解或浏览没有作用的附加项，报表页面要尽可能明确、快速、一致地传达信息。

7.3.2 清楚准确地表达数据信息

用户都希望在快速浏览后迅速获取页面及每个图表所要传达的信息，通过调整文本框标签、形状、边框、字号和颜色等视觉提示有助于上述目标的实现。

1. 文本框

文本框可以描述报表页面、一组视觉对象或单个视觉对象，可用于阐述结果或更好地定义视觉对象、视觉对象中的组件或视觉对象之间的关系。

在 Microsoft Power BI 中，单击“主页”选项卡中的“文本框”按钮，如图 7-16 所示，即可添加文本框。

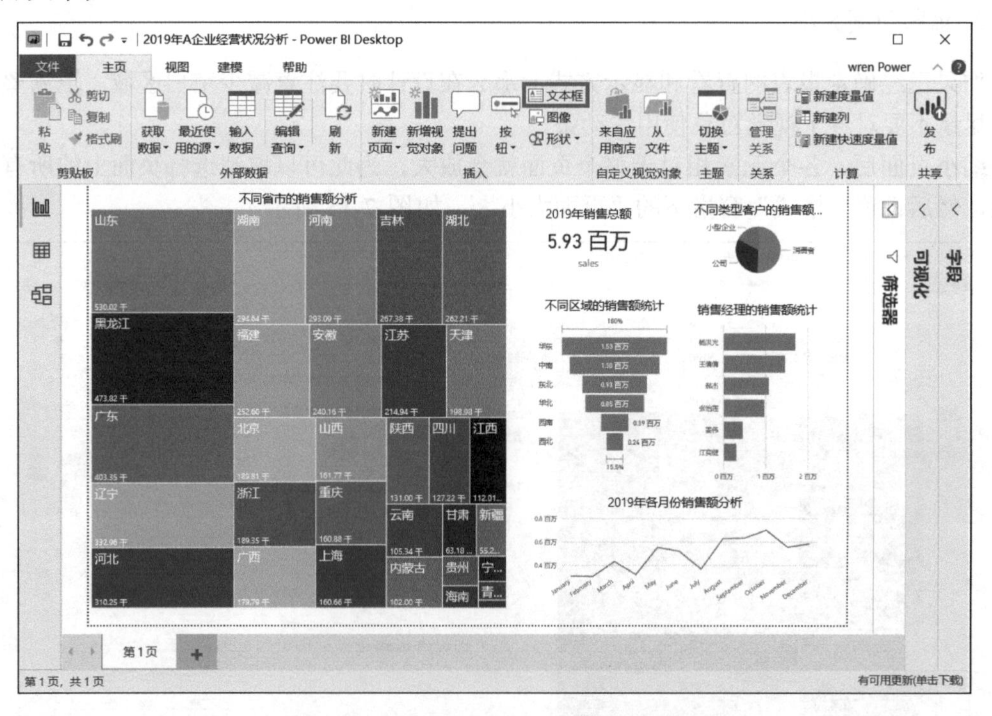

图 7-16 单击“文本框”按钮添加文本框

在文本框中输入文本信息，设置字体、字号、对齐方式等，还可以调整其大小。文本不能太多，因为过多的文本可能会分散用户的注意力。当报表页面需要大量文本才能被用户理解时，可以选取其他视觉对象来更好地传达信息，调整视觉对象的标题，使其更易于理解。

2. 形状

形状也有助于用户浏览和理解信息，使用形状可以将相关信息归到一起，突出显示重要数据，还可以使用箭头引导用户的视线。添加“形状”的方法如图 7-17 所示。

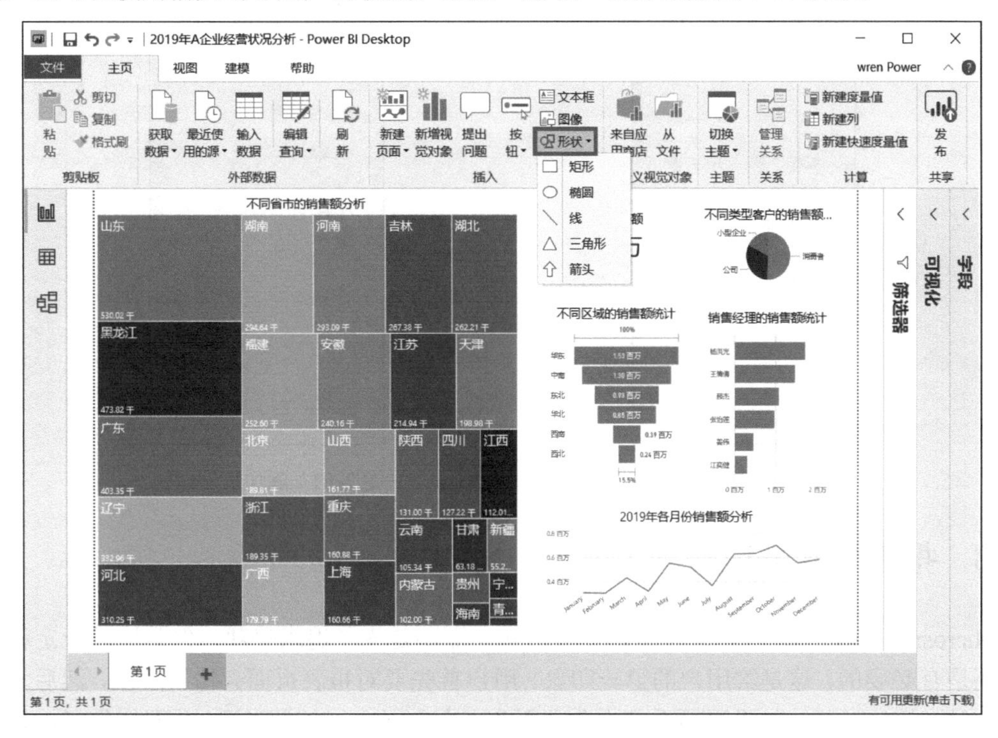

图 7-17　添加“形状”

3. 颜色

使用颜色是为了保持一致性，精心选择颜色，确保颜色不会干扰用户快速理解报表，过多明亮的颜色也会妨碍理解。在设置页面背景时，一般要选择与其他颜色不冲突的颜色。调整颜色的方法如图 7-18 所示。

4. 页面标题

标题是描述报表内容的简短语句。在“可视化”窗格中将“标题”设置为“开”，单击箭头按钮以展开“标题”选项，在“标题文本”文本框中输入新的标题名，如图 7-19 所示。

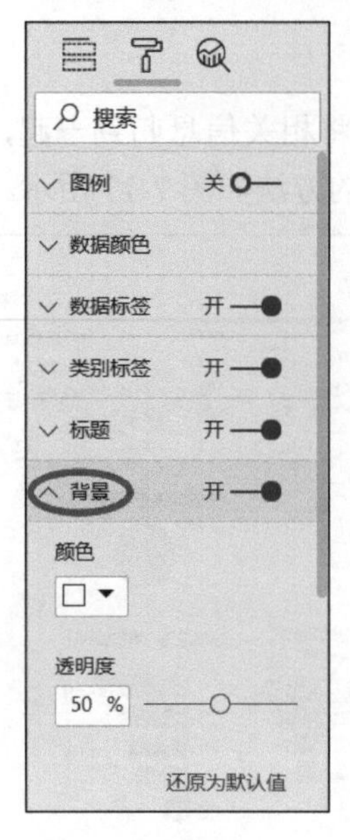

图 7-18　设置报表颜色

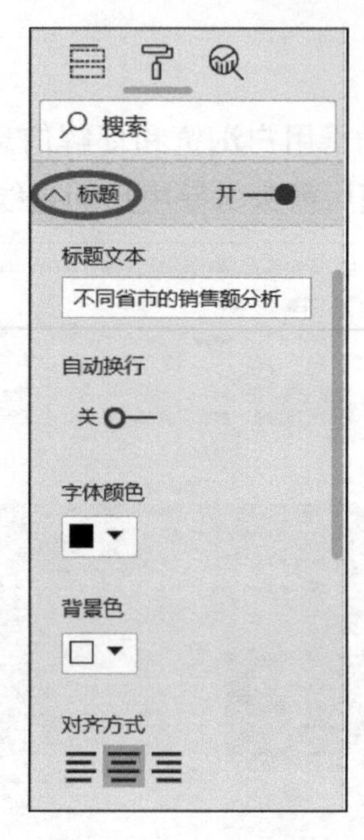

图 7-19　添加页面标题

7.3.3　报表外观舒适美观大方

Microsoft Power BI 报表旨在满足业务需求，而不是为了追求美观，但是追求一定程度的美观还是有必要的，这是给用户的第一印象。用户首先要对报表页面有情绪反应，然后才会花更多的时间深入了解。如果页面看起来杂乱无章、令人困惑、专业性差，就不能很好地传达重要的信息。

设计报表就像装饰房间，虽然选择的每个元素都可能有实际意义，但是将其放在报表中就可能产生冲突或者分散用户的注意力，因此需要进行适当的取舍。

总之，可以创建通用报表主题或外观，将其应用于所有报表页面，使用独立图像和其他图形来帮助传达信息，而不分散读者的注意力。

7.4　练习题

1. 简述 Microsoft Power BI 报表及其主要特点。
2. 简述 Microsoft Power BI 报表与仪表板的区别。
3. 简述如何创建和发布 Microsoft Power BI 报表。
4. 简述 Microsoft Power BI 创建报表的注意事项。

·第/三/部/分·

Microsoft Power BI之大数据篇

本部分我们将介绍Microsoft Power BI在大数据技术中的应用，包括连接到Hadoop Hive、连接到Apache Spark、连接Hadoop集群的可视化工具等，详细介绍Microsoft Power BI在大数据环境下进行可视化分析的方法。

第 8 章

连接 Hadoop Hive

Hadoop Hive 是基于 Hadoop 的一个数据仓库工具，可以将结构化的数据文件映射为一张数据库表，并提供完整的 SQL 查询功能，可以将 SQL 语句转换为 MapReduce 任务进行运行，优点是学习成本低。本章将详细介绍 Microsoft Power BI 如何连接 Cloudera Hive、MapR Hive 等 Hadoop 集群及其注意事项。

8.1 Hadoop 简介

Hadoop 在 2006 年开始成为雅虎项目，随后晋升为顶级 Apache 开源项目。Hadoop 是一种通用的分布式系统基础架构，具有多个组件：Hadoop 分布式文件系统（HDFS），将文件以 Hadoop 本机格式存储并在集群中并行化；YARN，协调应用程序运行时的调度程序；MapReduce，这是实际并行处理数据的算法。通过一个 Thrift 客户端，用户可以编写 MapReduce 或者 Python 代码，如图 8-1 所示。

图 8-1　Hadoop

除了这些基本组件外，Hadoop 还包括 Sqoop，它将关系数据移入 HDFS；Hive，一种类似于 SQL 的接口，允许用户在 HDFS 上运行查询；Mahout，机器学习。除了将 HDFS 用于文件存储之外，Hadoop 现在还可以配置使用 S3 buckets 或 Azure blob 作为输入。

Hadoop 存在的理由是适合进行大数据的存储计算，Hadoop 集群主要由两部分组成：一个是存储、计算“数据”的“库”；另一个是存储计算框架。

8.1.1 Hadoop 分布式文件系统

Hadoop 分布式文件系统是一种文件系统实现，类似于 NTFS、EXT3、EXT4 等。不过 Hadoop 分布式文件系统建立在更高的层次之上，在 HDFS 上存储的文件被分成块（每块默认为 64MB，比一般文件系统块大得多）分布在多台机器上，每块又会有多块冗余备份（默认为 3），以增强文件系统的容错能力，这种存储模式与后面的 MapReduce 计算模型相得益彰。HDFS 在具体实现中主要有以下几个部分：

1. 名称节点（NameNode）

名称节点的职责在于存储整个文件系统的元数据，这是一个非常重要的角色。元数据在集群启动时会加载到内存中，元数据的改变也会写到磁盘的系统映像文件中，同时还会维护对元数据的编辑日志。HDFS 存储文件时是将文件划分成逻辑上的块存储的，对应关系都存储在名称节点上，如果有损坏，整个集群的数据就会不可用。

我们可以采取一些措施备份名称节点的元数据，例如将名称节点目录同时设置到本地目录和一个 NFS 目录，这样任何元数据的改变都会写入两个位置做冗余备份，这样使用中的名称节点关机后，可以使用 NFS 上的备份文件恢复文件系统。

2. 第二名称节点（SecondaryNameNode）

这个角色的作用是定期通过编辑日志合并命名空间映像，防止编辑日志过大。不过第二名称节点的状态滞后于主名称节点，如果主名称节点挂掉，那么必定会有一些文件损失。

3. 数据节点（DataNode）

这是 HDFS 中具体存储数据的地方，一般有多台机器。除了提供存储服务外，还定时向名称节点发送存储的块列表。名称节点没有必要永久保存每个文件、每个块所在的数据节点，这些信息会在系统启动后由数据节点重建。

8.1.2 MapReduce 计算框架

MapReduce 计算框架是一种分布式计算模型，核心是将任务分解成小任务外，由不同计算者同时参与计算，并将各个计算者的计算结果合并，得出最终结果。模型本身非常简单，一般只需要实现两个接口即可，关键在于怎样将实际问题转化为 MapReduce 任务。Hadoop 的 MapReduce 主要由以下两部分组成：

1. 作业跟踪节点（JobTracker）

负责任务的调度（可以设置不同的调度策略）、状态跟踪。有点类似于 HDFS 中的名称节点，JobTracker 也是一个单点，在未来的版本中可能会有所改进。

2. 任务跟踪节点（TaskTracker）

负责具体的任务执行。TaskTracker 通过“心跳”的方式告知 JobTracker 其状态，并由 JobTracker 根据报告的状态为其分配任务。TaskTracker 会启动一个新 JVM 运行任务，当然 JVM

实例也可以被重用。

8.1.3 Apache Hadoop 发行版

Hadoop 在大数据领域的应用前景很大，不过因为是开源技术，实际应用过程中存在很多问题。于是出现了各种 Hadoop 发行版，国外目前主要是 3 家公司在做这项业务：Cloudera、Hortonworks 和 MapR。

Cloudera 和 MapR 的发行版是收费的，它们基于开源技术，稳定性高，同时强化了一些功能，定制化程度较高，核心技术是不公开的，收入主要来自软件。Hortonworks 则走向另一条路，它们将核心技术完全公开，用于推动 Hadoop 社区的发展。

2018 年 10 月 3 日，Cloudera 和 Hortonworks 已经合并，将 Hortonworks 在端到端数据管理方面的优势与 Cloudera 在数据仓库和机器学习方面的优势结合起来。本书后续不再对 Hortonworks 发行版本进行深入介绍。

2019 年 8 月 5 日，HPE 收购了 MapR 公司，MapR 的文件系统技术赋能 HPE 打造从边缘到云的完整的产品线，驱动人工智能和分析应用的发展，更好地帮助客户管理端到端的数据资产，使 HPE 拥有基于 AI/ML 的完整产品组合。

1. Cloudera Hadoop

Cloudera 是 Hadoop 领域知名的公司和市场领导者，提供了市场上第一个 Hadoop 商业发行版本。Cloudera Hadoop 对 Apache Hadoop 进行了商业化，简化了安装过程，并对 Hadoop 做了一些封装。它拥有 350 多个客户并且活跃于 Hadoop 生态系统开源社区。CDH（Cloudera's Distribution Including Apache Hadoop）是 Hadoop 众多分支中的一种，是 Cloudera 公司的发行版，包含 Hadoop、Spark、Hive、Hbase 和一些工具等，基于稳定版本的 Apache Hadoop 构建，并集成了很多补丁，可直接用于生产环境。

Cloudera 有两个版本：Cloudera Express 版本是免费的；Cloudera Enterprise 需要购买注册码，有 60 天的试用期。Cloudera 企业版软件架构如图 8-2 所示。

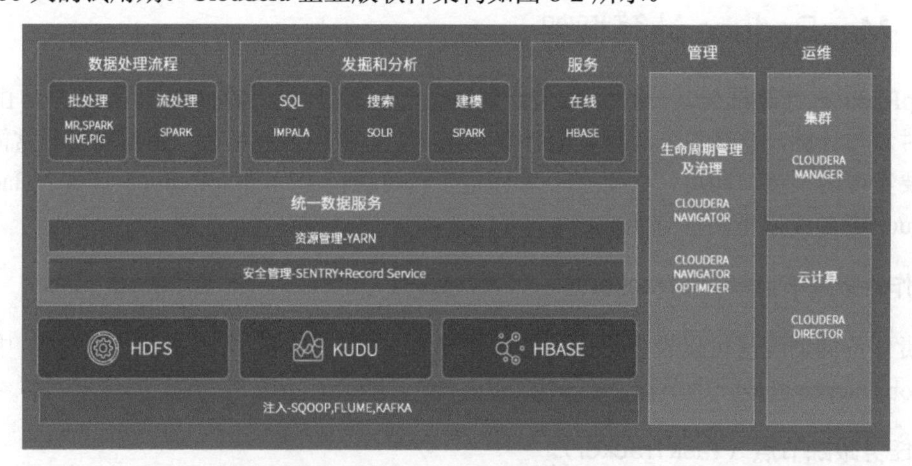

图 8-2 Cloudera 企业版软件架构

Cloudera 的系统管控平台——Cloudera Manager 易于使用、界面清晰，拥有丰富的信息内容。为了便于在集群中进行 Hadoop 等大数据处理相关的服务安装和监控管理，对集群中的主机、Hadoop、Hive、Spark 等服务的安装配置管理做了极大简化。Cloudera 的集群控制套件能自动化安装部署集群并且提供了许多有用的功能，比如实时显示节点个数、缩短部署时间等。同时，Cloudera 也提供咨询服务来解决各类机构关于在数据管理方案中如何使用 Hadoop 技术以及开源社区有哪些新内容等疑虑。

2. MapR Hadoop

MapR 的 Hadoop 商业发行版紧盯市场需求，能更快反映市场需要。一些行业巨头（如思科、埃森哲、波音、谷歌、亚马逊）都是 MapR 的 Hadoop 的用户。与 Cloudera 和 Hortonworks 不同的是，MapR Hadoop 不依赖于 Linux 文件系统，也不依赖于 HDFS，而是在 MapRFS 文件系统上把元数据保存在计算节点，可快速进行数据的存储和处理，如图 8-3 所示。

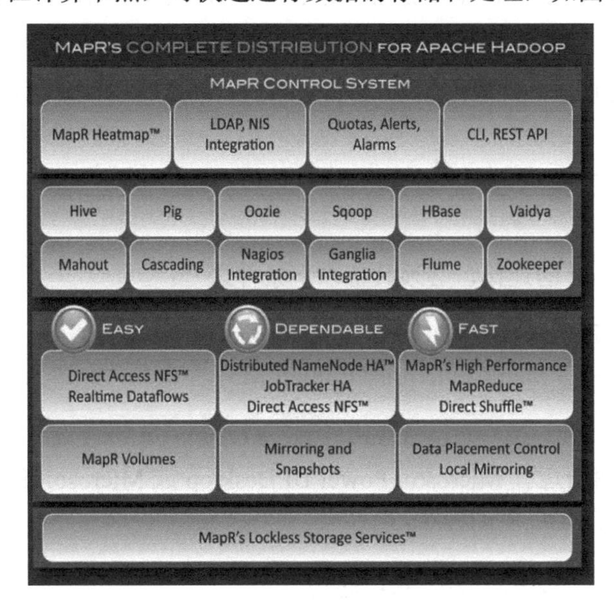

图 8-3 MapR 软件架构

MapR Hadoop 的主要特性如下：

- 基于 MapRFS，它是一个不依赖于 Java 而提供 Pig、Hive 和 Sqoop 的 Hadoop。
- MapR Hadoop 是适合应用于生产环境的 Hadoop 版本，它包含许多易用性、高效和可信赖的增强功能。
- MapR Hadoop 集群节点可以通过 NFS 直接访问，因此用户可以像使用 Linux 文件系统一样在 NFS 上直接挂载 MapR 文件。
- MapR Hadoop 提供了完整的数据保护，方便使用并且没有单点故障。
- MapR Hadoop 被认为是运行最快的 Hadoop 版本。

MapR 还凭借诸如快照、镜像或有状态的故障恢复之类的高可用特性来与其他竞争者相区别。该公司也领导着 Apache Drill 项目，它是 Google 的 Dremel 的开源项目的重新实现，目的是在 Hadoop 数据上执行类似 SQL 的查询以提供实时处理。

8.2 连接基本条件

Hadoop Hive 是一种通过混合使用传统 SQL 表达式，以及特定于 Hadoop 的高级数据分析和转换操作，利用 Hadoop 集群数据的技术。Microsoft Power BI 使用 Hive 与 Hadoop 配合工作，提供无须编程的环境。

Microsoft Power BI 支持使用 Hive 和数据源的 HiveODBC 驱动程序连接存储在 Cloudera、Hortonworks 和 MapR 分布中的数据。

8.2.1 Hive 版本：连接的必备条件

下面介绍连接的先决条件和外部资源。对于到 Hive Server 的连接，必须具备以下条件之一：

- 包含 Apache Hadoop CDH3u1 或更高版本的 Cloudera 分布，其中包括 Hive 0.7.1 或更高版本。
- MapR Enterprise Edition(M5)。
- Amazon EMR。

对于到 Hive Server 2 的连接，必须具备以下条件之一：

- 包括 Apache Hadoop CDH4u1 的 Cloudera 分布。
- 带有 Hive 0.9+的 MapR Enterprise Edition(M5)。
- Amazon EMR。

此外，还必须在每台运行 Microsoft Power BI Desktop 或 Microsoft Power BI Server 的计算机上安装正确的 Hive ODBC 驱动程序。

8.2.2 驱动程序：安装 ODBC 驱动

对于 Hive Server 或 Hive Server 2，必须从“驱动程序”页面下载与安装 Cloudera、MapR 或 Amazon EMR ODBC 驱动程序。

- Cloudera(Hive): 适用于 Apache Hive 2.5.x 的 Cloudera ODBC 驱动程序，用于 Microsoft Power BI Server 8.0.8 或更高版本，需要使用驱动程序 2.5.0.1001 或更高版本。
- Cloudera(Impala): 适用于 Impala Hive 2.5.x 的 Cloudera ODBC 驱动程序；如果连接到 Cloudera Hadoop 上的 Beeswax 服务，就要改为使用适合 Microsoft Power BI Windows 使用的 Cloudera ODBC 1.2 连接器。
- MapR: MapR_odbc_2.1.0_x86.exe 或更高版本，或者 MapR_odbc_2.1.0_x64.exe 或更高版本。

如果已安装其他驱动程序版本，就要先卸载该驱动程序，再安装“驱动程序”页面上提供的对应版本。

8.2.3 启动服务：运行 Hive 的服务

下面需要启动集群和 Hive 的相关进程，主要步骤如下：

步骤 01 启动 Hadoop：

```
/home/dong/hadoop-2.8.0/sbin/start-all.sh
```

步骤 02 后台运行 Hive：

```
nohup hive --service metastore > metastore.log 2>&1 &
```

步骤 03 启动 Hive 的 hiveserver2：

```
hive --service hiveserver2  &
```

步骤 04 查看启动的进程，输入 jps，确认已经启动了 6 个进程，如图 8-4 所示。

```
[root@master ~]# jps
3572 RunJar
2897 NameNode
3509 RunJar
3222 ResourceManager
3686 Jps
3077 SecondaryNameNode
```

图 8-4 查看启动的进程

Derby 是 Hadoop 默认的元数据存储。Hive 元数据包含 Hive 表的结构和位置，必须存储在某处以便能够持续进行读取/写入访问。Hive 默认情况下使用 Derby 容纳元数据信息。

尽管 Derby 无法支持 Hive 的多个实例并行使用，不过对于像 Microsoft Power BI 这样的外部客户端，Hive 服务将以单一访问的形式运行。Hive 服务支持多个外部客户端并行访问，同时仅在 Derby 元数据数据库的单一实例上运行。如果预计为长期生产使用 Hive，那么可以考虑使用诸如 PostgreSQL 数据库等多用户元数据存储库，这将不会影响 Microsoft Power BI 与 Hive 交互的方式。

8.3 连接步骤：连接集群 Hive

8.3.1 Cloudera Hadoop Hive

在连接 Cloudera Hadoop 大数据集群前，需要确保已经安装了最新的驱动程序。按照以下步骤安装对应的驱动程序，首先到 Cloudera 的官方网站下载对应的驱动，网站地址为：https://www.cloudera.com/downloads.html，单击 Hive 的下载链接，如图 8-5 所示。

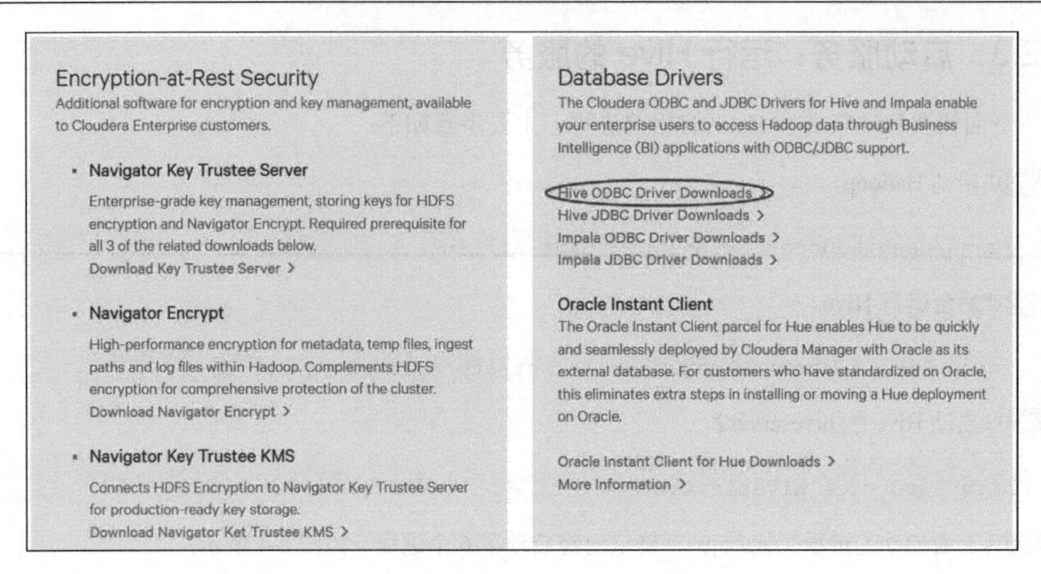

图 8-5　下载 Cloudera Hadoop Hive

根据需要选择适合系统的 ODBC 驱动程序，这里选择的是 Windows 64 位驱动，然后单击 GET IT NOW 按钮，如图 8-6 所示。进入注册页面，填写相应的信息并单击 CONTINUE 按钮，就可以正常下载驱动程序，如图 8-7 所示。

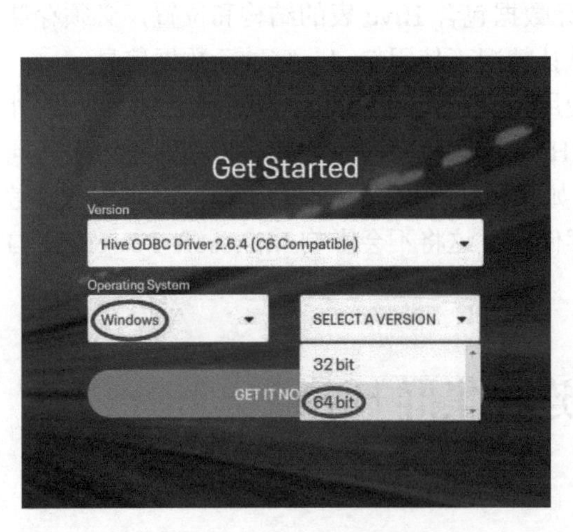

图 8-6　选择合适的版本

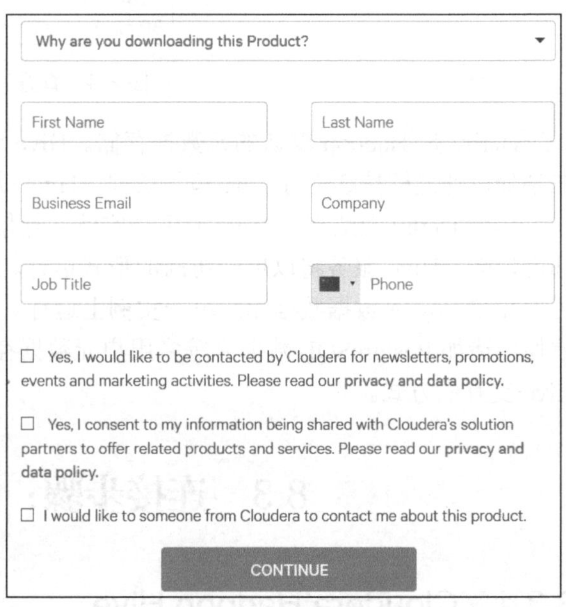

图 8-7　填写注册信息

双击运行下载的 ClouderaHiveODBC64.msi 安装程序，如图 8-8 所示，单击 Next 按钮，然后勾选 I accept the terms in the License Agreement 复选框，单击 Next 按钮，如图 8-9 所示。

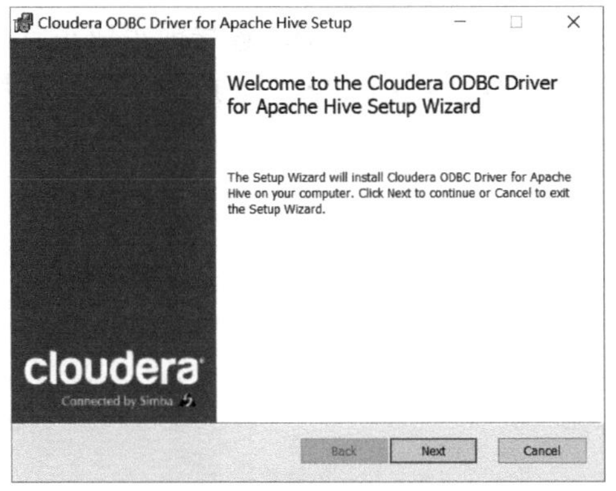
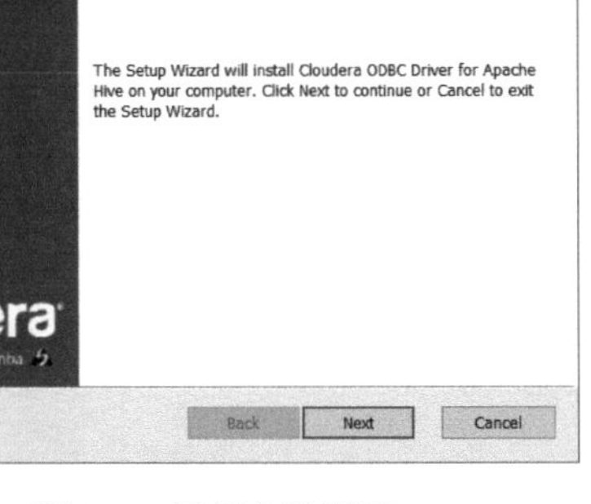

图 8-8　运行安装程序

图 8-9　同意条款

然后选择安装路径，单击 Next 按钮，如图 8-10 所示。单击 Install 按钮，开始进行安装，如图 8-11 所示。

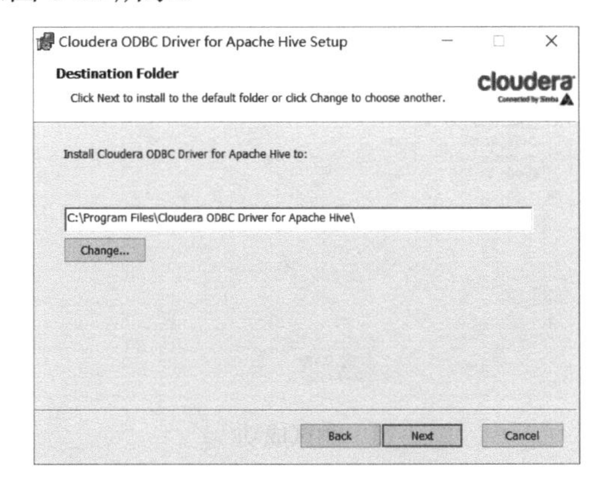

图 8-10　选择安装路径

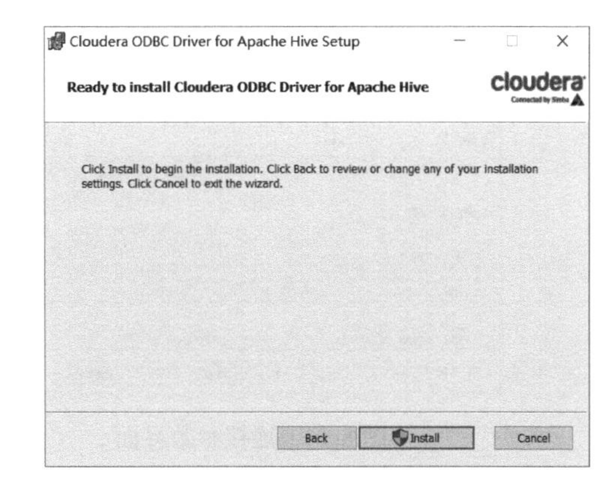

图 8-11　开始进行安装

安装过程比较简单，安装完成后单击 Finish 按钮，如图 8-12 所示。在计算机“ODBC 数据源管理程序（64 位）”对话框中的“系统 DSN”下，如果有 Sample Cloudera Hive DSN，就说明安装过程没有问题，如图 8-13 所示。

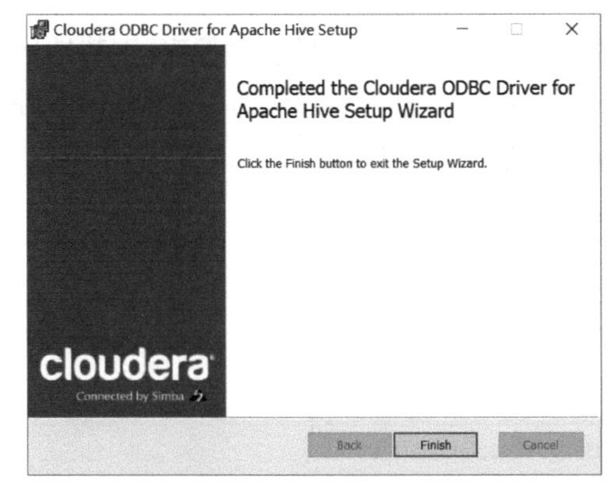

图 8-12　安装完成

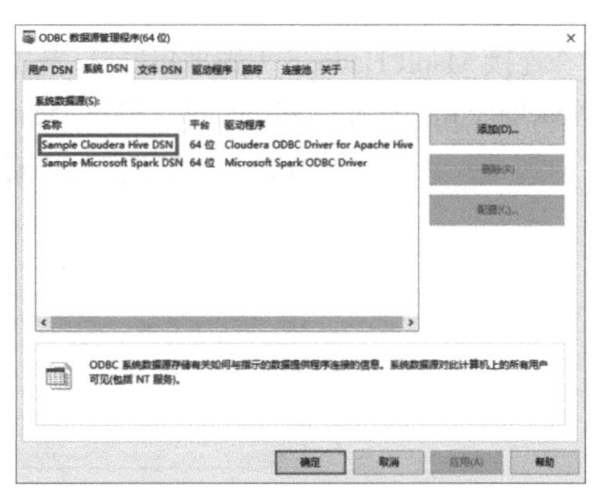

图 8-13　安装过程没有问题

下面我们将检查一下是否可以正常连接 Cloudera Hive 集群，前提是连接前需要正常启动集群，单击 Test 按钮，如图 8-14 所示。如果测试结果出现“SUCCESS!”，就说明正常连接，如图 8-15 所示。

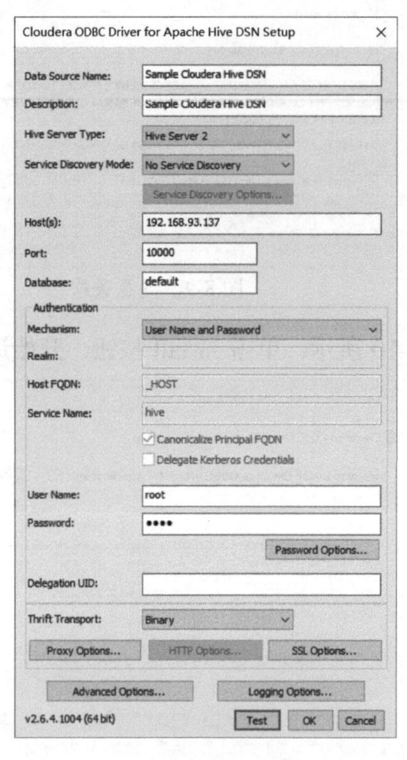

图 8-14　连接参数界面

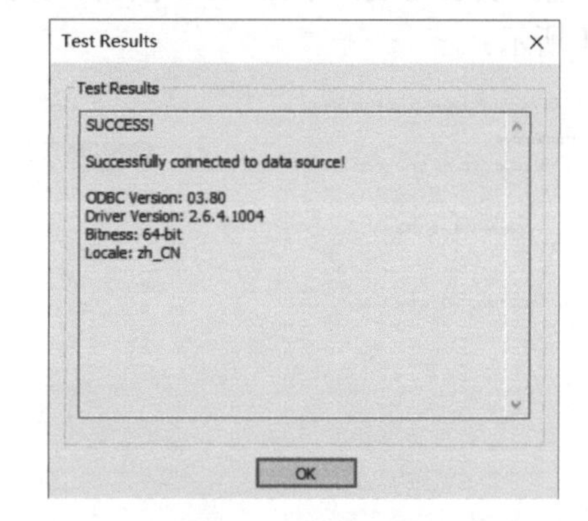

图 8-15　测试成功

当测试成功后，我们就可以在 Microsoft Power BI 中连接 Cloudera Hive 集群了，否则需要检测失败的原因，并重新进行连接，这一过程对于初学者来说有一定的难度，建议咨询企业大数据平台的相关技术人员。

8.3.2　MapR Hadoop Hive

在连接 MapR Hadoop 大数据集群前，首先需要确保已经安装了对应的驱动程序，下载地址为：http://package.mapr.com/tools/MapR-ODBC/MapR_Hive/，单击合适的下载链接，如图 8-16 所示。

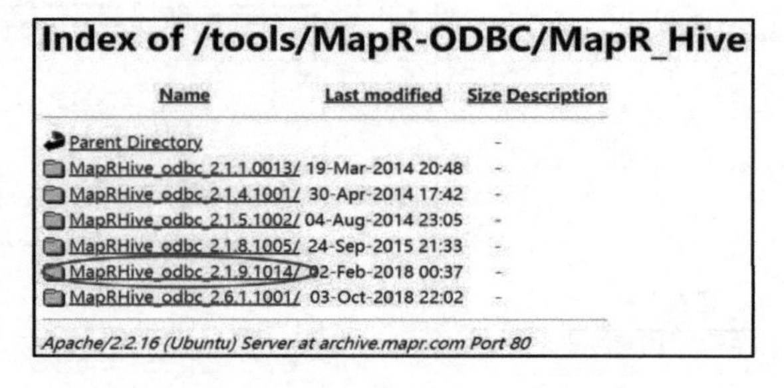

图 8-16　下载 MapR Hadoop Hive 驱动

根据需要选择适合系统的 ODBC 驱动程序，这里选择的是 Windows 64 位驱动，然后下载驱动程序文件，如图 8-17 所示。

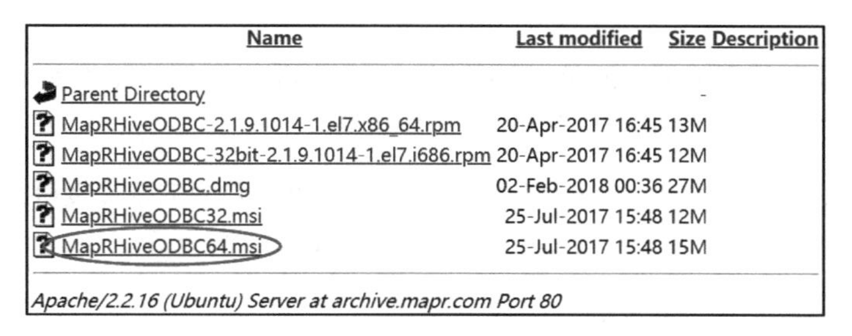

图 8-17　选择合适的版本

安装下载的驱动程序文件，具体安装过程比较简单，安装过程与前面介绍的 Cloudera Hadoop 集群基本一致，这里不再介绍。

下面我们将检查一下是否可以正常连接 Cloudera Hive 集群，前提是连接前需要正常启动集群，单击 Test 按钮，如图 8-18 所示。如果测试结果出现“SUCCESS!”，就说明正常连接，如图 8-19 所示。

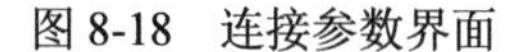

图 8-18　连接参数界面

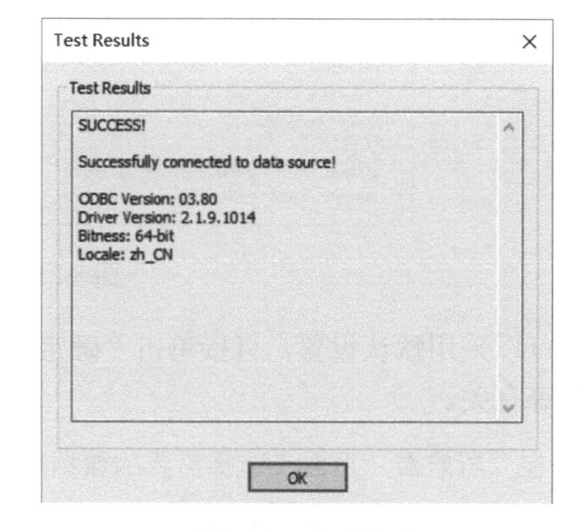

图 8-19　成功连接

当测试成功后，我们就可以在 Microsoft Power BI 中连接 MapR Hadoop Hive 集群了。

8.4 案例：不同地区销售额的比较分析

下面我们通过分析某企业 2019 年不同地区销售额的案例详细介绍如何通过 Microsoft Power BI 对 Hive 中的表进行可视化分析，具体步骤如下：

步骤 01 首先，打开 Microsoft Power BI 软件，然后找到 Hive 对应的连接接口，这里选择"获取数据"→"更多"→"其他"下的 ODBC 选项，如图 8-20 所示。

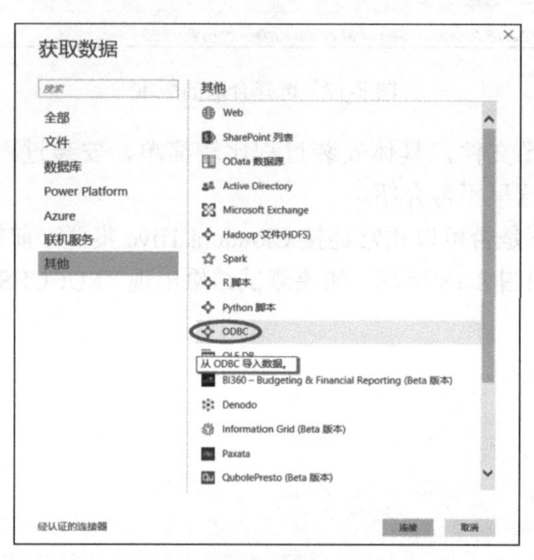

图 8-20 连接 ODBC 数据源

步骤 02 在"从 ODBC"页面，选择数据源名称为 Sample Cloudera Hive DSN，然后单击"确定"按钮，如图 8-21 所示。

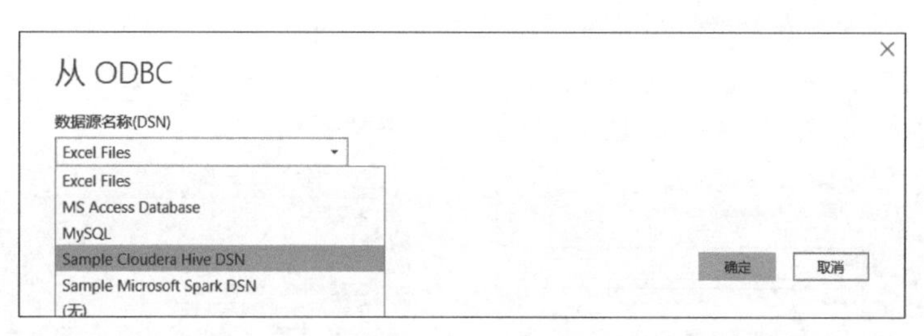

图 8-21 选择数据源

也可以采用默认设置，直接单击"确定"按钮，开始连接 Hadoop 集群，连接速度与集群的配置等有关。

步骤 03 在"导航器"页面，选择需要的数据库和表，由于我们需要分析不同地区的销售额，因此选择 orders 表，如图 8-22 所示，然后单击"加载"按钮。

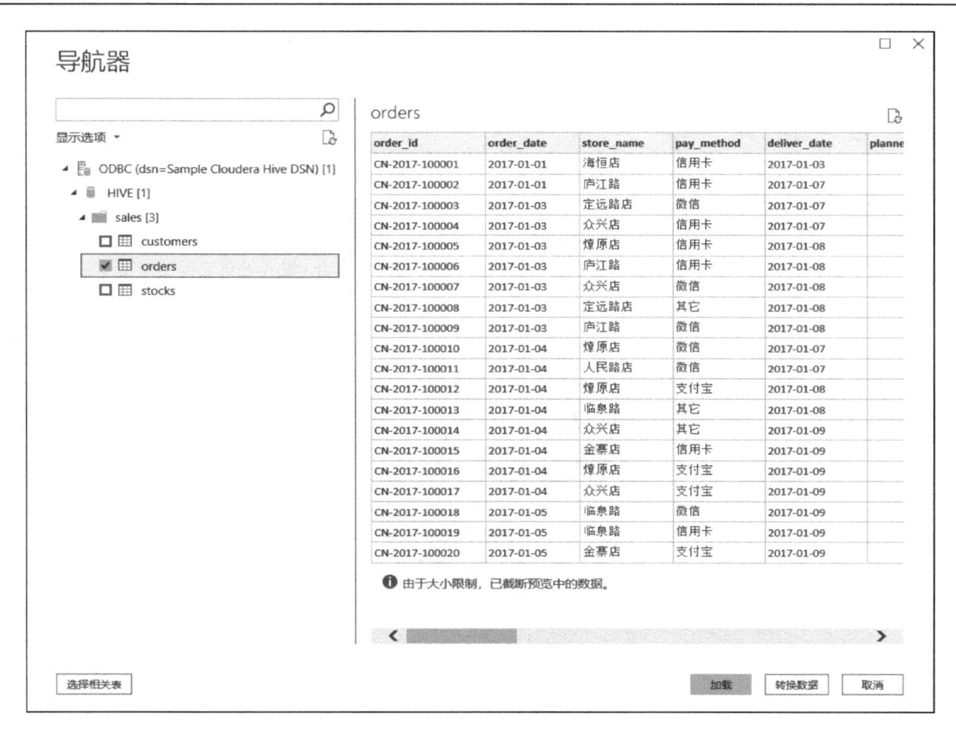

order_id	order_date	store_name	pay_method	deliver_date	planne
CN-2017-100001	2017-01-01	海恒店	信用卡	2017-01-03	
CN-2017-100002	2017-01-01	庐江路	信用卡	2017-01-07	
CN-2017-100003	2017-01-03	定远路店	微信	2017-01-07	
CN-2017-100004	2017-01-03	众兴店	信用卡	2017-01-07	
CN-2017-100005	2017-01-03	燎原店	信用卡	2017-01-08	
CN-2017-100006	2017-01-03	庐江路	信用卡	2017-01-08	
CN-2017-100007	2017-01-03	众兴店	微信	2017-01-08	
CN-2017-100008	2017-01-03	定远路店	其它	2017-01-08	
CN-2017-100009	2017-01-03	庐江路	微信	2017-01-08	
CN-2017-100010	2017-01-04	燎原店	微信	2017-01-07	
CN-2017-100011	2017-01-04	人民路店	微信	2017-01-07	
CN-2017-100012	2017-01-04	燎原店	支付宝	2017-01-08	
CN-2017-100013	2017-01-04	临泉路	其它	2017-01-08	
CN-2017-100014	2017-01-04	众兴店	其它	2017-01-09	
CN-2017-100015	2017-01-04	金寨店	信用卡	2017-01-09	
CN-2017-100016	2017-01-04	燎原店	支付宝	2017-01-09	
CN-2017-100017	2017-01-04	众兴店	支付宝	2017-01-09	
CN-2017-100018	2017-01-05	临泉路	微信	2017-01-09	
CN-2017-100019	2017-01-05	临泉路	信用卡	2017-01-09	
CN-2017-100020	2017-01-05	金寨店	支付宝	2017-01-09	

图 8-22 选择数据表

步骤 04 加载完毕后，在 Microsoft Power BI 的“字段”窗格下将会出现导入结果，这里显示的是 orders 表下的所有字段，如图 8-23 所示。

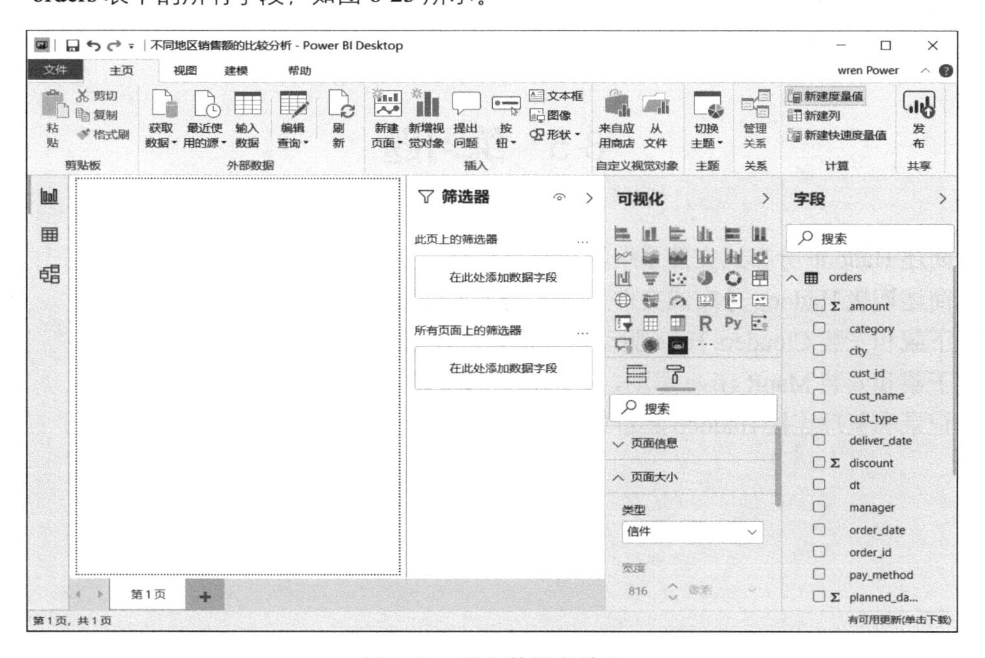

图 8-23 导入数据表效果

步骤 05 然后在“可视化”窗格单击“饼图”按钮，勾选 region、sales 和 dt 字段，并将 region 拖曳到图例上，将 sales 拖曳到值上，将 dt 拖曳到此页上的筛选器，并选择 2019。最后，对“饼图"进行一些适当的美化，最终的效果如图 8-24 所示。

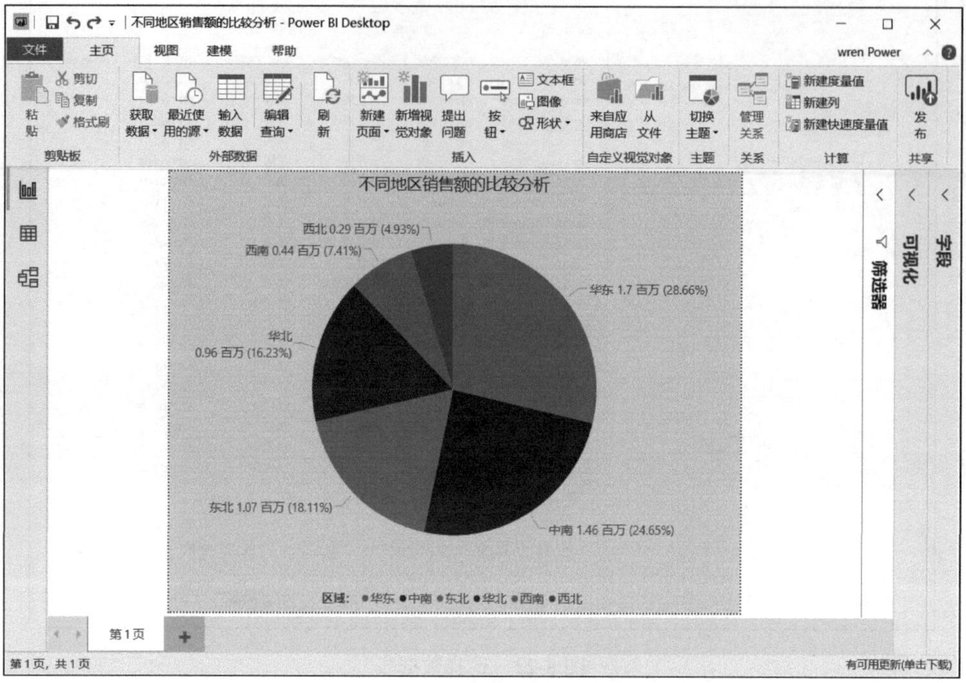

图 8-24 制作饼图可视化视图

从上面制作的饼图可以看出：在 2019 年，企业 A 在华东地区的销售额占比最大，达到了 28.66%，其次是中南地区 24.65%，东北地区 18.11%，占比最少的是西北地区，仅为 4.93%。

8.5 练习题

1. 简述 Hadoop 分布式文件系统及其计算框架。
2. 简述连接 Hadoop 分布式文件系统的基本条件。
3. 下载和安装 Cloudera Hive 驱动，并测试连接集群。
4. 下载和安装 MapR Hive 驱动，并测试连接集群。
5. 记录和整理连接 Hadoop 集群的过程中遇到的问题。

第 9 章

连接 Apache Spark

Apache Spark 是一个顶级 Apache 项目，专注于在集群中并行处理数据，与 Hadoop 最大的区别在于它在内存中运行数据，所以速度更快。本章将详细介绍 Microsoft Power BI 如何使用 Spark SQL 途径连接 Apache Spark 及其注意事项。

9.1　Hadoop 与 Spark 的比较

Spark 是一个较新的项目，最初于 2012 年诞生在加州大学伯克利分校的 AMPLab。它也是一个顶级 Apache 项目，专注于在集群中并行处理数据，最大的区别在于它在内存中运行。

类似于 Hadoop 读取和写入文件到 HDFS 的概念，Spark 使用 RDD（弹性分布式数据集）处理 RAM 中的数据。Spark 以独立模式运行，Hadoop 集群可用作数据源，也可与 Mesos 一起运行。在后一种情况下，Mesos 主站将取代 Spark 主站或 YARN 以进行调度。

Spark 是围绕 Spark Core 构建的，Spark Core 是驱动调度、优化和 RDD 抽象的引擎，并将 Spark 连接到正确的文件系统（HDFS、S3、RDBM 或 ElasticSearch）。Spark Core 上还运行了几个库，包括 Spark SQL，允许用户在分布式数据集上运行类似 SQL 的命令，用于机器学习的 MLlib、解决图形问题的 GraphX 以及允许输入连续流式日志数据的 Streaming。

Spark 有几个 API，原始界面是用 Scala 编写的，并且由于大量数据科学家使用，还添加了 Python 和 R 接口。Java 是编写 Spark 作业的另一种选择。

Hadoop 和 Apache Spark 都是大数据框架，但是存在的目的不尽相同，为了使大家更好地理解 Microsoft Power BI 与它们的连接设置，下面我们简单介绍它们之间的差异，读者如果要深入理解相应的知识点，那么可以参阅相关方面的专业图书。

1. 架构不一样

对于 Hadoop 来说，所有传入 HDFS 的文件都被分割成块。根据配置的块大小和复制因子，每个块在集群中被复制指定的次数。该信息被传递给 NameNode，跟踪集群中的所有内容。NameNode 将这些文件分配给多个数据节点，然后将这些文件写入其中。

Spark 的计算过程在内存中执行并在内存中存储，直到用户保存为止。除此之外，Spark

处理工作的方式基本与 Hadoop 类似。最初，Spark 从 HDFS、S3 或其他文件存储系统读取到名为 SparkContext 的程序执行入口。除此之外，Spark 创建了一个名为 RDD（弹性分布式数据集）的结构，表示一组可并行操作元素的不可变集合。

随着 RDD 和相关操作的创建，Spark 还创建了一个 DAG（有向无环图），以便可视化 DAG 中的操作顺序和操作之间的关系。每个 DAG 都有确定的阶段和步骤。

用户可以在 RDD 上执行转换、中间操作或最终步骤。给定转换的结果进入 DAG，不会保留到磁盘，但每一步操作都会将内存中的所有数据保留到磁盘。

Spark RDD 顶部的一个新抽象是 DataFrames，它是在 Spark 2.0 中作为 RDD 配套接口开发的。这两者非常相似，但 DataFrames 将数据组织成命名列，类似于 Python 的 Pandas 或 R 包。Spark SQL 还允许用户像存储关系数据的 SQL 表一样查询 DataFrame。

2. Hadoop 与 Spark 的性能对比

Spark 在内存中的运行速度比 Hadoop 快 100 倍，比在磁盘上的运行速度快 10 倍。众所周知，Spark 在数量只有十分之一的机器上，对 100TB 数据进行排序的速度比 Hadoop MapReduce 快 3 倍。此外，Spark 在机器学习应用中的速度更快，例如 Naive Bayes 和 K-Means。

由处理速度衡量的 Spark 性能之所以比 Hadoop 更优，原因如下：

（1）每次运行 MapReduce 任务时，Spark 都不会受到输入输出的限制。事实证明，应用程序的速度要快得多。

（2）Spark 的 DAG 可以在各个步骤之间进行优化。Hadoop 在 MapReduce 步骤之间没有任何周期性连接，这意味着在该级别不会发生性能调整。

但是，如果 Spark 与其他共享服务在 YARN 上运行，性能就可能会降低并导致 RAM 开销内存泄漏。出于这个原因，如果用户有批处理的诉求，Hadoop 被认为是更高效的系统。

3. Hadoop 与 Spark 的成本对比

Spark 和 Hadoop 都可以作为开源 Apache 项目免费获得，这意味着用户都可以零成本安装运行。但是，还需要考虑集群维护、硬件和软件购买以及集群管理团队的开销。内部安装的一般经验法则是 Hadoop 需要更多的磁盘内存，而 Spark 需要更多的 RAM，这意味着设置 Spark 集群可能会更加昂贵。此外，由于 Spark 是较新的系统，因此它的专家更为稀少，成本更高。另一种选择是使用供应商进行安装，例如 Cloudera for Hadoop 或 Spark for DataBricks，或使用 AWS 在云中运行 EMR / MapReduce。

由于 Hadoop 和 Spark 是串联运行的，将各自的价格分离出来进行比较可能是困难的。对于高级别的比较，假设为 Hadoop 选择计算优化的 EMR 集群，最小实例 c4.large 的成本为每小时 0.026 美元。Spark 最小内存优化集群每小时成本为 0.067 美元。因此，Spark 每小时更昂贵，但考虑到计算时间，类似的任务在 Spark 集群上花费的时间更少。

4. Hadoop 与 Spark 的容错和安全性

Hadoop 具有高度容错性，因为它旨在跨多个节点复制数据。每个文件都被分割成块，并在许多机器上复制无数次，以确保单台机器停机时，可以从其他块重建文件。

Spark 的容错主要是通过 RDD 操作来实现的。最初，静态数据存储在 HDFS 中，通过 Hadoop 的体系结构进行容错。随着 RDD 的建立，Lineage 也是如此，它记住了数据集是如何构建的，由于它是不可变的，如果需要，那么可以从头开始重建。跨 Spark 分区的数据也可以基于 DAG 跨数据节点重建。数据在执行器节点之间复制，如果执行器和驱动程序之间的节点通信失败，那么通常可能会损坏数据。

Spark 和 Hadoop 都可以支持 Kerberos 身份验证，但 Hadoop 对 HDFS 具有更加细化的安全控制。Apache Sentry 是一个用于执行细粒度元数据访问的系统，是另一个专门用于 HDFS 级别安全性的项目。Spark 的安全模型目前很少，但允许通过共享密钥进行身份验证。

5. Hadoop 与 Spark 的机器学习

Hadoop 使用 Mahout 来处理数据。Mahout 包括集群、分类和基于批处理的协作过滤，所有这些都在 MapReduce 之上运行。目前正在逐步推出支持 Scala 和 DSL 语言的 Samsara（类似于 R 的矢量数学环境），允许用户进行内存和代数操作，并允许用户自己编写算法。

Spark 有一个机器学习库叫 MLlib，充分利用 Spark 快速内存计算，迭代效率高的优势开发机器学习应用程序。它可用于 Java、Scala、Python 或 R，包括分类和回归，以及通过超参数调整构建机器学习管道的能力。

所以，到底是选 Hadoop 还是 Spark 呢？两者都是 Apache 的顶级项目，经常一起使用，并且有相似之处，但 Spark 并不是离不开 Hadoop，目前已有超过 20%的 Spark 独立于 Hadoop 运行，并且这一比例还在增加。从性能、成本、高可用性、易用性、安全性和机器学习诸多方面参考，Spark 都略胜一筹。

9.2 连接 Hadoop Spark 集群

在第 8 章详细介绍了 Microsoft Power BI 连接 Hadoop Hive 集群的具体步骤，本节将具体介绍如何连接 Hadoop Spark 集群。

9.2.1 安装 Spark SQL 的 ODBC 驱动

首先需要在计算机上安装 Microsoft Power BI Desktop，同时还需要下载和安装 Microsoft Power BI 的 Spark SQL 的 ODBC 驱动程序，我们可以在微软的官方网站下载 Spark SQL 的 ODBC 驱动，网址为：https://www.microsoft.com/en-us/download/details.aspx?id=49883，如图 9-1 所示。

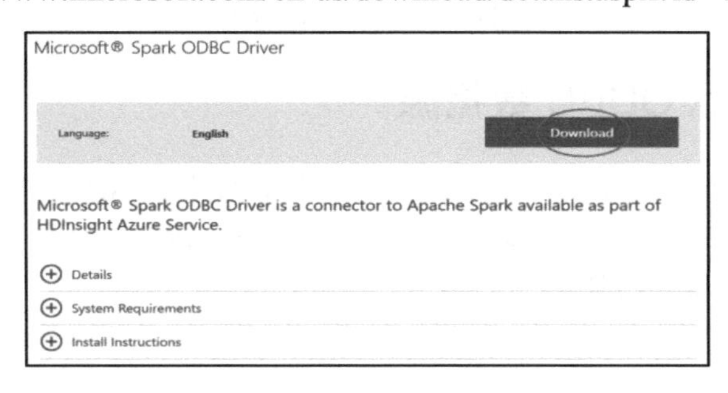

图 9-1　下载 SparkSQL 的 ODBC 驱动

由于计算机是 64 位的 Windows 10，因此这里选择 64 位的 SparkODBC64.msi，如图 9-2 所示。下载完成后，双击安装文件进入软件安装过程，选择默认的选项即可，这里不再逐一进行介绍。

Choose the download you want

File Name	Size
SparkODBC32.msi	12.9 MB
SparkODBC64.msi	15.7 MB

图 9-2　选择合适的下载文件

9.2.2　启动集群和 Spark 相关进程

下面需要启动集群和 Spark 的相关进程，主要步骤如下：

步骤 01 启动 Hadoop：

```
/home/dong/hadoop-2.5.2/sbin/start-all.sh
```

步骤 02 启动 Spark：

```
/home/dong/spark-1.4.0-bin-hadoop2.4/sbin/start-all.sh
```

步骤 03 后台运行 Hive：

```
nohup hive --service metastore > metastore.log 2>&1 &
```

步骤 04 启动 Spark 的 ThriftServer：

```
/home/dong/spark-1.4.0-bin-hadoop2.4/sbin/start-thriftserver.sh
```

步骤 05 查看启动的进程，输入 jps，确认已经启动了 7 个进程，如图 9-3 所示。

```
[root@master ~]# jps
6192 SparkSubmit
2897 NameNode
6035 Master
3509 RunJar
3222 ResourceManager
6257 Jps
3077 SecondaryNameNode
```

图 9-3　查看启动的进程

9.2.3　配置 Spark ODBC 数据源

在“控制面板”→“管理工具”→“ODBC 数据源管理程序（64 位）”下，如果出现 Sample Microsoft Spark DSN，就说明正常安装，然后单击“添加”按钮，如图 9-4 所示。打开如图 9-5 所示的界面，单击“完成”按钮。

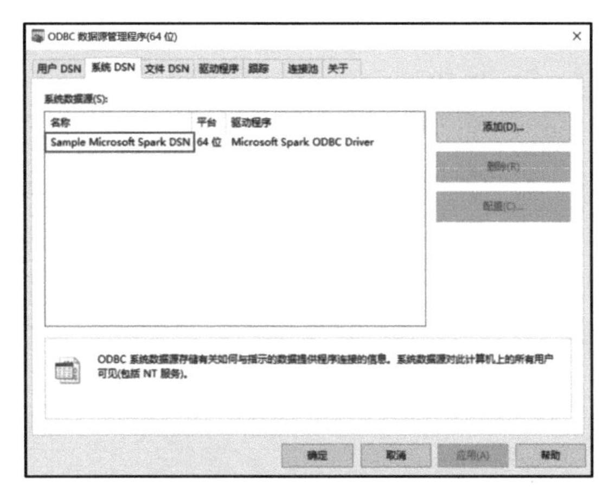

图 9-4　核查是否正常安装

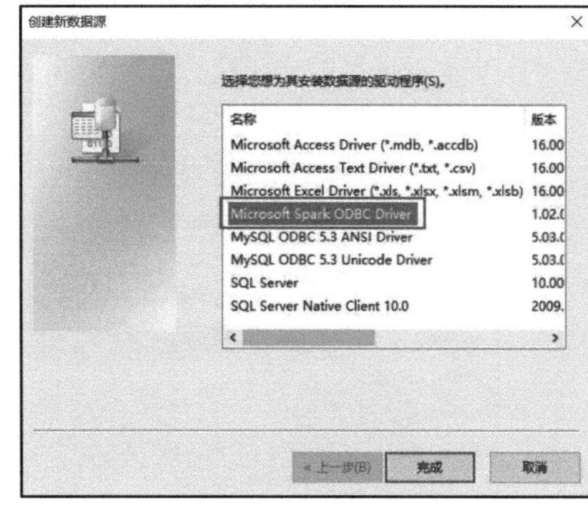

图 9-5　添加驱动

在驱动程序设置界面，输入服务器 IP、端口号、账号和密码等，如图 9-6 所示。如果需要使用 SASL 连接集群，且集群没有启动 SSL 服务，那么需要单击 SSL Options 按钮，取消勾选 Enable SSL 复选框，如图 9-7 所示。

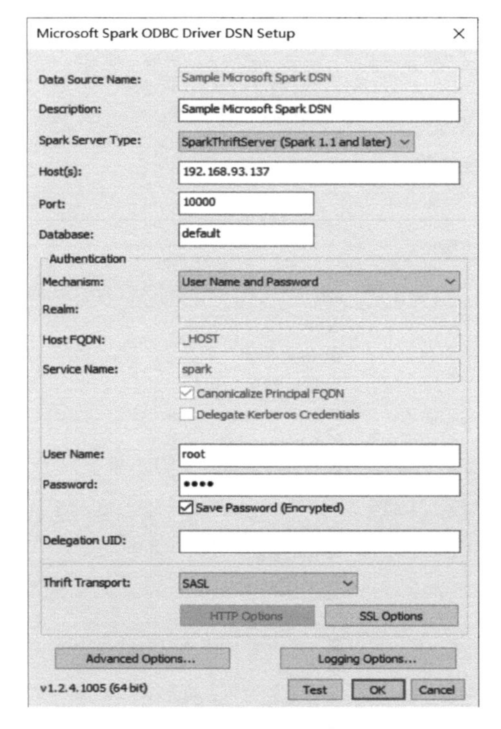

图 9-6　驱动程序设置界面

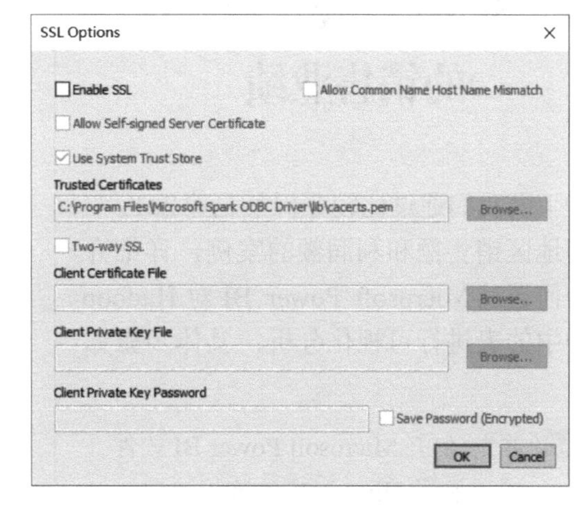

图 9-7　取消勾选 Enable SSL 复选框

9.2.4　测试 Spark ODBC 数据连接

截至目前，我们已经完成了 Spark ODBC 的设置。下面检测一下是否成功，这里根据集群的实际配置，连接方式需要选择 Binary，然后单击 Test 按钮，如图 9-8 所示，如果出现“SUCCESS!”，就说明连接正常。

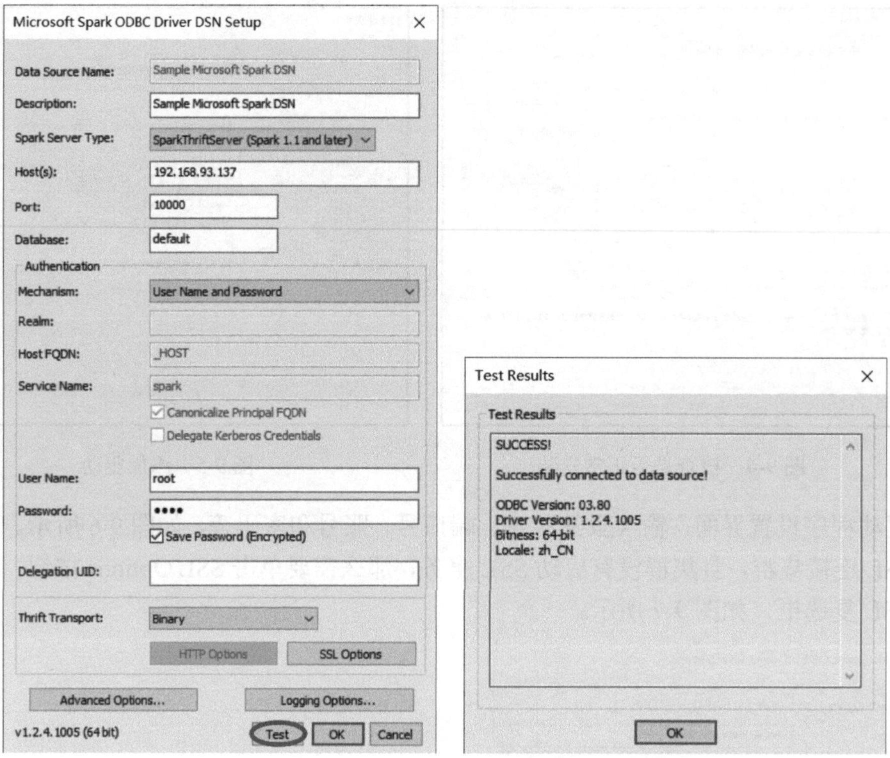

图 9-8　测试连接参数

9.3　案例：比较企业各地区的销售业绩

下面我们通过比较分析某企业 2019 年不同地区销售额和利润额的案例，详细介绍如何通过 Microsoft Power BI 对 Hadoop 集群中的表进行可视化分析，具体步骤如下：

步骤 01 首先，打开 Microsoft Power BI 软件，然后找到 Hive 对应的连接接口，这里选择"获取数据"→"更多"→"其他"下的 ODBC 选项，如图 9-9 所示。

图 9-9　连接 ODBC 数据源

步骤 02 在"从 ODBC"对话框中，选择数据源名称为 Sample Microsoft Spark DSN，如图 9-10 所示。

从 ODBC

数据源名称(DSN)

Excel Files

Excel Files
MS Access Database
MySQL
Sample Cloudera Hive DSN
Sample Microsoft Spark DSN
(无)

确定　取消

图 9-10　选择数据源

步骤 03 在“从 ODBC”页面，可以单击“高级选项”按钮，输入 SQL 语句等，例如这里需要统计该企业 2019 年在每个地区的销售情况，因此需要输入“SELECT region as `地区`,ROUND(SUM(sales),2) as `销售额`,ROUND(SUM(profit),2) as `利润额` FROM sales.orders WHERE dt=2019 GROUP BY region;”，如图 9-11 所示。

从 ODBC

数据源名称(DSN)

Sample Microsoft Spark DSN

高级选项

连接字符串(非凭据属性)(可选)

示例: Driver={S...

SQL 语句(可选)

```
SELECT region as `地区`,ROUND(SUM(sales),2) as `销售额` ,ROUND(SUM(profit),2) as `利润额`
FROM sales.orders
WHERE dt=2019 GROUP BY region;
```

支持的行缩减子句(可选)

(无)　检测

确定　取消

图 9-11　输入 SQL 代码

步骤 04 单击“确定”按钮，上述语句就会在 Hadoop 集群上操作，并返回结果，查询速度与集群的数据量、SQL 语句的复杂程度以及集群的配置等有关，查询结果如图 9-12 所示。

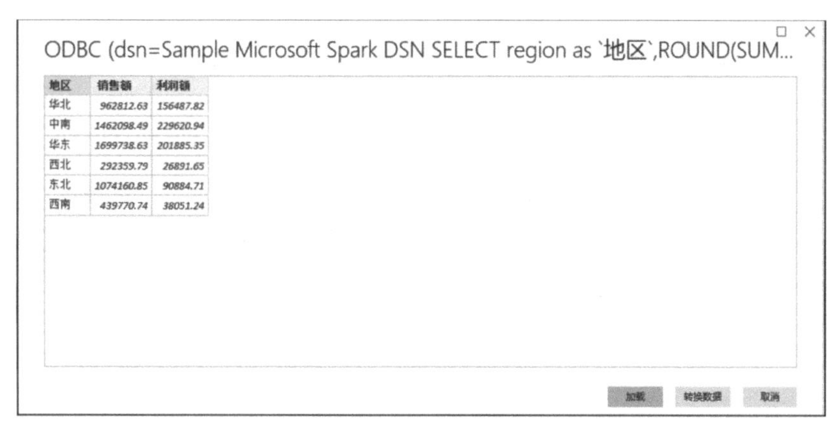

ODBC (dsn=Sample Microsoft Spark DSN SELECT region as `地区`,ROUND(SUM...

地区	销售额	利润额
华北	962812.63	156487.82
中南	1462098.49	229620.94
华东	1699738.63	201885.35
西北	292359.79	26891.65
东北	1074160.85	90884.71
西南	439770.74	38051.24

图 9-12　SQL 运行结果

步骤05 单击“加载”按钮，将会把查询的结果返回到 Microsoft Power BI 中，这一过程需要等待一定时间，如图 9-13 所示。

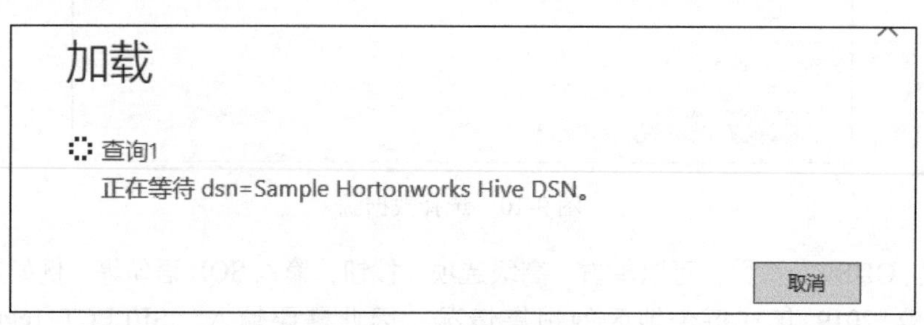

图 9-13 加载 SQL 运行结果

加载完毕后，在 Microsoft Power BI 的“字段”窗格下将会出现 SQL 语句的查询结果，这里只有“地区”“利润额”和“销售额”3 个字段，如图 9-14 所示。

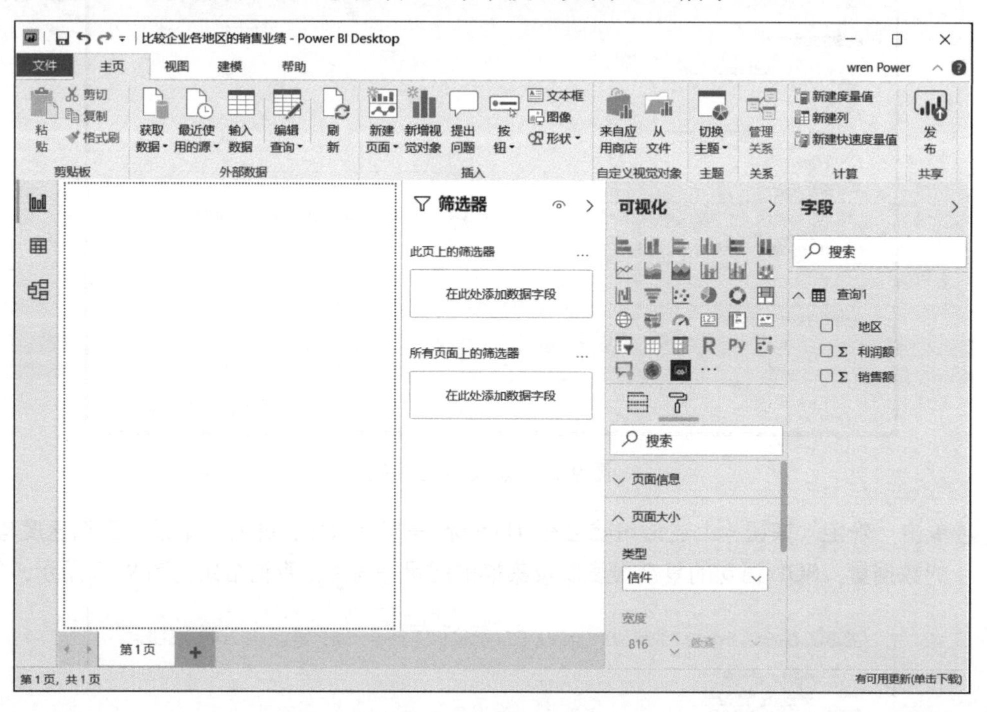

图 9-14 导入数据后的效果

步骤06 然后在“可视化”窗格单击“簇状条形图”按钮，选择“地区”“销售额”和“利润额”字段，并将“地区”拖曳到轴上，将“销售额”和“利润额”拖曳到值上。最后，对视图进行适当的美化，最终的视图效果如图 9-15 所示。

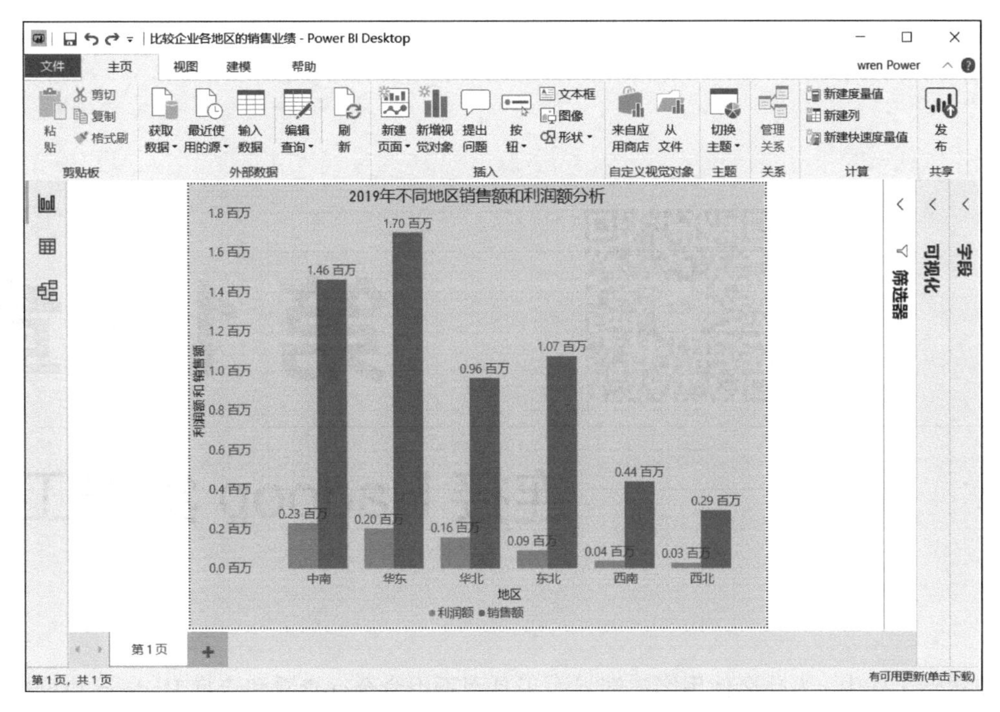

图 9-15　制作簇状条形图可视化视图

从上面制作的簇状条形图可以看出：2019 年该企业在华东地区的销售额最多，达到了 170 万，利润额为 20 万；中南地区的销售额为 146 万，但是其利润额却达到了 23 万；业绩最差的是西北地区，全年销售额仅为 29 万，利润额为 3 万。

9.4　练习题

1. 简述什么是 Apache Spark 及其与 Hadoop 的区别。
2. 下载和安装 Spark 驱动，测试连接 Hadoop 集群。
3. 简述 Spark 连接 Hadoop 集群存在哪些限制条件。
4. 记录和整理 Spark 连接集群的过程中遇到的问题。

第 10 章

连接 Hadoop 集群工具

在实际工作中，为什么使用客户端界面工具而不用命令行查看和查询 Hadoop 集群中的数据，主要是由于通过界面工具查看与分析 Hive 里的数据方便很多，业务人员一般没有权限通过命令行连接 Hive，而且管理者喜欢在界面工具上查看 Hive 的数据。本章将通过实际案例详细讲解如何通过 DBeaver、Oracle SQL Developer、DbVisualizer 和 SQuirrel SQL Client 等客户端工具连接 Hadoop 集群上的 Hive 数据库。

10.1 DBeaver

DBeaver 是一个通用的数据库管理工具和 SQL 客户端，支持 MySQL、Oracle、DB2、MSSQL、Hive 等数据库，提供一个图形界面用来查看表结构、执行查询、导出数据等。

连接 Hadoop 集群的 Hive 工具还有很多，推荐使用 DBeaver 的原因是其简单易用，支持各种关系型数据库，还有就是 DBeaver 的快捷键和 Eclipse 一样，比如注释、删除、复制等操作。

10.1.1 安装和配置连接环境

1. 下载和安装 DBeaver

DBeaver 分为社区版和企业版，其中社区版是免费的，可以在官网下载最新社区版的 DBeaver，下载地址：https://dbeaver.io/download/，这里下载的是 Windows 64 位免安装社区版，如图 10-1 所示，大家可以根据实际情况下载对应版本。

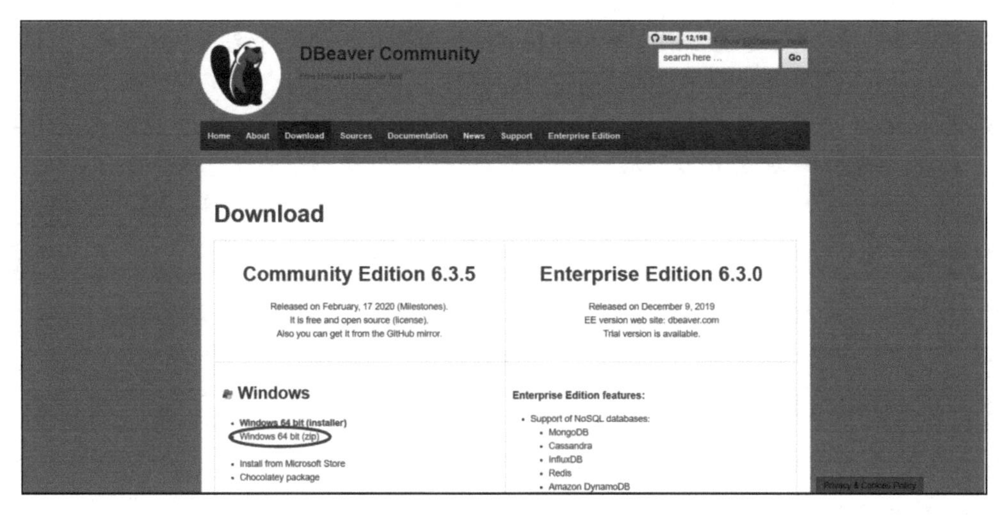

图 10-1　下载 DBeaver

由于这里下载的是免安装版，因此解压后直接单击 dbeaver.exe 就可以使用。

2. 启动 Hadoop 集群

测试连接前先启动 Hadoop 和 Hive 的相关服务。

（1）启动 Hadoop 集群。
（2）启动 Hive，如果想远程连接 Hive，那么还需要启动 hiveserver2。
（3）创建 Hive 测试表，如果已经有了，那么可以省略。

3. 连接集群的具体步骤

DBeaver 连接关系型数据库比较简单，但是连接 Hive 因为要下载和配置驱动程序，所以过程相对比较复杂。下面详细介绍其具体步骤。

步骤 01 新建数据库连接。打开 DBeaver，在界面中依次单击"文件"→"新建"→"数据库连接"，然后单击"下一步"按钮，如图 10-2 所示。

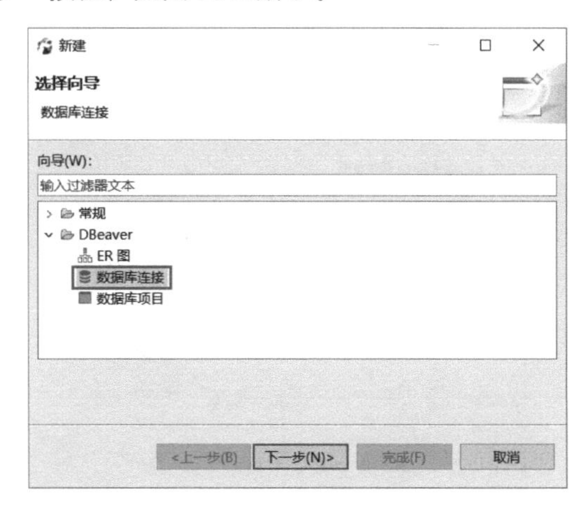

图 10-2　选择向导

步骤02 选择新连接类型。这里我们选择 Apache Hive，单击"下一步"按钮，从这里看到，DBeaver 支持的数据库类型是很丰富的，如图 10-3 所示。

步骤03 通用 JDBC 连接设置。在常规页面，填写 JDBC URL、主机、端口、数据库/模式、用户名和密码等信息，如图 10-4 所示。

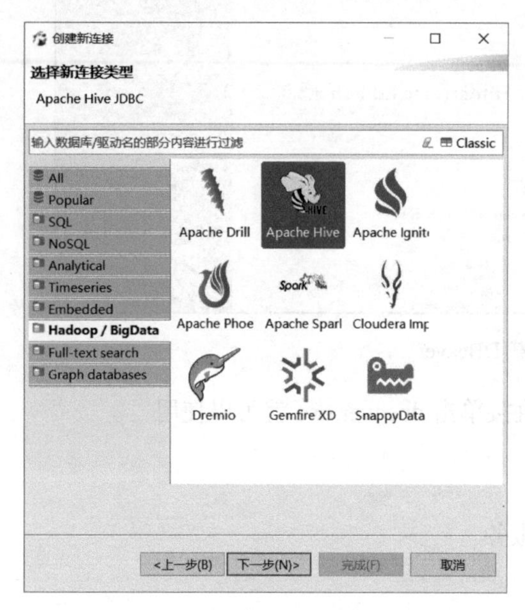

图 10-3 选择新连接类型

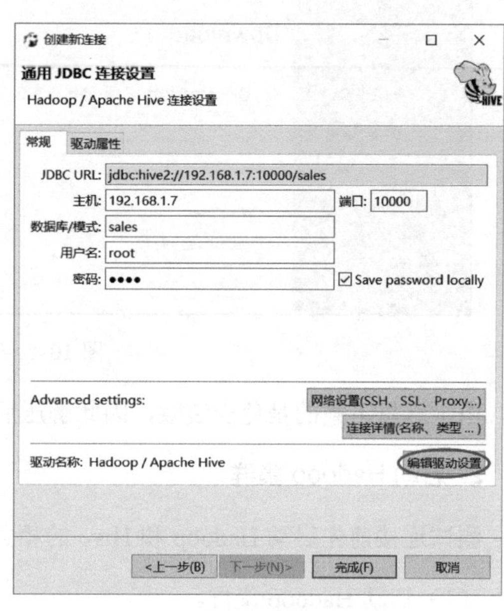

图 10-4 通用 JDBC 连接设置

步骤04 编辑驱动设置。单击"编辑驱动设置"按钮，在 URL 模板中根据 Hadoop 集群的权限配置需要添加相应的设置项，这里我们添加 auth=noSasl，如图 10-5 所示。然后单击"添加工件"按钮，配置 Maven 依赖。

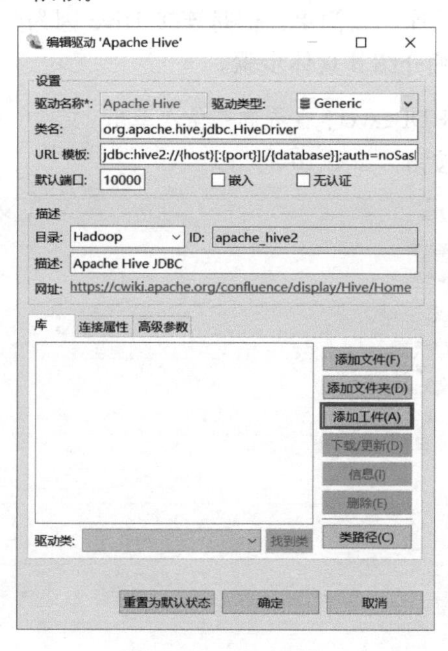

图 10-5 添加工件

步骤 05 配置 Maven 依赖。默认 Hive 的驱动版本是最新的 RELEASE，由于集群的 Hive 版本是 1.2.2，因此需要手工增加驱动。

下面分别配置 Hive 和 Hadoop 的驱动，首先配置 Hive 的驱动，在 Group Id 中输入 org.apache.hive，在 Artifact Id 中输入 hive-jdbc，在版本中输入集群对应的版本 1.2.2，如图 10-6 所示。

同理，配置 Hadoop 的驱动，在 Group Id 中输入 org.apache.hadoop，在 Artifact Id 中输入 hadoop-core，在版本中使用默认值 RELEASE，如图 10-7 所示。

图 10-6　配置 Hive 驱动

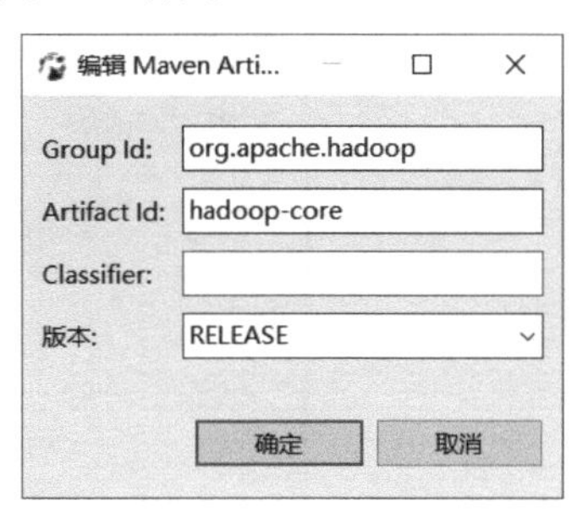

图 10-7　配置 Hadoop 驱动

然后，单击“下载/更新”按钮，将会自动下载 Hive 和 Hadoop 的驱动程序，如图 10-8 所示。

单击最下方的“找到类”按钮并选择 org.apache.hive.jdbc.HiveDriver，上方的类名会自动补齐，如图 10-9 所示。

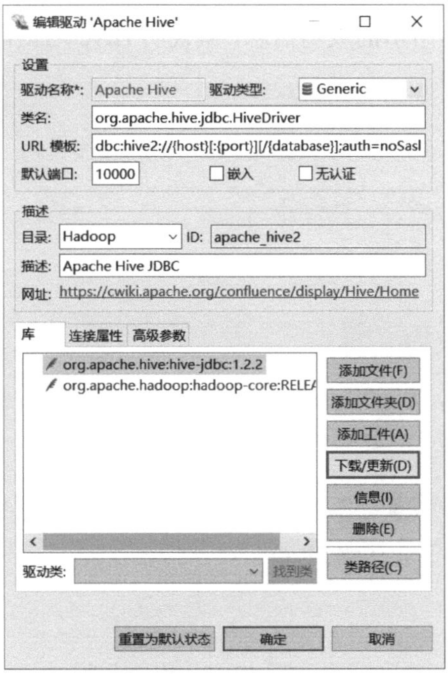

图 10-8　下载更新驱动

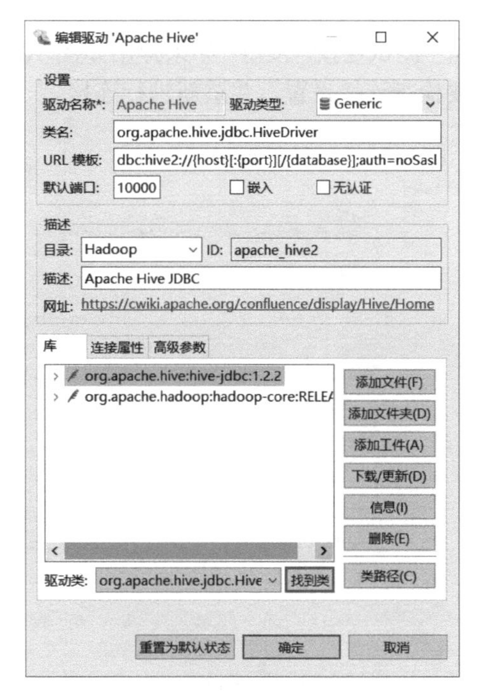

图 10-9　配置驱动类

4. 测试连接是否正常

首先，需要右击连接的名称 192.168.1.7_Hadoop，然后在快捷菜单中选择“编辑连接”选项，如图 10-10 所示。

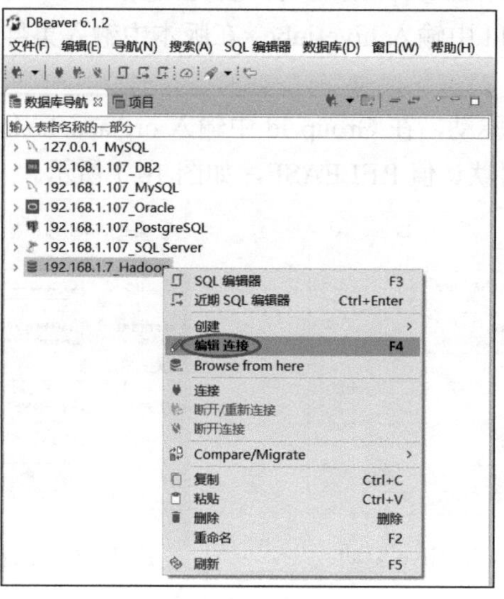

图 10-10 编辑连接

在“连接设置”页面，选择“连接设置”选项，输入 JDBC URL、主机、数据库/模式、用户名和密码等信息，如图 10-11 所示。

单击“测试连接”按钮，如果弹出如图 10-12 所示的成功信息，就说明 Hive 已正常连接，否则需要检查连接设置，并重新进行连接。

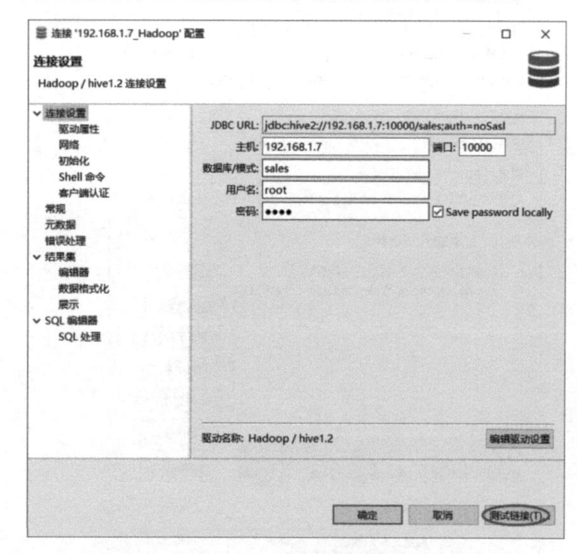

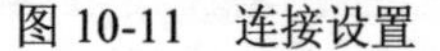

图 10-11 连接设置

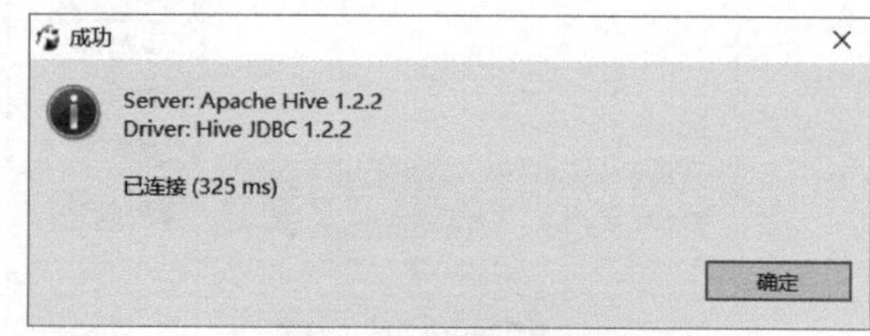

图 10-12 连接成功

10.1.2　不同职业客户平均年龄分布

我们可以在 SQL 界面输入想要执行的语句，例如要统计客户中不同职业的平均年龄，SQL 语句为“select occupation,round(avg(age),2) as avg_cust from customers group by occupation;”，SQL 语句执行的结果如图 10-13 所示。

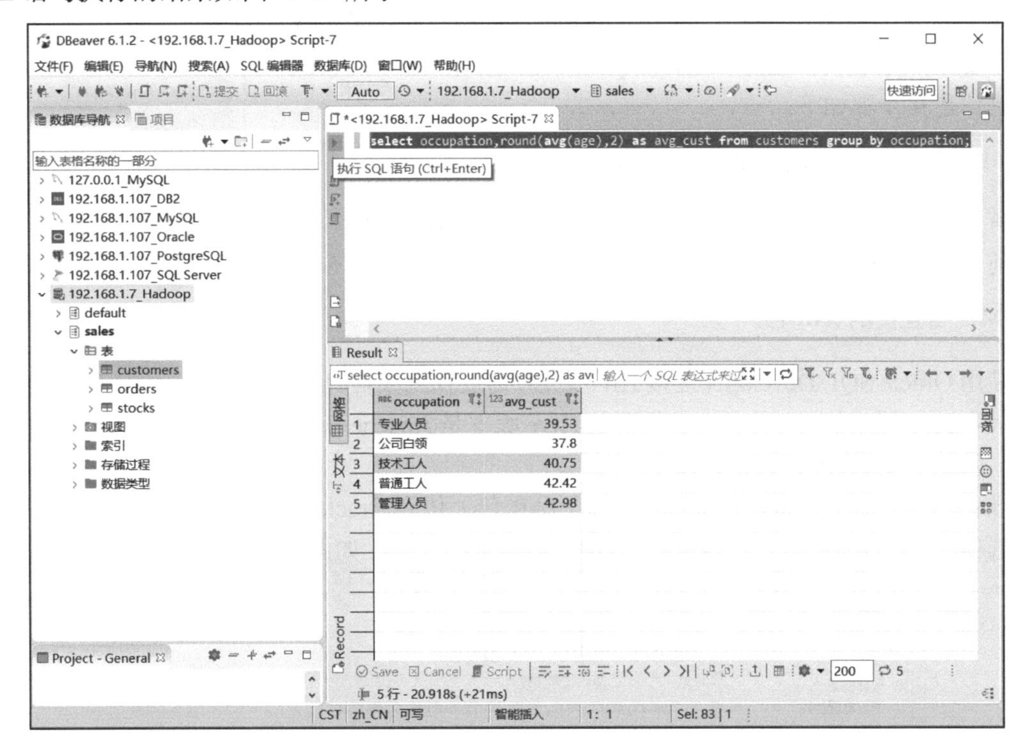

图 10-13　执行 SQL 语句

从结果可以看出：A 企业客户中管理人员的平均年龄为 42.98 岁，普通工人的平均年龄为 42.42 岁，技术工人的平均年龄为 40.75 岁，专业人员的平均年龄为 39.53 岁，公司白领的平均年龄为 37.8 岁，不同职业客户的平均年龄差异比较明显。

此外，在 Hadoop 集群会显示 SQL 语句的具体执行过程以及运行时间，集群总计花费了 3 秒 170 毫秒，如图 10-14 所示。

```
Starting Job = job_1566113139239_0006, Tracking URL = http://master:18088/proxy/application_1566113139239_0006/
Kill Command = /home/dong/hadoop-2.5.2/bin/hadoop job  -kill job_1566113139239_0006
Hadoop job information for Stage-1: number of mappers: 1; number of reducers: 1
2019-08-18 18:14:36,690 Stage-1 map = 0%,  reduce = 0%
2019-08-18 18:14:43,075 Stage-1 map = 100%,  reduce = 0%, Cumulative CPU 1.41 sec
2019-08-18 18:14:49,354 Stage-1 map = 100%,  reduce = 100%, Cumulative CPU 3.17 sec
MapReduce Total cumulative CPU time: 3 seconds 170 msec
Ended Job = job_1566113139239_0006
MapReduce Jobs Launched:
Stage-Stage-1: Map: 1  Reduce: 1   Cumulative CPU: 3.17 sec   HDFS Read: 117676 HDFS Write: 154 SUCCESS
Total MapReduce CPU Time Spent: 3 seconds 170 msec
OK
```

图 10-14　Hadoop 集群执行过程

10.2 Oracle SQL Developer

10.2.1 安装和配置连接环境

Oracle SQL Developer 支持常见的数据库类型，包括 MySQL、Oracle、DB2、MSSQL、Hive 等数据库，前提是要导入相应数据库的 JAR 包，而且是免费的，主要难点是下载和配置 Oracle SQL Developer 和 Hive 的 JAR 包，具体连接步骤如下：

步骤 01 下载和安装 Oracle SQL Developer。

首先需要到 Oracle 的官方网站下载 Oracle SQL Developer，下载之前需要注册账号。

步骤 02 准备连接的 JAR 包。

使用 Oracle SQL Developer 连接 Hive 之前，需要找到集群 Hive 对应版本 jdbc 连接的 JAR 包，由于集群的 Hive 版本是 Apache Hive 1.2.2，因此需要的 JAR 包如图 10-15 所示。

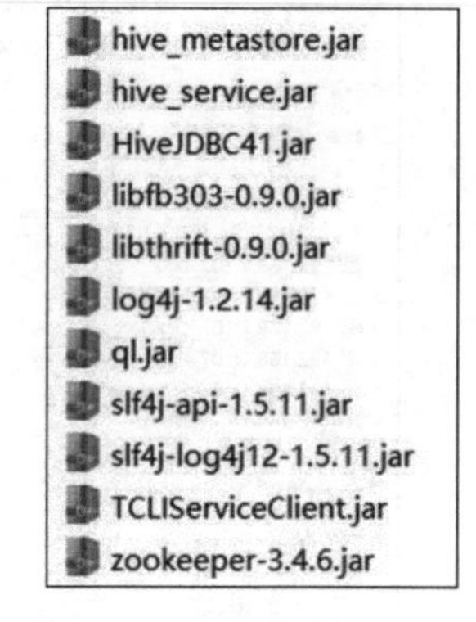

图 10-15 需要的 JAR 包

准备工作完成后，将连接 Hive 需要的 JAR 包上传到 Oracle SQL Developer→“工具”→“首选项”→“数据库”→“第三方 JDBC 驱动程序”下，如图 10-16 所示。

图 10-16 第三方 JDBC 驱动程序

步骤 03 配置 Oracle SQL Developer。

关闭并重启 Oracle SQL Developer，重启后新建 Hive 连接，如图 10-17 所示，如果出现 Hive 选项，就证明配置成功，如图 10-18 所示。

图 10-17 新建连接

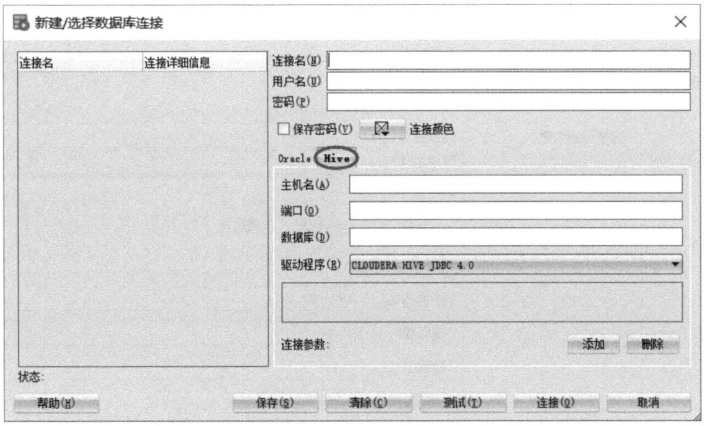

图 10-18 Hive 连接页面

配置连接参数，包括连接名、用户名、密码、主机名、端口、数据库和驱动程序，如图 10-19 所示。

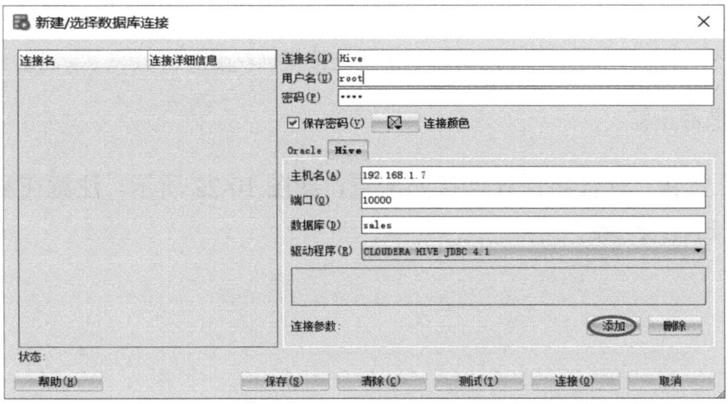

图 10-19 配置连接参数

此外，还需要配置 Hive 的连接类型参数，单击“连接参数”后的“添加“按钮，弹出“添加参数”对话框，如图 10-20 所示。

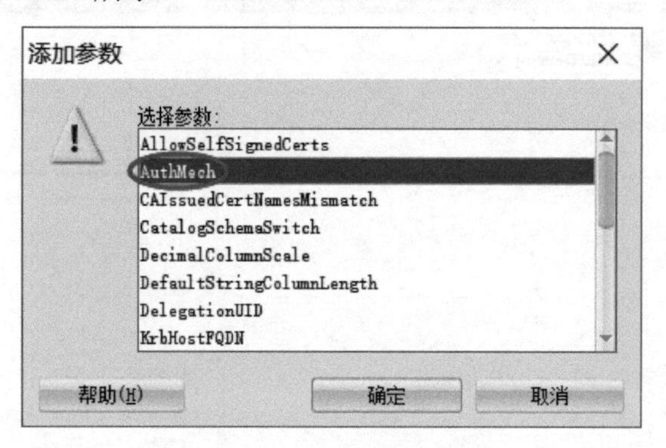

图 10-20 配置连接类型参数

目前 HiveServer2 支持多种用户安全认证方式：NOSASL、KERBEROS、LDAP、PAM、CUSTOM 等，由于我们的集群权限设置的是 NOSASL，因此连接参数 AuthMech 的参数需要设置为 0，如图 10-21 所示。

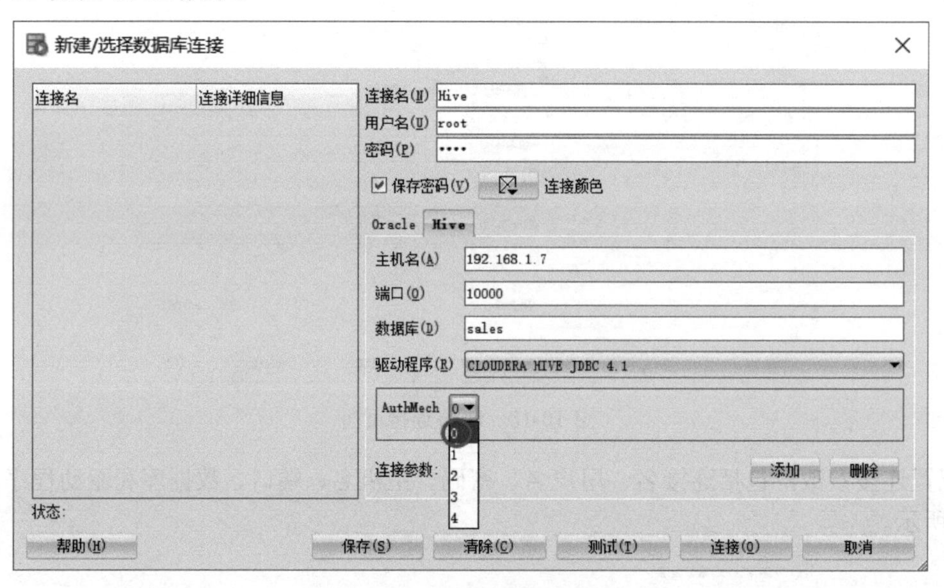

图 10-21 配置连接集群权限

步骤 04 测试配置是否正常。

单击“保存”按钮，软件将保存连接的配置，如图 10-22 所示。注意在测试之前需要开启 Hadoop 集群以及 hiveserver2。

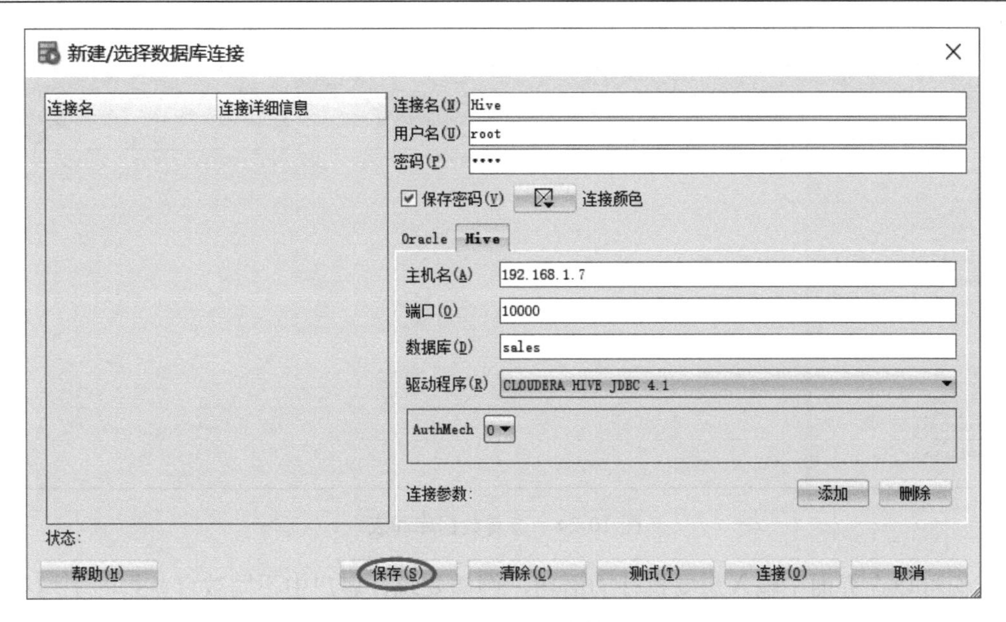

图 10-22　保存连接

我们还可以单击“测试”按钮，检查是否可以正常连接 Hive，如果弹出如图 10-23 所示的对话框，就说明可以正常连接，否则需要重新配置连接过程。

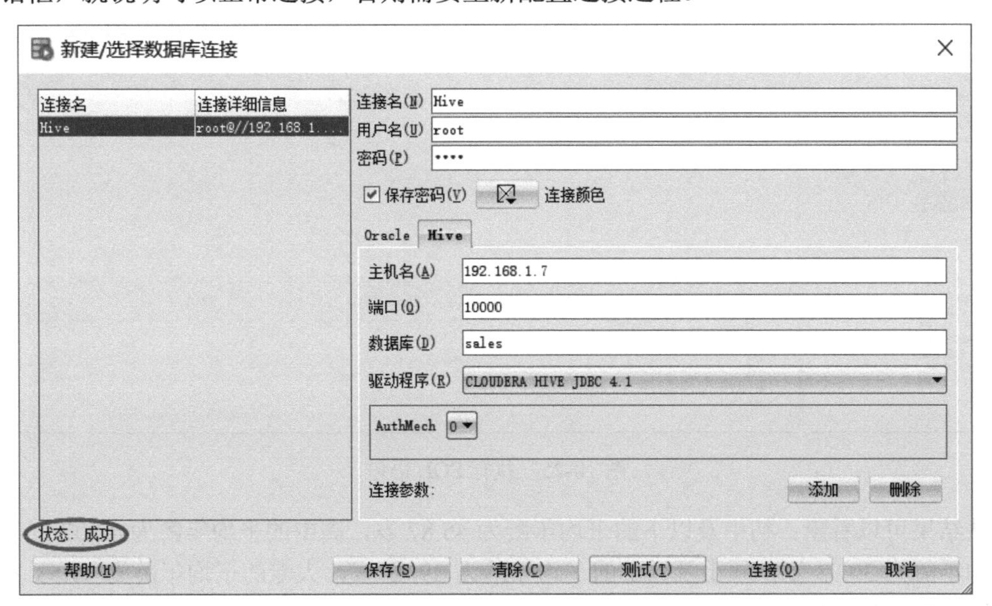

图 10-23　测试连接

10.2.2　不同教育背景客户平均年龄分布

单击配置好的 Hive 连接，连接成功后，可以在连接下查看数据库和数据库中的表，如图 10-24 所示。

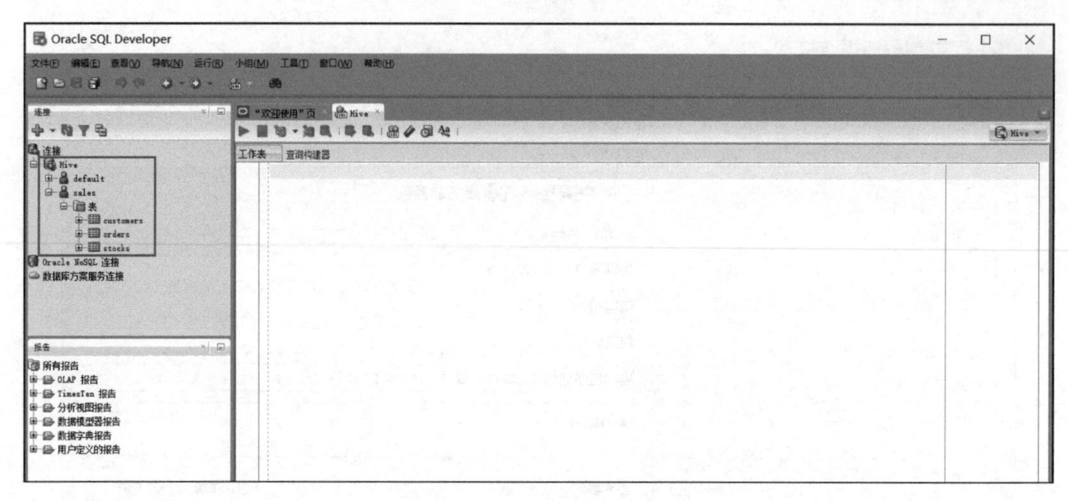

图 10-24　查看数据库和表

我们可以在界面中输入想要执行的语句，例如要统计客户中不同教育背景的平均年龄分布，SQL 语句为“select education,round(avg(age),2) as avg_cust from customers group by education;”，SQL 语句执行的结果如图 10-25 所示。

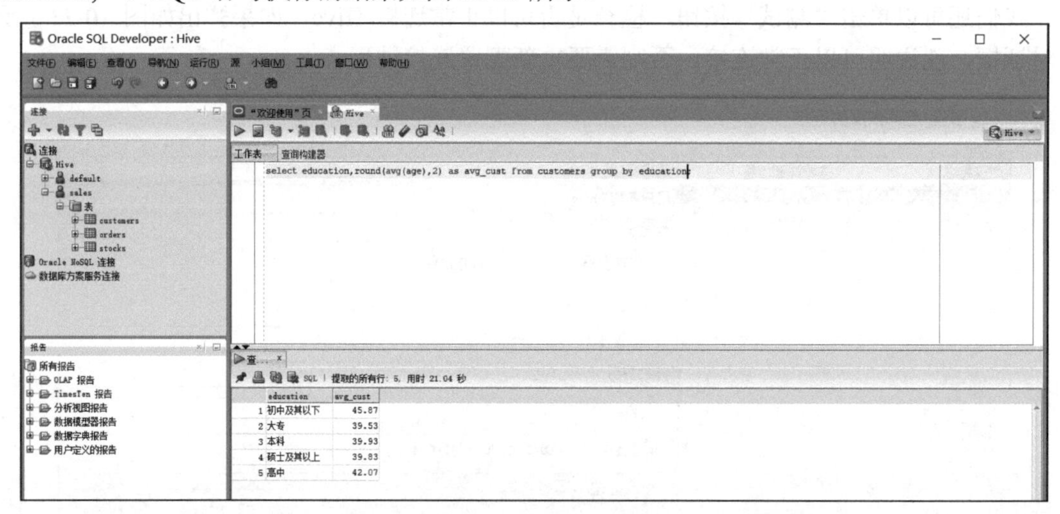

图 10-25　执行 SQL 语句

从结果可以看出：初中及以下的平均年龄为 45.87 岁，高中的平均年龄为 42.07 岁，本科的平均年龄为 39.93 岁，硕士及以上的平均年龄为 39.83 岁，大专的平均年龄为 39.53 岁，不同教育背景客户的平均年龄差异比较明显。

10.3　DbVisualizer

10.3.1　安装和配置连接环境

DbVisualizer 是基于 JDBC 的跨平台数据库操作工具，可以快速连接需要的数据库，包括

MySQL、Oracle、DB2、MSSQL、Hive 等数据库，连接 Hive 的具体步骤如下：

步骤 01 下载和安装 DbVisualizer。

我们可以到 DbVisualizer 的官网下载，网站地址是 http://www.dbvis.com/，这里下载是 DbVisualizer 10.0，如图 10-26 所示。具体的安装步骤比较简单，选择默认安装即可，这里不做详细的介绍。

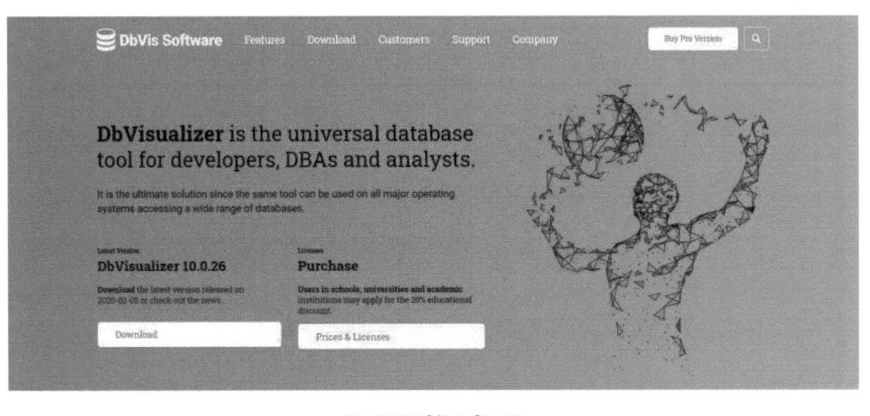

图 10-26　下载 DbVisualizer

步骤 02 准备连接的 JAR 包。

在 DbVisualizer 的安装目录下有一个专门存放驱动的 jdbc 文件夹，在该文件夹下新建 hive 文件夹，如图 10-27 所示。

复制 Hadoop 集群的相关 JAR 包文件到新建的 hive 文件夹中，具体的包如图 10-28 所示。

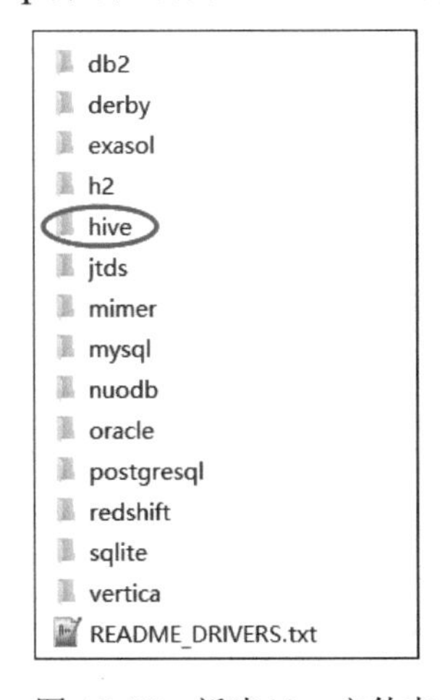

图 10-27　新建 hive 文件夹

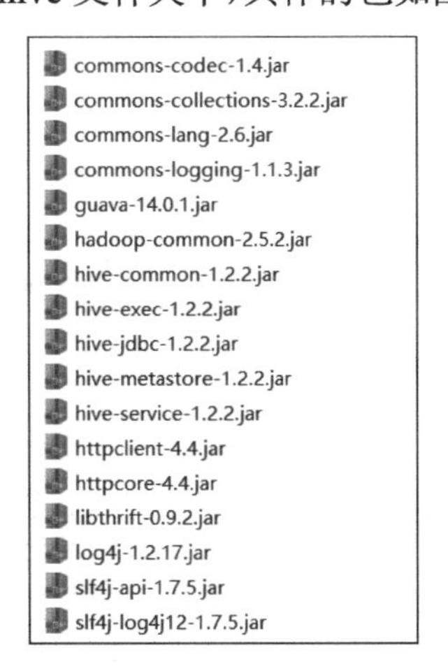

图 10-28　添加依赖的包

图 10-28 中的 JAR 包分别位于以下文件夹中：

（1）hadoop-2.5.2/share/hadoop/common/hadoop-common-2.7.5.jar

（2）hadoop-2.5.2/share/hadoop/common/lib/

（3）apache-hive-1.2.2-bin/lib

步骤 03 配置 DbVisualizer。

打开 DbVisualizer，此时会自动加载刚添加的 JAR 包，也可以在 Tools/Driver Manager 中进行配置，如图 10-29 所示。

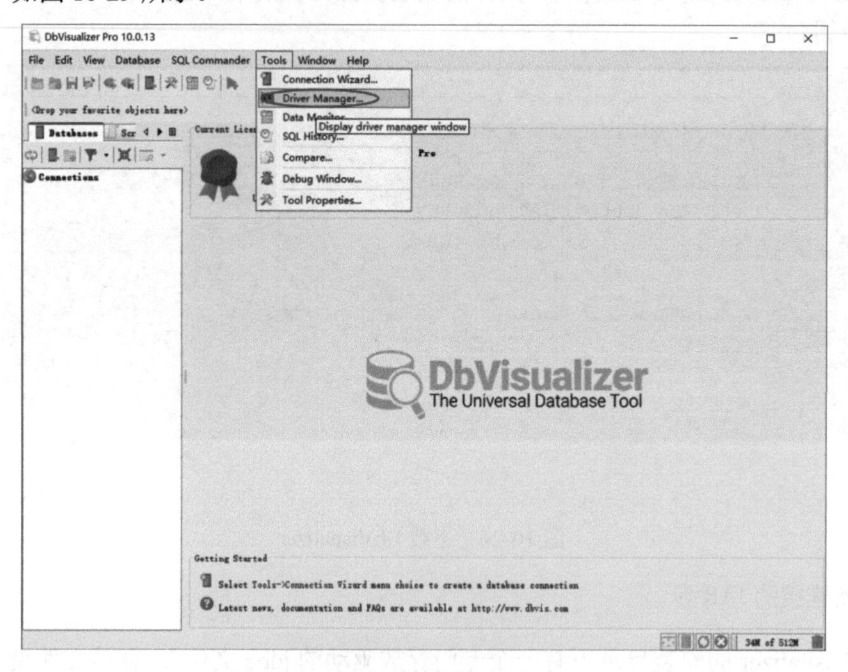

图 10-29　加载依赖的包

加载 Hive 的 JAR 包结果如图 10-30 所示，可以根据需要进行核查和修改等。

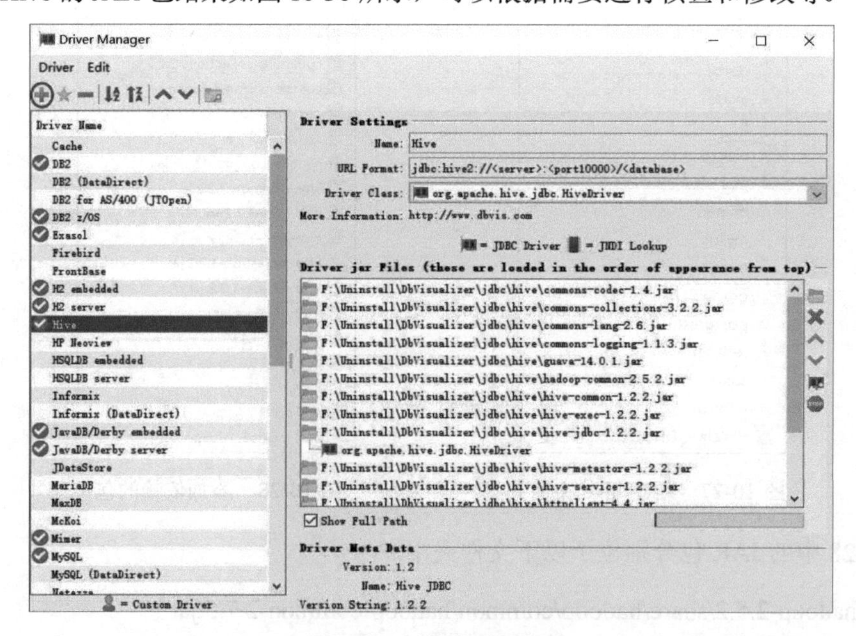

图 10-30　核查依赖的包

步骤 04 测试配置是否正常。

关闭 DbVisualizer，然后重新打开 DbVisualizer，弹出 New Connection Wizard 对话框，如图 10-31 所示。

输入连接的名称，再单击 Next 按钮，弹出选择数据库驱动的页面，这里我们选择 Hive，单击 Next 按钮，如图 10-32 所示。

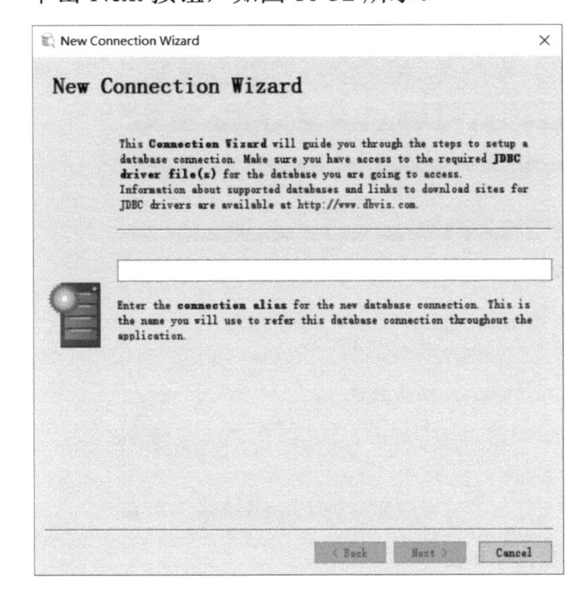

图 10-31　添加新的连接

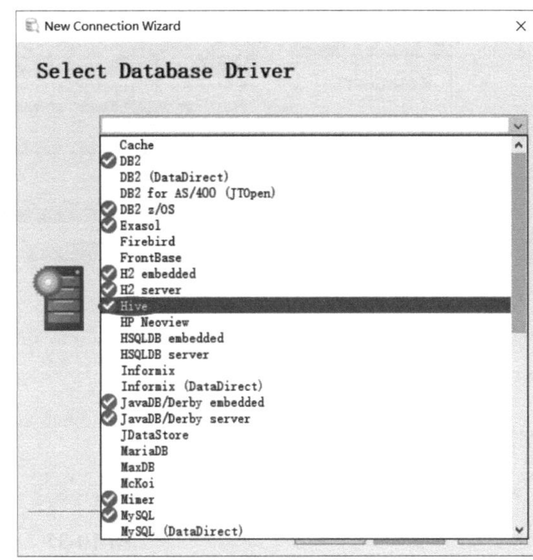

图 10-32　选择连接名

在 Settings Format 下拉框中选择 Database URL，这个比较重要，否则无法正常连接 Hive，如图 10-33 所示。

然后，在 Database URL 中输入“jdbc:hive2://192.168.1.7:10000/sales;auth=noSasl”，分别在 Database Userid 和 Database Password 中输入账户和密码，如图 10-34 所示。

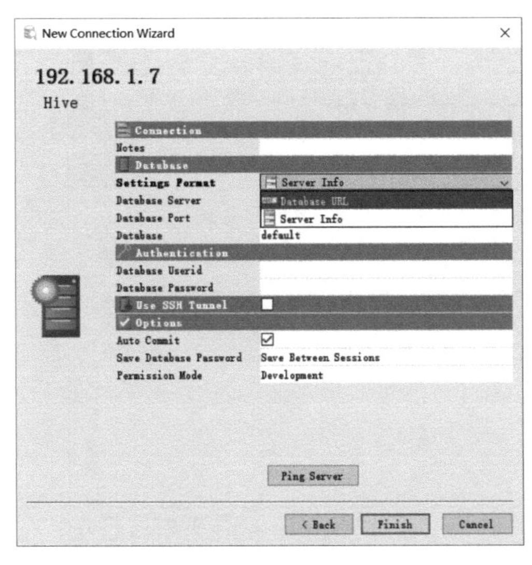

图 10-33　选择连接方式

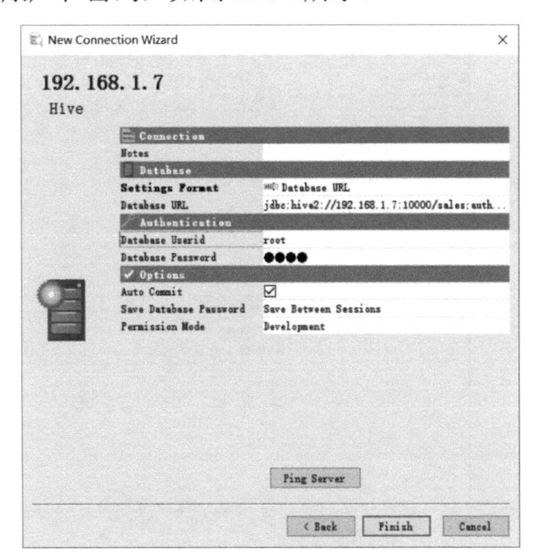

图 10-34　配置连接参数

10.3.2 不同性别客户平均年龄分布

单击 Finish 按钮，如果弹出如图 10-35 所示的界面，就说明正常连接 Hive，该页面显示 Hadoop 集群中的数据库和表。

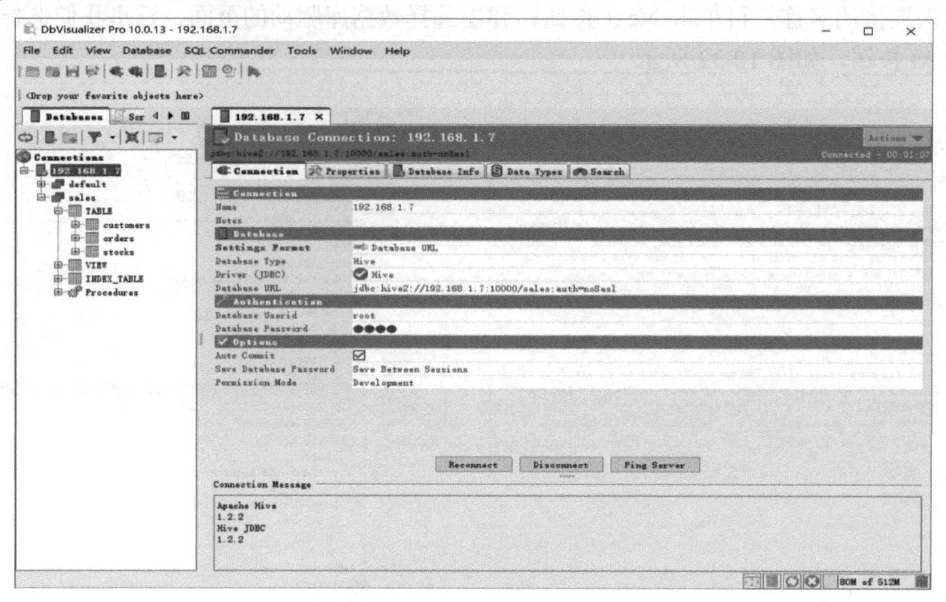

图 10-35 查看数据库和表

可以在界面中输入想要执行的语句，例如要统计不同性别客户的平均年龄分布，SQL 语句为“select gender,round(avg(age),2) as avg_cust from customers group by gender;”，SQL 语句执行的结果如图 10-36 所示。

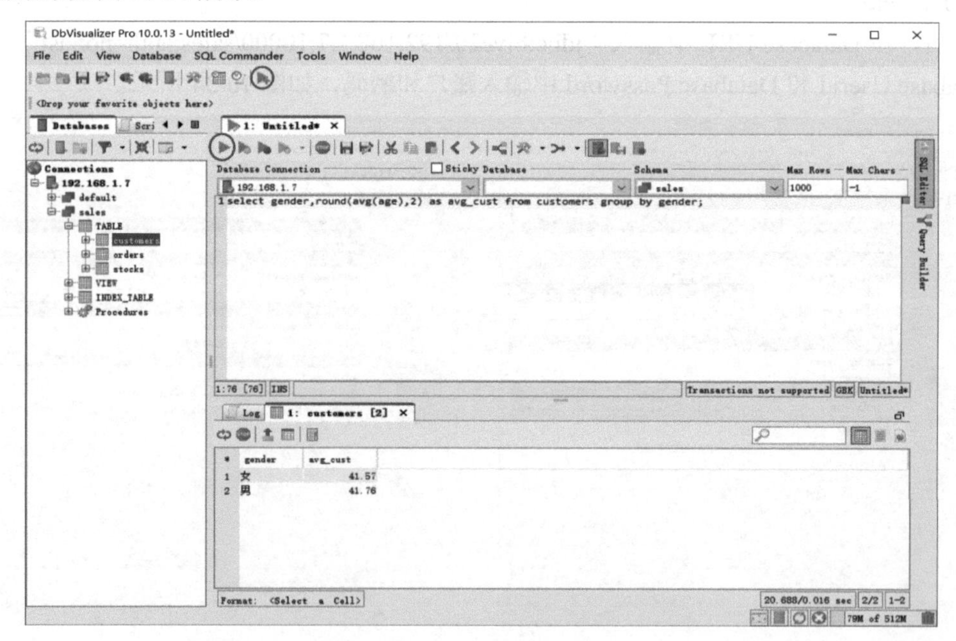

图 10-36 执行 SQL 语句

从结果可以看出：男性客户的平均年龄为 41.76 岁，女性客户的平均年龄为 41.57 岁，不同类型客户的平均年龄差异不是很明显。

10.4　SQuirrel SQL Client

10.4.1　安装和配置连接环境

SQuirrel SQL Client 是一个用 Java 写的数据库客户端工具，它通过一个统一的用户界面来操作 MySQL、MSSQL、Hive 等支持 JDBC 访问的数据库，具体连接 Hive 的步骤如下：

步骤 01 下载和安装 SQuirrel SQL Client。

软件可以直接从官网下载：http://www.squirrelsql.org，截至 2020 年 3 月份，该软件新版本为 4.0.0，单击 Download SQuirreL SQL Client 链接，如图 10-37 所示。

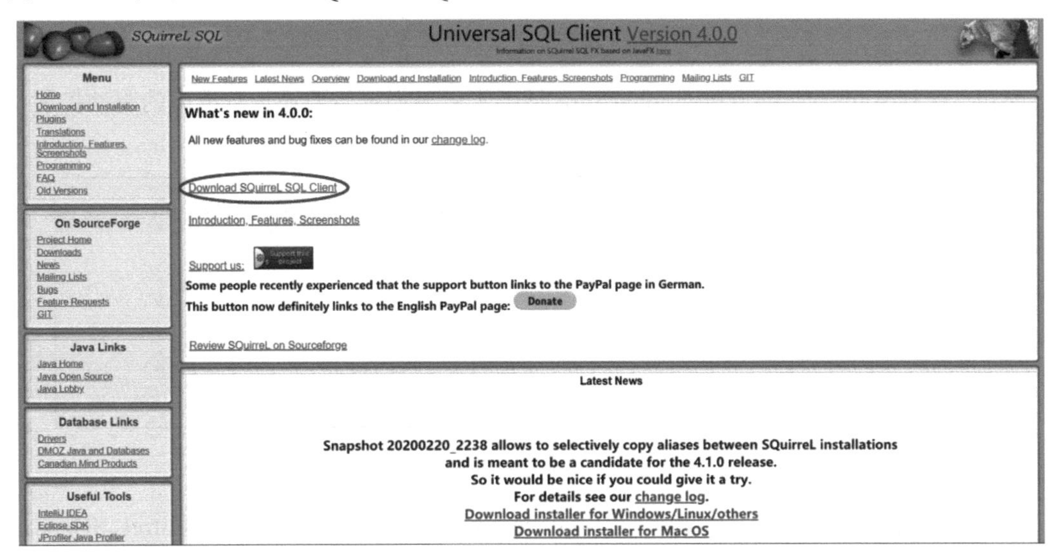

图 10-37　下载 SQuirrel SQL Client

SQuirreL SQL Client 有安装版本和免安装版本，这里选择的是免安装版本，单击 Plain zips the latest release for Windows/Linux/MacOS X/others 链接，如图 10-38 所示。

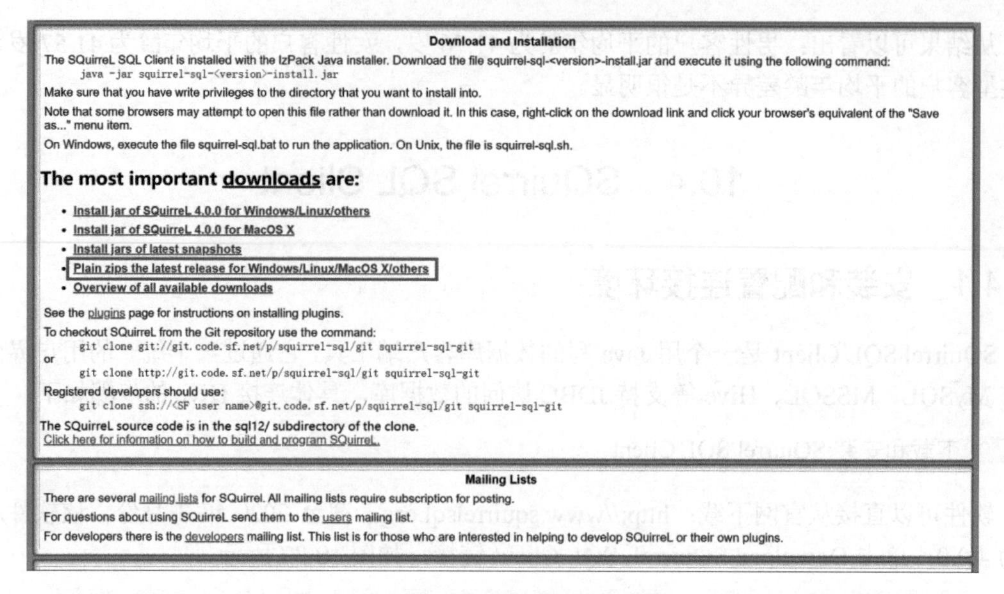

Download and Installation

The SQuirreL SQL Client is installed with the IzPack Java installer. Download the file squirrel-sql-<version>-install.jar and execute it using the following command:

```
java -jar squirrel-sql-<version>-install.jar
```

Make sure that you have write privileges to the directory that you want to install into.

Note that some browsers may attempt to open this file rather than download it. In this case, right-click on the download link and click your browser's equivalent of the "Save as..." menu item.

On Windows, execute the file squirrel-sql.bat to run the application. On Unix, the file is squirrel-sql.sh.

The most important downloads are:

- Install jar of SQuirreL 4.0.0 for Windows/Linux/others
- Install jar of SQuirreL 4.0.0 for MacOS X
- Install jars of latest snapshots
- Plain zips the latest release for Windows/Linux/MacOS X/others
- Overview of all available downloads

See the plugins page for instructions on installing plugins.

To checkout SQuirreL from the Git repository use the command:

```
git clone git://git.code.sf.net/p/squirrel-sql/git squirrel-sql-git
```

or

```
git clone http://git.code.sf.net/p/squirrel-sql/git squirrel-sql-git
```

Registered developers should use:

```
git clone ssh://<SF user name>@git.code.sf.net/p/squirrel-sql/git squirrel-sql-git
```

The SQuirreL source code is in the sql12/ subdirectory of the clone.
Click here for information on how to build and program SQuirreL.

Mailing Lists

There are several mailing lists for SQuirrel. All mailing lists require subscription for posting.
For questions about using SQuirreL send them to the users mailing list.
For developers there is the developers mailing list. This list is for those who are interested in helping to develop SQuirreL or their own plugins.

图 10-38 选择免安装版本

然后，选择 squirrelsql-4.0.0-optional.zip，该版本可以根据需要添加数据库的驱动扩展，如图 10-39 所示。

Home / 1-stable / 4.0.0-plainzip

Name	Modified	Size	Downloads / Week
Parent folder			
squirrelsql-4.0.0-base.zip	2019-09-09	40.6 MB	47
squirrelsql-4.0.0-optional.zip	2019-09-09	59.3 MB	90
squirrelsql-4.0.0-standard.zip	2019-09-09	51.1 MB	233
Totals: 3 Items		151.1 MB	370

图 10-39 选择驱动可扩展版本

下载完成后，解压该文件，在文件夹中双击 squirrel-sql.bat，第一次打开 SQuirreL SQL Client，界面是空白的，如图 10-40 所示。

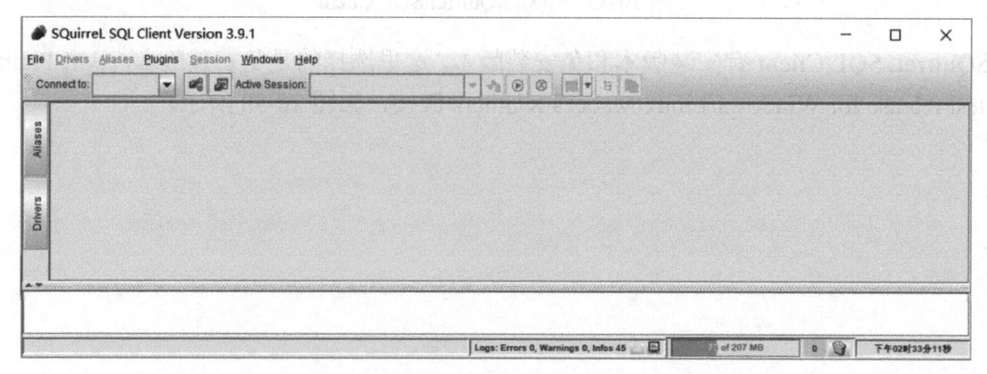

图 10-40 打开 SQuirreL SQL Client

步骤 02 准备连接的 JAR 包。

在 SQuirrel 的安装目录下新建 hive 文件夹，如图 10-41 所示。

复制 Hadoop 集群的相关 JAR 包到新建的 hive 文件夹中，具体的包如图 10-42 所示。

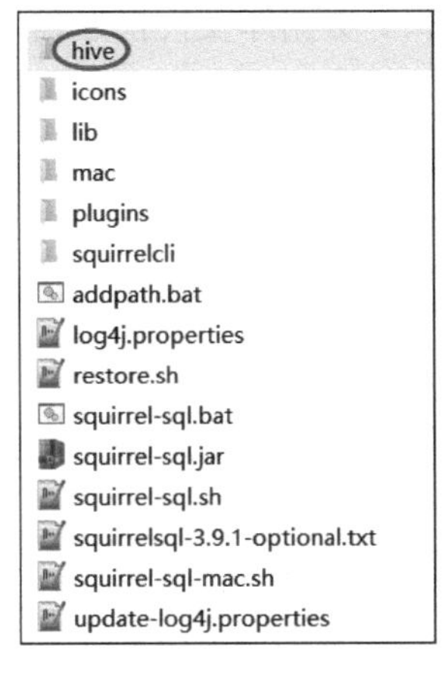

图 10-41　新建 hive 文件夹

commons-configuration-1.6.jar
guava-14.0.1.jar
hadoop-common-2.5.2.jar
hive-common-1.2.2.jar
hive-jdbc-1.2.2.jar
hive-metastore-1.2.2.jar
hive-service-1.2.2.jar
httpclient-4.4.jar
httpcore-4.4.jar
libthrift-0.9.2.jar
log4j-1.2.17.jar
slf4j-api-1.7.5.jar
slf4j-log4j12-1.7.5.jar

图 10-42　配置连接 JAR 包

图 10-42 中的 JAR 包分别位于以下文件夹中：

（1）hadoop-2.5.2/share/hadoop/common/hadoop-common-2.7.5.jar

（2）hadoop-2.5.2/share/hadoop/common/lib/

（3）apache-hive-1.2.2-bin/lib

步骤 03 配置 SQuirrel SQL Client。

连接 Hive 数据库，首先配置数据库连接的驱动类型，选择界面左侧的 Drivers，然后单击“+”按钮，如图 10-43 所示。

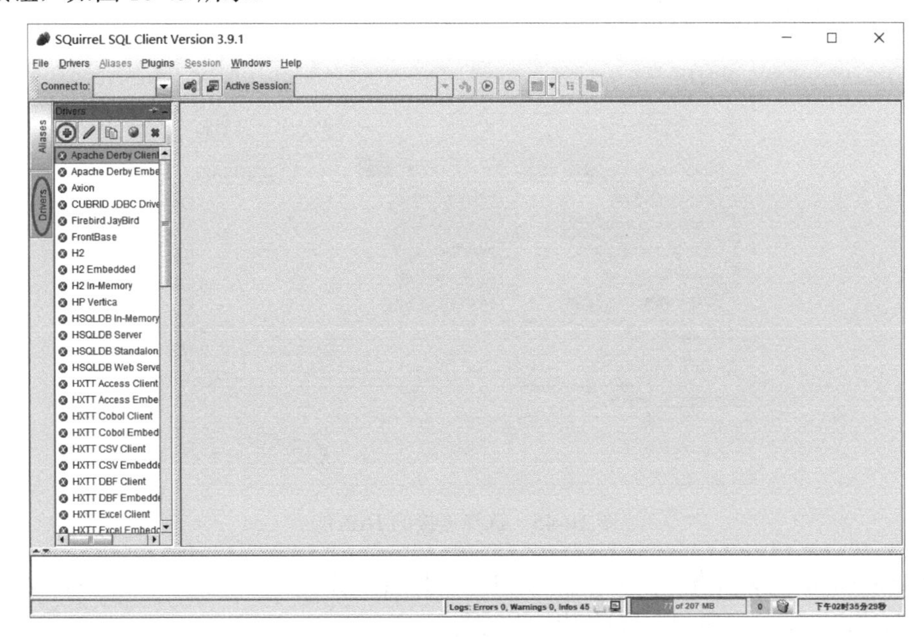

图 10-43　配置数据库驱动类型

在配置页面，Name 可以随意填写，这里输入“hive”，Example URL 是连接集群的重要信息，根据实际情况填写，这里输入“jdbc:hive2://192.168.1.7:10000/sales;auth=noSasl”，即通过 JDBC 连接 hiveServer2，后面是服务器地址、端口、数据库及授权方式，Website URL 可以不用填写。然后选择 Hive 连接所需要的 JAR 包，切换至 Extra Class Path 选项卡，再单击 Add 按钮，如图 10-44 所示。

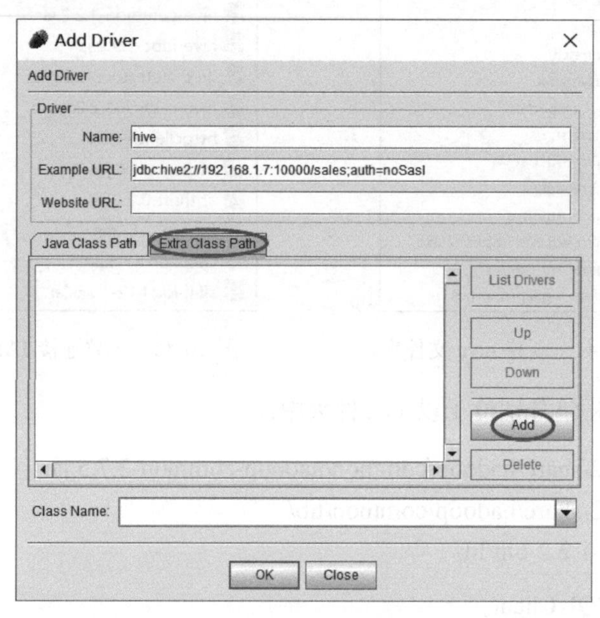

图 10-44　配置数据库参数

打开 SQuirrel 安装目录下新建的 hive 文件夹，选择 Hive 连接所需要的 JAR 包，然后单击“打开”按钮，如图 10-45 所示。

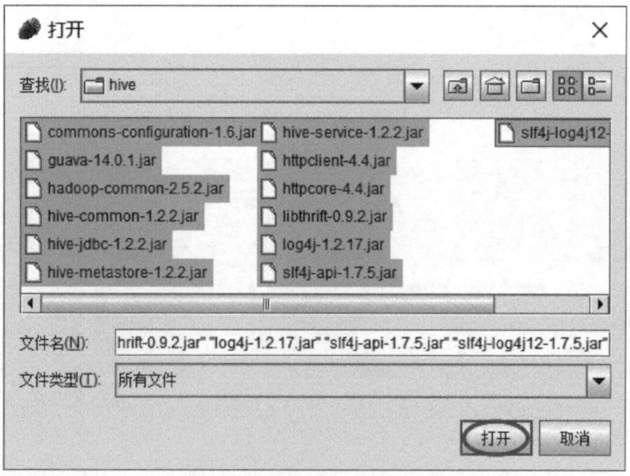

图 10-45　选择连接的 JAR 包

在 Class Name 选项中输入“org.apache.hive.jdbc.HiveDriver”，然后单击 OK 按钮，如图 10-46 所示，Hive 驱动程序的配置过程到此结束。

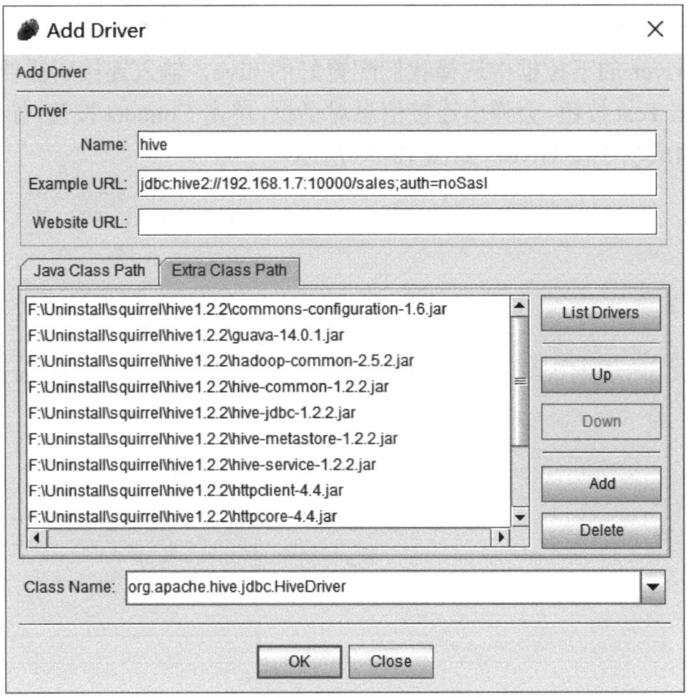

图 10-46　配置类名

步骤 04 测试配置是否正常。

配置完成后，需要测试配置是否正确，选择左侧的 Aliases，单击“+”按钮，如图 10-47 所示。

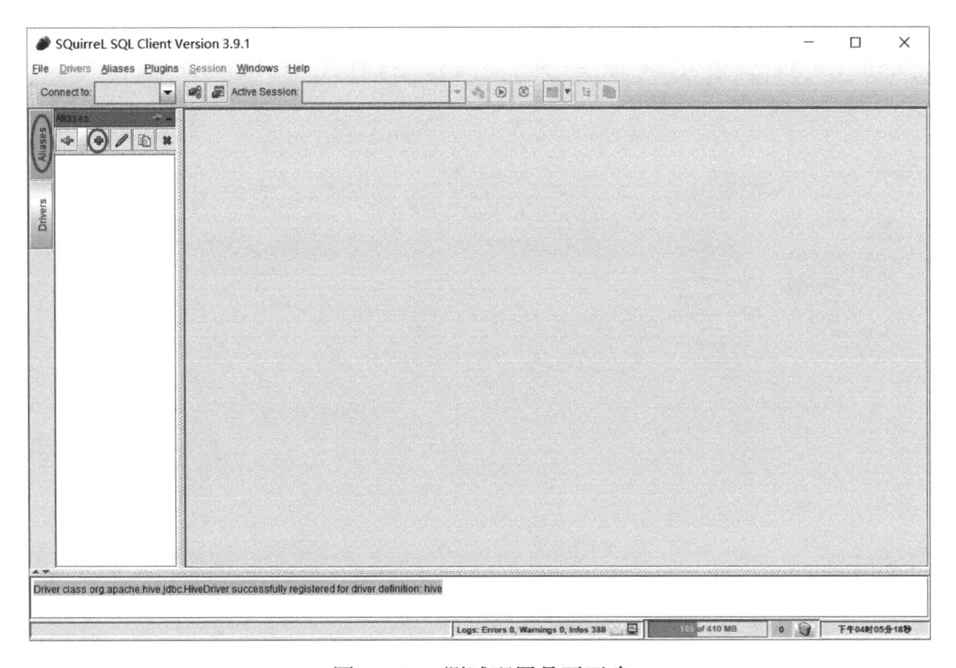

图 10-47　测试配置是否正确

在弹出的连接对话框中，Name 即连接的名称，可以随意填写，这里输入服务器的地址 192.168.1.7，在 Driver 的下拉框中选择我们配置好的 hive，输入连接所需要的 URL、User 和 Password，最后单击 Test 按钮，会弹出连接信息对话框，单击 Connect 按钮，如果弹出 Connection successful，就说明成功连接 Hive，如图 10-48 所示。

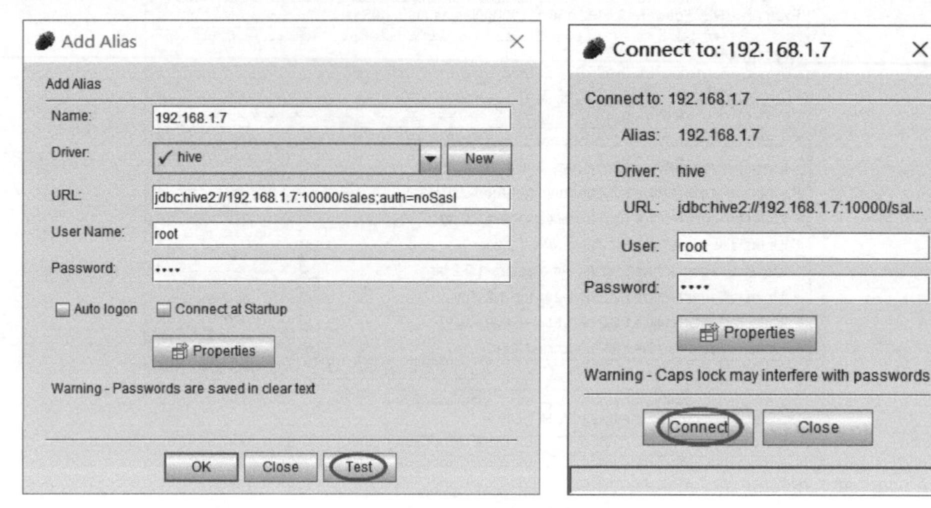

图 10-48　配置连接参数

10.4.2 不同类型客户平均年龄分布

单击配置好的 Hive 连接，连接成功后，可以在 Objects 下查看数据库和数据库中的表，如图 10-49 所示。

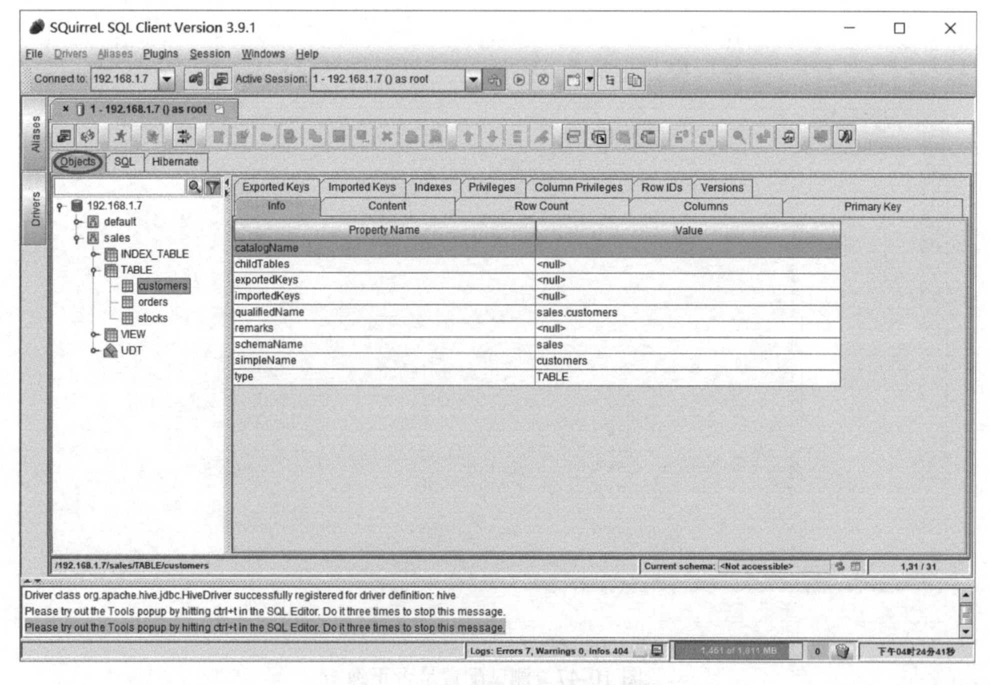

图 10-49　查看数据库和其中的表

可以在界面中输入想要执行的语句，例如要统计不同价值类型客户的平均年龄分布，SQL语句为“select custcat,round(avg(age),2) as avg_cust from customers group by custcat;”，SQL 语句执行的结果如图 10-50 所示。

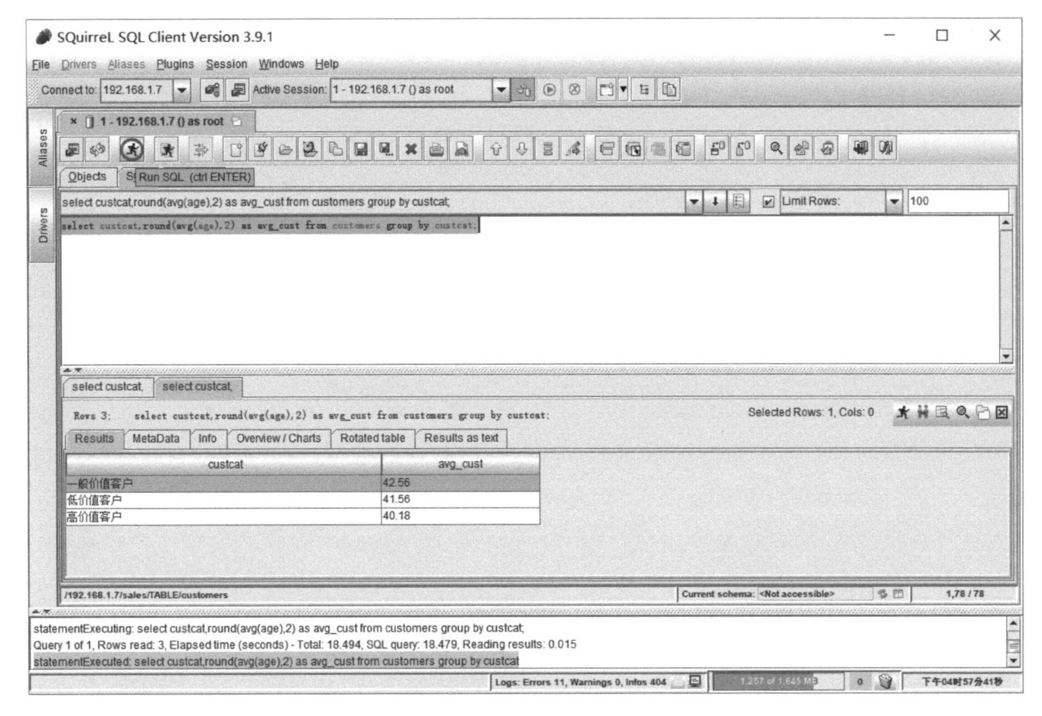

图 10-50　执行 SQL 语句

从结果可以看出：一般价值客户的平均年龄为 42.56 岁，低价值客户的平均年龄为 41.56 岁，高价值客户的平均年龄为 40.18 岁，不同类型客户的平均年龄差异不是很明显。

此外，在 Hadoop 集群会显示 SQL 语句的具体执行过程以及运行时间，集群总计花费了 3 秒 270 毫秒，如图 10-51 所示。

```
Starting Job = job_1566113139239_0005, Tracking URL = http://master:18088/proxy/application_1566113139239_0005/
Kill Command = /home/dong/hadoop-2.5.2/bin/hadoop job  -kill job_1566113139239_0005
Hadoop job information for Stage-1: number of mappers: 1; number of reducers: 1
2019-08-18 16:33:13,924 Stage-1 map = 0%,  reduce = 0%
2019-08-18 16:33:20,162 Stage-1 map = 100%,  reduce = 0%, Cumulative CPU 1.46 sec
2019-08-18 16:33:26,393 Stage-1 map = 100%,  reduce = 100%, Cumulative CPU 3.27 sec
MapReduce Total cumulative CPU time: 3 seconds 270 msec
Ended Job = job_1566113139239_0005
MapReduce Jobs Launched:
Stage-Stage-1: Map: 1  Reduce: 1   Cumulative CPU: 3.27 sec   HDFS Read: 117658 HDFS Write: 117 SUCCESS
Total MapReduce CPU Time Spent: 3 seconds 270 msec
OK
```

图 10-51　Hadoop 执行过程

10.5　练习题

1. 简述 DBeaver 如何安装、配置和连接 Hadoop 集群。

2. 简述 Oracle SQL Developer 如何安装、配置和连接 Hadoop 集群。
3. 简述 DbVisualizer 如何安装、配置和连接 Hadoop 集群。
4. 简述 SQuirrel SQL Client 如何安装、配置和连接 Hadoop 集群。
5. 简述以上 4 种连接 Hadoop 集群工具的优缺点。

·第/四/部/分·

Microsoft Power BI之案例实战篇

本部分将以电商A企业的客户数据、订单数据、股价数据为基础进行数据可视化实战案例的讲解，分别从销售商品主题、销售经理主题、客户价值主题、配送准时性主题、商品退货主题5个方面进行讲解。

第 11 章

案例实战——销售商品主题分析

本章将从企业商品的角度全面深入地分析 A 企业目前的商品结构及销售业绩。企业销售的商品是指向消费者销售的商品和服务，在这一过程中核心是商品，商品特质决定了企业业务的发展方向。因此，在分析电商企业的经营数据之前，首先需要对其商品进行深入的了解。

11.1 准确了解电商商品现状

11.1.1 如何了解商品的现状

电商企业每次商品交易的数量相对较少，但是交易次数频繁，出卖的商品是消费品，个人或社会团体购买后用于生活消费，交易结束后商品一般进入消费领域。

在分析经营数据之前，首先需要准确了解商品的现状，因为它决定了我们后续分析的思路和方法，具体可以从以下几个方面进行了解：

（1）是不是必需品？非必需品的需求往往与经济环境等因素有关，经济下滑会对非必需品（如手机）和奢侈品（如钻石）产生巨大影响。

（2）是不是大众商品？小众商品很难有大的销售量，而且往往那些综合 B2C 也会有涉及，在一个狭窄市场里与众多竞争对手争食会很难，而且推广营销上也会比较受限制。

（3）是否产生重复持续购买？如果客户重复持续购买的可能性小，就意味着要把重心放在招揽新客户上。

（4）是否比线下价格有优势？商品是否比线下实体店更有价格优势，如果既没有优势又没有利润，价格战就是亏损，只能采取规模经营模式。

（5）是否受水货、假货冲击？例如运动用品等商品，不但要和竞争对手打仗，还要受水货、假货的严重冲击，两面受敌。

（6）售后是否麻烦？售后的便利性对商品的销售也会产生影响，例如服装等商品不是售后问题多就是处理程序烦琐，导致顾客不敢或不愿网上购买，以及 B2C 本身售后成本高。

（7）单价是否过高？单价越高，初次尝试成本越大，购买阻力越大，也会影响重复持续购买率，这是网上购物的铁律。

（8）运输是否便利？在目前的物流环境下，图书和数码产品的运输条件和成本相差很大。

（9）是不是主商品？作为副件商品，一是需求小于主商品，二是很难和做主商品的企业竞争，客户在一个商家就买齐了，为何要去别的商家再买副件，转移成本太高。

（10）是不是阶段性需求商品？例如母婴用品和运动鞋，只是顾客在某一个特定时期才需要的商品，顾客在没到或过了这个时期后自然会流失掉。

按照上面的标准，电商 A 企业销售的是日常家庭生活类和企业办公类的必需品，单价一般偏低，运输没有严格的要求，是大众化商品，可以产生客户重复持续的购买，相对线下同类商品更有价格优势，而且售后相对比较方便。

11.1.2　商品现状可视化分析

下面我们将对电商 A 企业的商品现状进行分析，相应的字段在 orders 表中，具体包括 product（商品名称）、category（类别）、subcategory（子类别）等字段，本节的分析只需要连接到 orders 表，导入后的效果如图 11-1 所示。

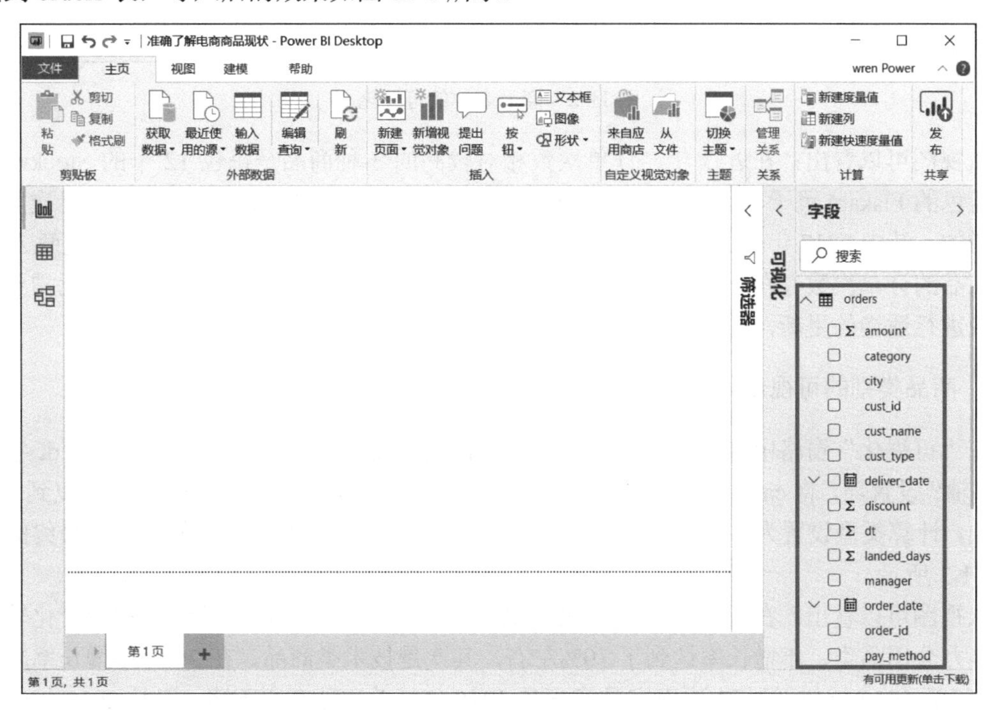

图 11-1　导入数据

1. 商品名称的可视化分析

在“可视化”窗格中选择“矩阵”可视化视图，在“字段”窗格中，将 product 字段拖曳到“行”设置项，将 dt 字段拖曳到“列”设置项，再将 product_id 字段拖曳到“值”设置项，计算类型设置为“计数”，并对视图做一些适当的美化，例如背景、标题等，最终的视图效果如图 11-2 所示。

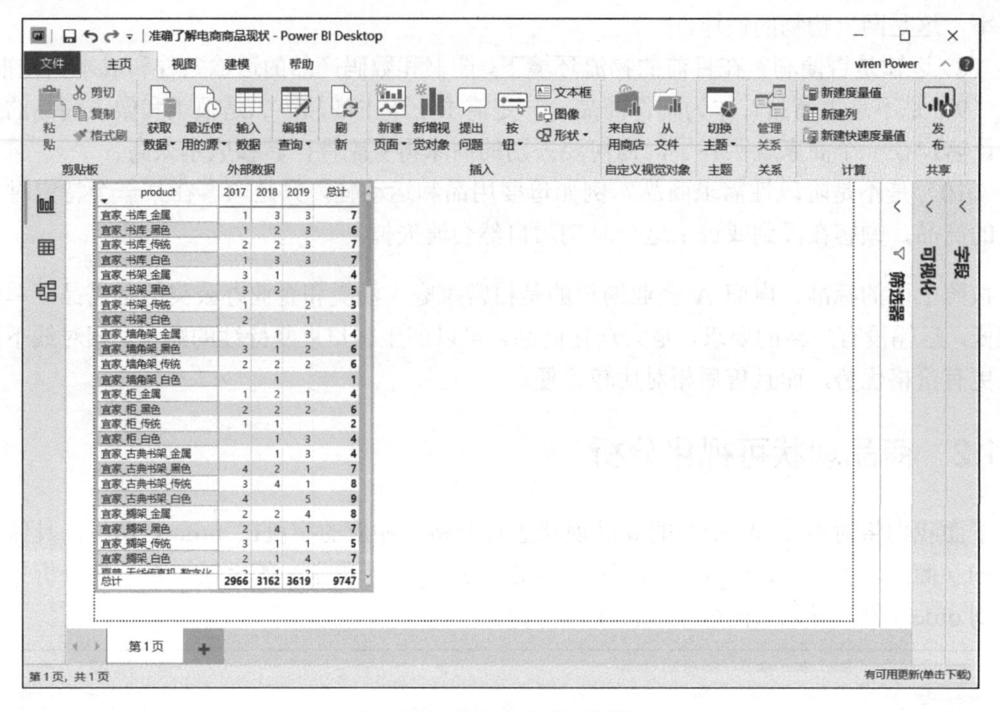

图 11-2　商品名称的可视化

从视图可以看出：在近 3 年，订单次数相对较高的 3 种商品是每包 12 个的 Stockwell 图钉、蓝色的 Fiskars 尺子、实惠 Wilson_Jones 标签。此外，还可以看出商品总的订单次数是逐年递增的，其中 2017 年是 2966 件，2018 年是 3162 件，2019 年是 3619 件。鉴于电商 A 企业各种商品的订单次数存在一定的差异，某些商品销售得比较好，而有些却很差，因此需要对商品目录进行适当的更新，淘汰部分销售不佳和过时的商品。

2. 商品类别的可视化分析

在“可视化”窗格中选择“簇状柱形图”可视化视图，在“字段”窗格中，将 dt 字段拖曳到“轴”设置项，将 category 字段拖曳到“图例”设置项，再将 product_id 字段拖曳到“值”设置项，计算类型设置为“计数”，并对视图做适当的调整，例如背景、标题等，最终的效果如图 11-3 所示。

从视图可以看出：在近 3 年中，办公用品、技术和家具 3 类商品的订单次数变化较大，尤其是办公用品类，年增长率达到了 10%左右，其次是技术类商品，在 2018 年增长率超过了 15%，但是 2019 年却不到 7%，而家具类商品 2018 年订单次数有所下降，但是 2019 年的增长率却达到 27%以上。

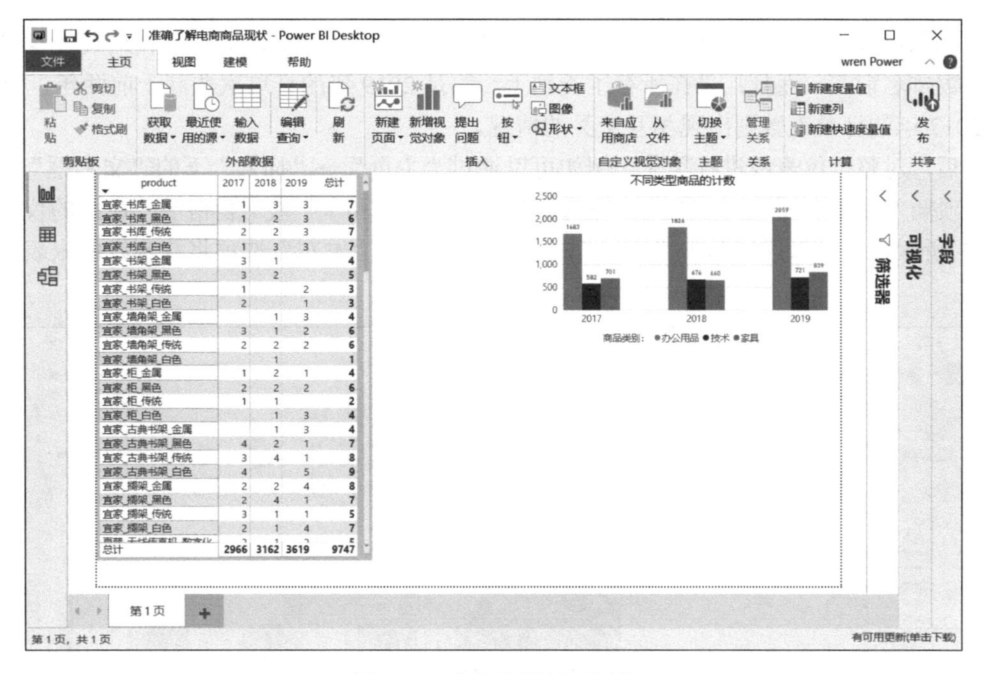

图 11-3　商品类别的可视化

3. 商品子类别的可视化分析

在“可视化”窗格中选择“矩阵”可视化视图，在“字段”窗格中，将 subcategory 字段拖曳到“轴”设置项，将 dt 字段拖曳到“图例”设置项，再将 product_id 字段拖曳到“值”设置项，计算类型设置为“计数”，并对视图做一些适当的美化，例如背景、标题等，最终的视图效果如图 11-4 所示。

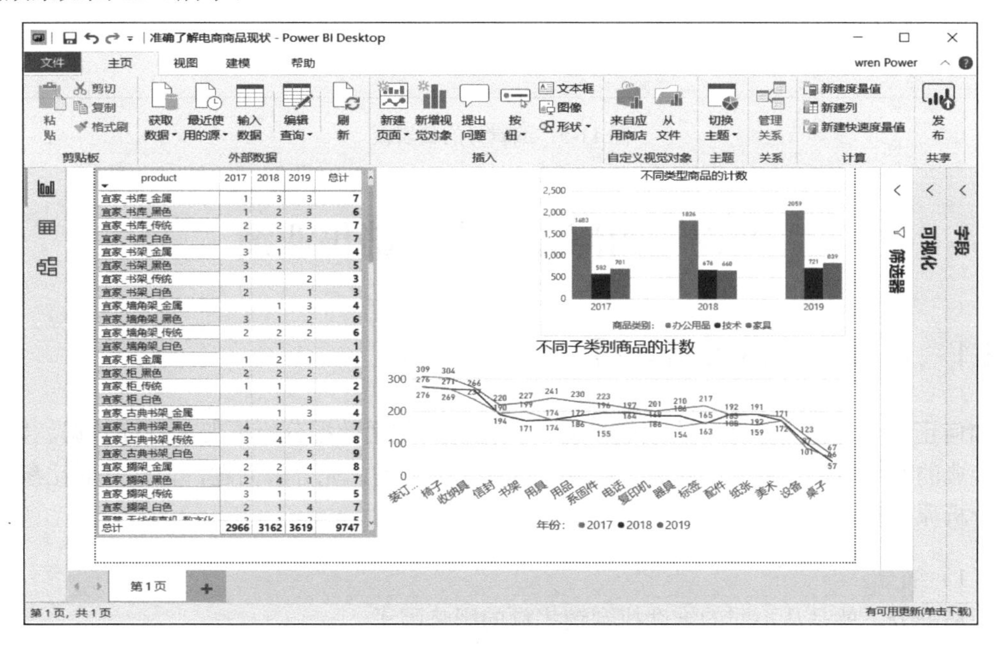

图 11-4　商品子类别的可视化

从视图可以看出：在近 3 年中，17 类子类别商品中，装订机、椅子、收纳具 3 类商品的订单次数排名前三，而且几乎在所有子类别上，都是 2019 年的订单次数高于前两年，而 2018 年和 2017 年的订单次数则出现相互交叉的情况。

最后，对整个仪表板进行美化，例如可以通过“主页”→“插入”下的“文本框”和“图像”选项插入文本和图片，并隐藏“筛选器”“可视化”和“字段”窗格等，最终的仪表板如图 11-5 所示。还可以通过单击“主页”→“共享”下的“发布”选项将绘制好的报表发布到服务器。

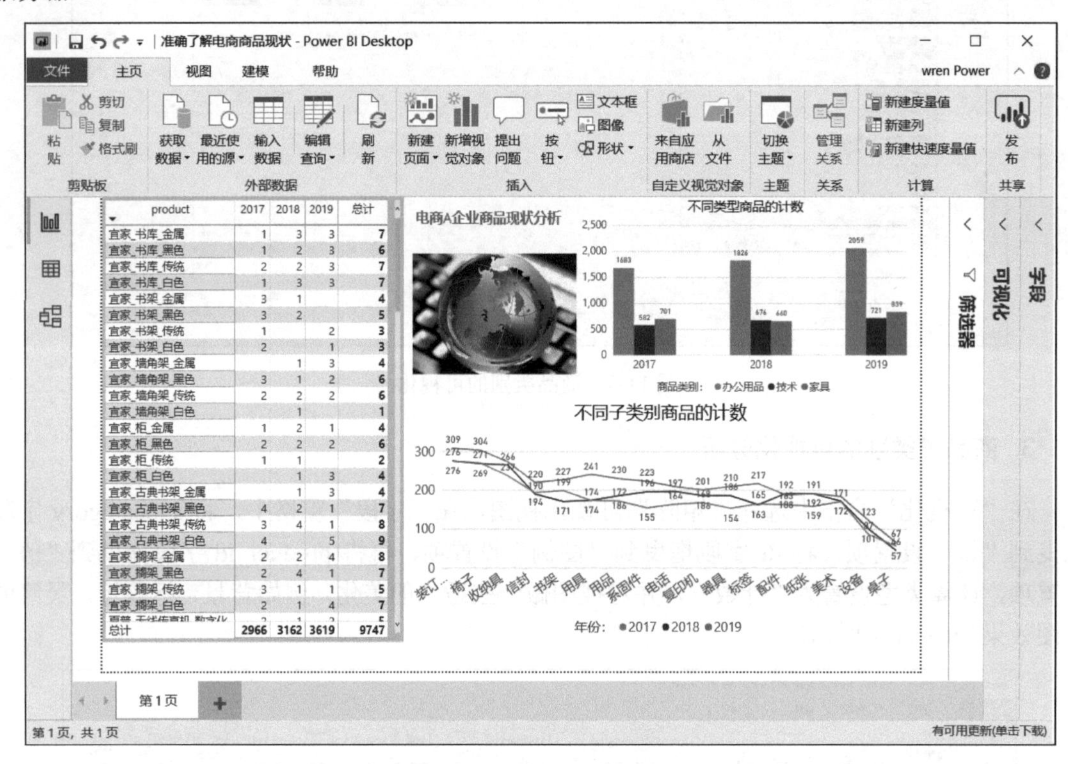

图 11-5 编辑好的仪表板

11.2 如何分析商品销售业绩

11.2.1 正确分析商品销售额

如何正确分析销售额背后隐藏的规律，我们需要使用数据分析框架来解读数据。数据分析有经典的 6 字策略：细分、对比、溯源。具体来说就是：先分解问题，再建立对比参照系，最后分析原因找到改进方案。

（1）细分

所谓细分，就是从不同的维度找到销售额的影响因素。

（2）对比

细分之后，需要对同一维度上的数据进行比较，找到薄弱环节，主要通过建立比较参照系的方式进行比较，注意事项如下：

- 谁和谁在比较。
- 弄清楚怎么比。
- 比完后要做什么。

（3）溯源

一般情况下，如果碰到某类商品销售业绩很差，有效的分析方法不是拍脑袋猜测，而是把所有可能涉及的问题都追溯一遍，从而找到问题的源头。

电商商品的竞争优势主要包含成本、技术、服务等。其中成本优势是指单位成本比同类商品低，在市场中就有价格优势。商品是盈利还是亏本，分析以后再去做进一步的优化，将店铺的资源分配给更好的商品，带来更多的利润。

电商商品选择时可以参考的主要标准：

（1）商品是否适销对路

通常线上和线下销售的商品是有差别的，对于需要实际体验、专业咨询的商品，一般都不适合在线上直接销售。

（2）价格是否具有优势

客户在购买商品时为了防止信息不对称出现花很多额外费用，一般都会货比三家，一般情况下，价格的高低决定了商品是否有优势。

（3）选择合适营销渠道

渠道的选择决定市场营销的效果，分销渠道的选择要充分考虑商品件质、产销特点、供求关系等因素，分别采取直接渠道或间接渠道。

11.2.2　商品销售额可视化分析

下面我们将对电商 A 企业的商品类型进行分析，相应的字段在 orders 表中，具体包括 order_date（订单日期）、sales（销售额）、store_name（门店名称）、region（地区）等字段。下面我们将按月份、按门店、按地区 3 个角度分别进行分析。

1. 各月商品销售额分析

分析之前，首先需要确保 deliver_date 字段是日期类型，如果是其他类型，那么可以到“编辑查询”下进行调整。在“可视化”窗格中选择“折线图”可视化视图，在“字段”窗格中，将 deliver_date 字段拖曳到“轴”设置项，将 sales 字段拖曳到“值”设置项，计算类型设置为“求和”，再将 dt 字段拖曳到“此页上的筛选器”设置项，选择 2019 年数据，并对视图做适当的调整，例如背景、标题等，最终的效果如图 11-6 所示。

从视图可以看出：在 2019 年，电商 A 企业每月的销售额基本呈现上涨趋势，从一月份的 27.5 万元逐渐增加到 12 月份的 69.4 万元，说明企业商品的整体销售业绩良好，市场认可度较高。

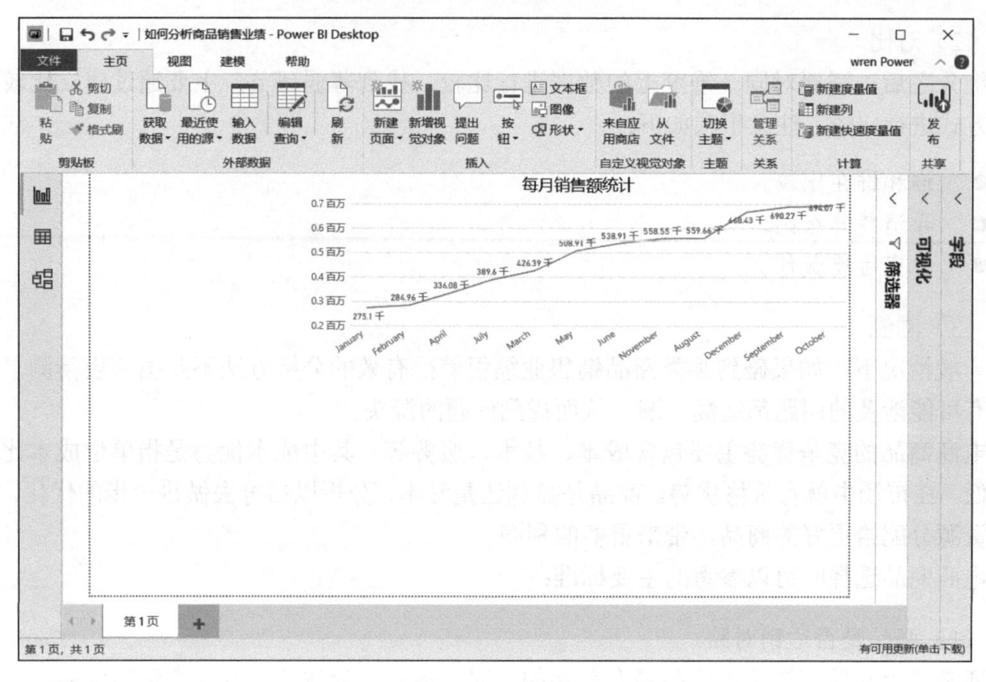

图 11-6　各月商品销售额的可视化

2. 各门店商品销售额分析

在“可视化”窗格中选择“堆积柱形图”可视化视图，在“字段”窗格中，将 store_name 字段拖曳到“轴”设置项，将 sales 字段拖曳到“值”设置项，计算类型选择“求和”，并对视图做一些适当的美化，例如数据颜色、数据标签、标题等，如图 11-7 所示。

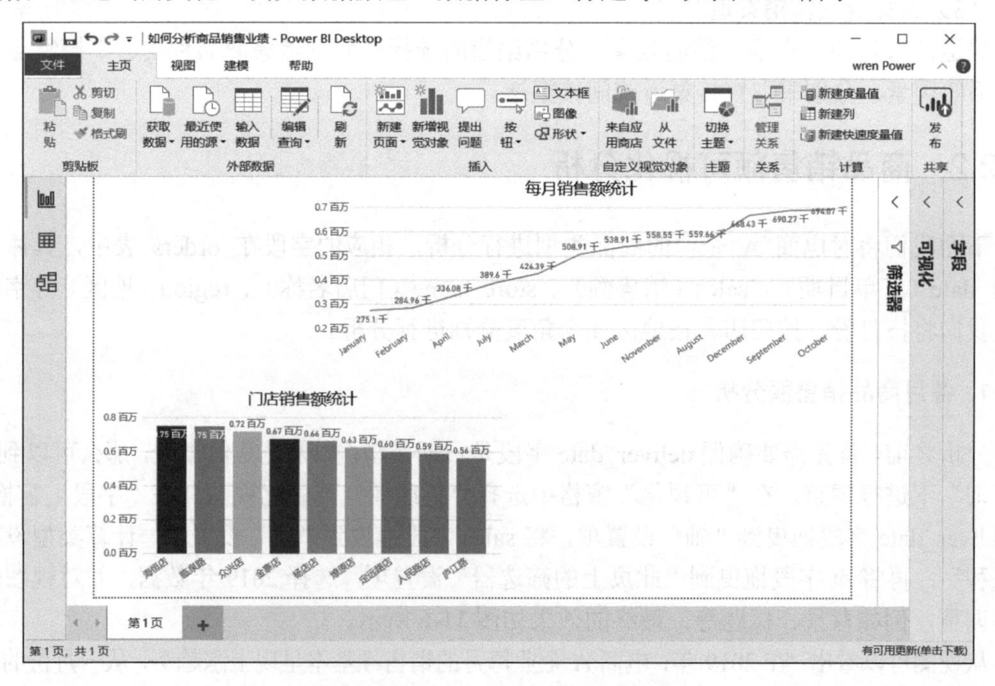

图 11-7　各门店商品销售额的可视化

从视图可以看出：在 2019 年，在电商 A 企业的所有销售门店中，海恒店的销售额最多，达到了 75.09 万元，其次是临泉路店 74.92 万元，众兴店 71.89 万元，最少的是庐江路店，全年销售额仅为 56.12 万元。

3. 各地区商品销售额分析

在“可视化”窗格中选择“环形图”可视化视图，在“字段”窗格中，将 region 字段拖曳到“图例”设置项，将 sales 字段拖曳到“值”设置项，计算类型选择“求和”，并对视图做一些适当的美化，例如详细信息、标题等，最终的效果如图 11-8 所示。

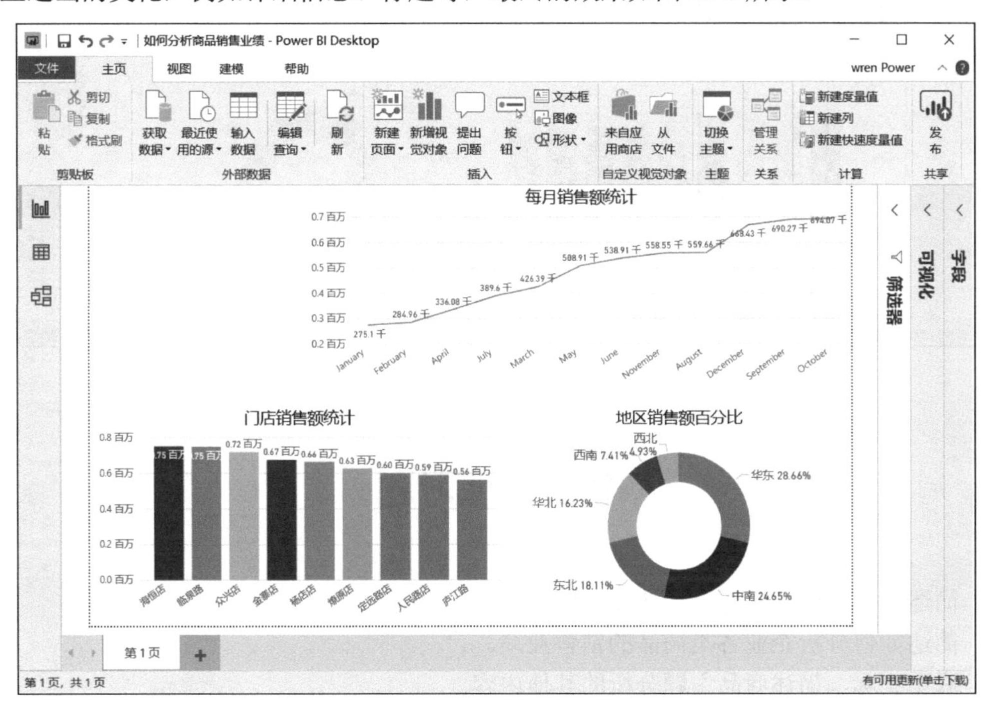

图 11-8　各地区商品销售额的可视化

从视图可以看出：在 2019 年，华东地区的销售额最多，占销售总额的 28.66%，其次是中南地区，占 24.65%，东北地区占 18.11%，最少的是西北地区，占比仅为 4.93%。

最后，对整个仪表板进行美化，例如可以通过“主页”→“插入”下的“文本框”和“图像”选项插入文本和图片，并隐藏“筛选器”“可视化”和“字段” 窗格，最终的仪表板如图 11-9 所示。还可以通过单击“主页”→“共享”下的“发布”选项将绘制好的报表发布到服务器。

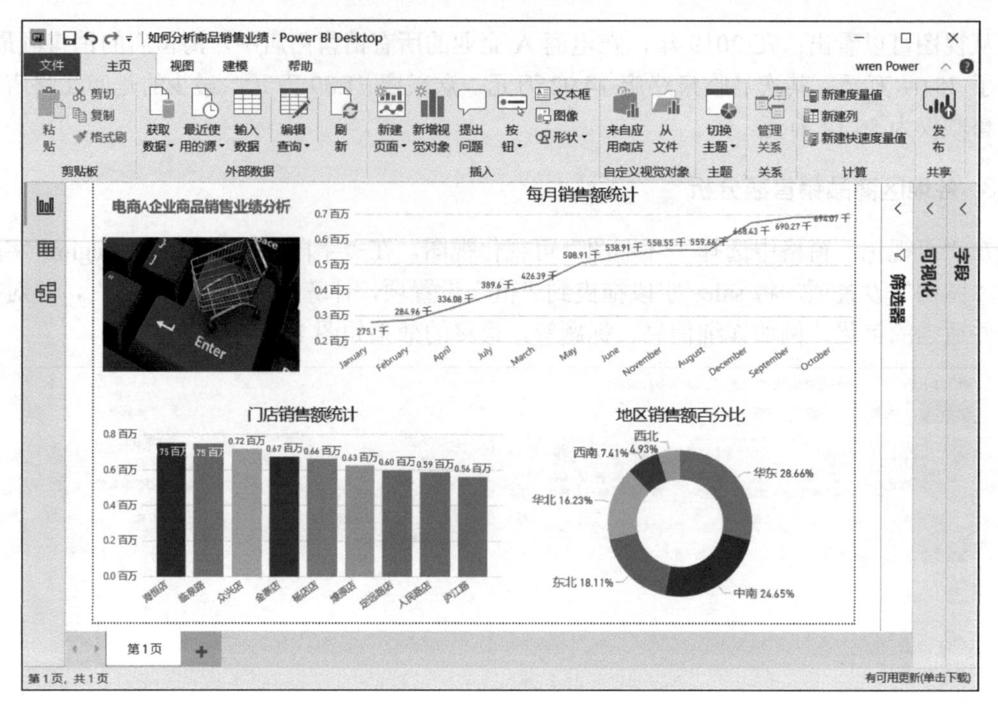

图 11-9　编辑好的仪表板

11.3　练习题

1. 简述如何准确了解电商企业商品的现状。
2. 简述如何分析企业各类商品的销售业绩。
3. 联系实际，简述商品主题分析的其他内容。

第12章 案例实战——销售经理主题分析

本章将从销售经理的角度客观公正地分析其销售业绩。通常对销售人员的考核重结果而不重过程，仅从业绩角度去考核显然有些不合理，应该从销售任务完成率、服务满意度等方面进行综合评估。

12.1 销售经理销售业绩分析

12.1.1 如何考核销售经理

销售业绩是指销售人员在开展销售活动后的收入总计，可以根据每个月、每年等数据统计业务绩效。

销售经理一般必备以下几点素质：

市场敏感性、熟悉的商品、强大的团队、充足的资金、领导的信任。

对销售经理的考核，仅从业绩的角度有失偏颇，应该包含以下3点：

（1）销售计划完成率

销售计划完成率为实际销售量与目标销售量的比例。

（2）销售费用使用率

销售费用使用率是计划的销售费用与实际使用的费用比例。

（3）服务满意度

即客户对销售人员的服务满意程度。

12.1.2 销售业绩可视化分析

电商A企业销售经理的业绩相应字段在orders表中，具体包括order_date（订单日期）、manager（销售经理）、sales（销售额）、profit（利润）等字段。下面将按月份、按门店、按地区3个角度分别进行分析。

1. 销售经理的销售业绩分析

在“可视化”窗格中选择“折线和簇状柱形图”可视化视图，在“字段”窗格中，将 manager 字段拖曳到“共享轴”设置项，将 sales 字段拖曳到“列值”设置项，计算类型设置为“求和”，将 profit 字段拖曳到“行值”设置项，计算类型设置为“求和”，再将 dt 字段拖曳到“此页上的筛选器”设置项，选择 2019 年数据，并对视图做适当的调整，例如背景、标题等，最终的效果如图 12-1 所示。

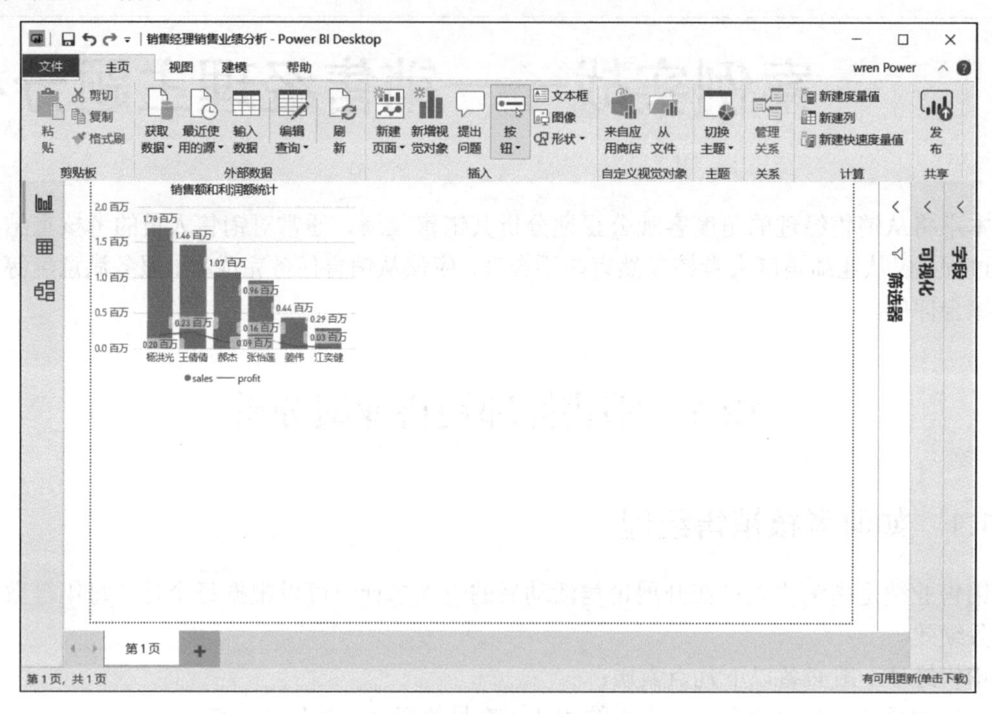

图 12-1　销售经理销售业绩的可视化

从视图可以看出：在 2019 年，销售经理杨洪光的业绩最好，销售额达到了 170 万元，利润额为 20 万元，王倩倩的销售业绩为 146 万元，利润额达到了 23 万元，业绩最差的是江奕健，销售额仅为 29 万元，利润额仅为 3 万元。

2. 销售经理的销售业绩比较分析

在“可视化”窗格中选择“环形图”可视化视图，在“字段”窗格中，将 manager 字段拖曳到“图例”设置项，将 sales 字段拖曳到“值”设置项，计算类型设置为“求和”，再将 dt 字段拖曳到“此页上的筛选器”设置项，选择 2019 年数据，并对视图做适当的调整，例如背景、标题等，最终的效果如图 12-2 所示。

从视图可以看出：在 2019 年，销售经理杨洪光的销售业绩最好，其销售额占总销售额的 28.66%，其次是王倩倩 24.65%，郝杰 18.11%，张怡莲 16.23%，姜伟 7.41%，江奕健 4.93%。

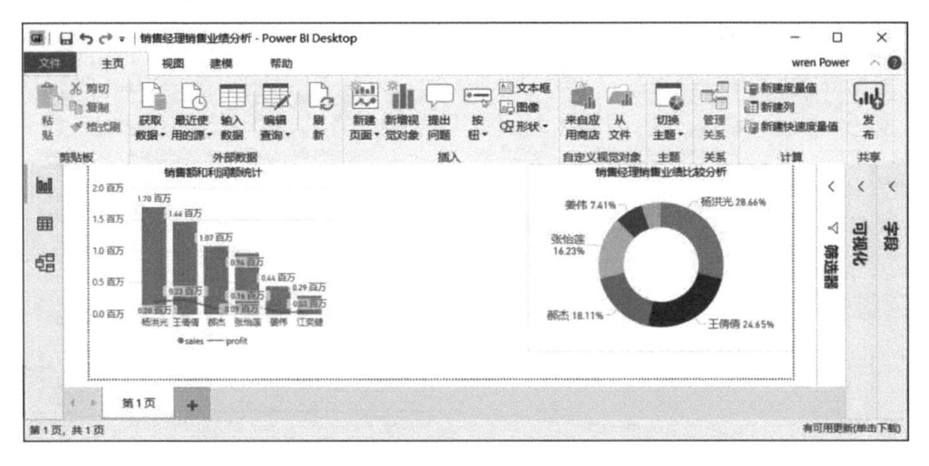

图 12-2　销售经理年度销售业绩的可视化

3. 销售经理的季度销售业绩比较分析

分析之前，首先需要确保 order_date 字段是日期类型，如果是其他类型，那么可以到“编辑查询”下进行调整。在“可视化”窗格中选择“折线图”可视化视图，在“字段”窗格中，将 order_date 字段拖曳到“轴”设置项，将 manager 字段拖曳到“图例”设置项，将 sales 字段拖曳到“值”设置项，计算类型选择“求和”，再将 dt 字段拖曳到“此页上的筛选器”设置项，选择 2019 年数据，并对视图做适当的调整，最终的效果如图 12-3 所示。

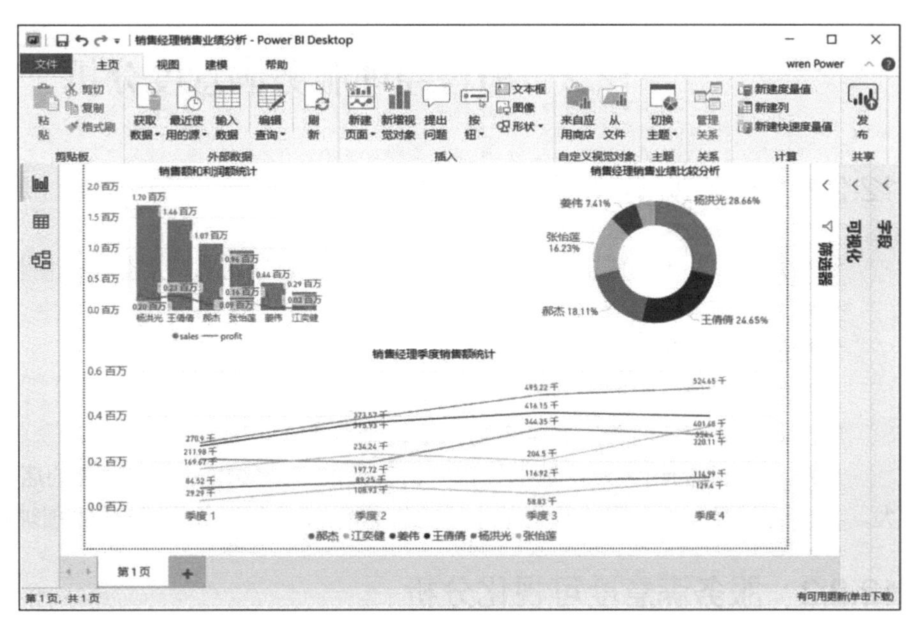

图 12-3　销售经理季度销售业绩的可视化

从视图可以看出：在 2019 年的 4 个季度中，季度销售业绩排名都是杨洪光排第一名，王倩倩排第二名，江奕健排最后一名，姜伟排倒数第二名。

最后，对整个仪表板进行美化，例如可以通过“主页”→“插入”下的“文本框”和“图像”选项插入文本和图片，并隐藏“筛选器”“可视化”和“字段” 窗格，最终的仪表板如图 12-4 所示。

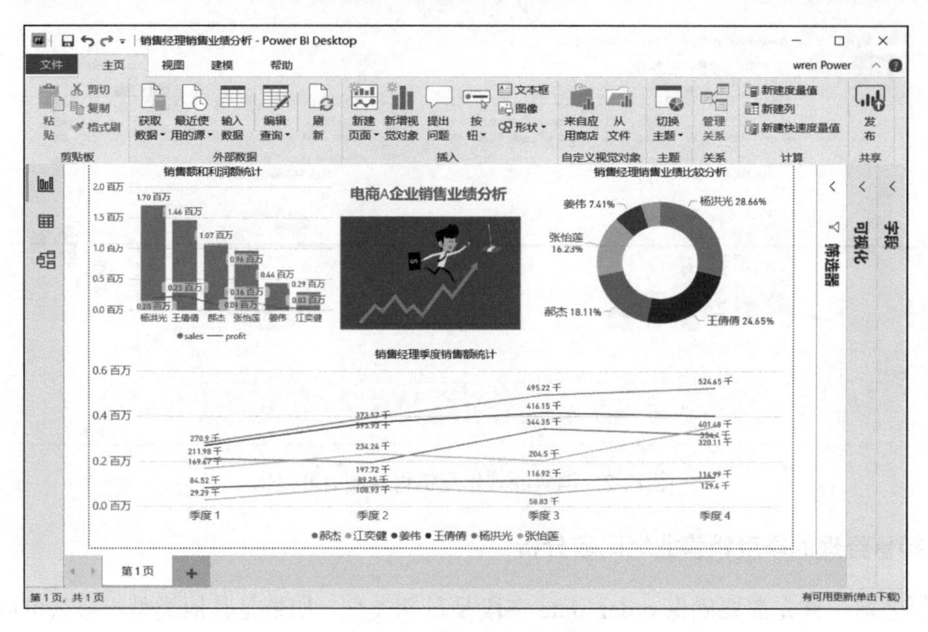

图 12-4 编辑好的仪表板

12.2 销售经理服务满意度分析

12.2.1 影响服务满意度的因素

满意是指对某事物或服务的主观评价，是一种心理状态，用数字来衡量就是满意度。

企业进行满意度调查的目的：

掌握满意度现状、了解客户的需求、找出服务的短板。

一般影响用户体验的因素有以下几个方面：

响应是否快速、问答比率是否高、语言是否专业。

电商 A 企业的销售人员基本符合营销人员的专业要求，与实体店的店员服务水平相差不大，甚至还要好一些，因此我们基本排除销售环节对企业商品销售量的影响。

12.2.2 服务满意度可视化分析

1. 销售经理的服务满意度分析

在“可视化”窗格中选择“堆积柱形图”可视化视图，在“字段”窗格中，将 manager 字段拖曳到“轴”设置项，将 satisfied 字段拖曳到“图例”设置项，再将 satisfied 字段拖曳到“值”设置项，计算类型设置为“计数”，再将 dt 字段拖曳到“此页上的筛选器”设置项，选择 2019，并对视图做适当的调整，例如背景、标题等，如图 12-5 所示。

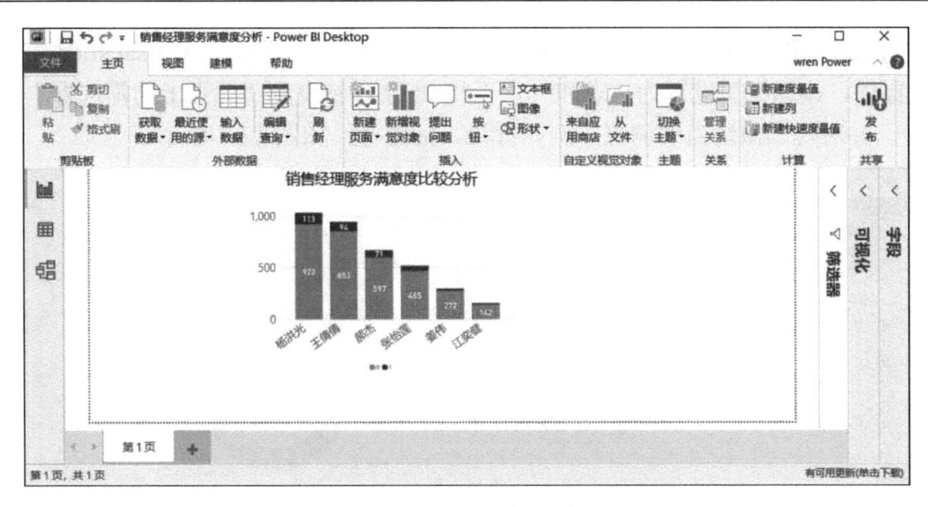

图 12-5　销售经理服务满意度的可视化

从视图可以看出：在 2019 年，销售经理的销售满意度一般，不满意率基本都在 10%左右，其中杨洪光的不满意订单量最多，为 113 件，不满意率为 10.92%。

2. 销售经理的服务不满意度分析

在“可视化”窗格中选择“环形图”可视化视图，在“字段”窗格中，将 manager 字段拖曳到“图例”设置项，再将 satisfied 字段拖曳到“值”设置项，计算类型设置为“求和”，再将 dt 字段拖曳到“此页上的筛选器”设置项，选择 2019，如图 12-6 所示。

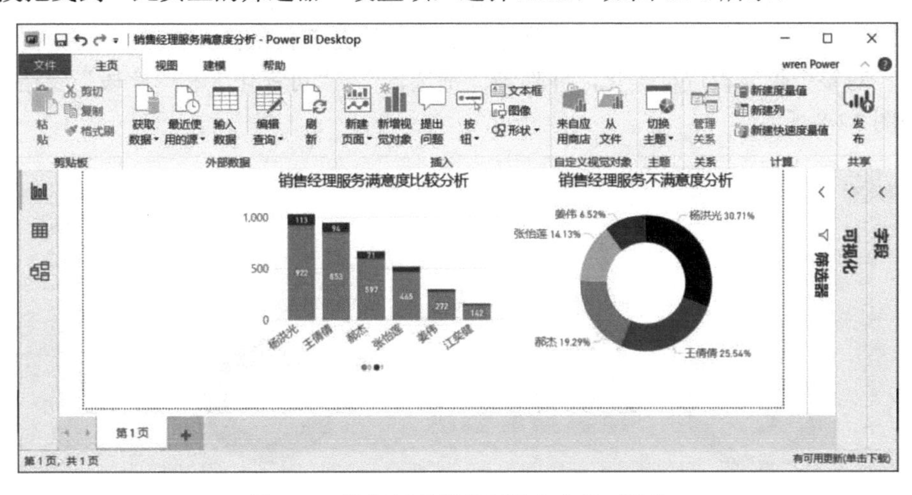

图 12-6　销售经理服务不满意度的可视化

从视图可以看出：在 2019 年，销售经理杨洪光的不满意订单占总不满意订单的 30.71%，其次是王倩倩为 25.52%，郝杰为 19.29%，如何降低不满意的订单量，还需要后期进行深入的分析，从而对相关人员进行有针对性的培训。

3. 销售经理的服务不满意度月度分析

在“可视化”窗格中选择“堆积面积图”可视化视图，在“字段”窗格中，将 order_date

字段拖曳到“轴”设置项，将 manager 字段拖曳到“图例”设置项，再将 satisfied 字段拖曳到“值”设置项，计算类型设置为“求和”，再将 dt 字段拖曳到“此页上的筛选器”设置项，选择 2019，并对视图做适当的调整，例如背景、标题等，如图 12-7 所示。

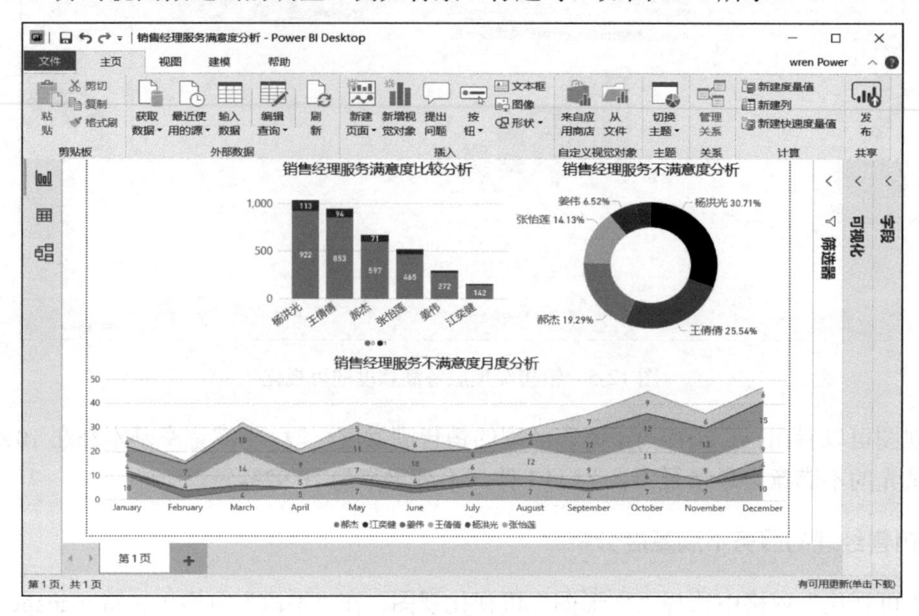

图 12-7 销售经理月度服务不满意度的可视化

从视图可以看出：在 2019 年，月度不满意订单的数量基本呈现上升的趋势，且在大多数月份，销售经理杨洪光的不满意订单都是最多的，其次是王倩倩。

最后，对整个仪表板进行美化，并隐藏“筛选器” “可视化”和“字段”窗格，最终的仪表板如图 12-8 所示。

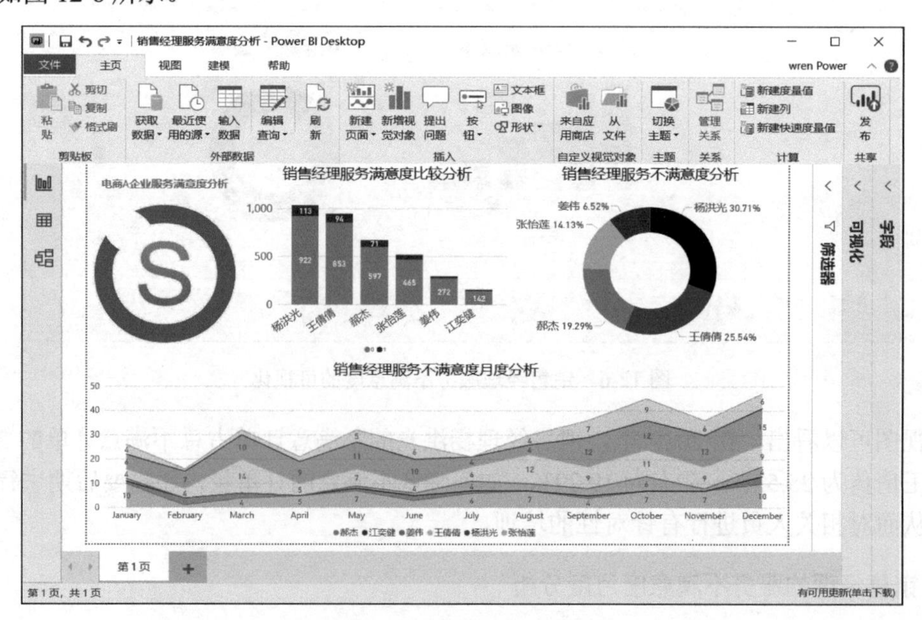

图 12-8 编辑好的仪表板

12.3 练习题

1. 简述如何客观地考核销售经理的销售业绩。
2. 简述如何准确评估销售经理的服务满意度。
3. 联系实际，简述销售经理主题分析的其他内容。

第13章

案例实战——客户价值主题分析

本章将从 A 企业客户价值的角度全面分析客户的价值。客户价值即根据客户消费行为和消费特征等方面，分析客户能够为企业创造的利润。此外，客户流失率是客户可能流失的概率，越大说明流失的可能性就越大。

13.1 电商商品有效客户分析

13.1.1 如何衡量客户价值

客户是指商品或服务的购买者，有效客户是指能给企业创造直接或间接利益的客户。客户的范畴包括以下几类人员：

- 消费客户。
- B2B 客户。
- 渠道、分销商、代销商。
- 内部客户。

IBM 公司有严格的分级管理规定，例如从营业额和利润额占比大小的角度衡量客户价值的大小，将客户分成钻石级、黄金级、白银级和其他 4 个等级，不同等级的客户提供不同的服务，如表 13-1 所示。

表13-1 IBM公司的分组管理规定

IBM 公司	客户关系	客户价值	提供的服务
钻石级	集团副总裁 集团客户关系总监	营业额 50% 利润 65%	个性化咨询 完整的方案设计
黄金级	区域总裁 集团客户关系总监	营业额 25% 利润 15%	咨询 个性化方案设计

（续表）

IBM 公司	客户关系	客户价值	提供的服务
白银级	大客户经理	营业额 20% 利润 13%	标准方案 价格优惠政策
其他	客户经理	营业额 5% 利润 7%	标准方案或商品

无论是消费、合作还是协助，只要企业赚到了钱，就算是有效客户。此外，客户可能不会购买企业的商品，但是由于对于此客户的营销行为，变相地为企业做了宣传。

13.1.2　有效客户可视化分析

电商 A 企业的有效客户相应的字段在 customers 表和 orders 表中，具体包括 age（客户年龄）、gender（客户性别）、custcat（客户价值类型）等字段。在分析之前，首先需要导入 customers 表和 orders 表，连接字段是客户编号 cust_id，表之间的关系如图 13-1 所示。

图 13-1　管理关系

1. 有效客户的性别分析

在“可视化”窗格中选择“堆积柱形图”可视化视图，在“字段”窗格中，将 gender 字段拖曳到“图例”设置项，将 cust_id 字段拖曳到“值”设置项，计算类型设置为“计数（非重复）”，再将 dt 字段拖曳到“此页上的筛选器”设置项，选择 2019 年的数据，对视图做一些适当的美化，最终的视图效果如图 13-2 所示。

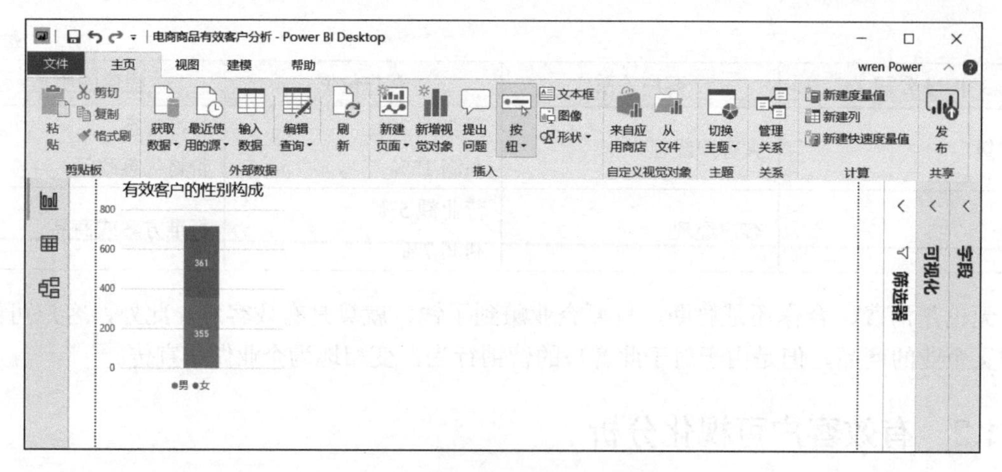

图 13-2　有效客户性别的可视化

从视图可以看出：在 2019 年，电商 A 企业的有效客户数为 716 人，其中 361 人是女性，占比 50.42%，355 人是男性，占比 49.58%。

2. 有效客户的学历分析

在“可视化”窗格中选择“饼图”可视化视图，在“字段”窗格中，将 education 字段拖曳到“图例”设置项，将 cust_id 字段拖曳到“值”设置项，计算类型设置为“计数（非重复）”，再将 dt 字段拖曳到“此页上的筛选器”设置项，选择 2019 年数据，并对视图做一些适当的美化，最终的视图效果如图 13-3 所示。

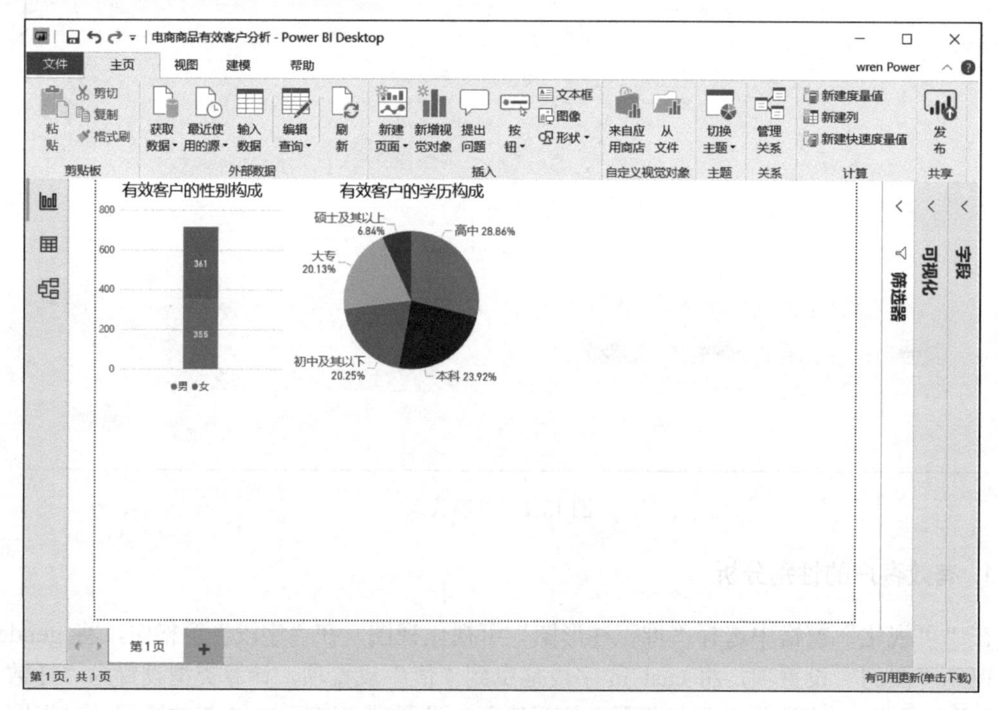

图 13-3　有效客户学历的可视化

从视图可以看出：在 2019 年，电商 A 企业的有效客户中，主要以低学历客户为主，其中高中学历占比 28.86%，本科学历占比 23.92%，初中及以下占比 20.25%，大专学历占比 20.13%，硕士及以上占比 6.84%。

3. 有效客户的年龄分析

在“可视化”窗格中选择“折线图”可视化视图，在“字段”窗格中，将 age 字段拖曳到“图例”设置项，将 cust_id 字段拖曳到“值”设置项，计算类型设置为“计数（非重复）”，再将 dt 字段拖曳到“此页上的筛选器”设置项，选择 2019 年数据，并对视图做一些适当的美化，最终的视图效果如图 13-4 所示。

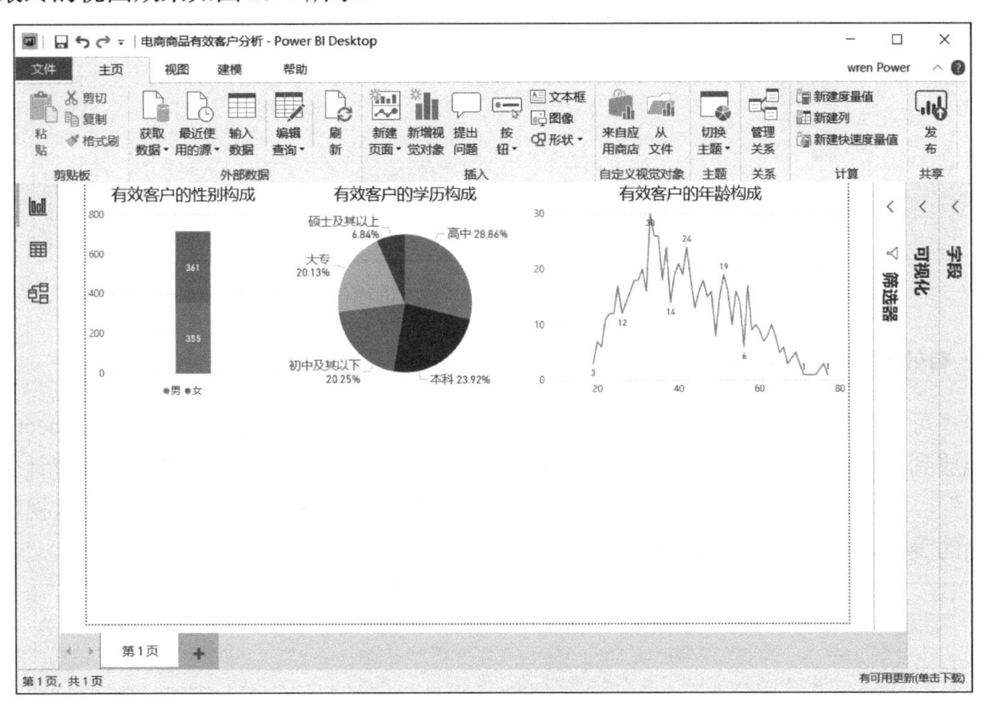

图 13-4　有效客户年龄的可视化

从视图可以看出：在 2019 年，电商 A 企业的有效客户，年龄大部分在 30 岁到 50 岁之间，其中 33 岁的客户数量最多，达到了 30 人，其次是 34 岁和 35 岁，客户数为 26 人。

4. 有效客户的收入分析

在“可视化”窗格中选择“堆积条形图”可视化视图，在“字段”窗格中，将 income 字段拖曳到“图例”设置项，将 cust_id 字段拖曳到“值”设置项，计算类型设置为“计数（非重复）”，再将 dt 字段拖曳到“此页上的筛选器”设置项，选择 2019 年数据，并对视图做一些适当的美化，最终的视图效果如图 13-5 所示。

从视图可以看出：在 2019 年，电商 A 企业的有效客户中，主要是一些低收入群体，其中年收入在 5 万元至 10 万元的为 261 人，20 万元至 30 万元的为 171 人，10 万元至 20 万元的为 159 人，5 万元以下的为 137 人，30 万元以上的为 62 人。

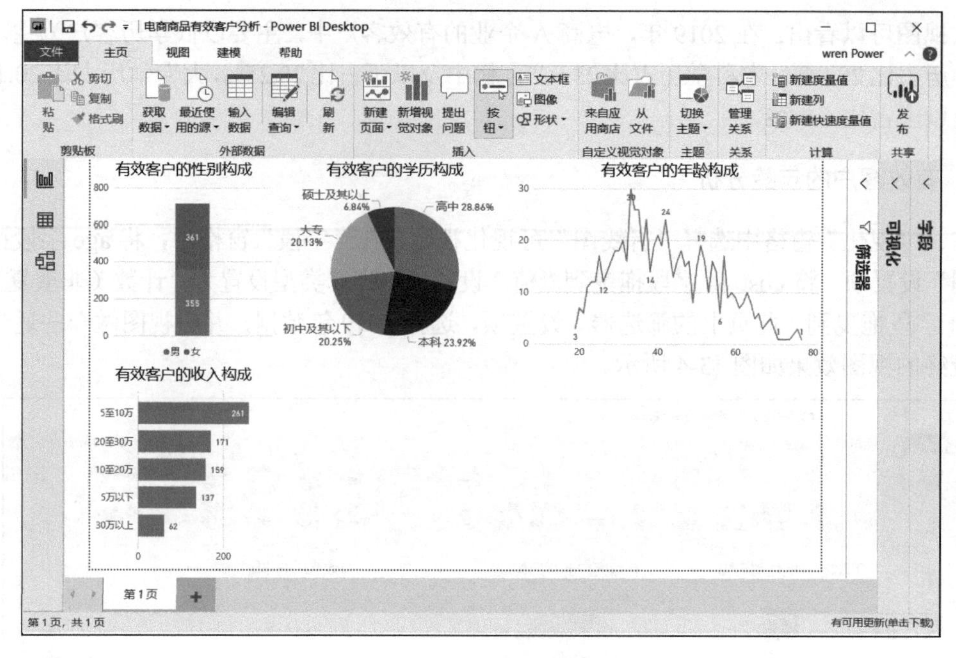

图 13-5　有效客户收入的可视化

5. 有效客户的职业分析

在“可视化”窗格中选择“堆积柱形图”可视化视图，在“字段”窗格中，将 occupation 字段拖放到“图例”设置项，将 cust_id 字段拖曳到“值”设置项，计算类型设置为“计数（非重复）”，再将 dt 字段拖曳到“此页上的筛选器”设置项，选择 2019 年数据，并对视图做一些适当的美化，最终的视图效果如图 13-6 所示。

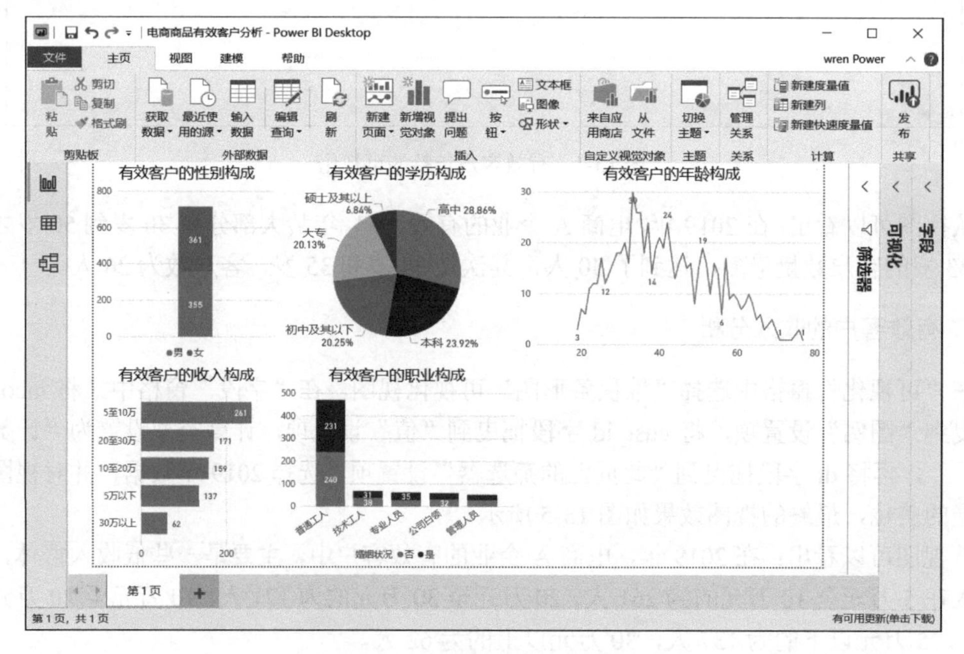

图 13-6　有效客户职业的可视化

从视图可以看出：在 2019 年，电商 A 企业的有效客户中，职业主要是普通工人，人数为 471 人，占总有效客户数的 65.78%，其中已婚的为 231 人，未婚的为 240 人，此外，技术工人、专业人员、公司白领、管理人员的人数，为 50~70 人。

6. 有效客户的客户价值分析

在“可视化”窗格中选择“堆积面积图”可视化视图，在“字段”窗格中，将 order_date 字段拖曳到“轴”设置项，将 custcat 字段拖曳到“图例”设置项，将 cust_id 字段拖曳到“值”设置项，计算类型设置为“计数（非重复）”，再将 dt 字段拖曳到“此页上的筛选器”设置项，选择 2019 年数据，并对视图做一些适当的美化，如图 13-7 所示。

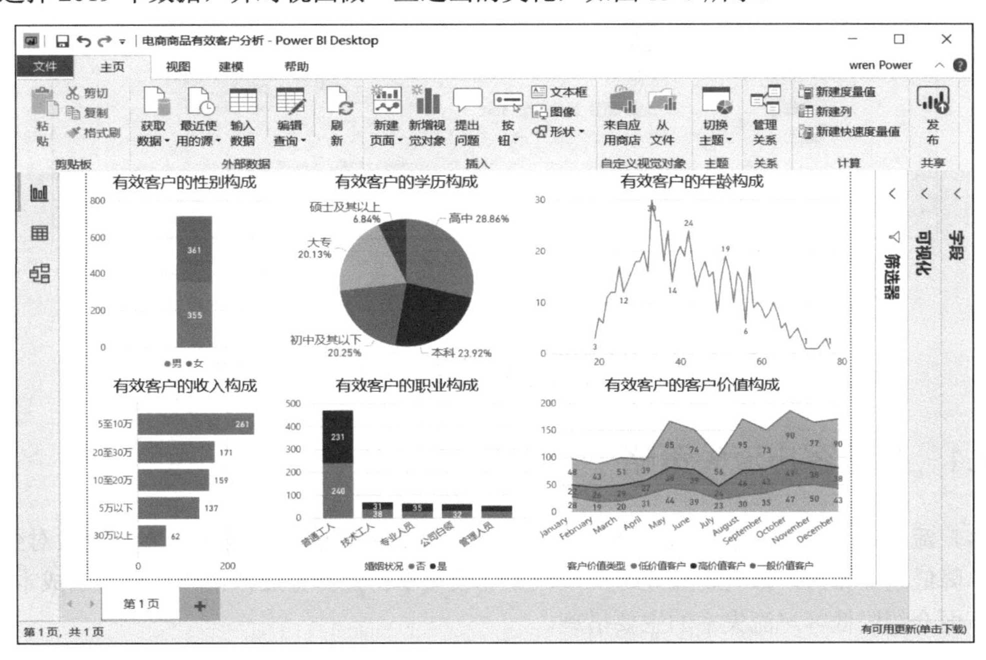

图 13-7　有效客户价值的可视化

从视图可以看出：在 2019 年各个月份中，电商 A 企业的有效客户中，客户价值类型主要以一般价值客户为主，占比超过了 50%，另外，低价值客户和高价值客户基本各占 25%。

最后，对整个仪表板进行美化，例如可以通过“主页”→“插入”下的“文本框”和“图像”选项插入文本和图片，并隐藏“筛选器”“可视化”和“字段” 窗格，最终的仪表板如图 13-8 所示。

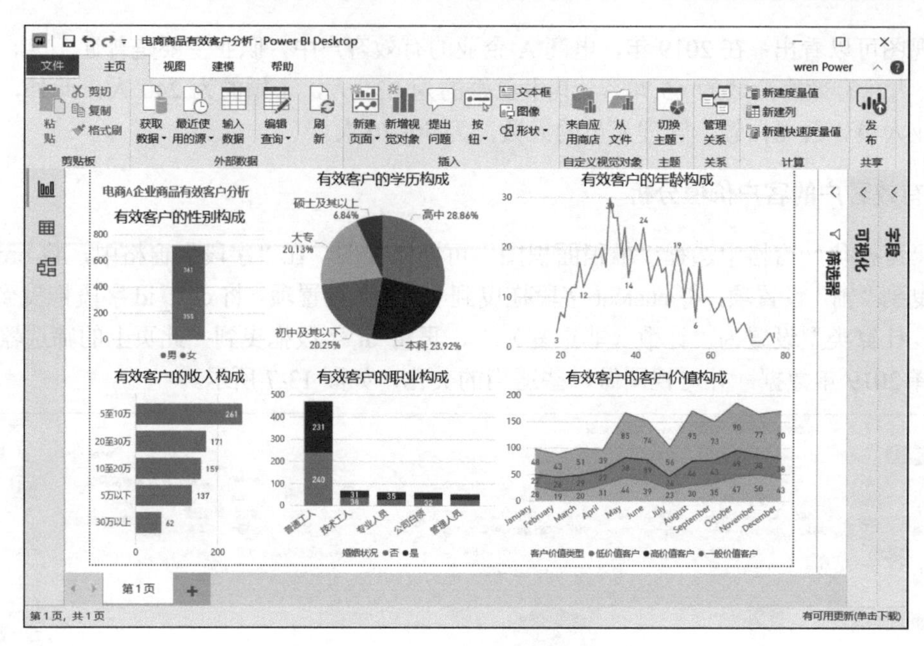

图 13-8　编辑好的仪表板

13.2　如何降低电商客户流失率

13.2.1　降低客户流失策略

客户流失率是客户可能流失的概率，越大说明流失的可能性就越大。客户流失对企业的影响：降低企业收入，影响企业业绩；降低企业收益率；提高企业营销和客户召回成本。

下面介绍降低客户流失率的主要措施。

1. 分析客户流失的原因

通过电话回访客户可以知道商品没有解决客户的哪些痛点，我们给客户造成了哪些困扰等。还可以通过发邮件、邀请客户到官方网站评论和留言或者在社交媒体与客户互动的方式查找客户流失的原因。

2. 保持客户的参与度

为了保持客户的参与度，我们需要持续向客户证明商品对其产生的价值。除了让客户知道商品的主要功能和更新迭代的内容外，我们还可以向客户展示新的成交消息、特价商品或者近期的优惠活动等。

3. 给予客户充分的指导

减少客户流失可以通过给客户提供高质量的指导/支持资料的方式实现。这些指导包括但不限于免费培训、在线论坛、视频指导或者商品演示等。好的商品功能加上足够的指导不仅让客户有解决问题的工具，也让客户拥有使用工具的指南。

4. 提前发现流失的客户

通过对以往流失客户的行为数据进行分析，我们可以总结出一些流失客户共有的行为，譬如他们流失之前的那段时间不像以往那样活跃等。

5. 找准商品目标客户

商品一定要找准目标客户。如果目标客户找错了，哪怕我们使尽浑身解数也不可能让客户留下来。如果我们通过“免费”和“便宜”这样的字眼来吸引新客户，获取的新客户可能根本不是我们的目标客户。

6. 重视客户投诉意见

调查显示，大部分客户即使对商品感到不满也不会吭声，只有少量的客户会对商品提出不满或意见。由此可见，我们必须认真对待客户的抱怨和投诉并且及时给予反馈。研究表明，这些投诉得到反馈和解决的客户更有可能成为忠诚客户。

在本案例中，我们定义流失客户是指最近 3 个月内没有订单交易的客户，即 2019 年 9 月 1 日以后没有订单的客户。

13.2.2 客户流失率可视化分析

下面对电商 A 企业的客户流失情况进行分析，相应的字段在 customers 和 orders 表中，包括 gender（客户性别）、occupation（客户职业）、province（客户籍贯）等字段。在分析之前，首先需要连接本地 MySQL 数据库，两张表的连接字段是客户编号 cust_id，提取流失客户数据的语句如图 13-9 所示。

MySQL 数据库

服务器

127.0.0.1

数据库

sales

高级选项

命令超时(分钟) (可选)

SQL 语句(可选，需要数据库)

```
SELECT a.cust_id,c.gender,c.income,b.last_order,c.occupation,c.education,a.province,a.dt
from sales.orders a right JOIN
(SELECT cust_id,MAX(order_date) as last_order FROM sales.orders  group BY cust_id) b
on a.cust_id=b.cust_id LEFT JOIN sales.customers c
on a.cust_id=c.cust_id WHERE b.last_order<'2019-09-01'
```

☑ 包含关系列

☐ 在完整层次结构中导航

确定 取消

图 13-9 提取流失客户

1. 流失客户的性别分析

在“可视化”窗格中选择“堆积柱形图”可视化视图，在“字段”窗格中，将 gender 字段拖曳到“图例”设置项，将 cust_id 字段拖曳到“值”设置项，计算类型设置为“计数（非重复）”，再将 dt 字段拖曳到“此页上的筛选器”设置项，选择 2019 年数据，对视图做一些适当的美化，最终的视图效果如图 13-10 所示。

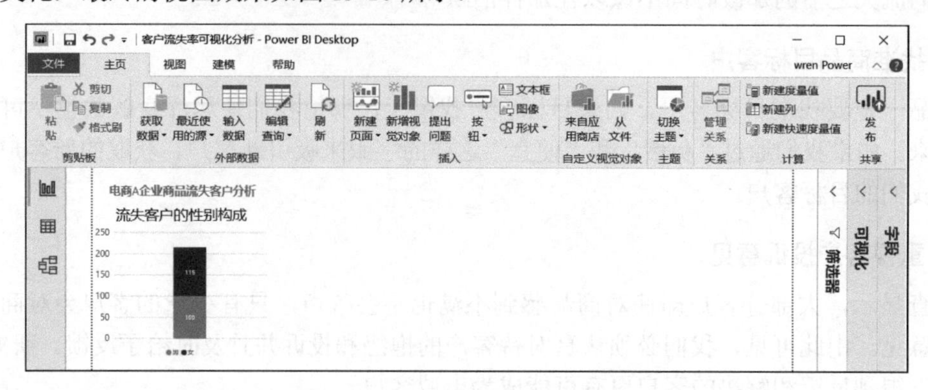

图 13-10　流失客户性别的可视化

从视图可以看出：在 2019 年，电商 A 企业的流失客户总数为 215 人，其中女性 115 人，占比 53.49%，男性 100 人，占比 46.51%。

2. 流失客户的收入分析

在“可视化”窗格中选择“环形图”可视化视图，在“字段”窗格中，将 income 字段拖曳到“图例”设置项，将 cust_id 字段拖曳到“值”设置项，计算类型设置为“计数（非重复）”，再将 dt 字段拖曳到“此页上的筛选器”设置项，选择 2019 年数据，并对视图做一些适当的美化，最终的视图效果如图 13-11 所示。

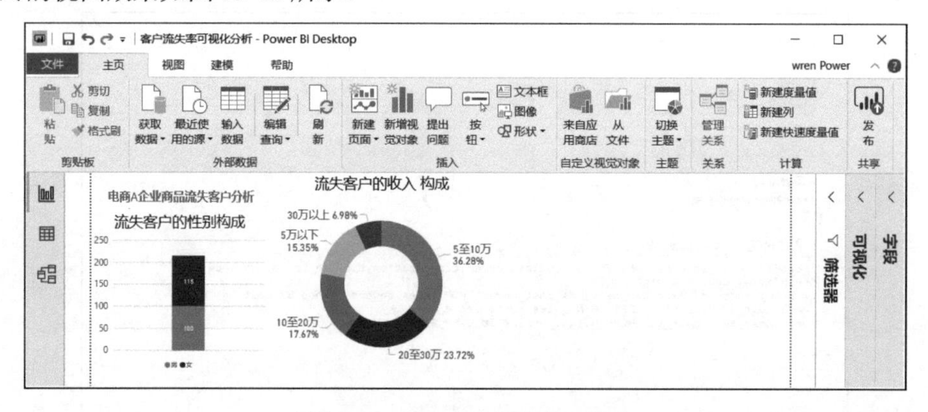

图 13-11　流失客户收入的可视化

从视图可以看出：在 2019 年，电商 A 企业的流失客户中，主要是一些低收入群体，其中年收入在 5 万至 10 万的为 36.28%，20 万至 30 万的为 23.72%，10 万至 20 万的为 17.67%，5 万以下的为 15.35%，30 万以上的为 6.98%。

3. 流失客户的月度分析

在“可视化”窗格中选择“簇状柱形图”可视化视图，在“字段”窗格中，将 last_order

字段拖曳到“图例”设置项，将 cust_id 字段拖曳到“值”设置项，计算类型设置为“计数（非重复）”，再将 dt 字段拖曳到“此页上的筛选器”设置项，选择 2019 年数据，并对视图做一些适当的美化，最终的视图效果如图 13-12 所示。

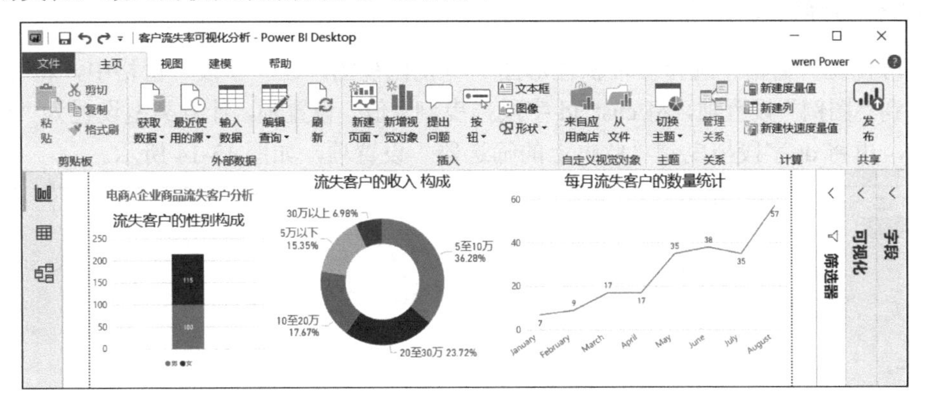

图 13-12　流失客户月度数量的可视化

从视图可以看出：在 2019 年，电商 A 企业的月度流失客户数量呈现逐渐递增的趋势，其中一月份只有 7 人，而八月份达到了 57 人，在其他年份也有类似的现象，即八月份是一年中客户流失的高峰期。

4. 流失客户的职业分析

在“可视化”窗格中选择“堆积条形图”可视化视图，在“字段”窗格中，将 occupation 字段拖曳到“图例”设置项，将 cust_id 字段拖曳到“值”设置项，计算类型设置为“计数（非重复）”，再将 dt 字段拖曳到“此页上的筛选器”设置项，选择 2019 年数据，并对视图做一些适当的美化，最终的视图效果如图 13-13 所示。

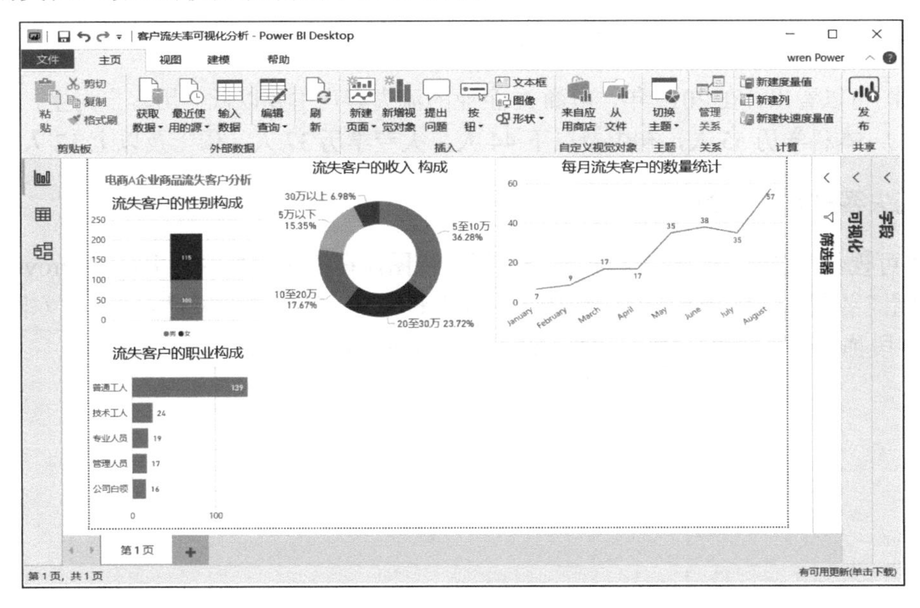

图 13-13　流失客户职业的可视化

从视图可以看出：在 2019 年流失的客户中，主要是普通工人，为 139 人，占比 64.65%，其次是技术工人，占比 11.16%，专业人员、管理人员、公司白领占比都在 10%以下。

5. 流失客户的学历分析

在“可视化”窗格中选择“堆积柱形图”可视化视图，在“字段”窗格中，将 education 字段拖曳到“图例”设置项，将 cust_id 字段拖曳到“值”设置项，计算类型设置为“计数（非重复）”，再将 dt 字段拖曳到“此页上的筛选器”设置项，如图 13-14 所示。

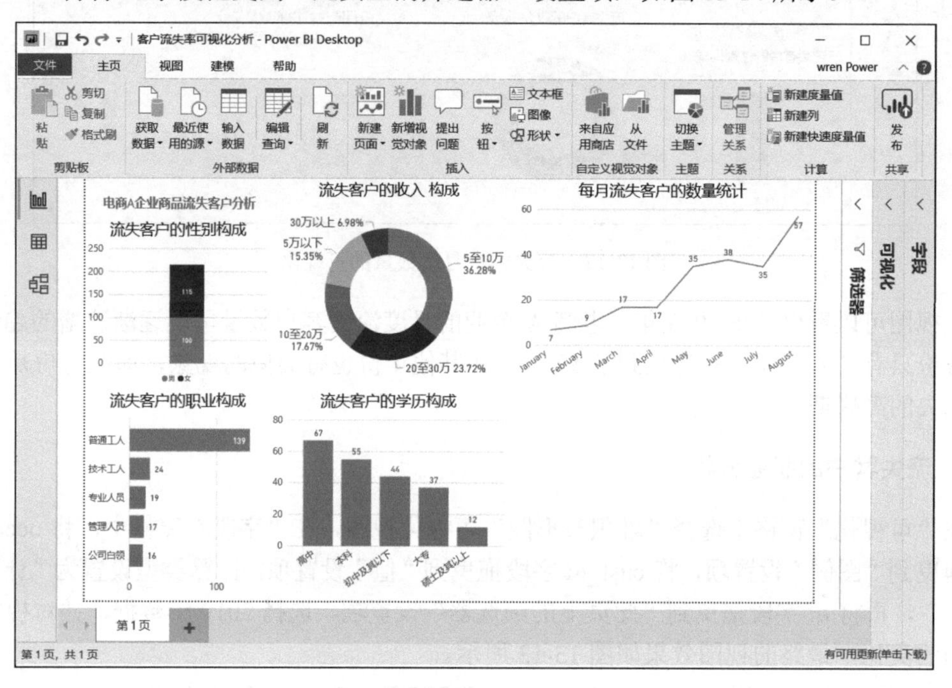

图 13-14 流失客户学历的可视化

从视图可以看出：在 2019 年，电商 A 企业的流失客户主要以低学历客户为主，其中高中学历 67 人，本科学历 55 人，初中及以下 44 人，大专学历 37 人，硕士及以上 12 人。

6. 流失客户的省市分析

在“可视化”窗格中选择“树状图”可视化视图，在“字段”窗格中，将 province 字段拖曳到“组”设置项，将 cust_id 字段拖曳到“值”设置项，计算类型设置为“计数（非重）”，再将 dt 字段拖曳到“此页上的筛选器”设置项，如图 13-15 所示。

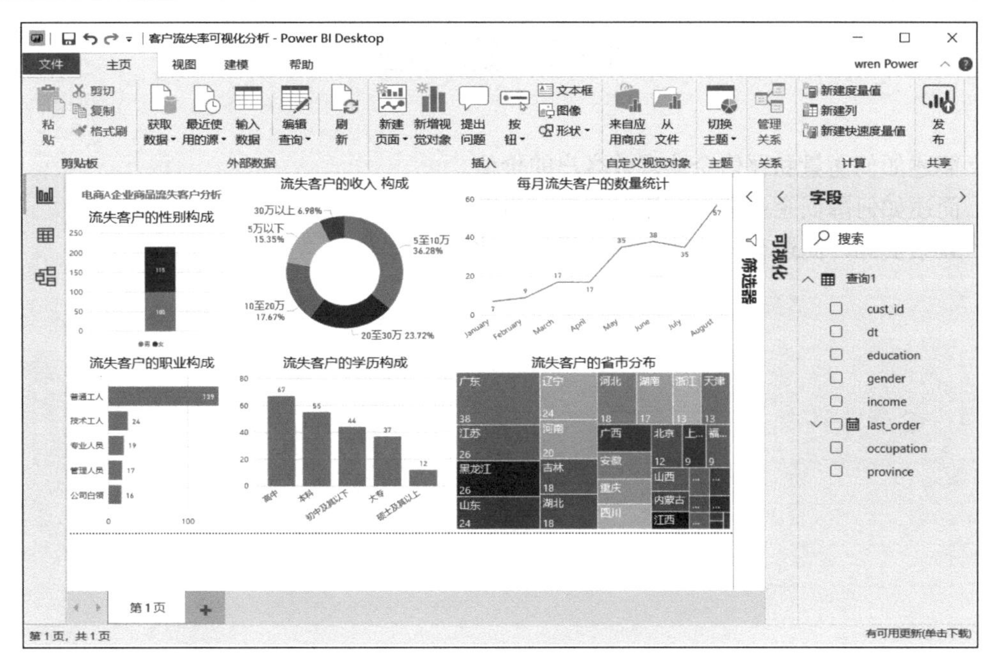

图 13-15 流失客户省市分布的可视化

从视图可以看出：在 2019 年，电商 A 企业的流失客户，广东省的最多，达到 38 人，其次是江苏省和黑龙江省，为 26 人，辽宁省和山东省为 24 人。

最后，对整个仪表板进行美化，例如可以通过“主页”→“插入”下的“文本框”和“图像”选项插入文本和图片，隐藏“筛选器”“可视化”和“字段”窗格，最终的仪表板如图 13-16 所示。

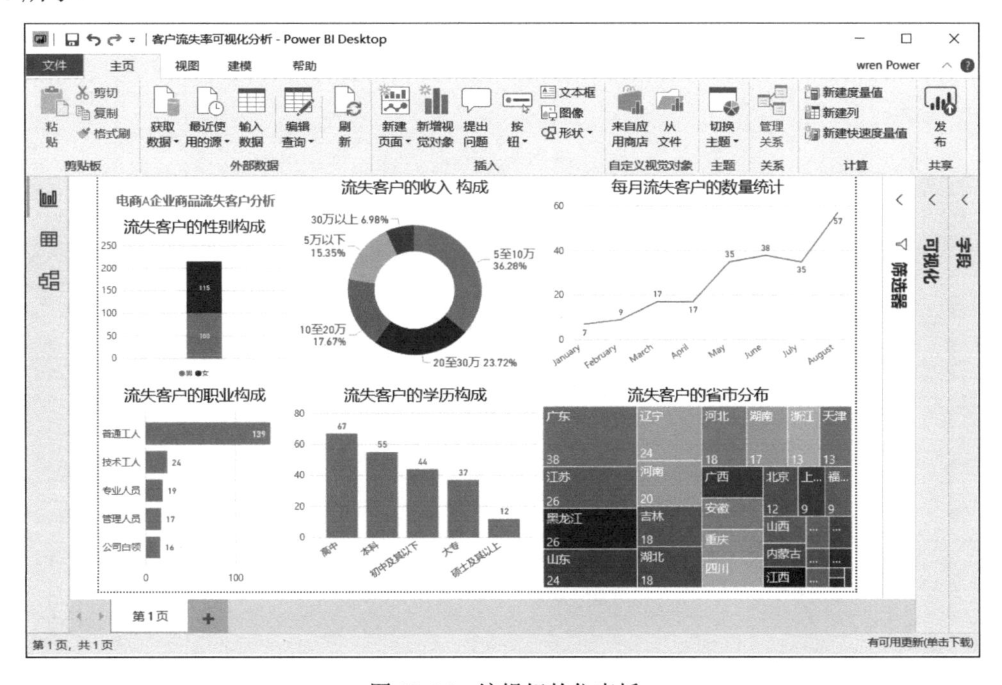

图 13-16 编辑好的仪表板

13.3 练习题

1. 简述如何衡量和评估企业有效客户的价值。
2. 简述如何降低企业客户的流失率及其策略。
3. 联系实际，简述客户价值主题分析的其他内容。

第 14 章

案例实战——配送准时性主题分析

本章将从企业商品配送准时性的角度深入分析企业商品的配送准时性情况，商品的配送准时性与退单的数量存在一定的正相关性，即订单准时性的提高在一定程度上可以减少退单数量。

14.1 电商商品配送准时性现状

14.1.1 商品配送流程与模式

目前，随着生活节奏变快，时间成本不断提高，以及消费升级，线上线下融合成为必然趋势，高品质、便利化的用户体验成为消费者关注的重点。

电商企业的配送流程主要如下：

- 集货。
- 分拣。
- 配货。
- 运输。
- 送达。

电商平台配送的核心在于准时性，需满足用户提出的极速、准时的配送要求，目标不仅仅是快速送达，还要提供更好的服务，在配送中由专人专送，保障快件安全送达。

为了满足客户的需求，配送需要做到以下几点：

- 以“共同配送”代替“自我配送”。
- 以“最优化的配送”代替“交叉迂回配送”。
- 以“功能集中布局”代替“分散无序布局”。

14.1.2 配送准时性可视化分析

电商 A 企业销售的是一些常见的日常办公用品和生活用品，我们这里将从商品的销售利润率这个角度评价商品的优劣程度。商品的利润率用于反映商品的利润高低，说明每件商品的优劣程度，从而有利于优化电商商品结构。

1. 创建商品配送延迟指标

由于订单 orders 表中没有销售利润率这个指标，因此第一步是创建该指标，单击“主页”→“编辑查询”下的“编辑查询”选项，进入 Power Query 页面，选择“添加列”选项卡下的“自定义列”，如图 14-1 所示。

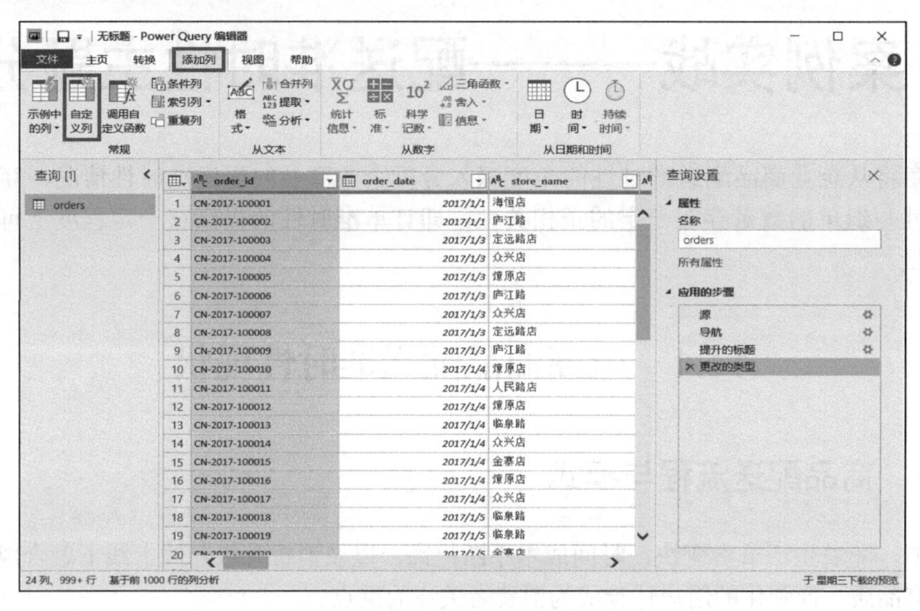

图 14-1　添加自定义列

在“自定义列”对话框中，右侧显示数据集中可以使用的列，这里输入新列名 actual_days，自定义列公式为“= [deliver_date]-[order_date]”，然后单击“确定”按钮，如图 14-2 所示，并设置字段类型为整数类型，其实 actual_days 就是表中的 landed_days，为了深入理解配送延迟，这里重新计算了一遍。

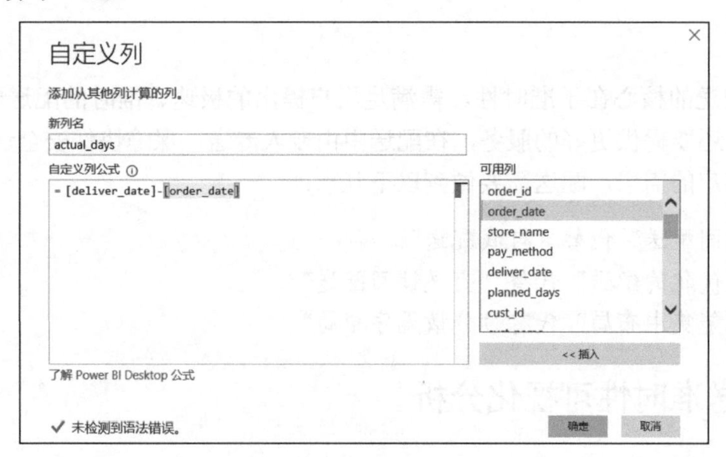

图 14-2　实际到货时间

首先需要创建商品的延迟天数（delay_days）字段，它等于商品的计划配送天数减去实际配送天数。在“自定义列”对话框中，右侧显示数据集中可以使用的列，这里输入新列名 delay_days，自定义列公式为“= [planned_days]-[actual_days]”，然后单击“确定”按钮，如图 14-3 所示，并设置字段类型为整数类型。注意 delay_days 大于 0 表明该订单是提前到货，等于 0 是准时到货，小于 0 是延迟到货。下面的分析都是基于延迟到货的商品。

自定义列
添加从其他列计算的列。
新列名
delay_days
自定义列公式
= [planned_days]-[actual_days]
可用列
discount
profit
manager
return
satisfied
dt
actual_days
<< 插入
了解 Power BI Desktop 公式
✓ 未检测到语法错误。
确定　取消

图 14-3　延迟到货天数

2. 配送延迟的商品类型分析

在“可视化”窗格中选择“堆积柱形图”可视化视图，在“字段”窗格中，将 delay_days 字段拖曳到“轴”设置项，将 category 字段拖曳到“图例”设置项，将 order_id 字段拖曳到“值”设置项，计算类型设置为“计数”，再将 dt 字段拖曳到“此页上的筛选器”设置项，选择 2019 年数据，将 delay_days 字段拖曳到“此页上的筛选器”设置项，选择小于 0 的数据，对视图做一些适当的美化，最终的视图效果如图 14-4 所示。

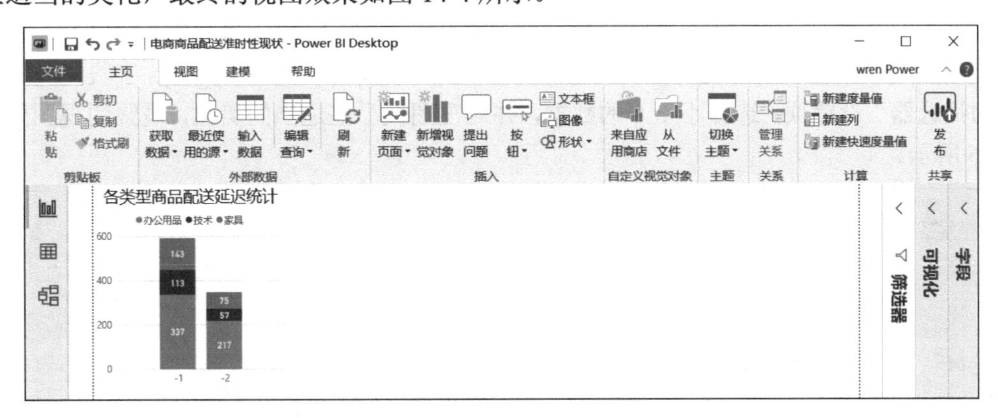

图 14-4　配送延迟商品类型的可视化

从视图可以看出：在 2019 年，商品延迟只有 1 天和 2 天两种情况，主要是延迟 1 天的情况，其中办公用品类商品 337 次，家具类商品 143 次，技术类商品 113 次，另外对于延迟 2 天的情况，其中办公用品类商品 217 次，家具类商品 75 次，技术类商品 57 次。

3. 配送延迟的商品地区分析

在“可视化”窗格中选择“环形图”可视化视图，在“字段”窗格中，将 region 字段拖曳到“图例”设置项，将 order_id 字段拖曳到“值”设置项，计算类型设置为“计数”，再将 dt 字段拖曳到“此页上的筛选器”设置项，选择 2019 年数据，将 delay_days 字段拖曳到“此页上的筛选器”设置项，选择小于 0 的数据，并对视图做一些适当的美化，最终的视图效果如图 14-5 所示。

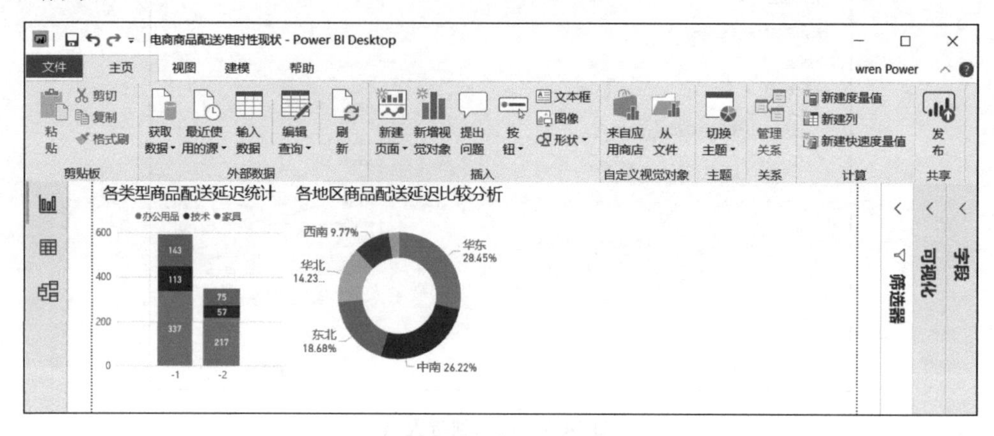

图 14-5　配送延迟商品区域的可视化

从视图可以看出：在 2019 年，配送延迟最多的是华东地区 28.45%，其次是中南地区 26.22%，东北地区 18.68%，华北地区 14.23%，西南地区 9.77%，西北地区 2.65%，地区差异较大，这与各个地区的订单总量多少存在较大的有关性。

4. 配送延迟的商品省市分析

在“可视化”窗格中选择“树状图”可视化视图，在“字段”窗格中，将 province 字段拖曳到“组”设置项，将 order_id 字段拖曳到“值”设置项，计算类型设置为“计数”，再将 dt 字段拖曳到“此页上的筛选器”设置项，选择 2019 年数据，将 delay_days 字段拖曳到“此页上的筛选器”设置项，选择小于 0 的数据，并对视图做一些适当的美化，最终的视图效果如图 14-6 所示。

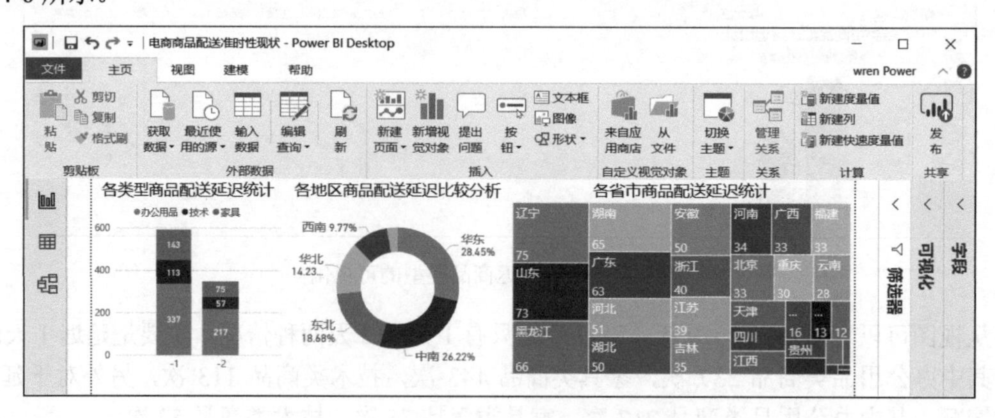

图 14-6　配送延迟商品省市的可视化

从视图可以看出：在 2019 年，所有省市中，辽宁省延迟配送的次数最多，为 75 次，其次是山东省 73 次，黑龙江省 66 次，湖南省 65 次。

5. 配送延迟的月份数量分析

在“可视化”窗格中选择“簇状柱形图”可视化视图，在“字段”窗格中，将 delay_days 字段拖曳到“轴”设置项，将 category 字段拖曳到“图例”设置项，将 order_id 字段拖曳到“值”设置项，计算类型设置为“计数”，再将 dt 字段拖曳到“此页上的筛选器”设置项，选择 2019 年数据，将 delay_days 字段拖曳到“此页上的筛选器”设置项，选择小于 0 的数据，并对视图做一些适当的美化，最终的视图效果如图 14-7 所示。

从视图可以看出：在 2019 年的各个月份，商品延迟配送的次数基本呈现波动上升的趋势，不存在延迟两天以上的情况，其中主要是延迟一天的订单，占比在 12 个月份都超过了 50%。

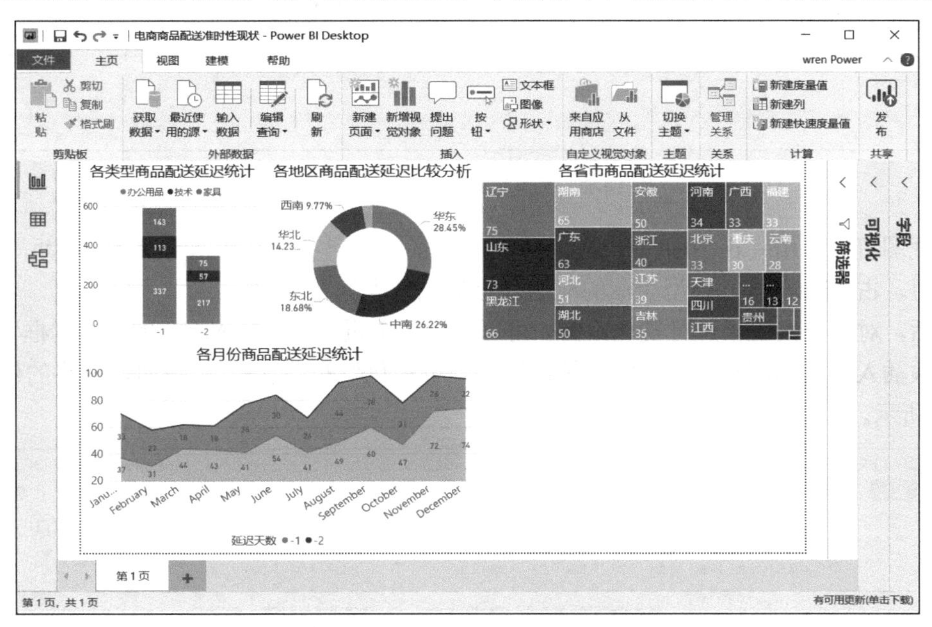

图 14-7　配送延迟商品月份数量的可视化

6. 配送延迟的客户类型占比分析

在“可视化”窗格中选择“百分比堆积条形图”可视化视图，在“字段”窗格中，将 delay_days 字段拖曳到“轴”设置项，将 cust_type 字段拖曳到“图例”设置项，将 order_id 字段拖曳到“值”设置项，计算类型设置为“计数”，再将 dt 字段拖曳到“此页上的筛选器”设置项，选择 2019 年数据，将 delay_days 字段拖曳到“此页上的筛选器”设置项，选择小于 0 的数据，并对视图做一些适当的美化，如图 14-8 所示。

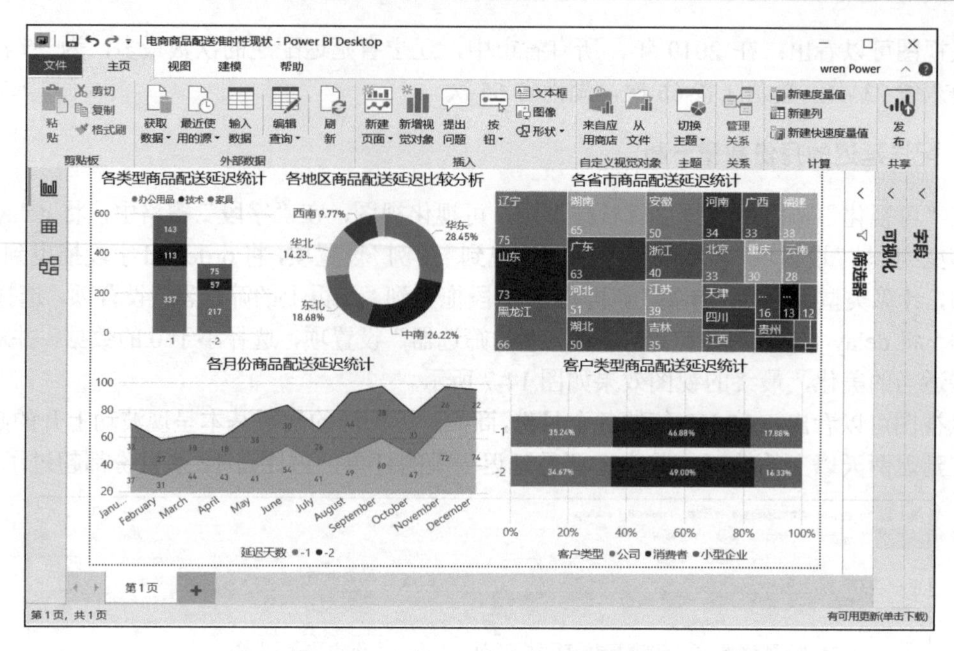

图 14-8　配送延迟客户类型的可视化

从视图可以看出：在 2019 年，配送延迟比较多的客户类型是普通消费者，接近 50%，其次是公司，占 35%左右，小型企业的配送延迟最低，大约在 16%。

最后，对整个仪表板进行美化，例如可以通过“主页”→“插入”下的“文本框”和“图像”选项插入文本和图片，并隐藏“筛选器”“可视化”和“字段” 窗格，最终的仪表板如图 14-9 所示。

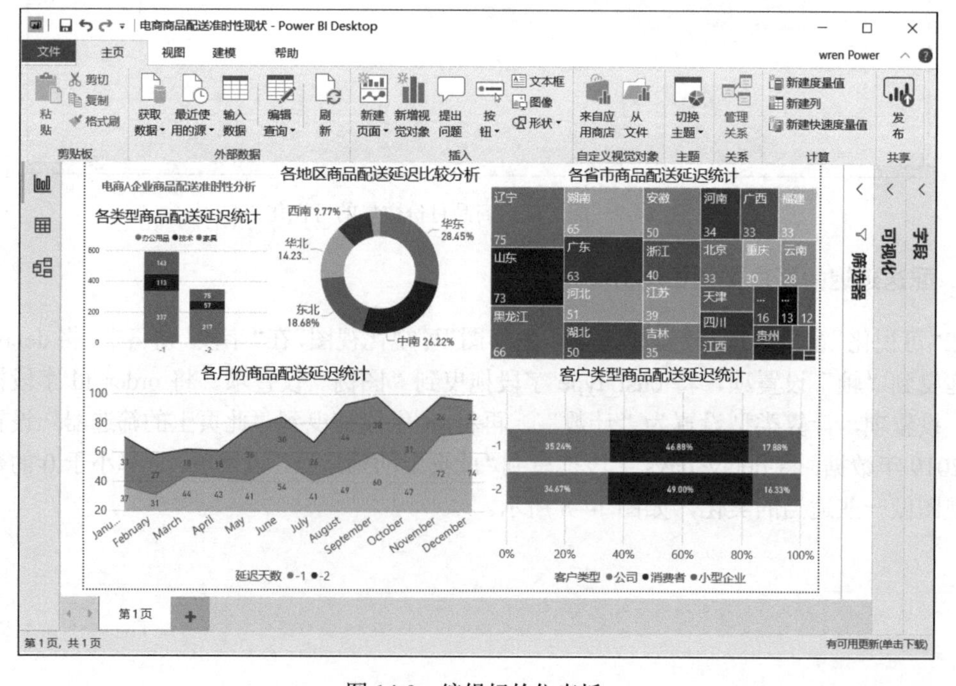

图 14-9　编辑好的仪表板

14.2　商品配送准时性与退单关系

14.2.1　影响配送准时性的因素

对于电商企业来说，商品的类型决定了配送的方式，以及配送的准时性，例如生鲜农商品不同于一般的商品，具有易变质等特征。

总体来说，影响配送准时性的因素主要有：

- 商品类型。
- 配送距离。
- 天气状况。
- 是否节假日。
- 物流模式。

目前，电商企业物流模式分为 3 种：自建物流、第三方物流以及两者混用型。

14.2.2　配送准时性与退单关系分析

1. 商品延迟配送致退单分析

在“可视化”窗格中选择“堆积柱形图”可视化视图，在“字段”窗格中，将 delay_days 字段拖曳到“轴”设置项，将 return 字段拖曳到“值”设置项，计算类型设置为“求和”，再将 dt 字段拖曳到“此页上的筛选器”设置项，选择 2019 年数据，将 delay_days 字段拖曳到“此页上的筛选器”设置项，选择小于 0 的数据，效果如图 14-10 所示。

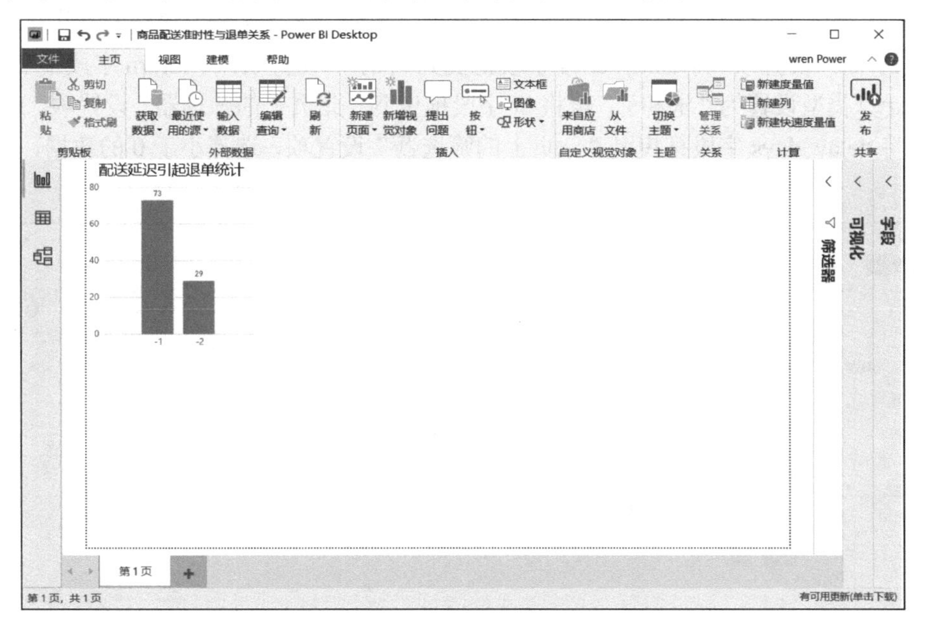

图 14-10　商品延迟配送致退单的可视化

从视图可以看出：在 2019 年，商品配送延迟导致的退单共计 102 件，其中延迟一天的为 73 件，占比 71.57%，延迟两天的为 29 件，占比 28.43%。

2. 配送延迟致退单的商品类型分析

在“可视化”窗格中选择“饼图”可视化视图，在“字段”窗格中，将 category 字段拖曳到“图例”设置项，将 return 字段拖曳到“值”设置项，计算类型设置为“求和”，再将 dt 字段拖曳到“此页上的筛选器”设置项，选择 2019 年数据，将 delay_days 字段拖曳到“此页上的筛选器”设置项，选择小于 0 的数据，效果如图 14-11 所示。

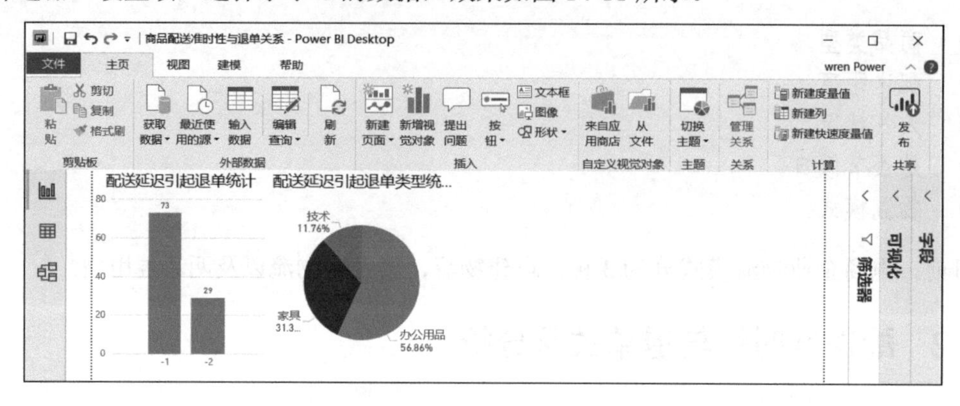

图 14-11　商品延迟配送致退单的类型可视化

从视图可以看出：在 2019 年，商品配送延迟导致的退单，办公用品类商品占 56.86%，家具类商品占 31.37%，而技术类商品占 11.76%。

3. 配送延迟致退单的商品子类型分析

在“可视化”窗格中选择“堆积面积图”可视化视图，在“字段”窗格中，将 subcategory 字段拖曳到“轴”设置项，将 delay_days 字段拖曳到“图例”设置项，将 return 字段拖曳到“值”设置项，计算类型设置为“求和”，再将 dt 字段拖曳到“此页上的筛选器”设置项，选择 2019 年数据，将 delay_days 字段拖曳到“此页上的筛选器”设置项，选择小于 0 的数据，效果如图 14-12 所示。

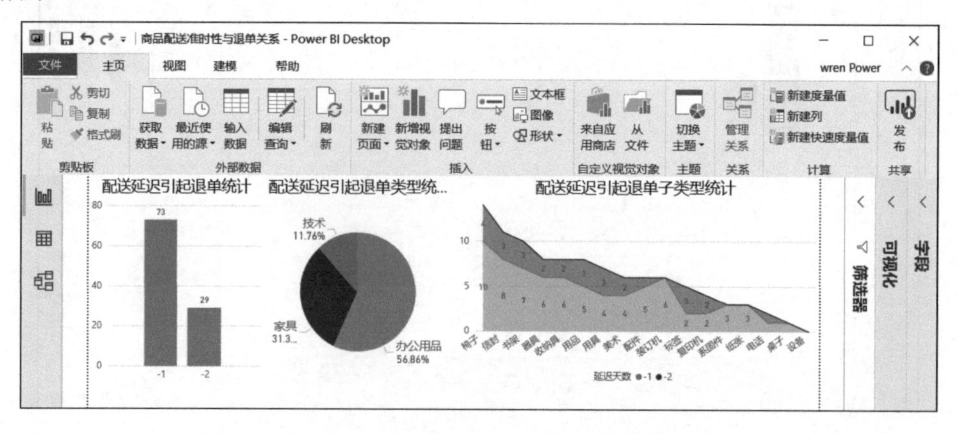

图 14-12　商品延迟配送致退单的商品子类型可视化

从视图可以看出：在 2019 年，商品配送延迟导致的退单，常见的商品是椅子、信封和书架，分别为 14 人、11 人和 10 人，同一类型的设备却没有退单。

4. 配送延迟致退单的地区分析

在“可视化”窗格中选择“簇状条形图”可视化视图，在“字段”窗格中，将 region 字段拖曳到“轴”设置项，将 return 字段拖曳到“值”设置项，计算类型设置为“求和”，再将 dt 字段拖曳到“此页上的筛选器”设置项，选择 2019 年数据，将 delay_days 字段拖曳到“此页上的筛选器”设置项，选择小于 0 的数据，如图 14-13 所示。

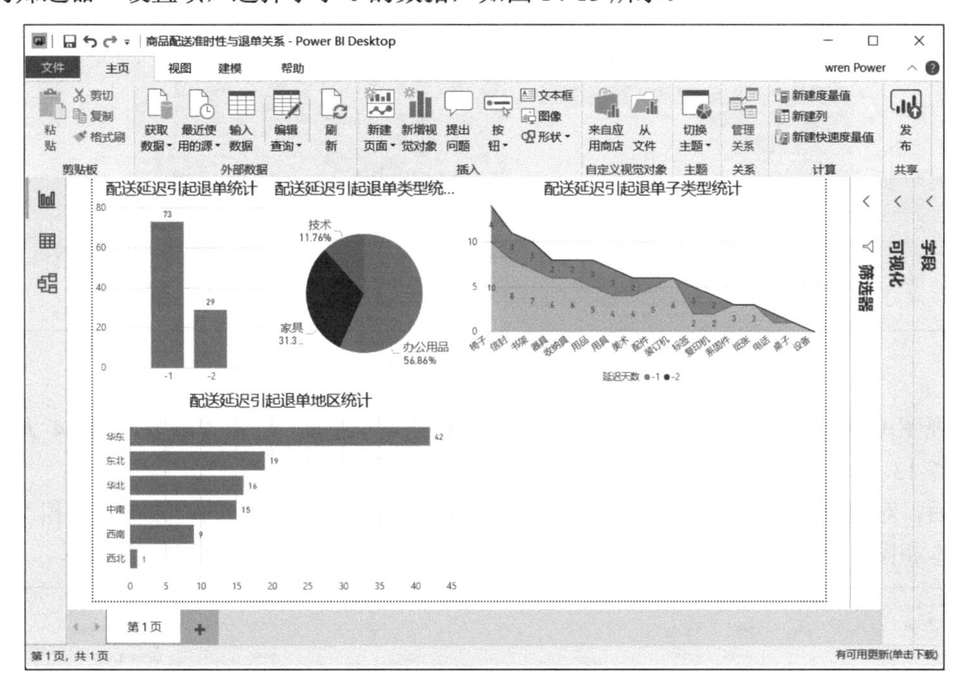

图 14-13 商品延迟配送致退单的地区可视化

从视图可以看出：在 2019 年，商品配送延迟导致的退单，在华东地区最多，为 42 人，其次是东北地区，为 19 人，华北地区为 16 人。

5. 配送延迟致退单的省市分析

在“可视化”窗格中选择“树状图”可视化视图，在“字段”窗格中，将 province 字段拖曳到“组”设置项，将 return 字段拖曳到“值”设置项，计算类型设置为“求和”，再将 dt 字段拖曳到“此页上的筛选器”设置项，选择 2019 年数据，将 delay_days 字段拖曳到“此页上的筛选器”设置项，选择小于 0 的数据，如图 14-14 所示。

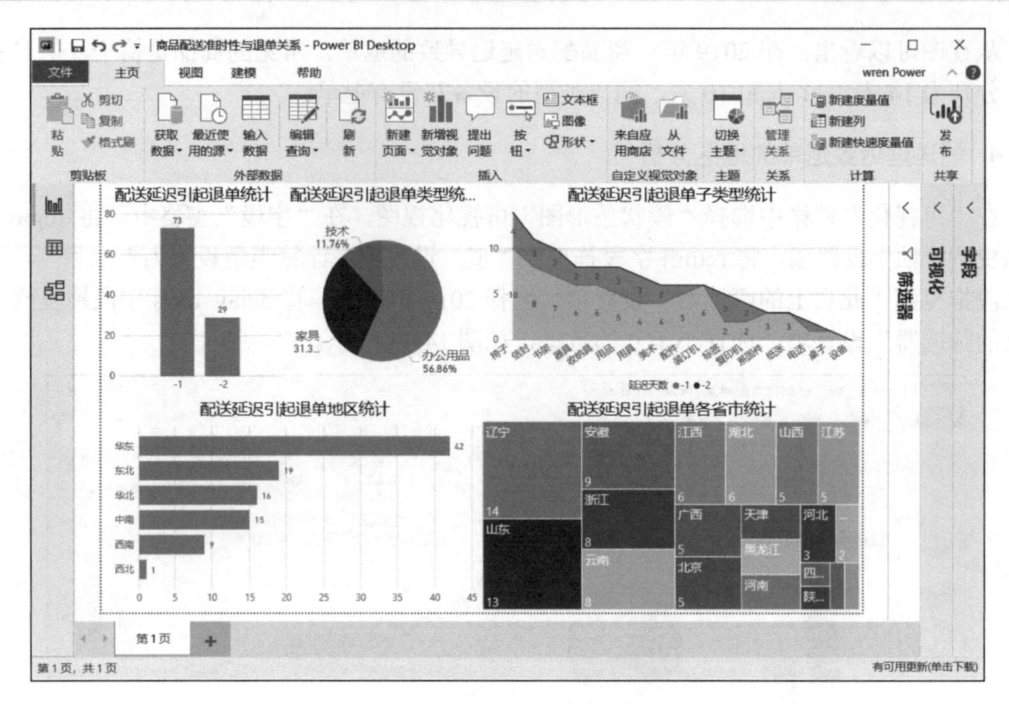

图 14-14　商品延迟配送致退单的省市可视化

从视图可以看出：在 2019 年，商品配送延迟导致的退单，辽宁省最多，为 14 人，其次是山东省 13 人，安徽省 9 人。整体来说，这种现象不是很严重。

最后，对整个仪表板进行美化，例如通过“主页”→“插入”下的“文本框”和“图像”插入文本和图片，并隐藏“筛选器”“可视化”和“字段”窗格，如图 14-15 所示。

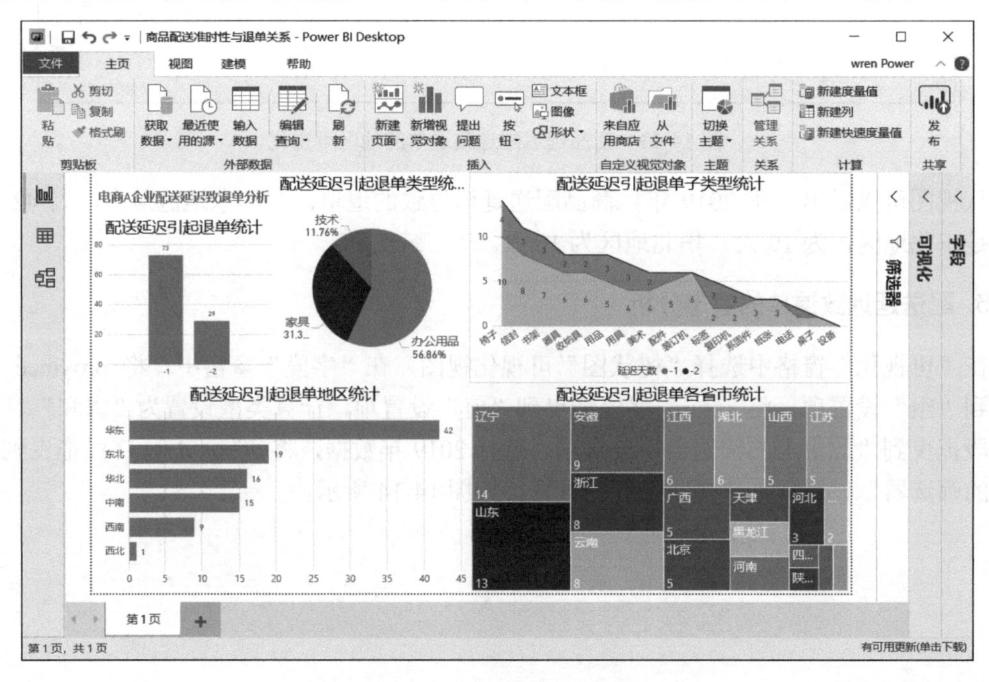

图 14-15　编辑好的仪表板

14.3　练习题

1. 简述如何提升企业商品的配送准时性。
2. 简述商品配送准时性与退单率的关系。
3. 联系实际，简述配送主题分析的其他内容。

第15章

案例实战——商品退货主题分析

用户购买前都认为商品可以满足他们的期望，但是购买后并不总是能够得到满足，因此商品退货是不可避免的，如何尽可能降低退单是企业必须要解决的问题。本章将全面分析企业商品的退单情况。

15.1 电商商品退货现状分析

15.1.1 如何规避退单的发生

电商订单存在的意义是记录交易信息，一般订单包括商品信息、价格、优惠信息、物流信息、订单号、订单状态等，主要有5个环节：用户下单、确认订单、分配订单、订单收款、发运订单。

退货时的商品状态主要有：

- 未发货取消：订单被客户拍下后还未发货就申请退款。
- 实物寄回：订单已发货，客户申请退款或换货而导致的退货，实物一般会被寄回。
- 实物未寄回：订单被发货后，因为商品损坏等造成不可再售的情况，而导致商品无法寄回，客户直接被退款，或经过售后努力客户接受部分退款。

除了销售人员过分夸大商品功能外，通常发生退货的原因还有：协议退货、有质量问题的退货、搬运途中损坏退货、商品过期退回、商品送错退回。

对于卖家而言，规避退货的方法主要有：修正商品图片、精确商品描述、交付正确商品、确保按时发货、避免商品损坏、收集退货原因。

15.1.2　商品退货可视化分析

1. 商品订单退货金额分析

首先导入订单 orders 表，然后在“可视化”窗格中选择“堆积柱形图”可视化视图，在“字段”窗格中，将 return 字段拖曳到“轴”设置项，将 category 字段拖曳到“图例”设置项，将 sales 字段拖曳到“值”设置项，计算类型设置为“求和”，再将 dt 字段拖曳到“此页上的筛选器”设置项，选择 2019 年数据，将 return 字段拖曳到“此页上的筛选器”设置项，选择数据为 1 的退单类型，并对视图做适当的调整，如图 15-1 所示。

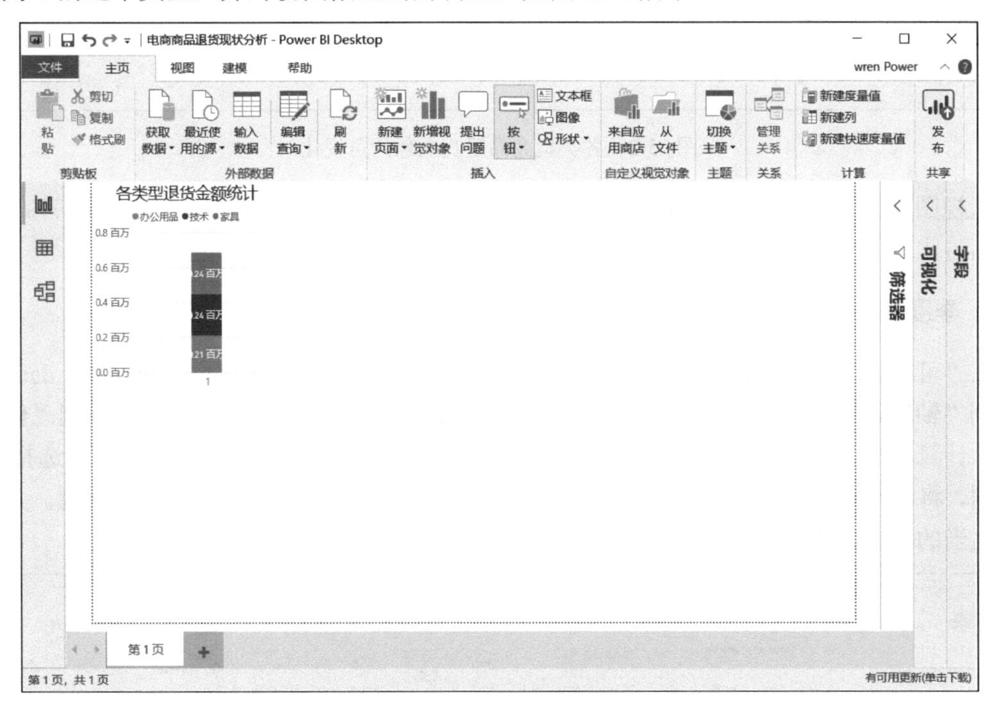

图 15-1　商品订单退货金额的可视化

从视图可以看出：在 2019 年，商品订单退货的总金额为 68.78 万，其中家具类商品 23.84 万，技术类商品 23.77 万，办公用品商品 21.17 万。

2. 各类型商品退货金额分析

在“可视化”窗格中选择“环形图”可视化视图，在“字段”窗格中，将 category 字段拖曳到“图例”设置项，将 sales 字段拖曳到“值”设置项，计算类型设置为“求和”，再将 dt 字段拖曳到“此页上的筛选器”设置项，选择 2019 年数据，将 return 字段拖曳到“此页上的筛选器”设置项，选择数据为 1 的退单类型，并对视图做适当的调整，例如背景、标题等，最终的效果如图 15-2 所示。

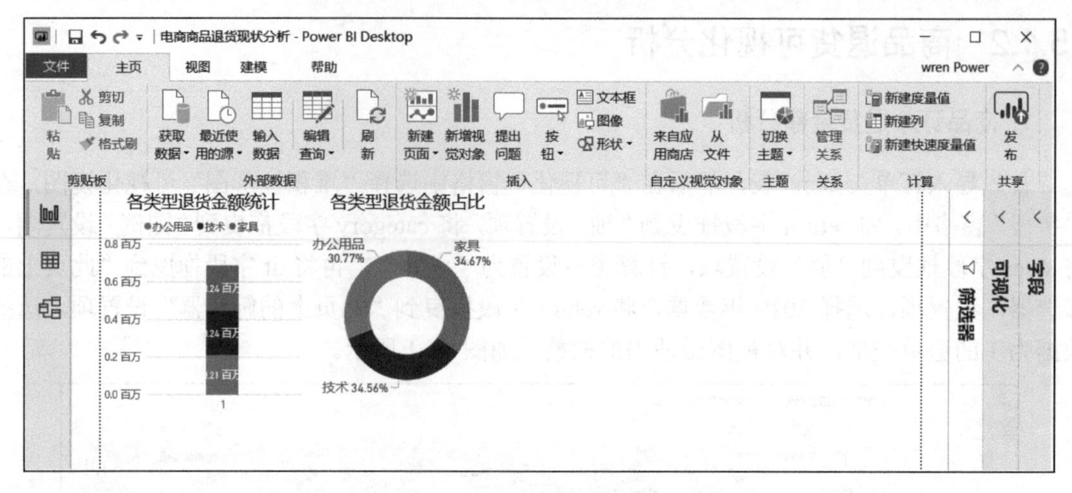

图 15-2　各类型商品退货金额的可视化

从视图可以看出：在 2019 年，商品订单退货的总金额中，家具类商品占比 34.67%，技术类商品占比 34.56%，办公用品商品占比 30.77%，大约每种类型占三分之一。

3. 季度商品退货金额分析

在“可视化”窗格中选择“分区图”可视化视图，在“字段”窗格中，将 order_date 字段拖曳到“轴”设置项，将 category 字段拖曳到“图例”设置项，将 sales 字段拖曳到“值”设置项，计算类型设置为“求和”，再将 dt 字段拖曳到“此页上的筛选器”设置项，选择 2019 年数据，将 return 字段拖曳到“此页上的筛选器”设置项，选择数据为 1 的退单类型，并对视图做适当的调整，例如背景、标题等，如图 15-3 所示。

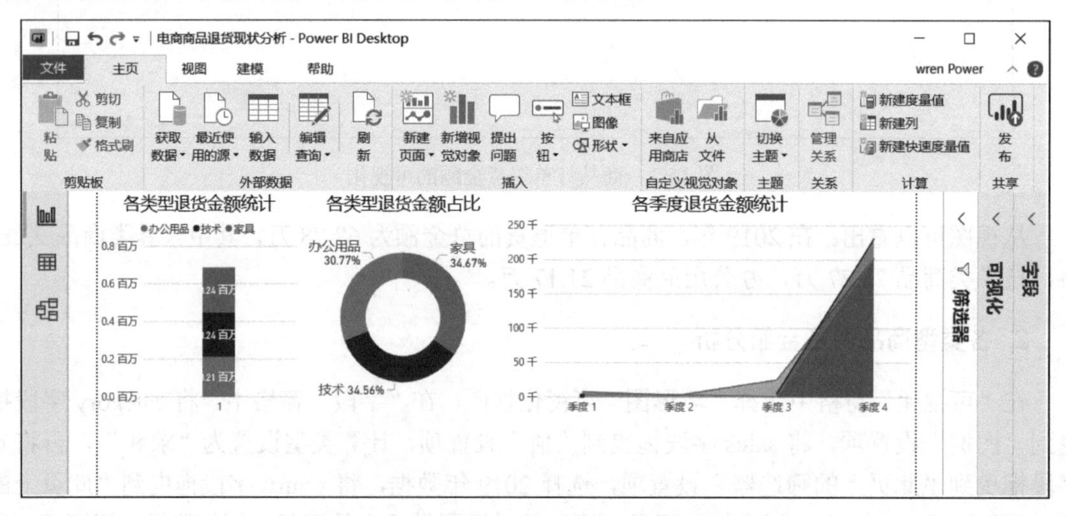

图 15-3　季度商品退货金额的可视化

从视图可以看出：在 2019 年，不同类型的商品订单退货金额，在前 3 个季度都很低，最多的是第三季度家具类 2.5 万，但是到了第四季度，无论是家具类、技术类，还是办公用品类，各种类型商品的退货金额快速增加，都在 20 万以上。

4. 各地区商品退货金额分析

在“可视化”窗格中选择“树状图”可视化视图，在“字段”窗格中，将 province 字段拖曳到“组”设置项，将 sales 字段拖曳到“值”设置项，计算类型设置为“求和”，再将 dt 字段拖曳到“此页上的筛选器”设置项，选择 2019 年数据，将 return 字段拖曳到“此页上的筛选器”设置项，选择数据为 1 的退单类型，如图 15-4 所示。

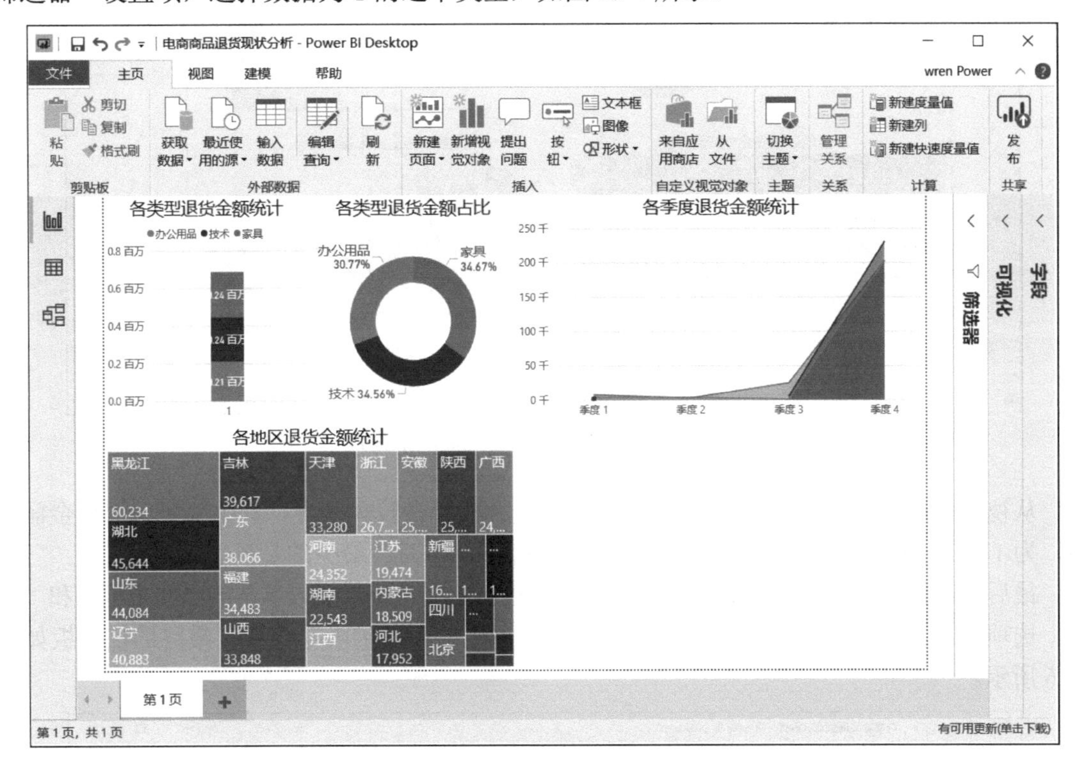

图 15-4　各地区商品退货金额的可视化

从视图可以看出：在 2019 年，不同地区的商品订单退货金额存在较大的差异，其中黑龙江省最多，超过了 6 万，其次是湖北省 4.56 万，山东省 4.41 万，辽宁省 4.09 万。

5. 各门店商品退货金额分析

在“可视化”窗格中选择“堆积柱形图”可视化视图，在“字段”窗格中，将 store_name 字段拖曳到“轴”设置项，将 category 字段拖曳到“图例”设置项，将 sales 字段拖曳到“值”设置项，计算类型设置为“求和”，再将 dt 字段拖曳到“此页上的筛选器”设置项，选择 2019 年数据，将 return 字段拖曳到“此页上的筛选器”设置项，选择数据为 1 的退单类型，并对视图做适当的调整，例如背景、标题等，效果如图 15-5 所示。

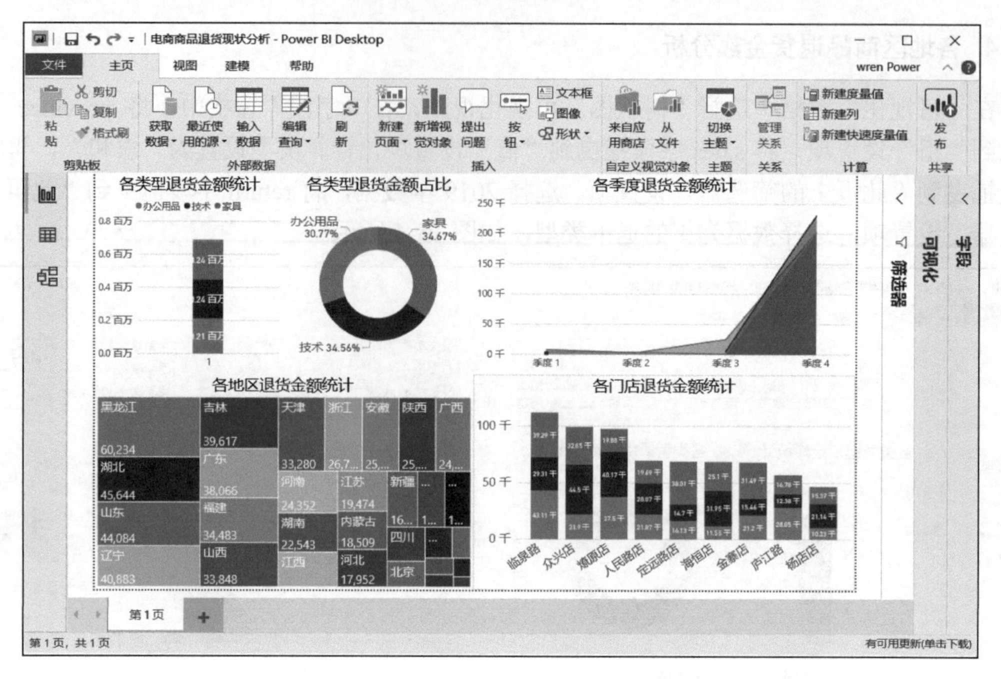

图 15-5　各门店商品退货金额的可视化

从视图可以看出：在 2019 年，各门店的退货金额存在较大差异，其中临泉店退单金额最多，为 11.171 万，其次是众兴店 9.925 万，燎原店 9.754 万，最少的是杨店店 4.685 万。

最后，对整个仪表板进行美化，例如可以通过“主页”→“插入”下的“文本框”和“图像”选项插入文本和图片，隐藏“筛选器”“可视化”和“字段”窗格，最终的仪表板如图 15-6 所示。

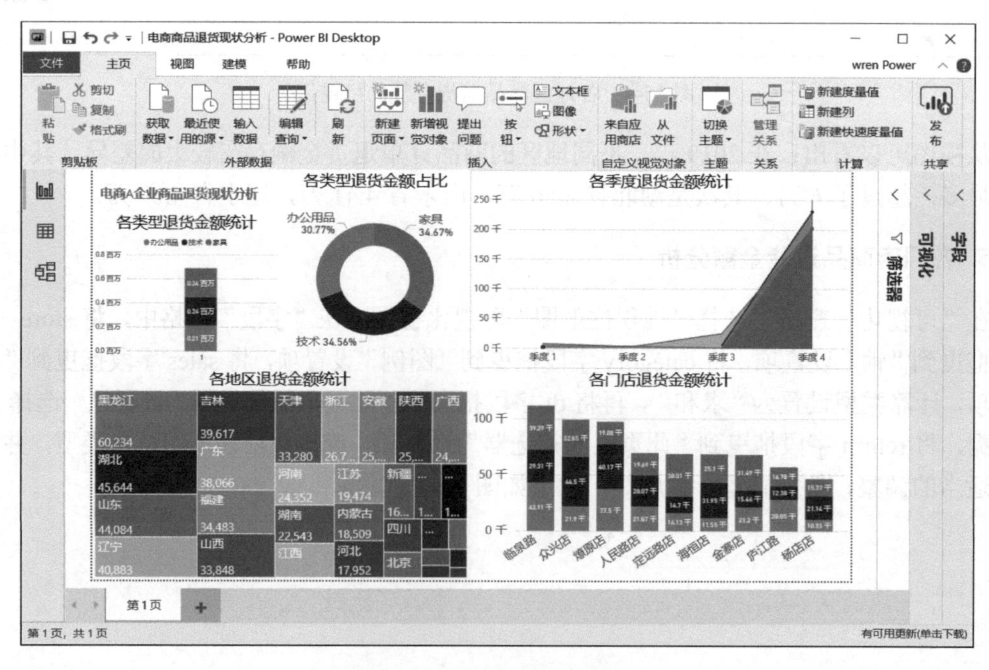

图 15-6　编辑好的仪表板

15.2　电商订单退货率分析

15.2.1　解读电商退货法规

为了明确和落实电子商务经营者的义务，保护消费者的合法权益，国家工商行政管理总局制定了《网络购买商品七日无理由退货实施办法》，该规定于 2017 年 3 月 15 日起施行。

《网络购买商品七日无理由退货实施办法》重点对“七日无理由退货”做出了详细说明，并且规定下列 4 类商品不适用于无理由退货：

- 消费者定做的商品。
- 鲜活易腐的商品。
- 消费者拆封的数字化商品。
- 交付的报纸、期刊。

《网络购买商品七日无理由退货实施办法》明确规定，退货的商品必须“完好”，还对完好的程度做了详细说明。

《网络购买商品七日无理由退货实施办法》明确规定各方主体的规定动作、时间节点和延误责任等。

15.2.2　商品退货率可视化分析

1. 商品订单退单率分析

在“可视化”窗格中选择“环形图”可视化视图，在“字段”窗格中，将 return 字段拖曳到“图例”设置项，将 return 字段拖曳到“值”设置项，计算类型设置为“计数”，再将 dt 字段拖曳到“此页上的筛选器”设置项，选择 2019 年数据，如图 15-7 所示。

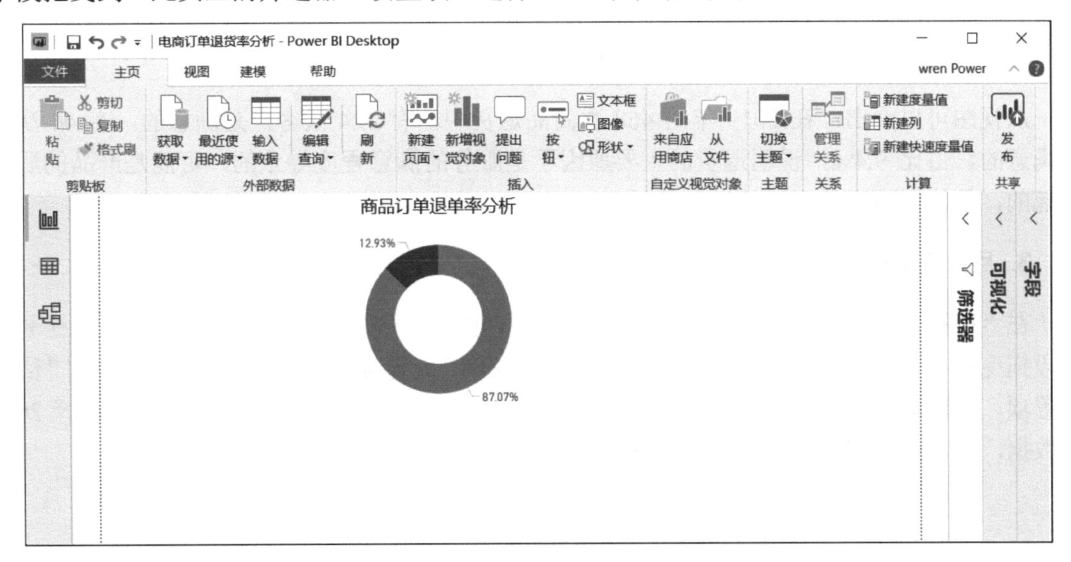

图 15-7　商品订单退单率的可视化

从视图可以看出：在 2019 年，订单总数为 3619 次，其中退单总数为 468 次，占总订单数的 12.93%，这与企业的 5%退单率红线还存在较大的距离。

2. 退单与满意度的关系分析

在“可视化”窗格中选择“堆积柱形图”可视化视图，在“字段”窗格中，将 return 字段拖曳到“轴”设置项，将 satisfied 字段拖曳到“图例”设置项，将 return 字段拖曳到“值”设置项，计算类型设置为“计数”，再将 dt 字段拖曳到“此页上的筛选器”设置项，选择 2019 年数据，并对视图做适当的调整，如图 15-8 所示。

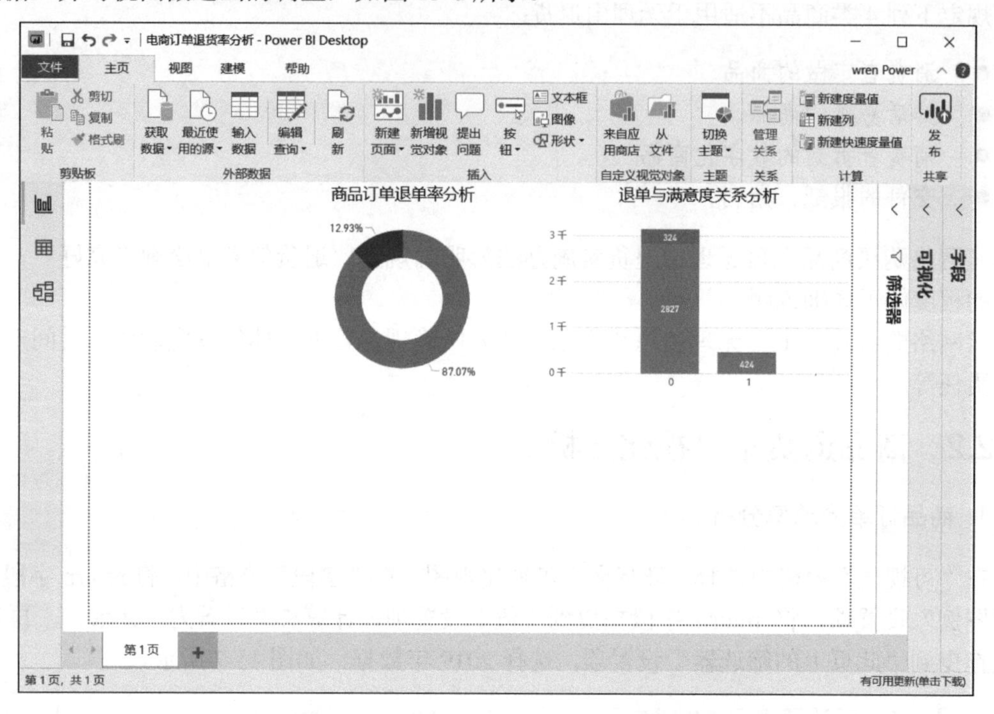

图 15-8 退单与满意度关系的可视化

从视图可以看出：在 2019 年的 468 次商品退货中，有 424 次客户是满意的，有 44 次是不满意的，占比 9.4%，说明退货的主要原因不是服务的满意程度导致的，可能是产品的质量引起的，具体原因还需要后续深入分析。

3. 月份商品退单量分析

在“可视化”窗格中选择“堆积面积图”可视化视图，在“字段”窗格中，将 order_date 字段拖曳到“轴”设置项，将 return 字段拖曳到“图例”设置项，再将 return 字段拖曳到“值”设置项，计算类型设置为“计数”，再将 dt 字段拖曳到“此页上的筛选器”设置项，选择 2019 年数据，并对视图做适当的调整，如图 15-9 所示。

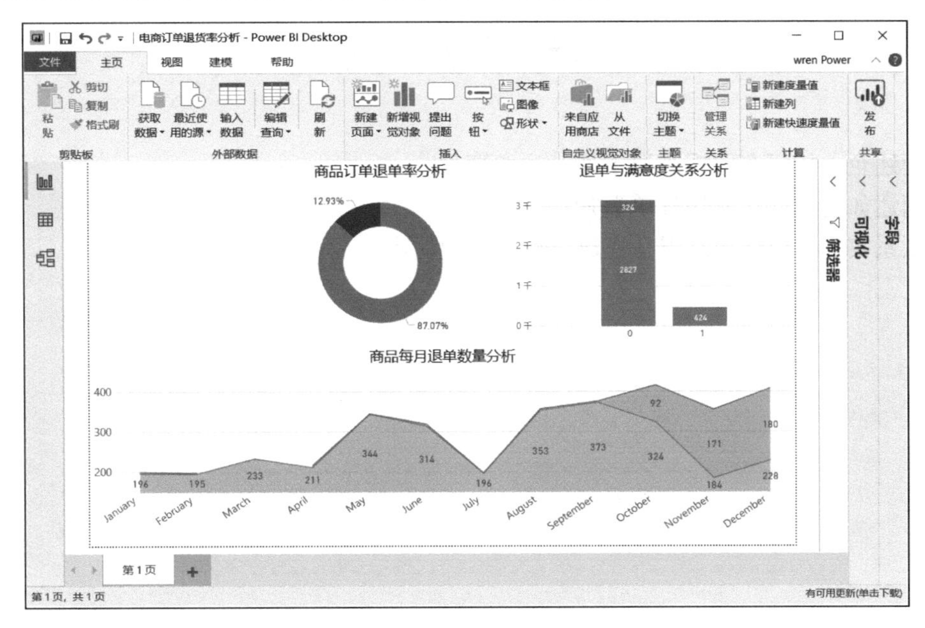

图 15-9　月份商品退单量的可视化

从视图可以看出：在 2019 年 9 月份之前，销售的商品退单很少，但是 9 月份以后，退单快速增加，其中 10 月份 92 次，11 月份 171 次，12 月份 180 次，这需要企业查找是商品质量的原因，还是物流因素导致的。

最后，对整个仪表板进行美化，例如可以通过“主页”→“插入”下的“文本框”和“图像”选项插入文本和图片，隐藏“筛选器”“可视化”和“字段”窗格，最终的仪表板如图 15-10 所示。

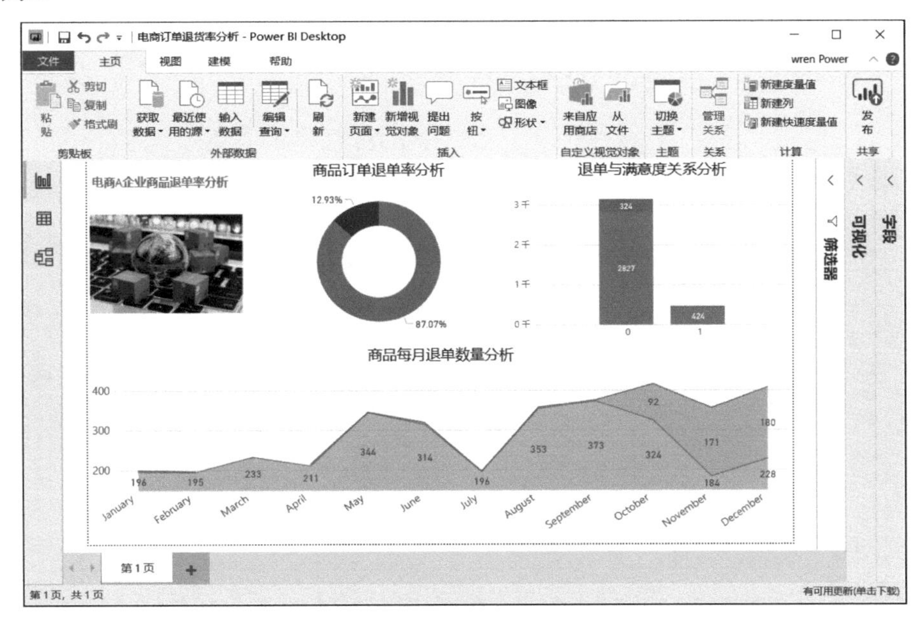

图 15-10　编辑好的仪表板

15.3 练习题

1. 简述企业如何有效规避退单及其注意事项。
2. 简述如何降低企业的订单退货率及其策略。
3. 联系实际，简述商品退货主题分析的其他内容。

附录 A

集群节点参数配置

A.1　Hadoop 的参数配置

集群的 Hadoop 版本是 2.5.2，可以到其官方网站下载，需要配置的文件为 core-site.xml、hdfs-site.xml、mapred-site.xml、yarn-site.xml、slaves 五个，都在 Hadoop 的/etc/hadoop 文件夹下，配置完成后需要向集群其他机器节点分发，具体配置参数如下：

1. core-site.xml

```
<configuration>
  <property>
    <name>fs.defaultFS</name>
    <value>hdfs://master:9000</value>
  </property>
  <property>
    <name>hadoop.tmp.dir</name>
    <value>/home/dong/hadoopdata</value>
  </property>
  <property>
    <name>hadoop.proxyuser.root.hosts</name>
    <value>*</value>
  </property>
  <property>
    <name>hadoop.proxyuser.root.groups</name>
    <value>*</value>
  </property>
</configuration>
```

2. hdfs-site.xml

```
<configuration>
  <property>
    <name>dfs.replication</name>
    <value>1</value>
  </property>
  <property>
    <name>dfs.permissions</name>
    <value>false</value>
  </property>
</configuration>
```

3. mapred-site.xml

```
<configuration>
  <property>
    <name>mapreduce.framework.name</name>
    <value>yarn</value>
  </property>
  <property>
    <name>mapreduce.map.memory.mb</name>
    <value>2048</value>
  </property>
  <property>
    <name>mapreduce.map.java.opts</name>
    <value>-Xmx2048M</value>
  </property>
  <property>
    <name>mapreduce.reduce.memory.mb</name>
    <value>4096</value>
  </property>
  <property>
    <name>mapreduce.reduce.java.opts</name>
    <value>-Xmx4096M</value>
  </property>
</configuration>
```

4. yarn-site.xml

```
<configuration>
  <property>
    <name>yarn.nodemanager.aux-services</name>
    <value>mapreduce_shuffle</value>
```

```
  </property>
  <property>
    <name>yarn.resourcemanager.address</name>
    <value>master:18040</value>
  </property>
  <property>
    <name>yarn.resourcemanager.scheduler.address</name>
    <value>master:18030</value>
  </property>
  <property>
    <name>yarn.resourcemanager.resource-tracker.address</name>
    <value>master:18025</value>
  </property>
  <property>
    <name>yarn.resourcemanager.admin.address</name>
    <value>master:18141</value>
  </property>
  <property>
    <name>yarn.resourcemanager.webapp.address</name>
    <value>master:18088</value>
  </property>
</configuration>
```

5. slaves

```
slave1
slave2
```

我们还需要将配置好的 Hadoop 文件复制到其他节点，注意此步骤的操作仍然是在 master 节点上，复制至 slave1 和 slave2 的语句如下：

```
scp -r /home/dong/hadoop-2.5.2 root@slave1:/home/dong/
scp -r /home/dong/hadoop-2.5.2 root@slave2:/home/dong/
```

A.2　Hive 的参数配置

Hive 将元数据存储在 RDBMS 中，一般常用 MySQL 和 Derby。默认情况下，Hive 元数据保存在内嵌的 Derby 数据库中，只能允许一个会话连接，仅仅适合简单的测试。实际生产环境中不适用，为了支持多用户会话，需要一个独立的元数据库，一般使用 MySQL 作为元数据库，Hive 内部对 MySQL 提供了很好的支持，因此在安装 Hive 之前需要安装 MySQL 数据库。

配置 Hive 时一定要记得加入 MySQL 的驱动包（mysql-connector-java-5.1.26-bin.jar），该 JAR 包放置在 hive 根路径下的 lib 目录下。Hive 是运行在 Hadoop 环境之上的，因此需要 Hadoop

环境，这里我们将其安装在 Hadoop 完全分布式模式的 master 节点上，需要配置 hive-site.xml 和 hive-env.sh 两个文件，具体配置参数如下：

1. hive-env.sh

在 hive-env.sh 文件的最后添加以下内容：

```
export  JAVA_HOME=/usr/java/jdk1.7.0_71/
export  HADOOP_HOME=/home/dong/hadoop-2.5.2
export  HIVE_HOME=/home/dong/apache-hive-1.2.2-bin
export  HIVE_CONF_DIR=/home/dong/apache-hive-1.2.2-bin/conf
```

2. hive-site.xml

```
<configuration>
  <property>
    <name>hive.metastore.warehouse.dir</name>
    <value>/user/hive/warehouse</value>
  </property>
  <property>
    <name>hive.execution.engine</name>
    <value>mr</value>
  </property>
  <property>
    <name>javax.jdo.option.ConnectionURL</name>

<value>jdbc:mysql://192.168.1.7:3306/hive?createDatabaseIfNotExist=true&amp;us
eSSL=false</value>
  </property>
  <property>
    <name>javax.jdo.option.ConnectionDriverName</name>
    <value>com.mysql.jdbc.Driver</value>
  </property>
  <property>
    <name>javax.jdo.option.ConnectionUserName</name>
    <value>root</value>
  </property>
  <property>
    <name>javax.jdo.option.ConnectionPassword</name>
    <value>root</value>
  </property>
  <property>
    <name>hive.metastore.uris</name>
    <value>thrift://192.168.1.7:9083</value>
```

```
      <description></description>
    </property>
    <property>
      <name>hive.server2.authentication</name>
      <value>NOSASL</value>
    </property>
    <property>
      <name>hive.cli.print.header</name>
      <value>true</value>
    </property>
    <property>
      <name>hive.cli.print.current.db</name>
      <value>true</value>
    </property>
    <property>
      <name>hive.server2.thrift.port</name>
      <value>10000</value>
    </property>
    <property>
      <name>hive.server2.thrift.bind.host</name>
      <value>192.168.1.7</value>
    </property>
  </configuration>
```

A.3　Spark 的参数配置

我们可以到 Spark 官网（http://spark.apache.org/downloads.html）下载 spark-1.4.0-bin-hadoop2.4，同时还需要下载 scala-2.10.4.tgz，需要配置 spark-defaults.conf、spark-env.sh、slaves 三个文件，配置完成后需要向集群其他机器节点分发。

1. spark-defaults.conf

在 spark-defaults.conf 的最后添加以下内容：

```
spark.master=spark://master:7077
```

2. spark-env.sh

在 spark-env.sh 的最后添加以下内容：

```
export HADOOP_CONF_DIR=/home/dong/hadoop-2.5.2/
export JAVA_HOME=/usr/java/jdk1.7.0_71/
export SCALA_HOME=/home/dong/scala-2.10.4
```

```
    export SPARK_MASTER_IP=192.168.1.7
    export SPARK_MASTER_PORT=7077
    export SPARK_MASTER_WEBUT_PORT=8080
    export SPARK_WORKER_PORT=7078
    export SPARK_WORKER_WEBUT_PORT=8081
    export SPARK_WORKER_CORES=1
    export SPARK_WORKER_INSTANCES=1
    export SPARK_WORKER_MEMORY=2g
    export
SPARK_JAR=/home/dong/spark-1.4.0-bin-hadoop2.4/lib/spark-assembly-1.4.0-hadoop
2.4.0.jar
```

3. slaves

```
    slave1
    slave2
```

此外，还需要将配置好的 hive-site.xml 复制到 Spark 的配置文件下，最后将配置好的 Spark 和 Scala 复制到 slave1 和 slave2 两个从节点，注意此步骤的所有操作仍然是在 master 节点上，具体语句如下：

```
    scp -r /home/dong/scala-2.10.4 root@slave1:/home/dong/
    scp -r /home/dong/spark-1.4.0-bin-hadoop2.4 root@slave1:/home/dong/
    scp -r /home/dong/scala-2.10.4 root@slave2:/home/dong/
    scp -r /home/dong/spark-1.4.0-bin-hadoop2.4 root@slave2:/home/dong/
```

A.4 Zeppelin 的参数配置

Zeppelin 是运行在 Hive 环境之上的，因此需要先安装和启动 Hive，这里我们将其安装在 Hadoop 集群的 master 节点上，需要配置 zeppelin-env.sh、zeppelin-site.xml 和 shiro.ini 三个文件，具体配置参数如下：

1. zeppelin-env.sh

在 zeppelin-env.sh 的最后添加以下内容：

```
    export  JAVA_HOME=/usr/java/jdk1.7.0_71/
    export  MASTER=spark://192.168.1.7:7077
    export  SPARK_HOME=/home/dong/spark-1.4.0-bin-hadoop2.4
    export  HADOOP_CONF_DIR=/home/dong/hadoop-2.5.2/etc/hadoop
```

2. zeppelin-site.xml

修改以下配置的参数值，其他参数值不用修改：

```
<property>
  <name>zeppelin.server.addr</name>
  <value>192.168.1.7</value>
  <description>Server address</description>
</property>
<property>
  <name>zeppelin.server.port</name>
  <value>7080</value>
  <description>Server port.</description>
</property>
<property>
  <name>zeppelin.anonymous.allowed</name>
  <value>false</value>
  <description>Anonymous user allowed by default</description>
</property>
```

3. shiro.ini

修改账号并添加 root 登录账号，密码是 root，后期登录需要账号和密码，结果如下：

```
root = root, admin
#admin = password1, admin
#user1 = password2, role1, role2
#user2 = password3, role3
#user3 = password4, role2
```

此外，还需要安装 jdk-7u71-linux-x64.tar.gz，这个比较简单，只需要先解压文件，然后配置 etc 下的 profile 文件即可，可以参考网络上的相关资料，这里就不详细介绍了。

A.5　集群的启动与关闭

由于 Hadoop 集群上的软件较多，集群的启动程序命令相对比较复杂，为了防止启动出现错误，这里使用绝对路径，具体启动命令如下：

（1）Hadoop 的启动和关闭

```
启动：/home/dong/hadoop-2.5.2/sbin/start-all.sh
关闭：/home/dong/hadoop-2.5.2/sbin/stop-all.sh
```

（2）Hive 的启动和关闭：

```
nohup hive --service metastore > metastore.log 2>&1 &
```

```
hive --service hiveserver2  &
```

Hive 的关闭一般是通过 Kill 命令实现的，即 kill 加进程编号。

（3）Spark 的启动和关闭：

```
启动：/home/dong/spark-1.4.0-bin-hadoop2.4/sbin/start-all.sh
关闭：/home/dong/spark-1.4.0-bin-hadoop2.4/sbin/stop-all.sh
```

（4）Zeppelin 的启动和关闭：

```
启动：/home/dong/zeppelin-0.7.3-bin-all/bin/zeppelin-daemon.sh start
关闭：/home/dong/zeppelin-0.7.3-bin-all/bin/zeppelin-daemon.sh stop
```

附录 B

安装 MongoDB

MongoDB 提供了可用于 32 位和 64 位系统的预编译二进制包，可以从 MongoDB 官方网站下载，MongoDB 预编译二进制包下载地址：https://www.MongoDB.com/download-center#community，如图 B-1 所示。

注意：在 MongoDB 2.2 版本后已经不再支持 Windows XP 系统，最新版本也已经没有 32 位系统的安装文件。

图 B-1

MongoDB for Windows 64-bit 适合 64 位的 Windows Server 2008 R2、Windows 7 及最新版

本的 Windows 系统。

MongoDB for Windows 32-bit 适合 32 位的 Windows 系统及最新的 Windows Vista 系统，32 位系统上 MongoDB 的数据库最大为 2GB。

MongoDB for Windows 64-bit Legacy 适合 64 位的 Windows Vista、Windows Server 2003 及 Windows Server 2008 系统。

根据你的计算机系统下载 32 位或 64 位的.msi 文件，下载后双击该文件，按操作提示安装即可。

安装过程中，可以通过单击“Custom”按钮来设置安装目录，如图 B-2 和图 B-3 所示。

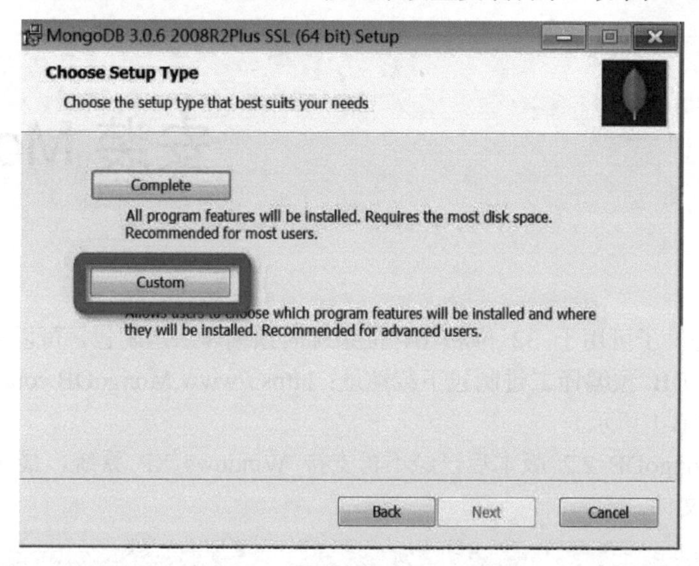

图 B-2

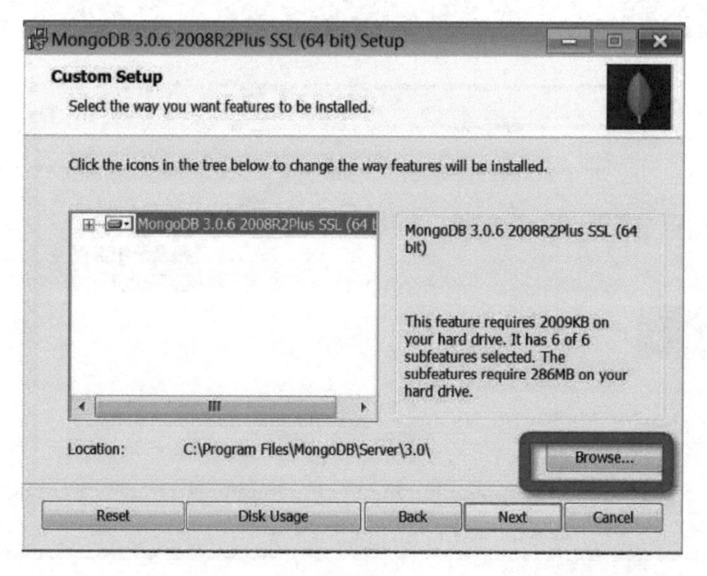

图 B-3

（1）创建数据目录

MongoDB 将数据目录存储在 db 目录下。但是这个数据目录不会主动创建，我们在安装完成后需要创建它。注意，数据目录应该放在根目录下（如 C:\或者 D:\等）。

在本教程中，我们已经在 C 盘安装了 MongoDB，现在创建一个 data 的目录，然后在 data 目录里创建 db 目录。

```
c:\>cd c:\
c:\>mkdir data
c:\>cd data
c:\data>mkdir db
c:\data>cd db
c:\data\db>
```

你也可以通过 Windows 资源管理器创建这些目录，而不一定通过命令行。

在命令行下运行 MongoDB 服务器。

为了在命令提示符下运行 MongoDB 服务器，必须在 MongoDB 目录的 bin 目录中执行 mongod.exe 文件。

```
C:\MongoDB\bin\mongod --dbpath c:\data\db
```

如果执行成功，就会输出如下信息：

```
2015-09-25T15:54:09.212+0800 I CONTROL  Hotfix KB2731284 or later update is not
installed, will zero-out data files
2015-09-25T15:54:09.229+0800 I JOURNAL  [initandlisten] journal
dir=c:\data\db\j
ournal
2015-09-25T15:54:09.237+0800 I JOURNAL  [initandlisten] recover : no journal
fil
es present, no recovery needed
2015-09-25T15:54:09.290+0800 I JOURNAL  [durability] Durability thread started
2015-09-25T15:54:09.294+0800 I CONTROL  [initandlisten] MongoDB starting :
pid=2
488 port=27017 dbpath=c:\data\db 64-bit host=WIN-1VONBJOCE88
2015-09-25T15:54:09.296+0800 I CONTROL  [initandlisten] targetMinOS: Windows
7/W
indows Server 2008 R2
2015-09-25T15:54:09.298+0800 I CONTROL  [initandlisten] db version v3.0.6
……
```

（2）连接 MongoDB

在命令提示符窗口中运行 mongo.exe 命令即可连接上 MongoDB，执行如下命令：

```
C:\MongoDB\bin\mongo.exe
```

（3）配置 MongoDB 服务

以管理员模式打开命令行窗口，创建目录，执行下面的语句来创建数据库和日志文件的目录：

```
mkdir c:\data\db
mkdir c:\data\log
```

（4）创建配置文件

创建一个配置文件，该文件必须设置 systemLog.path 参数，包括一些附加的配置选项更好。

例如，创建一个配置文件，位于 C:\MongoDB\mongod.cfg，其中指定 systemLog.path 和 storage.dbPath。具体配置内容如下：

```
systemLog:
    destination: file
    path: c:\data\log\mongod.log
storage:
    dbPath: c:\data\db
```

（5）安装 MongoDB 服务

通过执行 mongod.exe，使用--install 选项来安装服务，使用--config 选项来指定之前创建的配置文件。

```
C:\MongoDB\bin\mongod.exe --config "C:\MongoDB\mongod.cfg" --install
```

要使用备用 dbPath，可以在配置文件（例如 C:\MongoDB\mongod.cfg）或命令行中通过--dbpath 选项指定。

如果需要，可以安装 mongod.exe 或 mongos.exe 多个实例的服务，只需要通过使用--serviceName 和--serviceDisplayName 指定不同的实例名即可。

启动 MongoDB 服务：

```
net start MongoDB
```

关闭 MongoDB 服务：

```
net stop MongoDB
```

移除 MongoDB 服务：

```
C:\MongoDB\bin\mongod.exe --remove
```

参考文献

[1]王国平.Microsoft Power BI 数据可视化与数据分析[M].北京:电子工业出版社，2018.

[2]费拉里.Power BI 权威指南[M].北京:电子工业出版社，2019.

[3]零一.Power BI 电商数据分析实战[M].北京:电子工业出版社，2018.

[4]宋翔.小白轻松学 Power BI 数据分析[M].北京:电子工业出版社，2019.

[5]武俊敏.Power BI 商业数据分析项目实战[M].北京:电子工业出版社，2019.

[6]牟恩静.Power BI 智能数据分析与可视化从入门到精通[M].北京:机械工业出版社，2019.

[7]零一.Excel BI 之道从零开始学 Power 工具应用[M].北京:电子工业出版社，2017.

[8]马世权.从 Excel 到 Power BI 商业智能数据分析[M].北京:电子工业出版社，2018.

[9]宋立桓.人人都是数据分析师微软 Power BI 实践指南[M].北京:人民邮电出版社，2018.

[10]金立钢.Power BI 数据分析报表设计和数据可视化应用大全[M].北京:机械工业出版社，2019.

[11]祝泽文.从 Excel 到 Power BI 商业智能数据可视化分析与实战[M].北京:中国铁道出版社，2018.

[12]世纪互联蓝云公司.Microsoft Power BI 智能大数据分析[M].北京:电子工业出版社，2019.

[13]雷元.商业智能数据分析从零开始学 Power BI 和 Microsoft Power BI 自助式 BI[M].北京:电子工业出版社，2019.

[14]李杰臣.商业智能从 Excel 到 Power BI 的数据可视化，动态图表篇[M].北京:机械工业出版社，2019.

[15]李小涛.Power Query 基于 Excel 和 Power BI 的 M 函数详解及应用[M].北京:电子工业出版社，2018.

[16]贾云斌.数据分析利器 Power BI 之可视化图表的应用[J].电脑编程技巧与维护，2019(03):71-73.

[17]薛晓儒，储文胜.Power BI 在内部审计中的应用[J].中国内部审计，2019(01):56-59.

[18]王万东，王罡，杜晋博，方淑津，张林石.Power BI 与统一身份认证和授权系统集成的研究与实践[J].中国教育信息化，2018(23):54-57.

[19]黄达明，张萍，金莹.以计算思维为导引的“数据科学基础”课程建设研究[J].工业和信息化教育，2018(11):48-53.

[20]李博，谢潇磊，王清，魏天航，钱臻，杨文睿.基于 Power BI 的大数据分析在变电运检作业管理中的应用[J].电力大数据，2018，21(11):1-7.

[21]白玲.基于 Microsoft Power BI 工具的医疗数据可视化分析[J].中国医院统计，2018，2505:399-401.

[22]杨月.Microsoft Power BI 在航运企业航线营收数据分析中的应用[J].集装箱化，2018，2908:8-9.

[23]郭二强，李博.基于 Excel 和 Microsoft Power BI 实现企业业务数据化管理[J].电子技术与软件工程，2018，20:1611.